国家科学技术学术著作出版基金资助出版

高层建筑结构仿真分析技术

THE SIMULATION ANALYSIS TECHNOLOGY OF HIGH-RISE BUILDING STRUCTURES

肖从真　编著

中国建筑工业出版社

图书在版编目（CIP）数据

高层建筑结构仿真分析技术＝THE SIMULATION ANALYSIS TECHNOLOGY OF HIGH-RISE BUILDING STRUCTURES/肖从真编著. —北京：中国建筑工业出版社，2021.1（2021.12重印）
ISBN 978-7-112-25857-4

Ⅰ. ①高… Ⅱ. ①肖… Ⅲ. ①高层建筑-建筑结构-计算机仿真 Ⅳ. ①TU973-39

中国版本图书馆 CIP 数据核字（2021）第 024849 号

仿真分析技术是解决高层建筑结构复杂技术问题的有效手段之一，目前已在高层建筑领域广泛应用。本书系统阐述了仿真分析技术理论，并结合大量实际工程案例，详细介绍了仿真分析技术在高层建筑结构中的应用。

全书共分为 8 章，包括绪论、高层建筑结构抗震性能静动力弹塑性仿真分析技术、施工过程模拟及预变形仿真分析技术、防连续倒塌仿真分析技术、减隔震仿真分析技术、抗风仿真分析技术、性能试验仿真技术以及性能化设计方法探索与仿真分析等，形成了完善的高层建筑结构仿真分析技术体系。本书可供从事高层建筑设计与科研工作的人员学习使用。

责任编辑：辛海丽
责任校对：赵　菲

高层建筑结构仿真分析技术
THE SIMULATION ANALYSIS TECHNOLOGY OF HIGH-RISE BUILDING STRUCTURES
肖从真　编著

*

中国建筑工业出版社出版、发行（北京海淀三里河路 9 号）
各地新华书店、建筑书店经销
霸州市顺浩图文科技发展有限公司制版
北京建筑工业印刷厂印刷

*

开本：787 毫米×1092 毫米　1/16　印张：29　字数：721 千字
2021 年 2 月第一版　2021 年 12 月第二次印刷
定价：99.00 元
ISBN 978-7-112-25857-4
（36473）

本书编委会

主　　任：肖从真

副主任：王翠坤　李建辉　刘军进

编　　委：徐自国　田春雨　陈　凯　薛彦涛　高　杰　杜义欣

唐　意　刘　枫　张　宏　任重翠　孙　超　李寅斌

序

  高层建筑为解决大城市中心区用地紧张问题提供了一种有效的解决途径，同时也为建筑行业多学科交叉技术融合、发挥经济综合聚集效应等提供了良好的载体，可以说在城市建设与经济发展过程中，发展高层建筑已经成为一种必然选择。目前，高层建筑已成为我国最量大面广的建筑形式。近年来新技术、新材料和新工艺在高层建筑领域得到快速和广泛应用，新型建筑和结构形式不断涌现，同时，因其体量巨大、功能复杂、人员密集等原因，给结构抗震、抗风设计与施工等带来了一系列全新挑战。保障高层建筑的安全已成为关乎国计民生的重大需求。

  近二三十年，随着计算技术的飞速发展，仿真分析技术实现了从局部到整体、从线性到非线性、从静力到动力的突破，同时，由于仿真分析技术成本低、易于实现等原因，它在土木工程领域的作用也越来越突出。针对目前高层建筑结构日益突出的复杂抗震、抗风、施工等难题，仿真分析技术可以比较真实、准确地揭示结构整体受力机理和破坏全过程，从而探索出提升高层建筑结构安全性和经济性的有效措施和方法。因此，研究高层建筑结构仿真分析技术具有重要的理论和工程意义。

  《高层建筑结构仿真分析技术》从抗震性能静动力弹塑性仿真分析技术、施工过程模拟及预变形仿真分析技术、抗连续倒塌仿真分析技术、减隔震仿真分析技术、风工程仿真分析技术、性能试验仿真技术以及性能化设计方法与仿真分析 7 个方面系统介绍了高层建筑结构仿真分析技术理论，而且结合了大量仿真分析技术应用工程案例，包括上海中心、深圳平安金融中心、中央电视台总部大楼（主楼）、北京当代万国城、法门寺合十舍利塔、天津津塔、成都凯德风尚项目等 50 余项大型工程，是一本理论与工程实际紧密结合的佳作，可供从事高层建筑结构设计和科研人员参考使用。

  应该指出的是，随着仿真分析技术的迅猛发展和在结构领域的广泛应用，我国工程技术人员发挥了极大的主观能动性与创造性，针对复杂的工程技术问题，给出了许多有效的针对性解决技术与方案，积累了大量的实践经验。但由于土木工程领域对仿真分析技术的需求和要求越来越高，例如复杂高层建筑结构的精细化性能分析、建筑群乃至整个城市抗震性能分析、综合防灾性能分析等，结构仿真分析技术还有待于进一步深入、系统性地研究。希望《高层建筑结构仿真分析技术》一书有助于促进结构仿真分析技术进步，提升我国建筑结构设计水平。

2020 年 5 月

前　　言

在我国经济腾飞的时代背景下，高层建筑在我国迅速发展，它已经成为我国最量大面广的建筑形式。随着结构材料性能的提高、加工工艺的进步和结构施工技术水平的提升，高层建筑造型与功能愈来愈复杂、结构体系更加多样化，导致高层建筑结构设计面临的挑战和问题越来越多，而仿真分析技术是解决以上问题的有效手段之一。因此，研究高层建筑结构仿真分析技术，具有十分重要的理论意义和实用价值。

目前，单一的结构仿真分析技术较为成熟，例如弹塑性仿真分析技术、施工过程模拟仿真分析技术、性能试验仿真技术等，但主要以单一理论模拟分析为主，缺少系统性，同时，缺乏与结构专业知识的紧密结合，主要由于结构仿真分析技术不仅要熟练掌握计算分析软件，还需具有深厚的结构专业知识和丰富的设计经验。因此，为了方便设计和科研人员全面、系统地了解和掌握高层建筑结构仿真分析技术，我们编著了本书。

本书从抗震性能静动力弹塑性仿真分析技术、施工过程模拟及预变形仿真分析技术、防连续倒塌仿真分析技术、减隔震仿真分析技术、抗风仿真分析技术、性能试验仿真技术以及性能化设计方法探索与仿真分析 7 个方面系统介绍了高层建筑结构仿真分析技术体系，它是我们整个团队近 20 年来的技术探索和积累，成果已在上海中心、深圳平安、广州西塔、天津津塔、北京当代万国城、大连国贸等 50 余项工程项目中成功应用，取得了良好的社会和经济效益。

本书共分为 8 章。第 1 章为绪论，介绍了我国高层建筑结构当前面临的主要复杂问题和本书的主要内容；第 2 章为高层建筑结构抗震性能静动力弹塑性仿真分析技术，阐述了静动力弹塑性仿真分析理论和方法，结合对 ABAQUS 软件的二次开发，详细介绍了静动力弹塑性仿真分析技术在结构构件、整体结构试验和实际工程中的应用；第 3 章为高层建筑结构施工过程模拟及预变形仿真分析技术，介绍了主体结构施工过程模拟、预变形分析理论及实现方法，分析了地基不均匀沉降、混凝土收缩和徐变对施工过程的影响，研究了施工模拟及预变形技术在实际工程中的应用技术；第 4 章为高层建筑结构防连续倒塌仿真分析技术，首先提出了完善的防连续倒塌动力弹塑性数值分析方法，介绍了防连续倒塌仿真分析技术在框架结构、典型高层建筑、复杂空间结构中的应用技术，并给出了相应的防连续倒塌设计要点；第 5 章为高层建筑结构减隔震仿真分析技术，主要从隔震和减震两个方面介绍了高层建筑结构减隔震产品、设计方法和工程应用；第 6 章为高层建筑结构抗风仿真分析技术，主要介绍了高层建筑风洞试验仿真技术、风致振动仿真分析技术和 CFD 数值模拟仿真分析技术；第 7 章为高层建筑结构性能试验仿真技术，介绍了结构节点及构件、整体结构模型进行静力、拟静力、拟动力、振动台试验的理论和测试技术，结合大量的高层建筑结构模型振动台试验结果，给出了相应的设计建议；第 8 章为高层建筑结构性能化设计方法探索与仿真分析，提出了一种基于预设屈服模式的抗震性能化设计方法，并采用该方法对体型收进高层建筑结构进行仿真分析计算。全书统稿工作由肖从真、李建辉共同完成。本书的编写过程中，还得到了中国建筑科学研究院有限公司工程咨询设计院许多同事的大力协助，作者在此深表感谢！

鉴于作者水平和时间有限，书中错误和疏漏之处难免，敬请广大读者批评指正。

肖从真

2020 年 6 月

目　录

第**1**章

绪　论

1.1　高层建筑的复杂性日益提高

随着社会经济的发展，计算分析手段的完善，结构材料性能的提高，加工工艺的进步和结构施工技术水平的提升，高层建筑已发展成为我国主要的建筑形式。由于建筑师追求独特的建筑效果以及部分国家及地区对建筑物高度的追求，致使现代建筑物的造型突破传统，超高层建筑也纷呈出现。新颖造型的高层建筑以及超高层建筑不仅对材料提出要求，对施工过程的安全性控制、建造完成后空间位形的准确性均提出了更高的要求。

复杂高层建筑主要体现在三个方面：高度超限、结构平面布置不规则、结构竖向布置不规则。复杂高层建筑结构包括：带转换层高层建筑结构、巨型结构、连体结构、悬挂结构、带加强层的超高层建筑结构、超大悬挑结构、新型结构体系等。

1.1.1　第一类：造型复杂（悬挑、连体、倾斜、扭曲等）

国内外一些复杂高层建筑结构见图 1.1-1～图 1.1-10。

图 1.1-1　中央电视台总部大楼（主楼）

图 1.1-2　北京当代万国城

图 1.1-3　成都来福士广场

图 1.1-4　陕西法门寺

图 1.1-5　深圳证券交易所广场

图 1.1-6　郑州国家干线公路物流港

图 1.1-7　迪拜空中椰林

图 1.1-8　科威特阿尔哈姆拉大厦

图 1.1-9 西班牙扭转大厦

图 1.1-10 迪拜舞蹈大厦

1.1.2 第二类：高度超限很多

超高层建筑一直是建筑结构领域发展的热点方向，近年来更是发展迅速，国内外涌现出一大批富有影响力的超高层建筑（图 1.1-11～图 1.1-15），据不完全统计，世界上已建、在建及拟建的 400m 以上超高层建筑已达到 40 多座，结构极限高度不断被刷新，如已建成的迪拜哈利法塔，结构高度已经达到 828m。

图 1.1-11 台北 101 大楼

图 1.1-12 迪拜哈利法塔

图 1.1-13 广州新电视塔

图 1.1-14　上海金茂大厦和上海环球金融中心、上海中心　　　图 1.1-15　印度孟买塔

1.1.3　第三类：结构体系复杂

　　高层建筑结构基本类型为框架、框架-剪力墙、剪力墙、框支剪力墙、框架-核心筒和筒中筒等结构。钢-混凝土混合结构、钢管混凝土结构可有效地将钢、混凝土以及钢-混凝土组合构件进行组合，发挥钢和混凝土两种材料各自的优势，近年来得到了较大的发展。同时，由于设计分析技术、施工技术以及材料的发展，一些新型结构体系逐渐出现。如复杂拉索结构、外部交叉网格结构、巨型结构、悬吊结构。随着不断出现的新颖建筑造型，必然导致结构体系及节点构造跟随演化。复杂奇异的建筑造型往往同时带来结构体系及节点连接的复杂化，有时造成不合理的结构受力体系。

　　图 1.1-16～图 1.1-23 列出了一些复杂结构体系的高层建筑，包括：带伸臂桁架和带

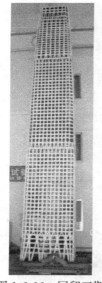

图 1.1-16　国贸三期　　　图 1.1-17　广州西塔　　　图 1.1-18　北京电视　　　图 1.1-19　天津津塔
　　　　带伸臂桁架和　　　　　交叉网格结构　　　　中心巨型框架结构　　　　钢板剪力墙
　　　　带状加强桁架

状加强桁架的超高层建筑、外部交叉网格结构、巨型结构、钢板剪力墙＋外伸刚臂抗侧力体系、空间多面体延性钢架结构、多重结构体系等。

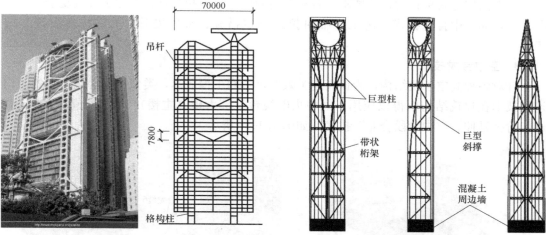

图 1.1-20　香港汇丰银行悬吊结构　　　　图 1.1-21　上海环球金融中心多重结构体系

图 1.1-22　立方空间多面体延性钢架结构

图 1.1-23　深圳万科中心斜拉结构

1.1.4 第四类：施工技术复杂

针对高层建筑项目的特殊要求，各种专门的施工技术和综合施工方法日益复杂，并不断发展，如空中合龙技术、施工中临时拉结稳定措施、整体提升、关键构件后延迟施工等。

1. 空中合龙技术

针对各种高空悬挑结构，为提高施工效率，节约工程成本，类似桥梁合龙施工的结构连接技术在建筑结构中得以应用。如中央电视台总部大楼（主楼）"两塔悬臂分离安装、逐步阶梯延伸、空中阶段合龙"技术，如图 1.1-24 所示。

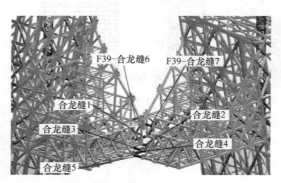

图 1.1-24　中央电视台总部大楼（主楼）大悬臂阶梯延伸、空中合龙

2. 施工过程中增设临时拉结稳定措施（图 1.1-25）

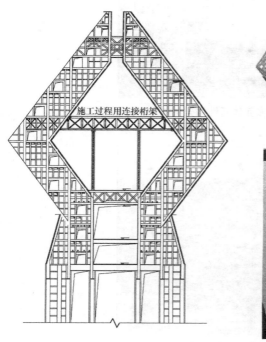
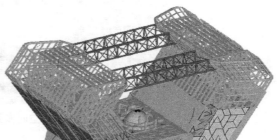

图 1.1-25　陕西法门寺合十舍利塔双塔中部施工过程中增设临时拉结桁架（后拆除）

3. 空中连桥整体提升技术（图 1. 1-26、图 1. 1-27）

图 1.1-26 北京万国城连桥提升

图 1.1-27 中国国家博物馆屋盖钢结构整体提升

4. 关键构件后延迟施工技术（图 1. 1-28）

图 1.1-28 超高层建筑伸臂桁架后延迟连接

1.1.5 第五类：超高层建筑的风荷载复杂

超高层建筑风荷载有时会超过地震作用成为主控荷载，当建筑造型复杂或多个高层建筑出现群塔效应时，风荷载分布存在复杂性。

1. 建筑造型复杂引起的风荷载作用的复杂性（图 1.1-29、图 1.1-30）

图 1.1-29　迪拜空中椰林　　　　　　　图 1.1-30　科威特阿尔哈姆拉大厦

2. 多个高层建筑塔楼引起的群楼风荷载效应（图 1.1-31、图 1.1-32）

图 1.1-31　望京 SOHO　　　　　　　图 1.1-32　大连万达中心

3. 高层建筑的横风向风荷载作用

高层结构的风荷载可分为顺风向风荷载、横风向风荷载和扭转力矩。

顺风向风荷载主要是由作用在迎风面的正压和背风面的负压共同决定的，其平均值与来流风速有明确的函数关系，而脉动部分与来流的脉动有较好的一致性，因此在理论上可以根据准定常假设和大气湍流的基本特性，利用气动导纳和响应函数得以量化。

横风向风荷载则与钝体绕流的漩涡脱落密切相关。漩涡脱落是一种非常复杂的流体力学现象，对于不同截面形状和不同雷诺数（$Re=UL/\nu$，右端项分别为来流风速、建筑特征尺度、空气的黏性系数）的流动，漩涡脱落的情况和无量纲频率（Strouhal 数，$St=fD/U$，右端项分别为漩涡脱落频率、迎风宽度和来流风速）有很大区别。

对于高层建筑来说，由于其顶部风速较高，而固有频率较低，因此往往会出现漩涡脱落频率与自振频率接近的情况。此时，建筑物将会产生明显的横风向振动，横风向风荷载将远高于顺风向风荷载，必须采取调整结构、安装 TMD 等措施来降低横风向共振的危害，以确保建筑物的安全。

1.2 本书主要内容

1.2.1 高层建筑结构抗震性能静动力弹塑性仿真分析技术

弹塑性仿真分析（又称弹塑性计算）是指考虑到建筑结构材料实际应力应变以及构件受力变形相关关系的非线性及塑性特征，采用能够正确反映上述非线性或弹塑性特征的材料本构关系抑或构件内力与变形的宏观非线性及弹塑性关系，进行结构地震作用下响应的全过程计算分析。与弹性分析相比，结构地震响应的弹塑性分析中考虑了在实际的强震发生过程中，由于建筑材料的特性和延性结构设计思想，建筑结构尤其是钢筋混凝土结构均会由弹性逐渐进入塑性状态的客观事实，被视为是掌握结构抗震性能、检验结构破坏机制、了解结构在大震作用下的抗震需求最为准确的方法。

近几年随着计算机性能的不断提高与计算力学的发展，出现了许多基于有限元技术的分析软件。目前用于高层建筑结构弹塑性分析的计算程序主要有两大类：一类是土建领域常用的国际通用分析程序，如 ETABS、SAP2000、MIDAS 等，以及国内自主开发的弹塑性分析程序，如 EPDA 等；除此以外，原用于航空航天、汽车等领域的大型非线性分析程序 ANSYS、ABAQUS、LS-DYNA 等已开始在高层建筑实际工程中得到应用。这些软件虽然都具有完成结构弹塑性计算分析的功能，但是彼此所采用的弹塑性分析技术，如材料本构模型、构件弹塑性模拟方式及整体模型的构建等，存在着明显的差异。

本书高层建筑结构抗震性能静动力弹塑性仿真分析主要包括以下内容：

（1）针对当前工程应用中采用的结构弹塑性仿真分析技术进行总结及研究，尤其是结构弹塑性分析技术中最为关键的分析模型构建方法、构件弹塑性行为的模拟方法、材料本构模型以及整体结构抗震性能弹塑性仿真分析方法等。

（2）经过多年的研究与比较，ABAQUS 软件在材料弹塑性本构模型、单元类型、计算功能与效率等方面优势明显，特别是拥有十分便利的用户二次开发功能，成为应对结构，尤其是高层建筑结构弹塑性分析工作的最给力工具之一。结合 ABAQUS 软件提供的功能，研究其在结构弹塑性分析方面的具体技术。

（3）基于课题组进行的结构构件及整体结构试验研究成果，采用弹塑性分析方法进行试验的仿真分析，研究结构弹塑性分析中关键技术的有效性及其可靠性。

（4）结合课题组近年来完成的实际工程结构的静力或动力弹塑性分析工作，揭示结构弹塑性仿真分析技术对于结构抗震设计及抗震性能的作用。

1.2.2　高层建筑结构施工过程模拟及预变形仿真分析技术

复杂结构的施工过程是一个结构体系及其力学性态随施工进程非线性变化的复杂过程，是一个结构从小到大、从简单到复杂且体系和边界条件不断变化的成长过程。施工过程中结构体系及其力学性态都在发生变化，结构体系在每一阶段的施工过程中，都可能伴随有结构边界条件的变化（边界约束形式、位置及数量随时间变化）、结构体系的变化（结构拓扑及结构几何随时间变化）、结构施工环境温度的变化及预应力结构中预应力的动态变化等，其中包括结构响应中可能出现的几何非线性（如大位移、大转角，甚至有限应变）、边界条件的非线性（如随时间变化的接触边界条件）、材料非线性等现象。结构体系在每一施工阶段的力学性态（如内力和位移）必然会对下一施工阶段甚至所有后续施工阶段结构的力学性态产生影响。对于超高层建筑，带超大悬挑、连体的复杂结构，考虑建造的施工过程与否，对结构构件的内力分布和最终状态有明显影响。

施工过程结构分析应结合施工方案进行，通过建立合理的、适应分析目的精度需要的经简化处理的分析模型，准确反映施工引起的结构刚度变化过程，施加与施工状况相一致的荷载与作用，最终得到施工过程中准确的结构内力和变形。

施工过程模拟及预变形仿真分析技术主要有如下几方面作用：

（1）在施工方案正式实施前，通过施工模拟分析可以明确施工中危险环节的出现时机以及受力关键部位，验证施工方案的可行性和安全性，必要时进行加强和改进，并再次进行施工模拟计算。需要时，对某些构件采用延迟安装技术。

（2）准确获得施工过程中的构件内力，并进行适当的控制。对施工过程模拟分析结果进行分析，如发现构件应力状态异常或超出结构设计人员预期，则需调整施工方案、结构设计或采取临时补强措施，以控制施工过程构件内力实现施工安全。以施工模拟得到的构件内力作为初始内力，和后续荷载效应（如后加非结构恒载、活载、风载、地震作用等）进行组合，则结构设计会更为合理。

（3）通过预变形分析技术，可确定出结构加工预调值和施工安装预调值；按照新的施工安装预调值对加工预调后的构件进行施工，可使得建成的结构在指定荷载状态下达到设计目标位形，避免超高层建筑因竖向压缩变形以及差异压缩变形而导致的层高偏差或楼面非水平状态，避免因层高变化带来电梯系统无法精确停靠楼层的不足。

（4）施工模拟计算结果可以作为施工过程结构安全性监测方案确定，以及监测结果的比对依据。

本书施工过程模拟及预变形仿真分析技术主要内容包括以下几个方面：

（1）主体结构施工过程模拟分析理论及实现方法；

（2）预变形分析理论和实现方法；

（3）地基不均匀沉降对施工模拟分析的影响；

（4）混凝土收缩和徐变对施工过程模拟分析的影响；

（5）施工模拟及预变形技术在实际工程中的应用技术。

1.2.3　高层建筑结构防连续倒塌仿真分析技术

本项研究内容主要包括以下五个方面：

（1）提出完善的连续倒塌动力弹塑性仿真分析方法

连续倒塌分析最为准确、最能符合实际情况的分析方法是动力弹塑性分析方法。由于连续倒塌分析中一般涉及结构破坏，在有限元分析上涉及大变形、大转角、高应变率、接触等强非线性问题，对于该类问题的分析，显式积分具有容易收敛的强大优势。目前国际上公认的显式动力有限元分析程序有 ABAQUS/EXPLICIT、LS_DYNA、AUTODYN、MSC. DYTRAN 等。本书以能够较好地模拟钢筋混凝土本构的有限元程序 ABAQUS/EXPLICIT 和 LS_DYNA 为例，研究了单元特性、本构关系及其参数确定，以及其他动力分析中的具体问题，总结出一套完善的动力弹塑性分析方法。

（2）进行框架结构倒塌试验并验证仿真分析方法

为验证本书提出的动力弹塑性分析方法的准确程度，进行了 3 个框架的地震倒塌试验，改变 3 个框架结构首层柱的高度及其配筋，研究层刚度比对框架结构抗震性能的影响。通过本书提出的动力弹塑性分析方法对框架结构进行地震倒塌分析，验证数值模拟仿真分析方法与试验结果的吻合性。

（3）进行典型结构体系高层建筑的工程实例连续倒塌分析

利用本书提出的方法，对典型框筒结构及筒中筒结构工程实例进行地震倒塌分析及关键构件破坏的连续倒塌分析，分析结构证实按照现行规范设计、结构体系合理的框筒或筒中筒混凝土高层建筑，具有良好的抗地震倒塌及防连续倒塌能力。

（4）进行复杂空间结构偶然荷载作用下的连续倒塌分析

对一高层大跨空间圆柱壳联方网格钢结构进行关键构件破坏的连续倒塌分析及失稳状态下的连续倒塌分析，分析结果表明，该结构关键构件只会引起结构的局部破坏。联方网格空间结构失稳时会引起结构的连续倒塌，需特别重视其稳定问题。

（5）总结高层建筑防连续倒塌设计要点

结合我国现行建筑结构规范，在连续倒塌分析的基础上，总结提出了高层建筑连续倒塌分析的要点及防连续倒塌设计要点。

1.2.4 高层建筑结构减隔震仿真分析技术

高层建筑结构隔震技术主要包括以下几方面内容：

（1）对于隔震层最重要的关键部件——隔震支座（包括阻尼器）的理论分析模型，进行了深入的归纳分析。结合隔震技术的实际工程应用，研究了隔震支座与结构柱串联系统和组合支座的水平刚度特性及计算方法，考虑不同边界条件、不同参数对其特性的影响。

（2）针对高层、超高层建筑由于水平地震或风荷载作用下引起的结构支座出现拉力问题，研究适用的抗拉、抗拔装置。

（3）研究大尺寸、复合性能隔震支座（双橡胶支座串联后的组合隔震支座）的分析方法及产品性能试验研究。

（4）高层建筑隔震应用技术研究。高层建筑隔震、空中连廊结构隔震减震复合技术的设计计算方法和元件选型、性能试验、施工要求等，指出隔震减震复合技术在大型建筑中的应用。

（5）探讨隔震技术在既有结构加固改造中的应用，针对框架结构分析隔震技术在抗震加固中的可行性、经济性。

对于高层建筑结构减震技术，进行了屈曲约束支撑和金属剪切型阻尼器的研制、力学模型模拟、试验研究、作用效果分析等方面的研究。主要内容包括：

（1）屈曲约束支撑

① 从实际工程角度出发，设计了四个支撑构件，并对其耗能机制作了相应分析。

② 屈曲约束支撑的模型模拟。用该模型对试验结果进行了模拟，通过合理参数的选取，用该模型模拟屈曲约束支撑来进行结构的分析是可行的。

③ 屈曲约束支撑框架试验研究。从实际结构中取一榀三层的平面框架，按 1/3 的比例做成屈曲约束支撑框架模型进行拟静力试验，研究其破坏形态、滞回性能及骨架曲线特性等。

④ 单自由度屈曲约束支撑的作用效果分析。针对单自由度体系，在 El Centro 波下，通过对微分方程的直接求解，探索支撑屈服力以及刚度的合理选取，从而使结构位移反应最小。

⑤ 屈曲约束支撑工程应用。

（2）金属剪切型软钢阻尼器

① 研究不同特性软钢材料性能；

② 金属剪切型软钢阻尼器模型模拟计算分析；

③ 金属剪切型软钢阻尼器试验研究；

④ 金属剪切型软钢阻尼器实际工程应用。

1.2.5 高层建筑结构抗风仿真分析技术

本项研究主要通过风洞试验和数值分析两种技术手段，对高层建筑的安全性和舒适性进行仿真分析研究。主要内容包括：

（1）高层建筑风洞试验仿真技术

风洞试验至今仍是进行建筑结构抗风分析的主要研究手段。刚性模型风洞试验获得的风压时程，是进行风致振动仿真分析的基础。因此，开发和完善高层建筑的风洞试验技术，是进行高层建筑抗风仿真研究工作的关键一环。主要研究内容包括：开发和集成大规模海量测点的风洞测压试验设备，为风振仿真分析提供基础数据；研究高频底座天平测力的数据修正和分析方法，以克服天平测力试验的局限性。

（2）高层建筑风致振动仿真分析技术

对于大多数高层建筑来说，尽管自振周期较长、柔度较大，但在满足结构设计规范的前提下，其变形量仍然是相对比较小的，因而一般情况下其流固耦合效应并不显著。可采用随机振动的计算原理，以风洞测压试验或测力试验的数据为基础，进行高层建筑风致振动仿真分析研究。主要研究内容包括：开发结合风洞测压试验进行风振分析的高效算法；研究不同方向等效静风荷载的组合方式；拓展风振分析的研究范围。

（3）高层建筑 CFD 数值模拟仿真分析技术

CFD 数值模拟是近 20 年来随着计算机水平高速发展逐渐兴起的产物。由于大气湍流问题的复杂性，迄今为止 CFD 数值模拟尚不能完全代替风洞试验，但其仍是风洞试验的必要补充，而且在很多情况下可以完成风洞试验中难以实现的仿真课题。因此，本书主要通过 CFD 数值模拟，解决风环境舒适度评价和优化设计问题，并研究采用 CFD 数值模拟手段进行风致噪声评估的基本方法。

1.2.6 高层建筑结构性能试验仿真技术

对高层建筑结构进行的试验仿真研究主要是指针对结构整体或者局部，制作试验模型，在试验模型上施加边界条件和荷载，重现或者预测结构在各种作用下的反应，实现对结构的物理仿真。

根据试验针对的对象，可将试验仿真技术分为节点及构件试验、结构整体性能试验；根据试验手段，可以分为静力试验、拟静力试验、拟动力试验、振动台试验等。本书主要对高层建筑结构的试验仿真技术进行研究，主要内容包括：

（1）节点及构件试验

结合大量的典型高层建筑节点与构件的试验仿真工作，对节点与构件的试验仿真技术进行研究，包括试件设计原理及方法、试验模型设计、试验数据测量、试验结果分析与结构分析方法，给出了部分典型试验研究成果。通过研究，提高节点及构件试验仿真技术的水平，更好地为高层建筑结构技术的进步服务。

（2）整体结构静力试验

结合典型的高层建筑拟静力试验，对建筑结构整体的静力试验仿真技术进行研究，包括试件设计、试验加载技术与控制技术、试验数据测量技术、试验数据处理技术与结构分析方法。通过数值仿真分析结果与试验结果的对照，表明试验仿真结果的可靠性。

（3）整体结构动力试验

以大量的实际结构的模型振动台试验为基础，进行了动力模型试验中构件的模拟方法、相似比理论、试验数据处理方法等专题的研究，给出了部分典型工程的试验结果，总结了各种不同类型的高层建筑结构在地震作用下的受力特点，分析了一些共性的问题并给出了设计建议。

1.2.7 高层建筑结构性能化设计方法探索与仿真分析

（1）基于预设屈服模式的抗震性能化设计方法

针对当前高层建筑抗震性能化设计面临的问题，提出了基于预设屈服模式的抗震性能化设计方法，给出了该设计方法的设计流程和软件实现方法。该方法可以提高高层建筑结构在设防烈度地震和罕遇地震作用下反应谱分析的计算精度，从而实现高层建筑结构抗震设计由不规则性控制到破坏模式控制的转变。

（2）体型收进高层建筑结构仿真分析

以一座体型收进的复杂高层建筑为研究对象，论证基于预设屈服模式的抗震性能化设计方法的可行性。首先对该结构的基本概况进行了介绍并采用规范（普通）方法进行结构设计，进而分别采用规范（性能化）设计方法和基于预设屈服模式的抗震性能化设计方法对该结构进行抗震性能提升。罕遇地震作用下的弹塑性分析结果表明：规范（普通）方法无法保证本书的体型收进结构在罕遇地震作用下的安全。规范（性能化）设计方法虽然可以提升结构的抗震性能，但尚不能保证结构在罕遇地震下的安全。而采用基于预设屈服模式的抗震性能化设计方法设计的结构则具有良好的抗震性能和经济性。

第**2**章

高层建筑结构抗震性能静动力弹塑性仿真分析技术

2.1 概述

目前，在建筑结构抗震性能研究中主要采用的手段有理论分析、试验研究及计算机仿真分析三种，其中理论分析与试验研究历史悠久，在结构抗震研究及理论的诞生和发展过程中起了不可估量的作用。目前世界各国的建筑结构设计规范中的设计公式基本都是在大量的试验数据基础上辅以理论分析而给出的，而且当遇到体型特殊、结构复杂的工程结构时，往往还要通过关键部位或整体结构的模型试验来验算设计理论并改进设计方法。计算机仿真，又称计算机模拟，是从 20 世纪 60 年代开始随着计算机的发展而产生的新的科学研究方法。在建筑结构抗震领域中，最初的仿真技术主要是利用计算机进行数值求解一些难以给出解析表达的复杂方程，但是随着有限元理论以及近二三十年计算机硬件与软件技术的快速发展，出现了许多高性能的有限元计算软件和计算设备，计算机仿真分析在结构工程领域中的作用也因而越来越突出。借助数值模拟与计算机仿真技术，针对结构进行地震响应分析，在使得许多过去无法确定的工程问题获得了定量解答的同时，节约了大量的设计时间并降低了设计成本，已经成为目前研究建筑工程结构地震响应及抗震性能中应用最广泛、最主要的手段之一。

对应于我国建筑结构抗震研究及设计中"三水准，两阶段"的基本思想与设计方法，工程应用领域中建筑结构在地震作用下的抗震性能仿真分析可以简单划分为弹性仿真分析与弹塑性仿真分析。其中弹性仿真分析主要应用于"两阶段"设计中的第一阶段（即"小震弹性承载力验算"），是指将结构及其构件均假定处于弹性状态，结构构成材料应力与应变符合线弹性关系，并采用弹性计算分析方法研究结构在地震作用下的响应，获得建筑结构在多遇地震作用下的内力和变形。结构弹性地震响应分析内容主要包括振型分解反应谱分析以及弹性时程分析两种。其中反应谱法（加速度反应谱）是将影响地震作用大小和分布等各种因素通过加速度反应谱曲线予以综合反映，结构的地震响应是利用反应谱得到地震影响系数，继而得到作用于建筑物的拟静力水平地震作用，进而得到结构地震作用下的位移及内力包络值。弹性时程分析方法则是根据建筑物所在地区的基本烈度、设计分组判断估计和建筑物所在场地的类别，选取适当数量的比较适合的地震地面运动加速度记录时程曲线，通过时程积分求解运动方程，直接求出建筑结构在地震动全过程中的位移、速度、加速度和内力。弹塑性仿真分析（又称弹塑性计算）是指考虑到建筑结构材料实际应力应变以及构件受力变形相关关系的非线性及塑性特征，采用能够正确反映上述非线性或弹塑性特征的材料本构关系或构件内力与变形的宏观非线性及弹塑性关系，进行结构地震作用下响应的全过程计算分析。与弹性分析相比，结构地震响应的弹塑性分析中考虑了在实际的强震发生过程中，由于建筑材料的特性和延性结构设计思想，建筑结构尤其是钢筋混凝土结构均会由弹性逐渐进入塑性状态的客观事实，被视为是掌握结构抗震性能、检验结构破坏机制、了解结构在大震作用下的抗震需求最为准确的方法。

值得指出的是，为了适应现代社会对结构抗震性能的要求，抗震工程界提出了基于性能的抗震设计思想，并经过多年的发展与完善，已逐步成为结构抗震设计方法的一种发展趋势。我国现行的《建筑结构抗震设计规范》GB 50011—2010 以及《高层建筑混凝土结构技术规程》JGJ 3—2010 也首次明确给出了在我国建筑结构设计中基于性能思想的抗震设计方法与规定。与现有常规方法相比，基于性能抗震设计方法实际上是对多级抗震设防思想的全面深化、细化、具体化和个性化，其设计目标不仅是为了保证生命安全，同时也要控制结构的破坏程度，使得各种损失控制在可以接受的范围内。显然，为了实现上述设计目标，传统线弹性分析已无法满足需要，必须采用弹塑性分析手段才能给出结构破坏程度和变形性能的合理判据。

综上所述，随着经济及社会的发展，为了减轻地震灾害对经济及社会的冲击，人们对建筑抗震的要求除了基本的生命安全外，还对地震期间建筑的使用功能提出了更高的要求。采用弹塑性仿真分析技术，给出建筑结构在强烈地震作用下的弹塑性响应的定量解答，对掌握建筑结构发生地震灾变的全过程、探究结构抗震性能及其破坏的内在规律，保证基于性能的抗震设计思想和要求的切实实现，减轻地震灾害对经济及社会的冲击，已经成为结构抗震研究及工程设计人员的迫切需要。

但应该承认的是，虽然结构弹塑性分析理论及方法的提出已经有相当长的时间，但实际应用于工程实践也仅有十余年的时间，还有很多关键问题尚未得到很好的解决，需要进一步的研究。例如：

（1）材料的弹塑性本构关系及其选择。材料的本构模型是结构弹塑性分析的本质，也是一直以来研究人员最为关注的问题之一。混凝土是应用最为普遍的建筑材料之一，迄今为止许多学者根据各自试验结果提出了不少本构理论，包括弹性理论、非线性弹性理论、弹塑性理论、黏弹性理论、黏塑性理论、断裂力学理论、损伤力学理论、内时理论等。但是由于混凝土材料自身的复杂性以及试验方法的差异，目前还没有一种理论模型被公认为可以完全描述混凝土材料的本构关系。特别是涉及工程结构的弹塑性分析工作时，有些本构关系虽然能比较好地反映材料在复杂应力状态下的应力应变关系，但是其表达形式复杂，采用参数过多，使用十分不便。如何在充分考虑材料特性的基础上，综合考虑结构工程设计人员理解、掌握的便易性，选择既能描述材料弹塑性特征、损伤及破坏模式，又具有足够工程精度与计算效率的合理本构关系，是高层建筑结构弹塑性分析工作中的重要问题。

（2）结构弹塑性计算模型的构建方法。一般说来，结构的弹塑性模型越接近结构的真实非线性行为，弹塑性分析的结果就越可靠。早年间受到分析能力等诸方面因素限制，基于结构楼层的剪切层模型（多用于框架结构）、弯曲层模型（多用于剪力墙结构）最先得到应用。随着计算分析能力的提高，结构弹塑性模型的构建已经深入到构件层次，基于构件的宏观弹塑性模型以及基于构件关键截面的集中塑性铰模型等获得广泛应用。而且，近年来我国工程结构的复杂程度进一步加大，使得工程应用对计算的进一步精细化提出了更高要求，模型适应性更强、结构弹塑性行为反映更精细的基于微观材料弹塑性以及精细有限元的结构弹塑性分析也逐步得到应用。但是需要指出的是，随着数值计算模型的越发精细化，弹塑性分析的建模工作量和计算量也大幅增大，过于精细的分析模型会造成计算效率的大幅下降，甚至整个计算无法完成，而且由于钢筋混凝土结构弹塑性行为的复杂性，有时需要考虑试验及实际情况进行合理修正才能更为准确地反映一些特殊的受力行为。总之，结构尤其是高层建筑结构的弹塑性分析如何选择合理、适用的计算模型，实现计算精度与求解效率的和谐统一，是值得研究的问题。

（3）如前所述，基于性能的结构抗震设计是近年来现代高层建筑结构设计的重要技术进步和创新，我国规范在具体应用过程中根据具体国情也给出了相关规定与实施办法。弹塑性分析作为基于性能的抗震设计的重要技术保障，亦应该正确体现上述要求。正如徐培福等（2005）指出的，"基于性能设计的计算分析应特别详尽，上述性能要求中的构件承载力、变形计算、屈服后的性能，均以比较正确的计算分析和能反映结构实际受力状态的合理力学模型为前提。……构件的物理参数和恢复力模型应符合中国结构构件的材料性能和构造特点，不宜随意套用国外的设计参数"。由此可见，如何与我国设计规范、设计经验以及建造技术等因素相互结合，也是结构抗震性能弹塑性分析中尚需研究的重要内容。

2.2 高层建筑结构弹塑性仿真分析技术研究

高层建筑结构地震作用下抗震性能的弹塑性分析仿真技术主要涉及两个方面的问题：一方面是结构弹塑性分析模型的构建方法问题，包括弹塑性特性的考虑方式、构件模拟方法、结构地震作用下受力与变形特征的模拟方法等；另一方面则是在进行高层建筑结构抗震性能弹塑性仿真分析中所涉及的地震作用模拟方法问题。

2.2.1 结构弹塑性分析模型的构建

目前，已有的结构分析模型主要包括层模型、构件-层模型、构件宏观弹塑性模型以及精细有限元分析模型四种。其中前两种分析模型提出较早，主要是受到早期计算机硬件制约而提出的一种简化分析模型。近年来，随着计算机硬件及软件技术的快速发展，基于宏观弹塑性构件单元的模型及基于材料弹塑性本构关系的精细有限元分析模型已经逐步得到应用。

1. 层模型

层模型是最简单直观的结构计算模型，它将高层建筑结构视为一个变截面的悬臂构件，将楼层各构件刚度凝聚到一根杆中，将各层的质量集中于一个质点。层模型又包括剪切型、弯曲型、弯剪型，如图 2.2-1 所示。

层模型一般不考虑楼层扭转的惯性效应，因此属于平面结构分析模型。通过层模型进行弹塑性分析时，需采用层间滞回模型。层模型计算可以得到结构层间剪力与层间位移，可满足第二阶段抗震设计变形验算的需要。

显然，层模型的计算结果是比较粗糙和笼统的，它也不能给出各构件的内力和变形计算结果。实际上，在强震作用下，由于各抗侧力构件屈服的次序不同，且不同构件的滞回性能也各不相同，每层采用一个等效的恢复力模型来反映这一层所有构件的滞回性能是不尽合理的。因此层模型结构弹塑性分析的结果与实际结构的非线性反应会存在较大的出入。

2. 构件-层模型

构件-层模型是在层模型基础上的进步，在具体实施过程中，该模型的改进如下：

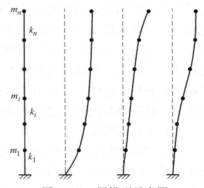

图 2.2-1 层模型示意图

（1）引入楼板平面内无限刚假定，将结构模型简化成等效的层间模型，将结构质量集中于楼层，并假定每一楼层在水平面内仅有三个动力自由度：两个平动及扭转，按楼层为计算单元建立和求解平衡方程；

（2）将结构楼层的弹塑性行为细化为由该楼层的主要结构构件的弹塑性性质共同确定，利用构件各自的恢复力模型，按构件体系确定结构层刚度。

构件-层模型可以抽象为考虑扭转的串联刚片模型，如图 2.2-2 所示。

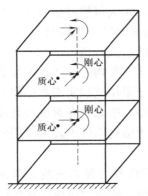

图 2.2-2 构件-层模型示意图

可以看出，构件-层模型楼层的弹塑性特征可以简化为由几个或者全部的竖向构件组成及提供，是层模型的一个进步。但是需要指出的是，虽然构件-层模型在进行弹塑性反应分析时的计算效率较高，但计算过程中仍需要以楼层为计算单元求解结构的弹塑性响应，模型总体存在较为粗糙的缺点，尤其是当超高层结构楼层侧向刚度存在较大变化时更是如此。

3. 构件宏观弹塑性模型

基于构件宏观弹塑性单元的分析模型是随着计算能力的发展，在构件-层模型的基础上的进一步细化。这种模型将结构中的每个构件划分为一个或几个单元，在有限位置模拟其塑性发展以及整个结构的非线性响应，并在建立和求解平衡方程过程中整体结构的刚度矩阵不再引入层模型假定而直接通过所有单元刚度矩阵集成形成，使得分析模型的适应性及分析结果的准确性大为提高。工程实践表明，实际结构尤其是高层建筑结构中的构件数量非常庞大，在进行弹塑性分析时采用基于宏观弹塑性单元的模型具有良好的分析效率和工程精度，因而也是目前较多采用的模型之一。

值得说明的是，构件宏观弹塑性单元模型中的"宏观"一方面是指由实际结构转换为数值分析模型时将梁、柱及墙肢等结构构件等代为一个或几个单元的组合，另一方面则是强调了这种单元是从构件的宏观受力特征（即力与位移关系）上模拟结构构件的屈服、损伤乃至破坏等弹塑性行为。构件宏观弹塑性单元常常采用如下基本假定：

（1）平截面假定

理论上，平截面假定仅适用于跨高比较大的连续匀质弹性材料的构件，对于由钢筋和混凝土组成的构件，由于材料的非均匀性，以及混凝土开裂，特别是在纵筋屈服、受压区高度减小而临近破坏的阶段，在开裂截面上的平截面假定已不适用。但是，考虑到构件破坏是产生在某一区段长度内的，而且试验结果表明，只要应变量测标距有一定长度，量测的截面平均应变值从施加荷载开始直到构件破坏，都能较好地符合平截面假定。因而，在宏观单元分析方法中仍采用构件（梁、柱等）正截面变形后依然保持平面、截面应变为直线分布，且钢筋与混凝土之间不发生相对滑移的假定。

（2）塑性铰假设

首先应明确的是，此处的"塑性铰"含义更为广泛，除熟知的传统意义上的弯曲塑性铰外，还可以是轴力、剪力及轴力、弯矩、剪力等的组合铰。构件的塑性主要发生在塑性铰上，并且事先指定可能发生塑性铰的位置。塑性铰描述可以采用构件试验获得的宏观荷载（N、M、V 等）与其相应变形（Δ、θ、Δ）之间的关系曲线，也可以采用截面分析获得的宏观荷载与截面应变（轴向应变或曲率）关系曲线进行。当采用后者时，模型则还须假设塑性区的长度。

在基于构件宏观弹塑性单元的模型中，根据构件宏观弹塑性的模拟方式、宏观弹塑性关系的本构模型以及计算参数的确定方法，可以简单划分为基于非线性恢复力关系的构件模型、集中塑性铰模型以及剪力墙宏单元模型三类。

（1）基于非线性恢复力关系的构件模型

土木工程科学最重要的基础是试验研究，长期以来人们积累了大量构件试验资料与数据。能在整体计算模型中，将相应构件的弹塑性行为直接采用试验实测的构件受力-变形的非线性关系数据进行模拟，是基于构件宏观弹塑性单元模型的一大特色。

迄今为止，国内外有很多学者都基于各自的试验研究提出了多种构件非线性恢复力本构关系模型，尤其集中于钢筋混凝土构件。虽然理论上可以完全采用试验实测数据作为构件弹塑性性质的描述，但为了保证数值计算的易用性，上述模型一般都是在对试验数据与曲线的连续化与简单化处理后提出的。下面仅对目前钢筋混凝土结构构件中较多使用的刚度退化三线型模型进行介绍。

如图 2.2-3、图 2.2-4 所示，用三段折线代表正、反向加载恢复力骨架曲线并考虑钢筋混凝土结构或构件的刚度退化性质即构成刚度退化三线型模型。该模型可更细致地描述钢筋混凝土结构或构件的真实恢复力曲线。根据是否考虑结构或构件屈服后的硬化状况，

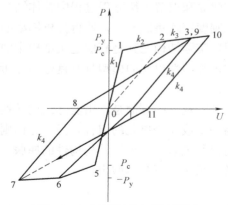

图 2.2-3　坡顶退化三线型模型

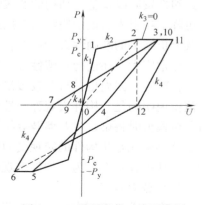

图 2.2-4　平顶退化三线型模型

刚度退化三线型模型也可分为两类：考虑硬化状况的坡顶退化三线型模型与不考虑硬化状况的平顶退化三线型模型。

刚度退化三线型模型具有如下主要特点：

① 三折线的第一段表示线弹性阶段，此阶段刚度为 k_1，点 1 表示开裂点。第二段折线表示开裂至屈服的阶段，此阶段刚度为 k_2，点 2 表示屈服点。屈服后则由第三段折线表示，其刚度为 k_3。

② 若在开裂至屈服阶段卸载，则卸载刚度取 k_1。若屈服后卸载，则卸载刚度取割线 02 的刚度 k_4。

③ 中途卸载（见图 2.2-4 中虚线 89 段）卸载刚度取 k_4。

④ 12 段（23 段）卸载至零第一次反向加载时直线指向反向开裂点（屈服点）。后续反向加载时直线指向所经历过的最大位移点。

应该说明的是，虽然可以直接将构件非线性恢复力关系的试验成果引入到整体结构模型以及弹塑性分析中，可以综合考虑构件因材料弹塑性特征及其他因素（如粘结滑移）的非线性行为，更为真实地描述构件以及整体结构地震作用下的弹塑性行为，但是由于技术以及客观条件的制约，基于试验往往仅能提供构件在某种荷载模式（如固定轴力＋水平往复荷载等）、单分量（如剪力或弯矩）作用下的非线性恢复力关系。因此对于受力模式简单的构件而言（如弯曲梁、二力杆等），刚度退化三线型模型具有应用方便且模拟效果好的优点，而当结构在双向地震或单向地震作用下，因不规则性等因素使得构件处于空间复杂受力模式时，不可避免地存在误差。

（2）集中塑性铰模型

构件弹塑性研究往往集中在构件局部位置的客观现象及其受力特征，在基于非线性恢复力关系的构件模型基础上，通过假定构件开裂、屈服以及破坏均发生在其局部位置，提出了构件集中塑性铰模型。

根据包含的内力参数，集中塑性铰模型可以简单划分为单内力分量铰（如单向弯曲铰、轴力铰等）、双内力分量铰（如双向弯曲铰等）以及三内力分量铰（如轴力＋双向弯曲铰）等。

1）单内力分量塑性铰模型

单内力分量铰，又称单轴弹簧模型，是将杆件的力-变形关系用设置在杆单元的两端（弯曲转动）、中间（剪切）、轴向（拉压和扭转）的非线性弹簧来代表，如图 2.2-5 所示。单轴弹簧模型可以是转动弹簧、剪切弹簧或拉压弹簧，用来表述杆件单元的单向弯曲、剪切、轴向伸缩等各变形分量的力和变形之间的关系。单轴弹簧模型也可以用于弹簧单元，用来表达各种边界条件，如连接、支承，或代表基础对建筑物的作用等。

单内力分量铰中的恢复力模型用于模拟构件单个内力分量与其相应变形的关系，是宏观非线性模型本构关系最简单的形式。根据恢复力曲线的形式分为曲线型和折线型两种。曲线型恢复力模型给出的刚度是连续变化的，与工程实际较为接近，但在刚度的确定及计算方法方面存在不足。目前较为广泛使用的是折线型模型，包括双线型、多线型、退化型、滑移型及组合型等。

如图 2.2-6 为陆新征-曲哲 10 参数（组合型三折线）恢复力模型示意图。可以看出，该模型通过开裂点、屈服点为折点的三段折线描述钢筋混凝土构件在受弯过程中经历的开

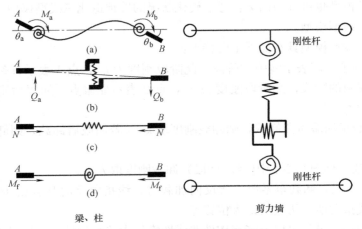

剛性杆

剪力墙

梁、柱

图 2.2-5　单内力分量塑性铰模型

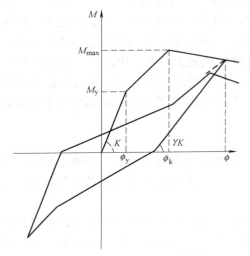

图 2.2-6　陆新征-曲哲 10 参数模型

裂、屈服以及破坏三个阶段。通过定义模型的其余参数可以模拟构件的刚度退化、强度退化以及滑移和捏缩效应。

单内力分量塑性铰模型实际上可以看作是基于非线性恢复力关系的构件模型的一种进步与细化，一方面，克服了基于非线性恢复力关系的构件模型仅能综合模拟一个构件在复合受力状态下的非线性行为的缺点，将引起构件屈服乃至破坏的主要因素得到了分离模拟，但另一方面也仍然具有难以模拟构件因空间受力而发生屈服乃至破坏的不足。

2）双内力分量塑性铰模型

双内力分量铰是针对结构构件受力状态为双轴及多轴受力状态（双向受弯或轴力＋单向受弯等），内力分量及其弹塑性变形存在相互耦合作用时而提出的。相对于单内力分量铰，双内力分量铰对于构件在无轴力或轴力基本恒定时的双轴受弯状态的弹塑性模拟更为准确及合理。

为了模拟构件双向受弯作用时的耦合作用，参照弹塑性理论思想，可以给出双弯矩空间的宏观塑性本构关系如下：

① 加载法则

开裂曲面　$F_c = \left(\dfrac{|m_x - m_x^c|}{m_{0x}^c} \right)^n + \left(\dfrac{|m_y - m_y^c|}{m_{0y}^c} \right)^n - 1 = 0$

屈服曲面　$F_c = \left(\dfrac{|m_x - m_x^y|}{m_{0x}^c} \right)^n + \left(\dfrac{|m_y - m_y^y|}{m_{0y}^c} \right)^n - 1 = 0$

式中，m_x、m_y 为 x 轴和 y 轴所受弯矩；m_x^c、m_x^y、m_y^c、m_y^y 依次为 x 轴和 y 轴开裂及屈服加载曲面中心坐标，且随开裂/屈服曲面的移动而改变；m_{0x}^c、m_{0x}^y、m_{0y}^c、m_{0y}^y 依次为

x 轴和 y 轴开裂/屈服弯矩承载力；n 为曲面指数。

② 加载曲面的移动规则——硬化法则

当加载点位于开裂加载曲面内时，截面处于弹性受力状态。当加载点到达开裂加载曲面上，截面开始开裂。若继续加载，开裂曲面与加载点一起运动。当加载点到达屈服面时，截面发生屈服。此时开裂曲面内切屈服面于加载点处。如果继续加载，则两个曲面与加载点一起运动。加载面一般假定服从随动硬化规则，即加载曲面运动时，它的形状和大小不发生变化，仅发生移动，随动硬化规则能够较好地模拟 Bauschinger 效应。根据 Mroz 硬化规则得到加载曲面中心的移动增量表达如下：

$$dM_c = \frac{\left[(M_u - I)M - (M_u M_y - M_y)\right]\frac{\partial F_y}{\partial M}dM}{\left(\frac{\partial F_y}{\partial M}\right)^T (M - M_y)\left[(M_u - I)M - (M_u M_y - M_y)\right]}$$

$$dM_y = \frac{(M - M_y)\frac{\partial F_y}{\partial M}dM}{\left(\frac{\partial F_y}{\partial M}\right)^T (M - M_y)}$$

式中，$dM = \begin{Bmatrix} dm_x \\ dm_y \end{Bmatrix}$ 为弯矩增量向量；$dM_c = \begin{Bmatrix} dm_x^c \\ dm_y^c \end{Bmatrix}$ 为开裂加载曲面中心移动增量向量；

$dM_y = \begin{Bmatrix} dm_x^y \\ dm_y^y \end{Bmatrix}$ 为屈服加载曲面中心移动增量向量；$M_u = \text{diag}\left(\dfrac{m_{0x}^y}{m_{0x}^c}, \dfrac{m_{0y}^y}{m_{0y}^c}\right)$；$\dfrac{\partial F_i}{\partial M} = $

$\begin{Bmatrix} \dfrac{\partial F_i}{\partial m_x} \\ \dfrac{\partial F_i}{\partial m_y} \end{Bmatrix}$ （$i = c$ 或 y）为塑性应变增量向量。

③ 流动法则

假定塑性流动沿加载曲面上加载点处的法线方向，而塑性变形为加载点所在加载曲面产生的塑性变形之和，得到：

$$dv_p = \left[\sum_i \frac{\left(\frac{\partial F_y}{\partial M}\right)\left(\frac{\partial F_y}{\partial M}\right)^T}{\left(\frac{\partial F_y}{\partial M}\right)^T [K_{vi}]\left(\frac{\partial F_y}{\partial M}\right)}\right]dM, (i = c, y)$$

式中，dv_p 为总塑性变形增量向量；K_{vi} 为塑性刚度阵。

④ 弯矩-曲率本构关系

假设截面变形等于弹性分量和塑性分量之和，可以得到弯矩-曲率本构关系如下：

弹性状态：$d\phi = K_e^{-1}dM$

开裂状态：$d\phi = \left[K_e^{-1} + \dfrac{\frac{\partial F_c}{\partial M}\left(\frac{\partial F_c}{\partial M}\right)^T}{\left(\frac{\partial F_c}{\partial M}\right)^T K_c\left(\frac{\partial F_c}{\partial M}\right)}\right]dM$

$$\text{屈服状态:} \quad d\phi = \left[K_e^{-1} + \frac{\frac{\partial F_c}{\partial M}\left(\frac{\partial F_c}{\partial M}\right)^T}{\left(\frac{\partial F_c}{\partial M}\right)^T K_c \frac{\partial F_c}{\partial M}} + \frac{\frac{\partial F_y}{\partial M}\left(\frac{\partial F_y}{\partial M}\right)^T}{\left(\frac{\partial F_y}{\partial M}\right)^T K_y \frac{\partial F_y}{\partial M}} \right] dM$$

式中，$d\phi$ 为截面曲率增量向量；K_c、K_y 依次为截面开裂及屈服塑性刚度阵，可以参照单轴弯矩-曲率关系曲线得到。

此外为了考虑双轴恢复力特性的耦合效应，可以在上述截面屈服塑性刚度阵中引入一个耦合系数 q 对正交方向的刚度进行折减，以模拟当一个轴的卸载刚度退化，即使截面另一个正交轴的变形及荷载很小亦会发生刚度退化的现象。

3）三内力分量塑性铰模型[4]

我们知道，地震作用下结构竖向构件（柱及剪力墙）的实际受力状态应为轴力及双向弯矩的共同作用，为了考虑轴力与双向弯矩的耦合作用，在双轴恢复力模型的基础上，将截面力-变形的宏观塑性屈服面修改为包含轴力项的形式，即形成了三内力分量塑性铰模型的本构关系。由于其余推导过程基本相同，这里仅给出两种屈服面的常用表达形式：

$$f(a) \equiv \left| \frac{M_y}{M_{0y}} \right| + \left(\frac{P}{P_0} \right)^2 + \frac{3}{4} \left(\frac{M_z}{M_{0z}} \right) = 1$$

$$f(a) \equiv 1.15 \left(\frac{P}{P_0} \right)^2 + \left(\frac{M_y}{M_{0y}} \right)^2 + 3.67 \left(\frac{P}{P_0} \right)^2 \left(\frac{M_y}{M_{0y}} \right)^2 + \left(\frac{M_z}{M_{0z}} \right)^4$$

$$4.65 \left(\frac{M_y}{M_{0y}} \right)^4 \left(\frac{M_z}{M_{0z}} \right)^2 + 3.0 \left(\frac{P}{P_0} \right)^6 \left(\frac{M_z}{M_{0z}} \right)^2 = 1$$

（3）剪力墙宏单元模型

剪力墙是高层建筑结构的主要竖向及抗侧力构件，与柱不同的是将剪力墙等代为杆系进行分析时，难于同时反映墙体弯曲与剪切变形的恢复力特性，特别是当出现裂缝后，墙体将产生的非对称弯曲变形。为了解决这一问题，Vulcano 和 Bertero 提出了一个由多竖向弹簧及水平弹簧共同组成的宏观弹塑性单元模型（MVLEM），如图 2.2-7 所示。在该模型中，上、下楼层位置为刚性梁，并将剪力墙横截面划分为若干份，每个区域以拉压弹簧来模拟，同时设置 3 个水平弹簧，包括双向剪切弹簧及扭转弹簧，共 6 个自由度。

根据试验观察，剪力墙的弯曲变形主要是由受拉边的变形引起的，中性轴靠近受压一侧。因此，对于剪力墙两侧位置，其轴向弹簧的受拉刚度与受压刚度有很大差别，通常在受压时可将混凝土视作弹性材料，而受拉时仅考虑钢筋的作用。

4. 精细有限元分析模型

与宏观单元不同的是，精细有限元是基于材料应力与应变弹塑性本构关系以及经典有限元方法的基础上建立的描述构件乃至整体结构弹塑性行为的方法。从理论上讲，精细有限元模型是最为符合有限元理论，也是适应性最好的结构弹塑性分析模型。

（1）纤维模型

纤维模型是进行钢筋混凝土梁、柱等杆系或类杆系受力构件弹塑性分析的一种较为精确的模型，可较好地模拟截面的滞回特性以及刚度沿杆长方向的连续变化，给出构件中不同截面以及同一截面不同位置渐次进入塑性的过程。

图 2.2-8 所示为一任意形状的构件截面示意图，截面可由混凝土、钢筋、型钢等不同

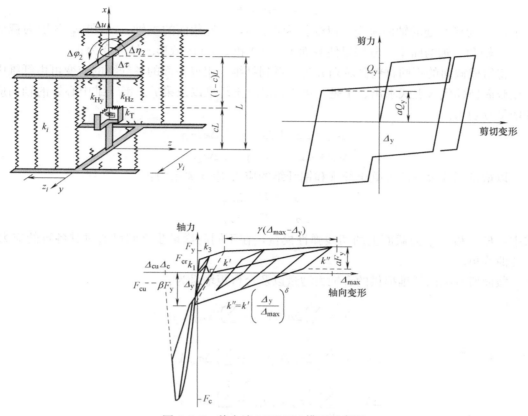

图 2.2-7 剪力墙 MVLEM 模型示意图

的材料所组成。如果采用纤维模型对此构件做非线性分析，通常基于以下几点假设：

1）构件在各受力阶段，在一定标距范围内的平均应变满足平截面假定；

2）不考虑钢筋与混凝土、型钢与混凝土之间的滑移；

3）组成截面的各纤维受力和变形状态采用各自的单轴应力-应变曲线来描述；

4）不考虑截面上应变梯度、矩形箍筋约束作用对混凝土材性的影响；

5）不考虑构件剪力对构件正截面受力的影响。

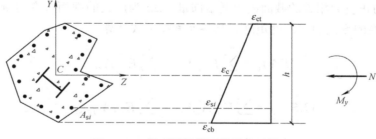

图 2.2-8 任意形状截面及平截面假定

为了建立单元刚度方程，首先对纤维模型梁柱单元进行截面分析。根据平截面假定，截面各点的轴向应变可以表达为：

$$\varepsilon = \varepsilon_0 + \kappa_y y + \kappa_z z$$

式中，ε_0 为形心处的轴向应变，以受拉为正；y，z 为截面的主轴；κ_y 和 κ_z 分别为截面关于 y 轴和 z 轴的曲率，分别以使截面上 $y>0$ 和 $z>0$ 区域形成拉应变为正。

将组成截面的不同材料区域划分为一系列纤维，组成截面的各纤维的应变可由纤维中心点截面坐标代入上式求出。于是，第 i 条混凝土纤维以及第 j 条钢纤维中心处的轴向应变增量分别为：

$$\Delta\varepsilon_{ci} = \Delta\varepsilon_0 + \Delta\kappa_y y_{ci} + \Delta\kappa_z z_{ci}$$

$$\Delta\varepsilon_{sj} = \Delta\varepsilon_0 + \Delta\kappa_y y_{sj} + \Delta\kappa_z z_{sj}$$

以增量形式表达的混凝土纤维和钢纤维的应力-应变关系为：

$$\Delta\sigma_{ci} = E_{tci}\Delta\varepsilon_{ci}$$

$$\Delta\sigma_{sj} = E_{tsj}\Delta\varepsilon_{sj}$$

式中，E_{tci} 和 E_{tsi} 为截面上的切线弹性模量，在不同的增量步之间可通过其各自的应力-应变曲线更新。

截面所有纵向纤维提供的合轴力增量以及合弯矩增量为：

$$\Delta N = \sum_{i=1}^{n_c} \Delta\sigma_{ci}A_{ci} + \sum_{j=1}^{n_s} \Delta\sigma_{sj}A_{sj}$$

$$\Delta M_y = \sum_{i=1}^{n_c} \Delta\sigma_{ci}A_{ci}z_{ci} + \sum_{j=1}^{n_s} \Delta\sigma_{si}A_{si}z_{si}$$

$$\Delta M_z = \sum_{i=1}^{n_c} \Delta\sigma_{ci}A_{ci}y_{ci} + \sum_{j=1}^{n_s} \Delta\sigma_{si}A_{si}y_{si}$$

将应力-应变增量关系和平截面假定计算的纤维中心应变代入上式，可得到截面内力增量和截面变形增量之间的关系：

$$\begin{Bmatrix} \Delta N \\ \Delta M_y \\ \Delta M_z \end{Bmatrix} = \begin{bmatrix} (EA)_t & (ES_y)_t & (ES_z)_t \\ & (EI_y)_t & (EI_{yz})_t \\ \text{对} & \text{称} & (EI_z)_t \end{bmatrix} \begin{Bmatrix} \Delta\varepsilon_0 \\ \Delta\kappa_y \\ \Delta\kappa_z \end{Bmatrix}$$

上式可以简记为：

$$\Delta\boldsymbol{F} = \boldsymbol{D}_T \Delta\boldsymbol{\varepsilon}$$

式中，$\Delta\boldsymbol{F}$ 为与正应力相关的截面内力增量向量；$\Delta\boldsymbol{\varepsilon}$ 为广义的截面应变增量向量；$\boldsymbol{D}_T$ 为考虑材料非线性的截面切线劲度矩阵，其各元素按下式计算：

$$(EA)_t = \sum_{i=1}^{n_c} E_{tci}A_{ci} + \sum_{j=1}^{n_s} E_{tsj}A_{sj}$$

$$(ES_y)_t = \sum_{i=1}^{n_c} E_{tci}A_{ci}z_{ci} + \sum_{j=1}^{n_s} E_{tsj}A_{sj}z_{sj}$$

$$(ES_z)_t = \sum_{i=1}^{n_c} E_{tci}A_{ci}y_{ci} + \sum_{j=1}^{n_s} E_{tsj}A_{sj}y_{sj}$$

$$(EI_y)_t = \sum_{i=1}^{n_c} E_{tci}A_{ci}z_{ci}^2 + \sum_{j=1}^{n_s} E_{tsj}A_{sj}z_{sj}^2$$

$$(EI_z)_t = \sum_{i=1}^{n_c} E_{tci} A_{ci} y_{ci}^2 + \sum_{j=1}^{n_s} E_{tsj} A_{sj} y_{sj}^2$$

$$(EI_{yz})_t = \sum_{i=1}^{n_c} E_{tci} A_{ci} y_{ci} z_{ci} + \sum_{j=1}^{n_s} E_{tsj} A_{sj} y_{sj} z_{sj}$$

在截面分析基础上，以线性位移插值的铁木辛柯梁为例进行单元分析。首先建立单元局部坐标系，线性位移插值的铁木辛柯梁单元一般包含两个节点 i 和 j，单元局部坐标的 X 轴定义为节点 i 和 j 处截面形心的连线，且由 i 指向 j；局部坐标的 Y、Z 方向为平行于截面主轴方向。于是，梁单元在局部坐标系中的节点位移向量为 $\boldsymbol{u}^e = \{u_i, v_i, w_i, \theta_{xi}, \theta_{yi}, \theta_{zi}, u_j, v_j, w_j, \theta_{xj}, \theta_{yj}, \theta_{zj}\}^T$，单元任意截面处的线位移分量与转角位移分量独立插值计算：

$$u = \sum_{i=1}^{2} N_i u_i, v = \sum_{i=1}^{2} N_i v_i, w = \sum_{i=1}^{2} N_i w_i$$

$$\theta_x = \sum_{i=1}^{2} N_i \theta_{xi}, \theta_y = \sum_{i=1}^{2} N_i \theta_{yi}, \theta_z = \sum_{i=1}^{2} N_i \theta_{zi}$$

采用线性形函数：

$$N_1 = \frac{1}{2}(1+\xi), N_2 = \frac{1}{2}(1-\xi)$$

式中，ξ 为单元的自然坐标。如果局部坐标系中任意截面处的轴向坐标为 x，中点坐标为 x_c，梁单元长度为 l，则 ξ 由下式给出：

$$\xi = \frac{2(x-x_c)}{l}, (-1 \leqslant \xi \leqslant 1)$$

基于上述位移模式、几何变形协调条件以及非线性应力-应变关系，可通过虚功原理（等效平衡条件）导出等截面铁木辛柯梁单元在局部坐标系中的切线单元刚度阵。如果不考虑扭转变形与轴向变形之间的耦合，在局部坐标系下可分别计算与扭转变形相关的单元刚度矩阵元素以及与弯曲、轴向变形、横向剪切相关的单元刚度矩阵元素，然后将这些单元刚度矩阵元素进行组合得到单元刚度矩阵。

扭转刚度与截面纤维划分无关，可直接采用截面抗扭刚度，并假设其保持线弹性。与弯曲、轴向变形、横向剪切相关的单元刚度矩阵元素则组成 10×10 的刚度矩阵子块，对应于除扭转角之外其他 10 个自由度。下面结合纤维模型的截面内力变形关系，讨论这些单元刚度矩阵元素的计算方法。

除扭转变形之外，节点 i 和 j 其余的位移分量以及相应的节点力的增量向量分别为：

$$\Delta \boldsymbol{u} = \{\Delta u_i, \Delta v_i, \Delta w_i, \Delta \theta_{yi}, \Delta \theta_{zi}, \Delta u_j, \Delta v_j, \Delta w_j, \Delta \theta_{yj}, \Delta \theta_{zj}\}^T$$

$$\Delta \boldsymbol{P} = \{\Delta N_i, \Delta V_{yi}, \Delta V_{zi}, \Delta M_{yi}, \Delta M_{zi}, \Delta N_j, \Delta V_{yj}, \Delta V_{zj}, \Delta M_{yj}, \Delta M_{zj}\}^T$$

根据虚功原理，对于任意的增量虚位移 $\Delta \boldsymbol{u}^*$，

$$(\Delta \boldsymbol{u}^*)^T \Delta \boldsymbol{P} = \int_{V_e} (\Delta \sigma_x \cdot \Delta \varepsilon_x^* + \Delta \tau_{xy} \cdot \Delta \gamma_{xy}^* + \Delta \tau_{xz} \cdot \Delta \gamma_{xz}^*) dV$$

$$= \int_0^l \Delta \boldsymbol{\varepsilon}^{*T} \Delta \boldsymbol{F} dx + \int_0^l kGA(\Delta \gamma_{xy} \Delta \gamma_{xy}^* + \Delta \gamma_{xz} \Delta \gamma_{xz}^*) dx$$

式中，$\Delta \boldsymbol{u}^* = \{\Delta u_i^*, \Delta v_i^*, \Delta w_i^*, \Delta \theta_{yi}^*, \Delta \theta_{zi}^*, \Delta u_j^*, \Delta v_j^*, \Delta w_j^*, \Delta \theta_{yj}^*,$

$\Delta \theta_{zj}^{*} \}^{\mathrm{T}}$ 为增量虚位移；$\Delta \boldsymbol{\varepsilon}^{*}$ 为广义截面虚应变增量。

对于增量虚位移和广义截面虚应变增量，由几何关系和插值函数可得：

$$\begin{Bmatrix} \Delta \varepsilon_0 \\ \Delta \kappa_y \\ \Delta \kappa_z \end{Bmatrix} = \begin{bmatrix} \mathrm{d}/\mathrm{d}x & 0 & 0 \\ 0 & \mathrm{d}/\mathrm{d}x & 0 \\ 0 & 0 & \mathrm{d}/\mathrm{d}x \end{bmatrix} \begin{Bmatrix} \Delta u \\ \Delta \theta_z \\ \Delta \theta_y \end{Bmatrix}$$

$$\begin{Bmatrix} \Delta u \\ \Delta \theta_z \\ \Delta \theta_y \end{Bmatrix} = \begin{bmatrix} N_1 & 0 & 0 & 0 & 0 & N_2 & 0 & 0 & 0 & 0 \\ 0 & 0 & 0 & N_1 & 0 & 0 & 0 & 0 & N_2 \\ 0 & 0 & 0 & N_1 & 0 & 0 & 0 & 0 & N_1 & 0 \end{bmatrix} \cdot \Delta \boldsymbol{u}$$

由以上两式可得到：

$$\Delta \boldsymbol{\varepsilon} = \boldsymbol{B}_1 \Delta \boldsymbol{u}$$

其中 $\boldsymbol{B}_1$ 为正截面广义应变矩阵，由下式给出：

$$\boldsymbol{B}_1 = \frac{1}{l} \begin{bmatrix} -1 & 0 & 0 & 0 & 0 & 1 & 0 & 0 & 0 & 0 \\ 0 & 0 & 0 & 0 & -1 & 0 & 0 & 0 & 0 & 1 \\ 0 & 0 & 0 & -1 & 0 & 0 & 0 & 0 & 1 & 0 \end{bmatrix}$$

于是，虚功原理右端第一项可以表示为：

$$\int_0^l \Delta \boldsymbol{\varepsilon}^{*\mathrm{T}} \Delta \boldsymbol{F} \mathrm{d}x = \Delta \boldsymbol{u}^{*\mathrm{T}} \left(\frac{1}{2} \int_{-1}^1 \boldsymbol{B}_1^{\mathrm{T}} \boldsymbol{D}_{\mathrm{T}} \boldsymbol{B}_1 \mathrm{d}\xi \right) \Delta \boldsymbol{u}$$

对于右端的第二项，由几何关系和位移插值函数：

$$\begin{bmatrix} \Delta \gamma_{xy} \\ \Delta \gamma_{xz} \end{bmatrix} = \begin{bmatrix} \mathrm{d}/\mathrm{d}x & -1 & 0 & 0 \\ 0 & 0 & \mathrm{d}/\mathrm{d}x & -1 \end{bmatrix} \begin{bmatrix} \Delta v \\ \Delta \theta_z \\ \Delta w \\ \Delta \theta_y \end{bmatrix}$$

$$\begin{bmatrix} \Delta v \\ \Delta \theta_z \\ \Delta w \\ \Delta \theta_y \end{bmatrix} = \begin{bmatrix} 0 & N_1 & 0 & 0 & 0 & 0 & N_2 & 0 & 0 & 0 \\ 0 & 0 & 0 & N_1 & 0 & 0 & 0 & 0 & N_2 \\ 0 & 0 & N_1 & 0 & 0 & 0 & 0 & N_2 & 0 & 0 \\ 0 & 0 & 0 & N_1 & 0 & 0 & 0 & 0 & N_2 & 0 \end{bmatrix} \Delta \boldsymbol{u}$$

由上两式可得：

$$\begin{bmatrix} \Delta \gamma_{xy} \\ \Delta \gamma_{xz} \end{bmatrix} = \boldsymbol{B}_2 \Delta \boldsymbol{u}$$

其中 $\boldsymbol{B}_2$ 为相应于剪应变分量的应变矩阵，其具体形式为：

$$\boldsymbol{B}_2 = \frac{1}{l} \begin{bmatrix} 0 & -1 & 0 & 0 & \dfrac{-l(1-\xi)}{2} & 0 & 1 & 0 & 0 & \dfrac{-l(1+\xi)}{2} \\ 0 & 0 & -1 & \dfrac{-l(1-\xi)}{2} & 0 & 0 & 0 & 1 & \dfrac{-l(1+\xi)}{2} & 0 \end{bmatrix}$$

于是，可以得到如下公式：

$$\int_0^l kGA \left(\Delta \gamma_{xy} \Delta \gamma_{xy}^{*} + \Delta \gamma_{xz} \Delta \gamma_{xz}^{*} \right) \mathrm{d}x = \Delta \boldsymbol{u}^{*\mathrm{T}} \left(\frac{kGAl}{2} \int_{-1}^1 \boldsymbol{B}_2^{\mathrm{T}} \boldsymbol{B}_2 \mathrm{d}\xi \right) \Delta \boldsymbol{u}$$

综合以上各式，两边消去节点虚位移增量向量 $\Delta \boldsymbol{u}^{*\mathrm{T}}$，得到小变形条件下增量形式的单元刚度方程：

$$\Delta \boldsymbol{P} = \boldsymbol{K}_T^e \Delta \boldsymbol{u}$$

式中，$\boldsymbol{K}_T^e$ 为考虑材料非线性因素的小变形单元切线刚度矩阵，由下式给出：

$$\boldsymbol{K}_T^e = \frac{1}{2} \int_{-1}^{1} \boldsymbol{B}_1^T \boldsymbol{D}_T \boldsymbol{B}_1 \mathrm{d}\xi + \frac{kGAl}{2} \int_{-1}^{1} \boldsymbol{B}_2^T \boldsymbol{B}_2 \mathrm{d}\xi$$

在计算程序中单元刚度矩阵通过数值积分计算，对于上述线性插值的梁单元，沿轴线方向为单点高斯积分，积分点位于单元中点。

纤维模型的截面弹塑性行为是通过对截面纤维的实时积分得到的，因而能够自动考虑变动轴力和双向弯矩的共同作用及其耦合作用。但是由于在截面和单元长度方向均进行实时积分，因而纤维模型的计算量也是相当巨大的。在保持上述特性的基础上，有学者通过引入集中塑性铰假设，并将截面纤维剖分简化为数个弹簧，提出了另一种多用于模拟框架柱构件弹塑性行为的模型——多弹簧杆模型（图 2.2-9）。

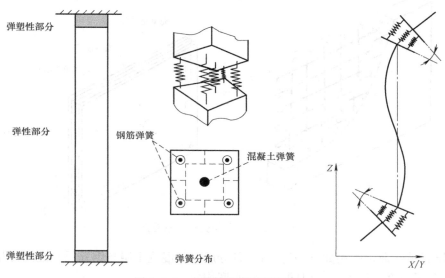

图 2.2-9 多弹簧杆模型示意图

如图 2.2-9 所示，多弹簧杆模型中分为杆端弹塑性部分（塑性铰）和中部弹性部分。每个杆端弹塑性多弹簧杆模型的上、下为两个刚性截面，刚性截面之间部分由多个弹簧连接，而每个弹簧均反映截面一部分面积材料的性能，弹簧的性质一般需要通过材料的应力-应变关系确定。

需要指出的是，由于多弹簧杆模型采用了构件塑性集中发生在端部的假定，有的学者将其划归到集中塑性铰模型一类中。但笔者认为，虽然多弹簧杆模型中采用了集中塑性铰的假定，但客观来看，该模型的弹塑性特征本质上仍保持与纤维模型一致，弹簧实际上是另一种尺度上和维度上的"纤维"。

（2）分层壳模型

与框架梁柱等构件不同，剪力墙构件的高度及长度通常是其厚度的数倍乃至数十倍，在有限元理论上采用空间壳单元模拟更为适宜。早年由于计算机硬件及软件的限制，采用壳单元模拟剪力墙并进行弹塑性分析十分困难，大多采用前文所述的宏观单元进行简化处理。但近年来随着计算机硬件及软件技术的快速提高，采用直接基于材料应力-应变关系层次的空间壳单元模拟剪力墙的结构弹塑性分析已经大量出现。

目前在结构弹塑性分析中普遍采用分层壳单元来模拟剪力墙的非线性行为。如图 2.2-10 所示，一个分层壳单元可以沿截面厚度方向划分为多层，各层可以根据需要设置不同的厚度和材料属性（如混凝土、钢筋等）。在有限元计算过程中，首先得到壳单元中心层的应变和壳单元的曲率，由于各层之间满足平截面假定，就可以由中心层的应变和壳单元的曲率得到壳单元其余各层的应变，进而由各层的材料本构方程得到各层相应的应力，最后积分得到整个壳单元的内力。由此可见，分层壳单元能够直接将剪力墙中混凝土、钢筋等材料的本构行为与剪力墙的受力及变形行为联系起来，自动实现剪力墙压、剪、弯的耦合分析。这种单元基于复合材料力学原理，能够描述钢筋混凝土剪力墙面内压、弯、剪共同作用效应和面外弯曲效应。

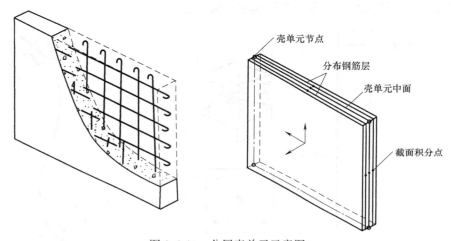

图 2.2-10　分层壳单元示意图

分层壳单元通常采用如下假定：1）各分层（如混凝土层与钢筋层）之间无相对滑移；2）每个分层厚度可以不同，但同一分层厚度均匀。

（3）三维实体单元模型

在工程应用中，由于计算机容量的限制，特别是计算效率的要求，在进行整体结构弹塑性分析时，主要采用梁单元和壳单元。但是需要指出的是，梁单元以及壳单元实际上都是三维实体单元针对具体应用对象采用合理假定（如平截面假定、应力沿厚度方向不变等）后的"退化"单元。客观来说，结构构件在三个维度均是具有一定尺度的。有限元理论中的三维实体单元理论上是描述上述问题最为精确的单元类型。

综合考虑计算机容量以及计算效率等因素，目前三维实体单元多用于研究结构构件、重要节点的以及体量较小的结构抗震性能分析工作中，在高层建筑整体结构抗震性能的仿真分析中鲜有应用。因此，此处不再展开，仅在后文中结合分层壳模拟剪力墙的有效性以及结构构件的试验研究进行相应的描述。

2.2.2　结构抗震性能的弹塑性分析方法

基于性能的抗震工程要求准确地估计工程结构在不同危险性水平地震动作用下的抗震

需求和抗震性能，因此不仅需要进行较低水平地震动作用下结构的弹性分析，而且更重要的是要全面、合理地考虑地震动的动力效应及结构的非线性响应特点，进行结构在较高水平地震动作用下的弹塑性分析。目前在工程实践中应用较多的弹塑性分析方法主要有静力弹塑性分析（Nonlinear Static Analysis）和动力弹塑性分析（Nonlinear Dynamic Analysis）两类。

1. 静力弹塑性分析

静力弹塑性分析方法是分析结构在地震作用下弹塑性响应的一种简化方法，实质上是一种静力分析方法。该方法的基本分析过程为：在结构上施加竖向荷载并维持不变，然后单调逐级增加沿高度方向按一定规则分布的水平荷载，考虑材料非线性以及几何非线性效应进行增量非线性求解，每一级加载过后更新结构刚度矩阵。如此反复直至结构整体或局部形成机构，或者结构的水平位移达到目标值。由于此方法可以得到结构从弹性状态到破坏倒塌的全过程，因此又被称为推覆分析方法（Pushover 分析法）。

静力推覆分析可以对已建、待建或初步设计已完成的结构进行抗震性能的评估，已在实际工程中得到不同程度的应用。此方法的主要作用可以概述为如下几个方面[27]：

（1）可给出在侧向荷载作用下由弹性阶段直至结构破坏的全过程，得到结构的最大承载能力和极限变形能力，估计相对于设计荷载而言结构承载力的安全储备。

（2）得到结构构件的塑性铰出现次序和分布位置，评价设计是否符合强柱弱梁、强剪弱弯等要求。

（3）给出水平荷载作用下不同受力阶段楼层侧移以及层间位移角的分布情况，结合塑性铰分布情况检查结构中是否存在薄弱层。

（4）给出不同受力阶段结构中的塑性内力重分布情况，结合塑性铰分布，检查多道设防的设计意图是否实现。

（5）可得到结构各层的层剪力-层间位移角曲线，提供弹塑性层模型简化分析的等效层刚度。

（6）得到总水平荷载-顶点位移曲线，该曲线是结构在不同荷载水平下受力性能的综合表示，可经转换得到表征结构性能的"能力曲线"，然后与"需求曲线"比较。如果两个曲线有交点，则表示结构可以抵抗此地震，交点成为"结构性能表现点"，交点所对应位移即结构在地震作用下的结构顶点位移，性能点处结构的性能即结构在相应地震作用下的表现。

假定侧向水平加载得到的结构变形曲线为结构在地震作用下的位移包络，按振型分解反应谱法可导出相应于第一振型的能力谱位移和能力谱加速度表达式：

$$S_a = \frac{V}{\alpha_1 G}$$

$$S_d = \frac{\Delta_{top}}{\gamma_1 X_{top,1}}$$

式中，V 为结构基底剪力；G 为结构总重量；Δ_{top} 为结构顶层位移；$X_{top,1}$ 为基本振型顶层相对位移；α_1 和 γ_1 分别为第一振型的振型质量系数和振型参与系数，计算式如下：

$$\alpha_1 = \frac{\left[\sum_{i=1}^{n}(G_i X_{i1})/g\right]^2}{\left[\sum_{i=1}^{n}G_i/g\right]\left[\sum_{i=1}^{n}(G_i X_{i1}^2)/g\right]}$$

$$\gamma_1 = \frac{\sum_{i=1}^{n}(G_i X_{i1})/g}{\sum_{i=1}^{n}(G_i X_{i1}^2)/g}$$

式中，G_i 为第 i 楼层重量；X_{i1} 为第一振型 i 层相对位移。

通过上述转换，顶层位移-基底剪力曲线转换成为以谱位移为横坐标、谱加速度为纵坐标组成的图形为结构的能力谱曲线。

结构在侧推过程中进入塑性状态，周期逐渐加长，阻尼随着增加。可按下列公式计算能力谱曲线各点（对应于侧推过程的不同时刻）的周期和阻尼比：

$$T = 2\pi\sqrt{\frac{S_d}{S_a}}; \beta_s = \beta_e + \kappa\beta_0$$

式中，β_e 为结构弹性状态下的阻尼比；κ 为附加阻尼修正系数，取 $0.3\sim1.0$；β_0 为进入塑性产生的附加阻尼比，按如下方法计算：

对能力曲线上某点 P，按图 2.2-11 所示构造一能量等效的双线形能力曲线（即满足 $A_1 \approx A_2$），在此点由于进入塑性状态而消耗的能量为：

$$E_D = 4(a_y d_{pi} - d_y a_{pi})$$

式中，参数见图 2.2-11。

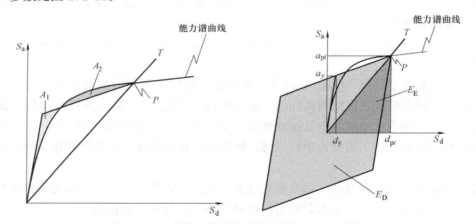

图 2.2-11　等效双线形能力谱及附加阻尼比计算

结构最大弹性应变能为：$E_E = a_{pi} d_{pi}/2$

结构进入塑性产生的附加阻尼比为：

$$\beta_0 = \frac{E_D}{4\pi E_E} = \frac{2(a_y d_{pi} - d_y d_{pi})}{\pi a_{pi} d_{pi}}$$

另一方面，规范地震影响系数曲线（图 2.2-12）可按下述算式转换为同样以 S_d 为横坐标、S_a 为纵坐标的需求谱：

$$S_a = \alpha_t g$$

$$S_d = S_a / \omega^2 = \frac{T^2}{4\pi^2} S_a$$

式中，α_t 是周期为 T 的地震影响系数。

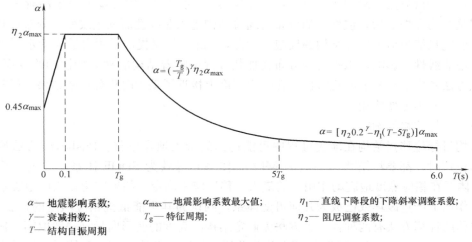

α— 地震影响系数；　　　α_{max}—地震影响系数最大值；　　　η_1—直线下降段的下降斜率调整系数；

γ— 衰减指数；　　　　　T_g—特征周期；　　　　　　　　 η_2—阻尼调整系数；

T— 结构自振周期。

图 2.2-12　规范地震影响系数曲线

将各点（S_d，S_a）连成线，可绘出不同阻尼比下的规范需求谱。

将结构的能力谱与规范在罕遇地震下的需求谱叠加，可计算结构的性能点。如果某阻尼比下的需求谱曲线恰与能力谱曲线相交于同阻尼的点，则此交点就是结构的性能点。实际计算时，对结构的能力曲线上的各控制点，计算其相应周期和阻尼比，并计算地震影响系数，转换为需求谱值并连成曲线，即按能力谱计算出需求谱曲线，该曲线与能力谱的交点就是结构的性能点。

静力弹塑性分析并不是一种新的方法，但由于其可以提供结构在侧向力作用下的能力或性能数据，符合当前正在研究发展的基于性能抗震设计的需要，因此该方法在近些年得到普遍重视和广泛研究。目前，国内外对于静力推覆分析研究的重点主要包括如下几个方面[11,12]：

（1）结构构件模型的计算假定

静力弹塑性分析中所采用的广义本构关系及计算假定，如基于构件或截面的恢复力模型、杆件塑性铰区域的范围、剪力墙模型、混凝土材料的本构关系与破坏准则等，对分析结果有较大影响。很多学者对此进行了不懈的研究，提出了包括本书 2.1 节所列内容在内的各种数学模型。但是由于缺乏足够的试验基础和数值标定工作，对各类基本受力构件（尤其是剪力墙），至今还没有一种公认的可以广泛应用于各种条件下（如：不同的轴压比、剪跨比、含钢率等）的结构分析的广义本构模型。此外，约束混凝土构件、型钢混凝土构件等的性能也都有待进一步的研究。

（2）水平加载方式的改进

推覆分析采用的水平加载方式通常有倒三角分布方式、均匀分布方式、抛物线分布方式等。从理论上讲，加载模式应能代表在设计地震作用下结构层惯性力沿高度的分布，因此不同的加载模式将直接影响到 Pushover 方法对结构抗震性能的评估。一般的静力推覆分析都是假定结构的地震响应只与第一振型相关，忽略了高阶振型的影响。对于高阶振型在地震反应中所占比例较大的结构，采用上述假定进行 Pushover 分析得到结构的反应，如层间剪力及层间位移角，与动力时程分析所得的差别较大，而采用振型组合水平力分布的模态推覆分析方法（Modal Pushover Analysis），可以在一定程度上考虑高阶振型的影响。但是结构在屈服后，惯性力的分布将随着结构进入非线性而发生改变，分布形状恒定不变的假定只能近似地描述结构的反应。为此，Gupta 等又提出采用自适应的水平加载方式来考虑非线性的影响，水平力的分布在加载过程中随着结构的动力特性的改变而变化。由于该方法考虑了加载的时程特性，在一定程度上接近了动力时程分析的结果，但其分析过程复杂，并不方便应用。

（3）目标位移的确定

结构目标位移指结构在地震过程中可能达到的最大顶点位移。Pushover 方法确定结构目标位移时，都要将结构（一般为 MDOF 体系）等效为 SDOF 体系，通过计算等效 SDOF 体系在相应烈度地震动作用下的最大位移反应来确定。如果结构在相应地震水准的侧向力作用下严重破坏或已成为几何可变体系，则认为其不能抵抗相应烈度的地震作用。目标位移的计算方法有两种：一种方法为假定结构沿高度的变形向量（一般取第一振型），利用 Pushover 分析得到底部剪力-顶点位移曲线，将结构等效为 SDOF 体系，然后用弹塑性时程分析法计算等效 SDOF 体系的最大位移，从而计算出结构的目标位移；另一种方法是采用弹塑性反应谱来计算等效 SDOF 体系的最大位移。

（4）结构破坏准则的确定

一般认为结构在大震下的性能和破坏程度与结构的非弹性变形密切相关。从变形的观点看，地震造成结构破坏的原因有两类：一类是"一次超越型"，即地震动激起的结构位移超过结构的变形能力，导致结构强度和刚度急剧下降并很快倒塌；另一类是"反复损伤型"，即地震动引起结构反复的弹塑性变形循环，结构因损伤累积以及低周疲劳效应而破坏。但是，目前仍缺乏公认的结构破坏准则，以给出判断结构性能的定量指标[7]。一般采用的性能指标有变形破坏指标（如构件及结构的延性性能）、能量指标以及变形能量双重破坏指标。

（5）与真实动力荷载作用的差别

推覆分析得到的仅仅是结构在某种特定分布形式的水平力作用下的结构响应，并不能全面反映结构在实际地震作用下的性能。研究工作和工程实践表明，Pushover 方法对于规则结构可以较准确地反映结构的非线性地震反应特征，不失为一种可行的简化分析方法，但是对于复杂结构体系则会有较大的误差。如果将推覆分析与时程分析相结合，先进行推覆分析，再进行时程分析，或许可以更全面地对结构性能进行评价和判断。

2. 动力弹塑性分析

结构弹塑性时程分析方法是直接动力计算方法，可以同时考虑地面震动的主要特性（幅值、频率、持时三要素）以及结构的动力弹塑性特性，被认为是到目前为止进行抗震变形验算和震害分析最为精确、可靠的方法。通过动力弹塑性分析，可以计算出在地震波输入时段内结构地震响应的全过程，得到每一时刻结构的位移、速度、加速度以及构件的变形和内力。借助这些分析结果，可以研究构件屈服次序和结构的破坏过程，便于设计者对结构在大震下的性能进行直观评价。动力弹塑性分析的三个关键问题是分析模型、地震波的选择以及时域积分算法。前面已经对其分析模型的现状进行了总结，这里主要针对后两个问题的研究现状进行简单讨论。

地震波的选择是时程分析法正确实施的难点之一。由于在设计时无法预见将来可能发生的地震，因此时程分析中输入的地震波具有不确定性，这种不确定性是导致结构地震响应不确定性的最主要因素。输入地震波的三要素，即：频谱特性、加速度峰值和持时，对结构的非线性时程分析的结果影响很大。但是，由于地震动特性的复杂性，即使是以此三项作为控制指标，不同输入的计算结果依然具有很大的离散性，虽然抗震设计并不要求也不期望多波验算的结果彼此相接近，但过大的离散性却往往难于指导设计，在小样本输入时更是如此。

文献［9］在讨论弹性时程分析地震波的选择问题时，研究了四种选波方案。第 1 种方案是依场地选波，即根据建设场址的场地类别，同时考虑近远震及加速度峰值两项因素，选择具有相同或相近场地类别的地震记录作为输入。第 2 种方案是依场地特征周期 T_g 选波，要求地震记录的反应谱特征周期与 T_g 接近。第 3 种方案是依反应谱的两个频率段选波，此方案对于反应谱的控制采用两个频带：一是同欧洲规范，对地震记录加速度谱值在 $[0.1s, T_g]$ 平台段的均值进行控制，要求所选地震记录的加速度谱在该段的均值与设计反应谱相差不超过 10%；二是对结构基本自振周期 T_1 附近 $[T_1 - \Delta T_1, T_1 + \Delta T_2]$ 段加速度反应谱均值进行控制，要求与设计反应谱在该段的均值相差不超过 10%。第 4 种方案是依反应谱曲线的面积选波，该方案采用反应谱曲线与坐标所围成的面积表征反应谱，通过对面积偏差的控制实现所选波与标准反应谱具有一致性。通过对比结构在不同选波方案下的弹塑性顶点位移及最大层间位移角，认为以方案 3 选波得到的结构响应的离散度最小，是比较合理的选波方案。

由于土层的滤波作用，使某些频带的震动得到加强，当输入的地震波主要周期与建筑结构的周期一致时，会引起较大地震反应；而地震波的频谱特性主要与场地类别以及震中距有关，通常可以用强震记录反应谱的特征周期来反映，因此所选地震波的特征周期要接近拟建场地的特征周期。目前一般认为，最理想的地震波是本地区历史上地震曾经记录到的地震波。对没有历史地震记录的城市在选用地震波时，要考虑其卓越周期与场地特性尽可能与当地土壤相近，以使分析结果与反应谱方法具有可比性[10]。在基于性能的抗震设计中，为评价结构的抗震性能，必须输入足够数量的地震波（包括实际记录和人工波）对结构进行非线性分析，以便相互比较和选择合理的计算结果。

在时域数值积分算法方面，目前各种大型程序中最常用的有 Newmark-β 法，中心差分法以及 Wilson-θ 法等。这些积分方法的共同特点是在离散的时间点上满足运动方程，在积分的各时间步长内，则通过各种加速度变化规律的假定以及积分、差分等方式，建立相邻时步之间的运动递推格式，然后由初始条件开始逐步求解。

2.3　基于 ABAQUS 的结构弹塑性仿真分析关键技术研究

ABAQUS 是一套功能强大的工程模拟有限元软件，是目前广泛应用在结构弹塑性分析领域中的主要计算工具之一。本节结合我国规范的相关特点，针对 ABAQUS 软件应用于我国高层建筑结构弹塑性分析中的关键技术进行研究。

2.3.1 ABAQUS 简介

作为一套功能强大的有限元分析软件，ABAQUS 解决问题的范围相当广泛，包括线性分析、几何非线性分析、材料非线性分析、接触非线性分析等。ABAQUS 包括一个十分丰富的、可模拟任意实际形状的单元库，其中包括实体单元、壳单元、膜单元、梁单元、杆单元、连接单元、刚体单元和无限单元共 8 种类型 400 多种不同的单元。同时还拥有各种类型的材料模型库，可以模拟大多数典型工程材料的性能，其中包括金属、橡胶、高分子材料、复合材料、钢筋混凝土、可压缩高弹性的泡沫材料以及类似于土和岩石等地质材料。作为通用的数值模拟计算工具，ABAQUS 不仅能解决结构（应力/位移）的许多问题，还可以模拟各种领域的问题，例如热传导、质量扩散、热电耦合分析、声学分析、岩土力学分析（流体渗透/应力耦合分析）及压电介质分析等。

ABAQUS 主要由两个主求解器模块 ABAQUS/Standard 和 ABAQUS/Explicit，以及一个人机交互前后处理模块 ABAQUS/CAE 组成。可以完成各种复杂线性和非线性固体力学问题的计算与分析。下面结合 ABAQUS 给出高层建筑弹塑性分析中结构构件常用的模拟及处理方法。

2.3.2 结构构件在 ABAQUS 中的模拟

1. 框架构件

当采用有限元方法分析时，一般认为当结构构件轴线长度方向的尺寸明显大于其截面尺寸时可采用一维杆系单元进行模拟。

ABAQUS 中提供了许多适用于模拟一维尺寸（长度）远大于另外二维尺寸（截面）构件的单元。ABAQUS 中直接提供的模拟构件弹塑性性能的单元类型有集中塑性铰模型单元（Frame2D 及 Frame3D）和纤维模型单元（如 B31、B32 等）两类。

（1）Frame 单元

ABAQUS 中 Frame 单元是一种基于欧拉-伯努利理论构造的两节点直线形梁单元，其在弹性状态下的受力及变形行为通过具有四次方的位移形函数的欧拉-伯努利梁理论进行描述。而单元的弹塑性描述，则通过假定集中发生在单元两端的集中塑性铰模型进行描述。在 ABAQUS 中对于集中塑性铰的处理方式简单介绍如下：

1）屈服函数。

下式为 Frame 单元采用的屈服函数（塑性相关面）表达：

$$\Phi_I = \left(\frac{N_{xI} - \alpha_{N_x I} N_{xI}}{N_{x0}}\right)^2 + \left(\frac{M_{xI} - \alpha_{M_z I} M_{xI}}{M_{x0}}\right)^2 + \left(\frac{M_{yI} - \alpha_{M_y I} M_{yI}}{M_{y0}}\right)^2 + \left(\frac{M_{zI} - \alpha_{M_z I} M_{zI}}{M_{z0}}\right)^2 - 1 = 0,$$
$$I = 1,2$$

式中，N_{x0}，M_{x0}，M_{y0}，M_{z0} 依次为截面轴力、扭矩及两个主轴弯矩的初始屈服值；N_{xI}，M_{xI}，M_{yI}，M_{zI} 为单元两个节点位置截面的轴力、扭矩及两个主轴弯矩计算值；$\alpha_{N_x I} N_{xI}$，$\alpha_{M_x I} M_{xI}$，$\alpha_{M_y I} M_{yI}$，$\alpha_{M_z I} M_{zI}$ 为卸载向量，由硬化准则确定。

不难看出，计算过程中 Frame 单元的弹塑性状态由屈服函数确定：①当 $\Phi_I < 0$ 时，表示单元处于弹性状态；②当 $\Phi_I \geqslant 0$ 时，表示单元端部处于塑性状态，需要进行迭代求解。

2) 硬化准则。

ABAQUS 中 Frame 单元中采用考虑包辛格效应的随动硬化准则，硬化参数由下式确定：

$$\alpha_{iI} F_{iI} = \frac{C_i}{\gamma_i} \frac{\partial \Phi_I}{\partial S_{iI}} (1 - e^{-\gamma_i \Delta_I}) + \alpha_{iI}^0 F_{iI}^0 e^{-\gamma_i \Delta_I}, i = N_{xI}, M_{xI}, M_{yI}, M_{zI}$$

式中，C_i，$1/\gamma_i$ 依次为各内力分量的广义初始模量及塑性发展模量折减系数，均由用户输入的数据确定；$S_{iI} = F_{iI} - \alpha_{iI} F_{iI}$，为截面内力分量。当采用相关流动法则时，$\Delta q_I^{\text{plastic}} = \Delta\lambda \frac{\partial \Phi_I}{\partial S_I}$。

由以上处理方法不难看出，ABAQUS 中提供的集中塑性铰模型具有如下特点：①屈服面函数中不仅包含了轴力与双轴弯矩的共同作用，还包含了扭矩的影响。当仅包含轴力与双轴弯矩时，其在空间中呈现一表面光滑的"椭球体"；②屈服面可以随着加（卸）载的变化发生移动，但是其大小保持不变。但同时需要指出的是，也正是由于上述处理方式，使得该模型的适用范围有较大的限制，比较适合模拟钢或者屈服函数在空间分布具有较强对称性的情况，而难以描述钢筋混凝土构件截面拉（压）屈服荷载不相同的客观事实。

（2）纤维单元

正如前文所阐述的，纤维单元是模拟杆系结构及构件适应性最好的单元形式。ABAQUS 作为功能全面的通用有限元软件，也提供了多种类型的纤维单元。如欧拉-伯努利梁单元（如 B23，B33 等）、铁木辛柯梁单元（如 B31，B32 等）以及杂交梁单元（如 B21H，B32H 等）。由于能够考虑剪切变形的影响，并且可以在计算效率较高的显式动力分析中采用，在结构的弹塑性分析中较多使用的是铁木辛柯梁单元。

这里需要说明的是，由于显式分析功能中不支持欧拉-伯努利梁单元，因而在采用 ABAQUS 进行结构弹塑性分析中，特别是动力弹塑性分析中往往采用的纤维梁单元是铁木辛柯梁单元。

2. 剪力墙

ABAQUS 中提供了多种分层壳单元以模拟钢筋混凝土剪力墙。一般来说，在结构弹性分析时，如果墙体的厚度和层高之比在 $1/20 \sim 1/10$ 之间，认为是厚壳问题，在 ABAQUS 中可选取基于厚壳理论的 S8R、S8RT 等类型的单元模拟；如果比值小于 $1/30$，则认为是薄壳问题，在 ABAQUS 中可采用基于薄壳理论的 STRI3、STRI35、STRI65、S4R5 等类型的单元模拟；若介于 $1/30 \sim 1/20$ 之间，在 ABAQUS 中建议采用 S4R、S3R 等中厚壳单元进行模拟。

这里需要说明的是，在进行结构弹塑性分析时由于需要模拟剪力墙在侧向荷载作用下的受剪屈服和破坏情况，因此应采用能考虑横向剪切力和剪切应变影响的中厚壳单元和厚壳单元，而且根据我们的计算研究，ABAQUS 中提供的中厚壳单元（S4R 及 S3R）比厚壳单元具有更强的适用范围和更好的计算效率，因而是进行地震作用下结构弹塑性仿真分析的首选。

3. 钢筋的模拟

在 ABAQUS 中，根据上述框架构件及剪力墙模拟单元形式的不同，钢筋的模拟主要有以下两种：

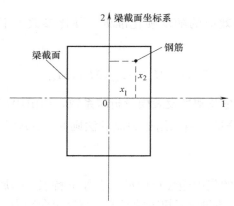

图 2.3-1　纤维梁单元中指定单根钢筋示意图

（1）添加单独的钢筋单元。该方式可以在单元中指定单根钢筋（图 2.3-1），主要用于在模拟框架构件的纤维梁单元中指定钢筋。

（2）在单元中附加钢筋层属性。该方式主要用于钢筋混凝土剪力墙的钢筋模拟。具体方式为通过 * REBAR LAYER 关键字在 SHELL 单元中添加钢筋层。需要定义的参数包括钢筋的截面积、间距、SHELL 厚度方向上的位置，材料名称，钢筋在壳单元面内的方位角。程序计算时会自动将钢筋转化为具有面内刚度的钢筋膜。其中，方位角表示壳单元面内由局部坐标系的 1 轴正方向到钢筋放置方向的转角（图 2.3-2）。

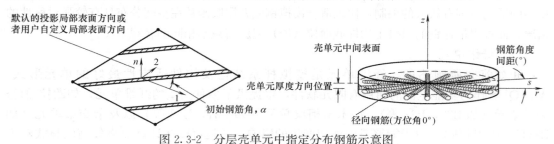

图 2.3-2　分层壳单元中指定分布钢筋示意图

2.3.3　ABAQUS 中的材料弹塑性本构关系

在 ABAQUS 中，模拟混凝土塑性行为的本构模型主要有以下三种：弥散裂缝塑性模型、脆性断裂模型和损伤塑性模型。在进行钢筋混凝土结构地震作用下的弹塑性分析时，除脆性断裂模型中，因假定混凝土受压始终处于弹性状态与混凝土通常处于受压塑性的实际不符而基本不采用外，损伤塑性模型和弥散开裂塑性模型根据分析问题的不同均有采用。下面本书针对这两种混凝土弹塑性模型的基本理论、应用范围及方法给出简单的描述。

1. 混凝土损伤塑性模型

ABAQUS 中提供的损伤弹塑性模型是由 Lee 和 Fenves 等建议的，用于模拟混凝土、砂浆等准脆性材料在反复荷载作用下的行为，旨在捕捉相对较低围压（低于 4～5 倍单轴受压强度）下出现于准脆性材料中不可逆的裂缝开展及损伤效应：包括受拉软化行为、受压先强化后软化行为、受拉和受压不同的弹性刚度退化行为以及反复荷载作用下刚度的恢复效应等。该模型包括损伤模型及塑性模型两部分。

（1）损伤模型

该模型基于损伤力学，卸载及再加载过程的刚度由损伤系数 d 确定。根据标量损伤理论，损伤与混凝土的失效机制（开裂或者压碎）相关，因此导致卸载时弹性刚度的降低。综合损伤系数 d（受压以及受拉采用不同的损伤系数 d_c 和 d_t）可以描述各向同性的刚度退化行为，损伤系数随等效应变增加单调递增，在 0（无损伤）和 1（完全损伤）之间取值。

综合损伤系数 d 由下式给出：

$$1-d=(1-s_t d_c)(1-s_c d_t) \qquad 0 \leqslant s_t, s_c \leqslant 1$$

式中，s_t 和 s_c 是应力状态的函数，它们按下式定义：

$$s_t = 1 - w_t H(\sigma) \qquad 0 \leqslant w_t \leqslant 1$$
$$s_c = 1 - w_c[1-H(\sigma)] \qquad 0 \leqslant w_c \leqslant 1$$

其中，$H(\sigma)$ 为应力符号函数：

$$H(\sigma) = \begin{cases} 1 & \sigma > 0 \\ 0 & \sigma < 0 \end{cases}$$

权重因子 w_t 和 w_c 控制着荷载反向时受拉或受压刚度的恢复程度。如图 2.3-3 所示，荷载由拉转为压时，假设材料中没有受压损伤（压碎）的历史，即 $d_c = 0$。于是得到综合损伤因子为：

$$d = s_c d_t = \{1 - w_c[1-H(\sigma)]\} d_t$$

当处于单轴受拉状态时，$H(\sigma)=1$，$d=d_t$。由受拉卸载转向受压时，$H(\sigma)=0$，$d=(1-w_c)d_t$ 若取 $w_c=1$，则 $d=0$，即材料受压刚度可完全恢复。另一方面，如果 $w_c=0$，则 $d=d_t$，将没有刚度的恢复，中间的 w_c 取值将导致由拉转到压时刚度的部分恢复。实际上，包括混凝土在内的很多准脆性材料的试验表明，荷载由拉转为压时受压刚度因裂缝的闭合而恢复。另一方面，当受压微裂缝发展后，荷载由压转为拉时受拉刚度得不到恢复，此时单轴循环荷载作用下的应力-应变关系如图 2.3-3 所示。

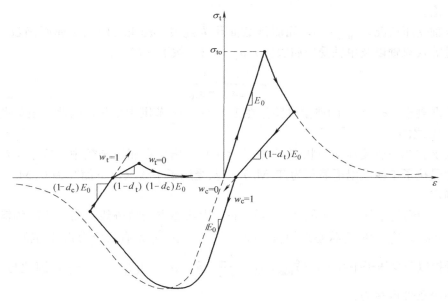

图 2.3-3 Lee 和 Fenves 损伤塑性模型的拉-压-拉循环

（2）塑性模型

由于有效应力是弹性应变的单调递增函数，有效应力空间内屈服面一直是处于膨胀状态，而在 Cauchy 应力空间则存在软化段屈服面收缩的问题，为避免这一问题，该模型在有效应力空间内利用塑性力学基本公式，其基本框架如下。

1）屈服函数

屈服函数为有效应力空间中的一个曲面，该曲面决定着屈服和损伤的状态。该模型屈服函数可通过有效应力表示为：

$$F(\overline{\boldsymbol{\sigma}},\widetilde{\boldsymbol{\varepsilon}}^{pl})=\frac{1}{1-\alpha}\left[\overline{q}-3\alpha\overline{p}+\beta(\widetilde{\varepsilon}^{pl})\langle\hat{\overline{\sigma}}_{\max}\rangle-\gamma\langle-\hat{\overline{\sigma}}_{\max}\rangle\right]-\overline{\sigma}_c(\widetilde{\varepsilon}_c^{pl})\leqslant 0$$

式中，α 和 γ 为无量纲的材料常数；

$\overline{p}$ 为有效静水压力：

$$\overline{p}=-\frac{1}{3}\overline{\boldsymbol{\sigma}}:\boldsymbol{I}$$

$\overline{q}$ 为 Mises 等效有效应力：

$$\overline{q}=\sqrt{\frac{3}{2}\overline{\boldsymbol{S}}:\overline{\boldsymbol{S}}}$$

$\overline{\boldsymbol{S}}$ 为有效应力张量偏量：

$$\overline{\boldsymbol{S}}=\overline{p}\boldsymbol{I}+\overline{\boldsymbol{\sigma}}$$

$\hat{\overline{\sigma}}_{\max}$ 是有效应力张量的最大代数特征值；函数 $\beta(\widetilde{\boldsymbol{\varepsilon}}^{pl})$ 由下式给出：

$$\beta(\widetilde{\boldsymbol{\varepsilon}}^{pl})=\frac{\overline{\sigma}_c(\widetilde{\varepsilon}_c^{pl})}{\overline{\sigma}_t(\widetilde{\varepsilon}_t^{pl})}(1-\alpha)-(1+\alpha)$$

其中，$\overline{\sigma_t}$ 和 $\overline{\sigma_c}$ 分别为有效拉应力以及有效压应力，$\varepsilon^{pl}=\{\varepsilon_t^{pl},\varepsilon_c^{pl}\}$ 为硬化变量，将在后面讨论。

对双轴受压情况，$\hat{\overline{\sigma}}_{\max}=0$，屈服函数简化为经典 Drucker-Prager 屈服函数。系数 α 可以通过等效双轴以及单轴受压屈服应力 σ_{b0} 和 σ_{c0} 按下式确定：

$$\alpha=\frac{\sigma_{b0}-\sigma_{c0}}{2\sigma_{b0}-\sigma_{c0}}$$

对于混凝土，σ_{b0}/σ_{c0} 的典型试验值在 1.10～1.16 范围中变化，因此 α 值的范围介于 0.08～0.12 之间。

系数 γ 仅当三轴受压应力状态下（$\hat{\overline{\sigma}}_{\max}<0$）才出现在屈服函数中。这个系数可以通过比较沿受拉子午线（以下简写为 T. M.）以及受压子午线（以下简写为 C. M.）屈服应力值来确定。

T. M. 为满足条件 $\hat{\overline{\sigma}}_{\max}=\hat{\overline{\sigma}}_1>\hat{\overline{\sigma}}_2=\hat{\overline{\sigma}}_3$ 的应力状态点的轨迹线，而 C. M. 为满足条件 $\hat{\overline{\sigma}}_{\max}=\hat{\overline{\sigma}}_1=\hat{\overline{\sigma}}_2>\hat{\overline{\sigma}}_3$ 的应力状态点的轨迹线。$\hat{\overline{\sigma}}_1$、$\hat{\overline{\sigma}}_2$ 和 $\hat{\overline{\sigma}}_3$ 是有效应力张量的特征值。

在受拉以及受压子午线上，$(\hat{\overline{\sigma}}_{\max})_{TM}=\frac{2}{3}\overline{q}-\overline{p}$，$(\hat{\overline{\sigma}}_{\max})_{CM}=\frac{1}{3}\overline{q}-\overline{p}$，因此与 $\hat{\overline{\sigma}}_{\max}<0$ 相应的屈服条件可写为：

$$\left(\frac{2}{3}\gamma+1\right)\overline{q}-(\gamma+3\alpha)\overline{p}=(1-\alpha)\overline{\sigma}_c \quad (\text{在 T. M. 上})$$

$$\left(\frac{2}{3}\gamma+1\right)\overline{q}-(\gamma+3\alpha)\overline{p}=(1-\alpha)\overline{\sigma}_c \quad (\text{在 C. M. 上})$$

取 $K_c=\overline{q}_{(TM)}/\overline{q}_{(CM)}$，对于任意给定的静水压力 $\overline{p}$ 以 $\hat{\overline{\sigma}}_{\max}<0$，有：

$$K_c = (\gamma + 3) / (2\gamma + 3)$$

于是，系数 γ 表示为：

$$\gamma = 3(1 - K_c)/(2K_c - 1)$$

对于混凝土材料，取 $K_c = 2/3$ 时，$\gamma = 3$。

如果 $\hat{\sigma}_{max} > 0$，则沿受拉以及受压子午线的屈服条件将成为：

$$\left(\frac{2}{3}\beta + 1\right)\overline{q} - (\beta + 3\alpha)\overline{p} = (1 - \alpha)\overline{\sigma}_c \quad \text{（在 T. M. 上）}$$

$$\left(\frac{1}{3}\beta + 1\right)\overline{q} - (\beta + 3\alpha)\overline{p} = (1 - \alpha)\overline{\sigma}_c \quad \text{（在 C. M. 上）}$$

取 $K_t = \overline{q}_{(TM)} / \overline{q}_{(CM)}$，对于任意给定的静水压力 $\overline{p}$ 以 $\hat{\sigma}_{max} > 0$，有：

$$K_t = (\beta + 3)/(2\beta + 3)$$

在偏平面内典型的屈服面如图 2.3-4 所示，图 2.3-5 为平面应力的情况。

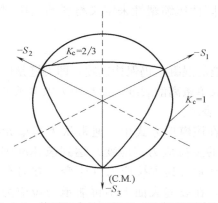

图 2.3-4　偏平面内的屈服面（对应于不同的 K_c）

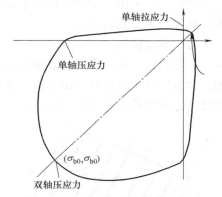

图 2.3-5　平面应力情况的屈服面

2）流动法则

塑性流动通过流动势函数 G 控制，依照如下的非关联流动法则：

$$\dot{\boldsymbol{\varepsilon}}^{pl} = \dot{\lambda}\,\frac{\partial G(\overline{\boldsymbol{\sigma}})}{\partial \overline{\boldsymbol{\sigma}}}$$

式中，$\dot{\lambda}$ 是非负的塑性乘数。由于采用非关联的流动法则，可在一定程度上修正关联流动法则带来的过大剪胀，但是却使得弹塑性刚度阵不对称，因此需要求解非对称方程。

该模型的塑性势定义于有效应力空间中，采用 Drucker-Prager 双曲函数：

$$G = \sqrt{(\in \sigma_{t0}\tan\psi)^2 + \overline{q}^2} - \overline{p}\tan\psi$$

式中，ψ 为膨胀角，在 p-q 平面高围压下量测；σ_{t0} 为单轴受拉强度；$\in$ 为参数，用于定义势函数偏离渐近线的程度（当该参数趋于 0 时，势函数趋于一直线）。

由于流动势函数是连续且光滑的，确保流动方向的唯一性。高围压条件下，这个势函数渐近于线性 Drucker-Prager 流动势函数。

3）硬化参数

受拉伸以及压缩的损伤状态用两个硬化变量，即受拉和受压时的等效塑性应变 ε_t^{pl}、ε_c^{pl} 表示。根据 Lee 和 Fenves（1998），假设等效塑性应变率按照下列表达式变化：

$$\dot{\hat{\varepsilon}}_{t}^{pl} = r(\hat{\boldsymbol{\sigma}})\dot{\hat{\varepsilon}}_{\max}^{pl}$$

$$\dot{\hat{\varepsilon}}_{c}^{pl} = -[1 - r(\hat{\boldsymbol{\sigma}})]\dot{\hat{\varepsilon}}_{\min}^{pl}$$

式中，$\hat{\varepsilon}_{\max}^{pl}$ 和 $\hat{\varepsilon}_{\min}^{pl}$ 分别为塑性应变率张量 $\dot{\varepsilon}^{pl}$ 的最大以及最小特征值。如果塑性应变率张量的特征值 $\hat{\varepsilon}_i$ 按照 $\hat{\varepsilon}_{\max}^{pl} = \hat{\varepsilon}_1 \geqslant \hat{\varepsilon}_2 \geqslant \hat{\varepsilon}_3 = \hat{\varepsilon}_{\min}^{pl}$ 次序排列，则一般多轴应力条件下的硬化方程可以通过下列矩阵形式表达：

$$\dot{\hat{\boldsymbol{\varepsilon}}}^{pl} = \hat{\boldsymbol{h}}(\hat{\sigma}, \tilde{\boldsymbol{\varepsilon}}^{pl}) \cdot \dot{\hat{\boldsymbol{\varepsilon}}}^{pl}$$

式中，$\hat{\boldsymbol{\varepsilon}}^{pl} = \begin{bmatrix} \hat{\varepsilon}_{t}^{pl} \\ \hat{\varepsilon}_{c}^{pl} \end{bmatrix}$，$\hat{\boldsymbol{h}}(\hat{\sigma}, \tilde{\boldsymbol{\varepsilon}}^{pl}) = \begin{bmatrix} r(\hat{\boldsymbol{\sigma}}) & 0 & 0 \\ 0 & 0 & -[1 - r(\hat{\boldsymbol{\sigma}})] \end{bmatrix}$，$\dot{\hat{\boldsymbol{\varepsilon}}}^{pl} = \begin{bmatrix} \hat{\varepsilon}_1 & \hat{\varepsilon}_2 & \hat{\varepsilon}_3 \end{bmatrix}^T$

2. 混凝土弥散裂缝塑性模型

ABAQUS 中的混凝土弥散裂缝塑性模型是建立在弹塑性理论框架内的，用弥散裂缝模型模拟混凝土弹塑性的本构模型，即基于各向同性材料假定，使用线弹性模型定义材料的弹性性能；采用"定向"的弥散裂缝以及各向同性压缩塑性来定义材料的受压塑性行为。具体处理方式如下。

（1）裂缝模拟

弥散裂缝，又称模糊开裂模拟，通常假设开裂的混凝土仍保持连续，即裂缝是以连续的"弥散"方式出现的。该方法不是将开裂表示成单条离散裂缝，而是用无限多条平行的裂缝穿过开裂的混凝土单元（图 2.3-6）的效应来表示。

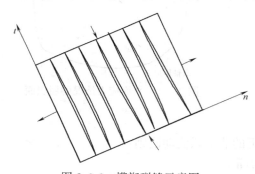

图 2.3-6　模糊裂缝示意图

在该模拟方式中，通常认为当单元中积分点的主拉应力（应变）达到破坏准则，即认为在垂直其主拉应力（应变）方向有裂缝产生，在裂缝表面上不再能承受拉应力，但在平行于裂缝方向，还是可以继续承受拉应力。即在垂直裂缝方向，弹性模量等于零，而在平行裂缝方向，仍保持原来的弹性模量。同时，为了反映骨料咬合作用，在平行裂缝方向，保留一比较小的剪切模量。

通常状况下，开裂前混凝土视为各向同性材料；开裂后，由于人为在开裂面垂直方向与裂缝方向引入了不同的力学性能，因此，此时混凝土材料实际上为各向异性材料，必须对其开裂前的弹性矩阵进行修正。就平面应力问题而言，在开裂方向（参见图 2.3-6）的增量应力-应变关系变为：

$$\begin{Bmatrix} d\sigma_n \\ d\sigma_t \\ d\tau_{nt} \end{Bmatrix} = [\overline{C}_t] \begin{Bmatrix} d\varepsilon_n \\ d\varepsilon_t \\ d\gamma_{nt} \end{Bmatrix}$$

其中切向刚度矩阵 $[\overline{C}_t]$ 为：

$$[\overline{C}_t] = \begin{bmatrix} 0 & 0 & 0 \\ 0 & E & 0 \\ 0 & 0 & \beta G \end{bmatrix}$$

式中，E 和 G 分别是弹性模量和剪切模量；β 为考虑了骨料咬合作用的剪切模量降低系数，$0 \leqslant \beta \leqslant 1$。显然，$\beta$ 的数值与裂缝表面的粗糙度及裂缝宽度有关，随着裂缝宽度的增加，β 值逐步减小，到裂缝有足够的宽度时，没有骨料咬合作用，β 即变为零；若随着加载增加的过程，当裂缝法线方向的应变转变为压应变，裂缝即闭合，此时 β 可以近似取为1。

可见，模糊开裂模拟方法不必事先确定裂缝的位置和方向，采用荷载增量法，根据实际应力状态，自动确定裂缝的位置和方向。此外，模糊开裂模型更易于考虑钢筋混凝土材料在裂缝方向内强度的突然降低或逐渐下降（这一效应又称为拉伸强化效应）。其缺点是无法准确地对混凝土裂缝进行描述，而且不能跟踪单个裂缝的开展过程。

（2）受压塑性

当混凝土处于受压状态时，该模型采用了经典的弹塑性理论进行模拟，即当初始受压阶段混凝土的应力-应变关系保持为弹性；随后随着压应力的逐渐增大，混凝土开始出现不可恢复的应变而逐渐进入塑性状态；当压应力水平超过峰值应力后，混凝土则开始进入软化直至不能提供受压能力（图2.3-7）。其压缩屈服函数的数学表达如下：

$$f_c = q - \sqrt{3}\, a_0\, p - \sqrt{3}\, \tau_c = 0$$

式中，$p = -\dfrac{1}{3}(\sigma_1 + \sigma_2 + \sigma_3)$；$q = \sqrt{\dfrac{1}{2}\left[(\sigma_1-\sigma_2)^2 + (\sigma_2-\sigma_3)^2 + (\sigma_3-\sigma_1)^2\right]}$；$a_0 = \sqrt{3}\,\dfrac{1-r_{bc}^{\sigma}}{1-2r_{bc}^{\sigma}}$；$r_{bc}^{\sigma}$ 为双轴受压与单轴受压强度的比值；τ_c 为屈服面硬化参数，不难给出单轴应力状态时 τ_c（此时为受剪强度）约为 0.5 倍的单轴受压强度。

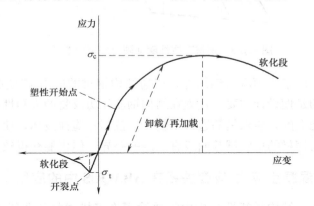

图 2.3-7　混凝土弥散裂缝塑性模型单轴应力-应变关系示意图

该模型采用相关流动法则描述混凝土处于受压屈服并继续加载时的塑性应变发展。流动法则公式如下：

$$\mathrm{d}\varepsilon_c^{pl} = \mathrm{d}\lambda_c \left[1 + c_0 \left(\frac{p}{\sigma_c}\right)^2\right] \frac{\partial f_c}{\partial \sigma}$$

式中，$c_0 = 9\,\dfrac{r_{bc}^{\varepsilon}(\sqrt{3}-a_0) + (a_0 - \sqrt{3}/2)}{r_{bc}^{\varepsilon}(a_0 - \sqrt{3}) + (r_{bc}^{\sigma})^2(2\sqrt{3} - 4a_0)}$，$r_{bc}^{\varepsilon}$ 为双轴受压与单轴受压峰值应变的比值；其余参数同前。

（3）受拉性能

在 ABAQUS 中，该模型混凝土受拉视为非线性弹性变形关系，即当受拉开裂后进入软化阶段，且受拉卸载路径指向原点无受拉塑性。

ABAQUS 中提供的混凝土弥散裂缝塑性模型适合于描述混凝土单向受力的弹塑性行为，而对于混凝土受往复荷载作用下的情况具有一定的局限性。这是因为，当混凝土在受压塑性状态下卸载时，该本构模型中卸载模量与弹性初始模量相同的假定，难以反映当压应力水平较高后混凝土内部出现微裂缝而导致模量降低的客观现象。

3. 钢材本构模型

目前为止，金属材料的塑性问题是材料力学中研究最为深入的课题之一，ABAQUS 中也根据不同种类的金属提供了多种本构模型。对于土木工程的弹塑性计算分析中，钢材的本构关系通常采用随动硬化模型进行模拟，一般选用 Mises 屈服函数为塑性屈服条件、相关流动法则以及各向等强硬化准则确定塑性应变及强度发展。图 2.3-8 为单轴随动硬化模型的应力-应变关系曲线（又称包辛格效应的双线性模型）。

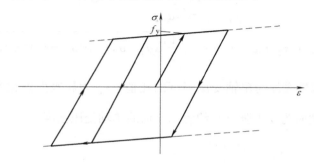

图 2.3-8　钢材双线性随动硬化模型示意图

需要指出的是，由于除预应力钢筋外，普通结构钢材的应力-应变曲线比较符合双线性模式，而且结构的延性设计主要是建立在结构钢筋经历反复的大塑性应变仍然能够维持较高的应力水平基础上的，要求钢筋通常不会发生拉断等脆性破坏，使得考虑包辛格效应的双线性模型虽然与钢材的单轴试验曲线有一定的差异，但仍能获得较好的工程精度。

2.3.4　我国规范混凝土应力-应变关系在 ABAQUS 中的应用

与弹性分析不同，结构弹塑性分析中需要输入许多描述材料非线性特征的参数及信息，这些参数中有些可以通过试验确定，有些则需要根据经验确定。需要指出的是，对于具体的工程实践，尤其是材料具有一定变异性的钢筋混凝土结构而言，为了保持弹塑性分析与结构设计基本思想具有相当的一致性和吻合度，描述材料非线性特征的参数应参照我国结构设计相关规范的规定进行确定。

本节参照我国规范的相关规定，结合在 ABAQUS 分析中的应用进行简单的讨论。

1.《混凝土结构设计规范》GB 50010—2010 附录 C 曲线简介

（1）单轴受压应力-应变关系

我国现行《混凝土结构设计规范》GB 50010—2010 中附录 C 给出了适用于非线性分析时的受压应力-应变关系建议曲线，如图 2.3-9 所示，其表达式为：

上升段

$$y = \alpha_a + (3 - 2\alpha_a)x^2 + (\alpha_a - 2)x^3 \qquad 0 \leqslant x \leqslant 1$$

下降段

$$y = \frac{x}{\alpha_d(x-1)^2 + x} \qquad x \geqslant 1$$

式中，$y = \sigma/f_c^*$，$x = \varepsilon/\varepsilon_c$。

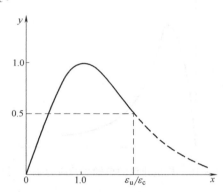

图 2.3-9　规范建议的单轴受压应力-应变曲线

上述分段曲线满足前述全部几何特征要求，其中上升段参数 α_a 以及下降段参数 α_d 按表 2.3-1 插值取用。

混凝土单轴受拉应力-应变曲线的参数值　　　　　表 2.3-1

f_c^* (N/mm²)	15	20	25	30	35	40	45	50	55	60
$\varepsilon_c (\times 10^{-6})$	1370	1470	1560	1640	1720	1790	1850	1920	1980	2030
α_a	2.21	2.15	2.09	2.03	1.96	1.90	1.84	1.78	1.71	1.65
α_d	0.41	0.74	1.06	1.36	1.65	1.94	2.21	2.48	2.74	3.00
$\varepsilon_u/\varepsilon_c$	4.2	3.0	2.6	2.3	2.1	2.0	1.9	1.9	1.8	1.8

注：ε_u 为应力-应变曲线下降段上应力等于 $0.5f_c^*$ 时的混凝土压应变。

（2）单轴受拉应力-应变关系

与受压相比，混凝土轴心受拉应力-应变关系的研究就少得多。现行规范中给出的混凝土单轴受拉曲线公式实际上是基于文献［15］的研究成果。文献［15］的试验结果表明，混凝土单轴受拉应力-应变实测曲线上升段较为陡峭，初始弹性模量与峰值点割线模量的比值在 1.04～1.38 之间，平均值为 1.2。进入受拉应力的下降段后，量测到的试件纵向应变受到应变片标距及其与裂缝的相对位置等因素的影响，不同位置的电阻应变片测得应变差别较大，通过裂缝的应变片读数在下降段剧增然后被拉断，其余应变片则随试件所承受拉力减少而卸载。然而，沿试件轴向布置的各应变片变形总和与变形传感器的读数大体相当。

规范中给出的混凝土单轴受拉应力-应变关系建议曲线（图 2.3-10）的方程如下：

上升段

$$y = 1.2x - 0.2x^6 \qquad 0 \leqslant x \leqslant 1$$

下降段

$$y = \frac{x}{\alpha_t (x-1)^{1.7} + x} \qquad x \geqslant 1$$

式中，$x = \dfrac{\varepsilon}{\varepsilon_{t0}} = \dfrac{\Delta}{\Delta_{t0}}$，$y = \dfrac{\sigma}{f_t^*}$。

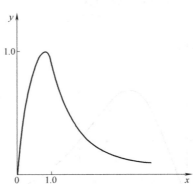

图 2.3-10　规范建议的单轴受拉应力-应变曲线

其中，α_t 为混凝土单轴受拉应力-应变曲线下降段的参数值，按表 2.3-2 取用。

混凝土单轴受拉应力-应变曲线下降段参数取值　　　　　　　　　　表 2.3-2

f_t^* (N/mm^2)	1.0	1.5	2.0	2.5	3.0	3.5	4.0
$\varepsilon_t (\times 10^{-6})$	65	81	95	107	118	128	137
α_t	0.31	0.70	1.25	1.95	2.81	3.82	5.00

2. 《混凝土结构设计规范》GB 50010—2010 附录 C 曲线的修正

（1）应力-应变关系曲线的修正

如前所述，我国《混凝土结构设计规范》GB 50010—2010 附录 C 中给出了混凝土单轴受压及受拉的建议本构曲线。但是对比两曲线形式不难看出：两曲线的数学表达均为非线性关系，在坐标零点两侧的弹性模量（即导数）并不连续，存在突变，这将为弹塑性分析计算本身引入较明显的数值收敛性困难。而且值得指出的是，如直接采用上述曲线，则混凝土材料将不存在弹性区段，这与结构设计中将混凝土材料视为弹性的基本假定不符，且会造成弹塑性分析模型的刚度以及结构周期等基本特性与弹性设计模型出现一定的甚至较大的偏差。

基于上述原因，在尽量保持弹塑性分析与结构设计基本思想一致的前提下，在 ABAQUS 应用过程中针对我国《混凝土结构设计规范》GB 50010—2010 附录 C 中曲线给出如下的修正方法：

1）当 $0.72 f_{cc} = f_{ce} \leqslant f \leqslant f_{te} = 0.72 f_{tc}$ 时，混凝土材料视为弹性。此时材料的弹性模量与结构设计的弹性模量相同。

2）当应力超过设计强度后，未达到峰值强度时，混凝土处于塑性硬化阶段；当混凝土应力超过受压或受拉峰值应力后，进入软化阶段。

3）混凝土受压塑性应变由损伤因子控制。

4）假定混凝土受拉为弹性，不考虑混凝土受拉塑性，即受拉卸载始终指向零应力点。

5）混凝土受拉及受压的应力-应变全曲线导数连续，即切线模量连续变化。

修正后的混凝土应力-应变关系曲线（图 2.3-11）在弹性范围内与结构设计完全一致，并为基于性能的抗震设计结果的校核提供了一定的便利。

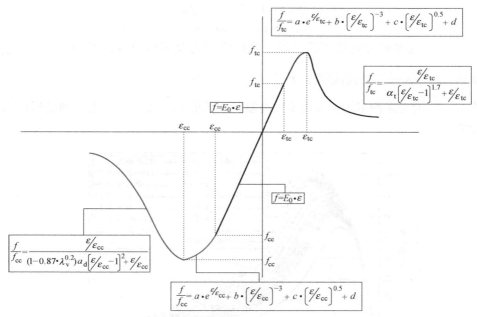

图 2.3-11　规范混凝土单轴应力-应变关系曲线的修正模型

需要说明的是，上述方法仅仅是针对混凝土单轴应力-应变关系曲线的表达形式进行了修正，曲线中各关键参数（如初始弹性模量、峰值应力及其对应的峰值应变等）均根据规范相关要求确定，如图 2.3-12 所示。

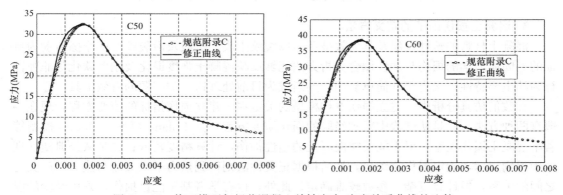

图 2.3-12　修正模型与规范混凝土单轴应力-应变关系曲线的比较

（2）混凝土约束增强效应的考虑方法

我国《混凝土结构设计规范》GB 50010—2010 中给出的混凝土单轴受压应力-应变关系曲线并未考虑箍筋等的约束效应，为非约束混凝土关系。然而，在工程结构，特别是高层建筑结构中，框架柱的抗震等级往往较高，此时截面箍筋配置很多，因而对混凝土也将产生明显的约束增强效应，在结构弹塑性分析中应给予合理的考虑。

根据钱稼茹等（2002）的试验研究及理论分析成果，对上节修正的混凝土应力-应变曲线的受压峰值强度及其对应应变修正如下：

$$f_{cc} = (1 + 1.79\lambda_v)f_{c0}$$
$$\varepsilon_{cc} = (1 + 3.5\lambda_v)\varepsilon_{c0}$$

式中，f_{cc}、ε_{cc} 为考虑约束效应后混凝土的峰值应力及相应应变；f_{c0} 取 $0.76f_{cu,k}$；ε_{c0} 取 0.0018；$\lambda_v = \rho\dfrac{f_{yh}}{f_c}$，为截面配箍特征值。

图 2.3-13 为考虑约束增强效应不同配箍特征值的 C50 等级混凝土单轴受压应力-应变关系曲线。

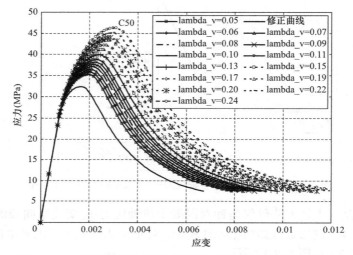

图 2.3-13　不同配箍特征值下混凝土单轴应力-应变关系曲线

3. 混凝土损伤因子的定义方法

混凝土材料的塑性发展及其失效破坏是以裂纹生成、扩展及沿裂纹面的摩擦滑动为特征的。固体力学的损伤与塑性耦合分析方法能够反映混凝土强度退化及刚度软化等非弹性行为的主要特性，又由于其简单易用，逐渐成为目前处理这一类问题的有效工具。

在数值仿真分析中，建立损伤本构模型的关键在于建立损伤指标的演变方程，现在一般有两种方法，一是从试验中得到经验的损伤演变方程，如 Loland 模型、Mazars 模型等若干混凝土损伤模型，但不能反映混凝土的塑性损伤，计算精度较低；二是从经典塑性理论中得到启示，确定损伤流动势，然后根据正交性法则得到热力学广义流与热力学广义力之间的关系，但计算复杂，参数较难确定。此外，也有学者基于能量损伤，采用经验的混凝土单轴应力-应变全曲线表达式，给出了损伤演变方程的数值解，但没有进一步给出其简化的表达式，也没有将损伤演化方程与混凝土单轴损伤本构模型结合起来。

如前所述，在 ABAQUS 的混凝土损伤塑性模型中，采用损伤因子来表征混凝土在高应力水平下内部微裂缝以及塑性程度造成的刚度退化现象，是进行弹塑性分析尤其是动力弹塑性分析的关键指标。参考已发表的成果，结合 2.3.4.2 节中给出的我国《混凝土结构设计规范》GB 50010—2010 附录 C 的修正曲线，采用 Najar 损伤理论，给出受拉损伤因

子 d_t 和受压损伤因子 d_c 的确定方法如下：

$$d_t \text{ 或 } d_c = \frac{W_0 - W_\varepsilon}{W_0}$$

式中，$W_0 = \frac{1}{2}\varepsilon : E_0 : \varepsilon$，$W_\varepsilon = \frac{1}{2}\varepsilon : E : \varepsilon$ 依次为无损材料及损伤材料的应变能密度；E_0 及 E 分别为无损材料及损伤材料的四阶弹性系数张量；ε 为相应的二阶应变张量。对于混凝土单轴受力情况，上述方程退化为弹性应变能与非弹性应变能的比值，即弹性与非弹性应力-应变曲线下部包围的面积比（图 2.3-14）。

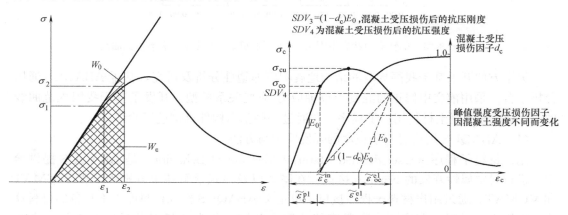

图 2.3-14　混凝土损伤定义示意图（单轴应力状态）

按上述方法给出 C50、C60 及 C70 混凝土单轴受压及受拉损伤因子与其总应变的关系曲线如图 2.3-15、图 2.3-16 所示。可以看出，当应力水平不超过设计强度时，混凝土无损伤现象；随着应力水平逐渐增大并超过设计强度后，混凝土出现损伤并逐渐增大。

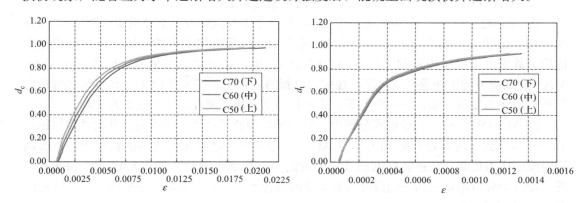

图 2.3-15　混凝土材料受压及受拉损伤因子与应变关系曲线

4. 纤维梁混凝土用户子程序的开发

如前所述，作为通用的非线性分析软件包，ABAQUS 为结构弹塑性分析提供了各种模拟结构构件的单元形式以及模拟混凝土弹塑性行为的本构模型。但是令人遗憾的是，在 ABAQUS/Explicit 模块中，适用于模拟混凝土在地震等往复荷载作用下的混凝土损伤塑性模型不能应用于纤维梁单元中。

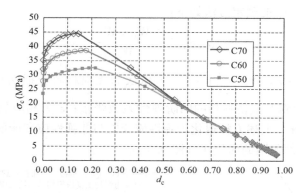

图 2.3-16　单轴应力状态下混凝土受压损伤因子与其应力水平相关曲线

为了方便开展基于我国规范的结构地震响应弹塑性分析及研究，基于 ABAQUS 通用分析平台，采用前文中修正的混凝土单轴应力-应变关系模型，开发了基于我国规范曲线的 ABAQUS 混凝土材料用户子程序，并通过一些基本构件算例进行验证。

（1）ABAQUS 用户材料子程序的开发原理与方法

用户材料子程序（User-defined Material Mechanical Behavior）是 ABAQUS 提供给用户进行材料属性开发的 Fortran 接口，在隐式以及显式求解器中分别为子程序 UMAT 和 VUMAT。通过用户材料子程序接口，可定义 ABAQUS 标准材料库中不具备的材料算法。采用用户材料子程序时，主程序能读取由关键字传来的任意数量的基本材料常数（如：弹性模量、泊松比、硬化参数等），同时对于与求解相关的状态变量（如：塑性应变），在每一材料积分点都提供了暂存功能，以便 UMAT 和 VUMAT 在增量步之间更新应力或刚度时应用。

ABAQUS 用户材料子程序的工作原理简单描述如下：

在 ABAQUS 中一个分析称为一个 Job，每一个 Job 包含若干个分析步（Step），而每个分析步通过一系列增量步（Increment）来完成。在每个增量步的开始，各材料积分点的应力数值由主程序传递到 UMAT 或 VUMAT 中，在增量步结束时，UMAT 或 VU-MAT 完成应力的更新返回主程序。在应力更新的过程中，需要借助于一些相邻增量步之间暂存的状态变量，如：塑性变形等，这些状态变量也需要在增量步内实现更新。

在 ABAQUS/Standard 隐式分析中，每一增量步的荷载增量可以通过几次迭代（Iteration）以达到与内力的平衡。因此，UMAT 程序在一个增量步需要多次被调用，每次调用时除了应力更新外，还要根据积分点所处的应力状态更新材料的雅可比（Jacobin）矩阵，即应力分量增量对相应的应变分量增量的变化率矩阵，该矩阵用于形成下次迭代时的单元切线刚度矩阵。

如图 2.3-17 所示为 ABAQUS/Standard 程序调用 UMAT 子程序的流程图。

ABAQUS/Explicit 调用 VUMAT 时，由于显式算法无须形成结构整体刚度矩阵，因此在每一增量步只需更新应力数值。VUMAT 程序是一个建立在所有材料积分点上的循环体，每一增量步 VUMAT 逐个更新各积分点的应力数值，与隐式算法不同在于，增量步中不包含平衡迭代。

对于 ABAQUS 的铁木辛柯梁单元，独立应力分量只有两个，即正应力和扭转引起的

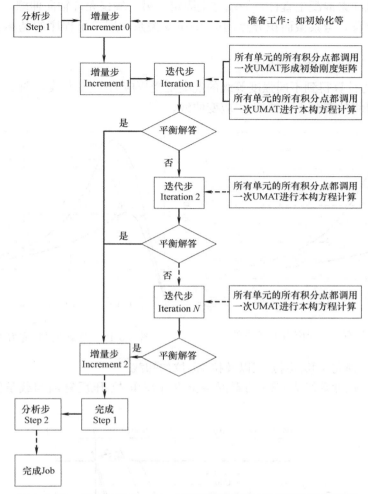

图 2.3-17　ABAQUS/Standard 程序调用 UMAT 子程序的流程图

剪应力。因此在 UMAT 中，每一次迭代需要更新的量包括切线模量（其中剪切模量按本章第一节的假定保持弹性）、应力及状态变量，在 VUMAT 中每一增量步需更新应力及状态变量。在 UMAT 和 VUMAT 的编制中，为了更新应力及跟踪应变历史，采用了如表 2.3-3 所列的状态变量。

求解相关状态变量　　　　　　　　　　　　　　　　　　　　表 2.3-3

变量	SDV_1	SDV_2	SDV_3	SDV_4	SDV_5
意义	历史最大压应变（恒负）	最大拉应变（由受压残余应变起算）	当前的受压弹性模量	当前的受拉弹性模量	当前增量步的应变

上述状态变量可在隐式-显式分析序列、显式-隐式分析序列中得到传递。通过这些辅助变量可以实现材料积分点相关变量的更新。

（2）混凝土本构关系的验证

1）混凝土应力-应变关系曲线

悬臂的等截面素混凝土直杆，一端完全固定，另一端仅允许轴向伸缩。在其自由端施加强迫的轴向位移，考察截面积分点的应力-应变关系。用户子程序的基本验证过程包括以下两组算例。

① 第一组：轴向位移单调加载

图 2.3-18 为计算得到不同强度等级的混凝土受压应力-应变曲线，图 2.3-19 为计算得到的不同强度等级的混凝土受拉应力-应变曲线。

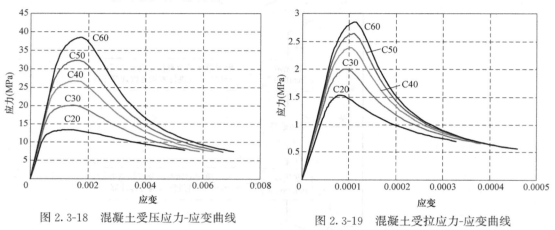

图 2.3-18　混凝土受压应力-应变曲线　　　　图 2.3-19　混凝土受拉应力-应变曲线

② 第二组：轴向位移压-拉-压以及拉-压-拉加卸载

图 2.3-20 为强度等级为 C40 的素混凝土直杆在压-拉-压反复加卸载条件下的截面应力-应变曲线。

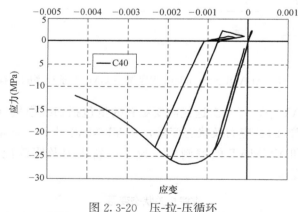

图 2.3-20　压-拉-压循环

由上述几个算例，可见程序正确实现了混凝土单轴应力-应变关系及预想的材料异号应力循环过程的刚度损伤模型，能有效地模拟由受拉转向受压时裂缝闭合接触引起的刚度恢复行为。

2）梁柱基本构件的分析

本节通过一些基本构件的分析，进一步验证用户材料子程序的正确性。

① 轴压短柱的分析

轴压钢筋混凝土短柱，截面 500mm×500mm，混凝土强度等级 C30，纵筋采用

HRB335 级，配筋率为 2%。图 2.3-21 为计算得到的轴力-轴向位移关系曲线。

② 轴心受拉构件的分析

构件截面及配筋同上例，自由端采用强制位移受拉加载。图 2.3-22 为计算得到的轴力-轴向位移关系曲线。可以看到混凝土开裂前后构件的不同行为，混凝土退出工作后构件的轴力-轴向位移曲线实际上类同于钢筋应力-应变关系曲线。

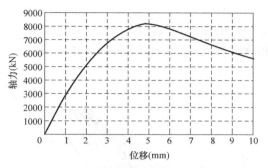

图 2.3-21 轴压短柱的轴力-轴向位移关系

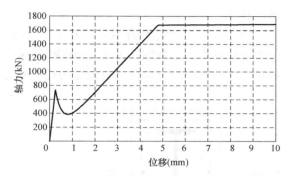

图 2.3-22 轴心受拉构件的轴力-轴向位移关系

③ 简支梁的受力全过程分析

跨度 5m 的简支梁，截面 200mm×500mm，混凝土强度等级 C30，受拉钢筋采用 HRB335 级，受拉纵筋配筋率 3%。两端距支座 1.0m 处采用向下位移控制加载，中间 3.0m 为纯弯段。加载点的荷载-位移曲线如图 2.3-23 所示。查看计算结果钢筋以及混凝土单元积分点的状态可以看到受拉区混凝土退出工作、梁带裂缝工作直至钢筋屈服和混凝土受压破坏的整个受力过程，可见纤维模型模拟截面非线性行为的有效性。

④ 偏心受力构件的 N_u-M_u 包络线

构件截面同第一组算例，一端固定、一端自由，自由端作用不同大小的轴力并保持不变，然后施加强迫的水平位移至构件破坏。如果不考虑加载路径的影响，可得到如图 2.3-24 所示的构件的固定端极限弯矩和轴力的相关曲线。

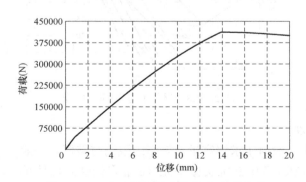

图 2.3-23 简支梁加载点的荷载-位移曲线

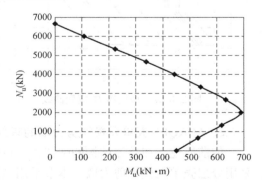

图 2.3-24 偏心受力构件的承载力包络图

由图 2.3-24 可知，轴压力为 2000kN 时，固定端的极限弯矩达到最大，此点附近是大小偏压的分界线。通过查看结果中钢筋和混凝土的状态可见：轴力小于 2000kN，破坏时受拉钢筋屈服，混凝土压碎，压区的纵筋也达到屈服强度，符合大偏压破坏形态；轴力大于 2000kN 时，破坏时混凝土压碎，同侧的受压钢筋的应力也达到抗压屈服强度，另一侧钢筋不论受压还是受拉均未屈服，符合小偏心破坏的特点。因此，可以验证子程序模拟构件非线性行为的准确性。

⑤ 循环荷载作用下的型钢混凝土构件

型钢混凝土构件，截面如图 2.3-25 所示，柱下端固定，上端承受反复水平位移，轴压比 0.5。

图 2.3-26 为通过程序计算的水平推力与杆端位移的滞回曲线，图 2.3-27 和图 2.3-28 分别为计算得到的型钢应力-应变曲线以及截面边缘混凝土的应力-应变曲线，由计算结果可见，此型钢混凝土构件具有较好的耗能能力。

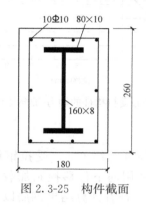

图 2.3-25　构件截面

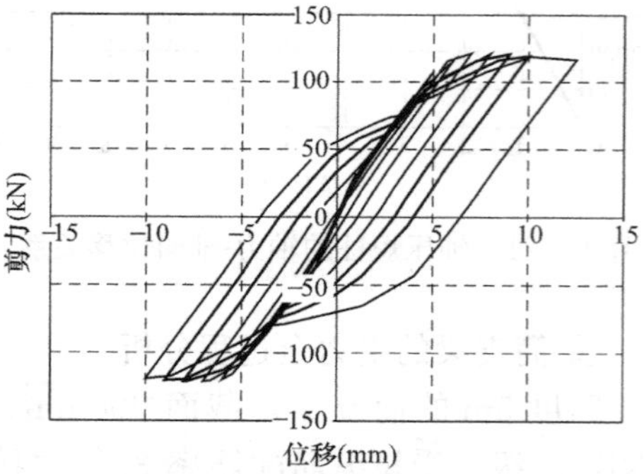

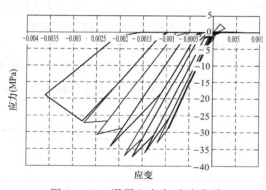

图 2.3-26　滞回曲线

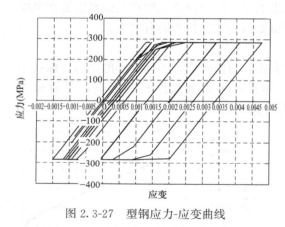

图 2.3-27　型钢应力-应变曲线

图 2.3-28　混凝土应力-应变曲线

5. ABAQUS 壳单元模拟剪力墙的有效性

如前所述，在整体结构的弹塑性分析中一般由于求解容量及效率的限制与需要，一般采用分层壳单元模拟剪力墙。本节采用 ABAQUS 中三维实体单元（8 节点线性六面体单元—C3D8R）及分层壳单元（4 节点线性分层壳单元—S4R），分别建立一个剪力墙构件，验证采用 ABAQUS 分层壳单元模拟剪力墙的有效性。两模型中钢材采用随动强化模型，混凝土材料采用前文所述弹塑性损伤模型。实体单元模型中钢筋采用 Truss 单元（T3D2）并嵌入至实体单元；分层壳单元模型中钢筋则使用 * REBAR LAYER 在单元中添加钢筋层属性的方式进行模拟。

（1）普通钢筋混凝土剪力墙

荷载及边界条件：在剪力墙顶部预先施加重力荷载，使墙体的轴压比在 0.3 左右，底部施加一条如图 2.3-29 所示位移时程曲线。

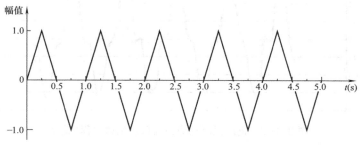

图 2.3-29 位移时程曲线

钢筋混凝土剪力墙有限元模型如图 2.3-30 所示。有限元分析结果如图 2.3-31、图 2.3-32 所示。

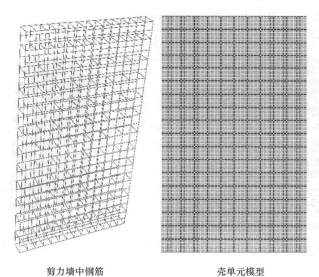

剪力墙中钢筋　　　　　　　　壳单元模型

图 2.3-30 钢筋混凝土剪力墙有限元模型

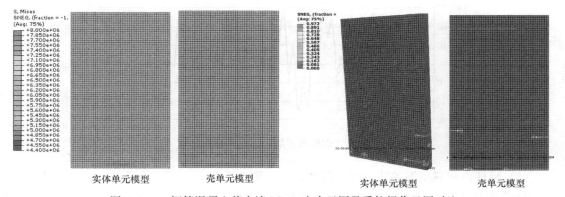

实体单元模型　　　　壳单元模型　　　　　实体单元模型　　　　壳单元模型

图 2.3-31 钢筋混凝土剪力墙 Mises 应力云图及受拉损伤云图对比

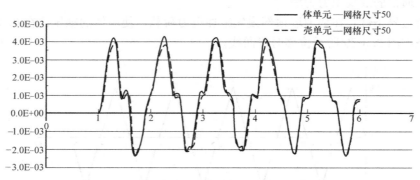

图 2.3-32　钢筋混凝土剪力墙顶点位移时程比较

（2）钢板剪力墙（图 2.3-33～图 2.3-35）

钢板剪力墙是近年来为解决超高层建筑结构底部剪力墙高受压与受剪承载力以及高延性需求的新型构件。在进行结构弹塑性分析中，一般采用在相同位置叠合普通钢筋混凝土分层壳单元与钢板壳单元两个单元的方式进行模拟。

荷载及边界条件：同（1）普通钢筋混凝土剪力墙。

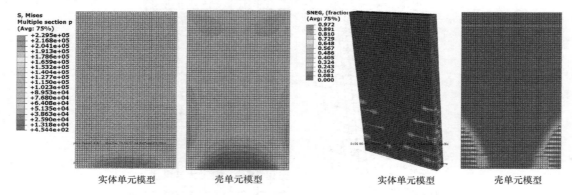

| 实体单元模型 | 壳单元模型 | 实体单元模型 | 壳单元模型 |

图 2.3-33　钢板剪力墙 Mises 应力云图　　　图 2.3-34　钢板剪力墙受拉损伤云图

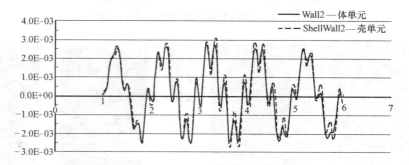

图 2.3-35　钢板剪力墙顶点位移时程比较

（3）暗柱内配置型钢的剪力墙（图 2.3-36～图 2.3-40）

荷载及边界条件：同（1）普通钢筋混凝土剪力墙。

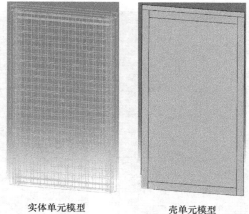

实体单元模型　　　　壳单元模型

图 2.3-36　剪力墙模型示意

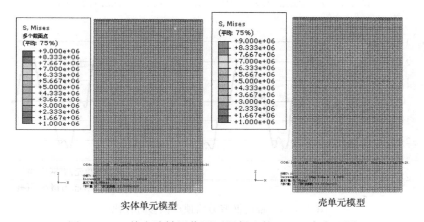

实体单元模型　　　　　　　　　壳单元模型

图 2.3-37　剪力墙轴压作用下混凝土的 Mises 应力云图

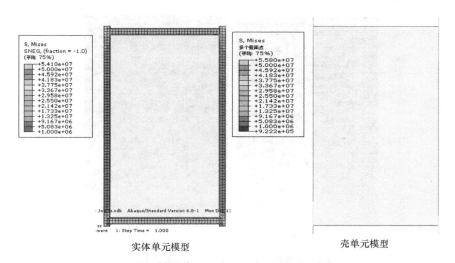

实体单元模型　　　　　　　　　壳单元模型

图 2.3-38　轴压作用下内置型钢的 Mises 应力云图

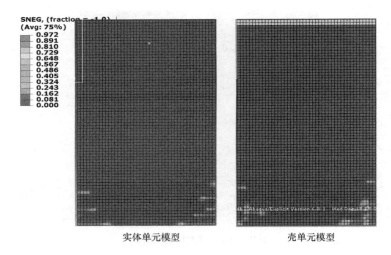

图 2.3-39　带边框剪力墙轴压作用下混凝土的受拉损伤云图

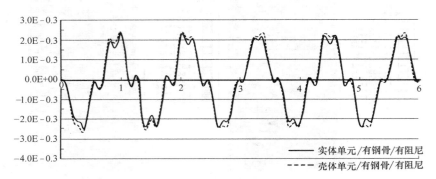

图 2.3-40　带边框剪力墙顶点位移时程比较

（4）设置钢支撑的剪力墙（图 2.3-41～图 2.3-45）

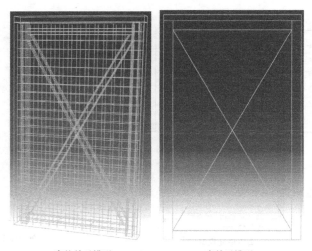

图 2.3-41　设置钢支撑剪力墙模型示意

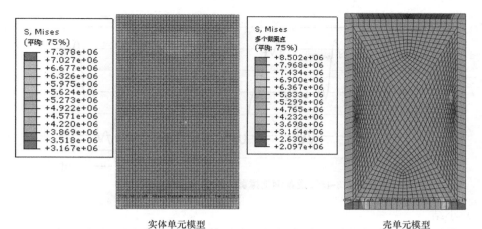

实体单元模型　　　　　　　　　　壳单元模型

图 2.3-42　设置钢支撑剪力墙轴压作用下混凝土的 Mises 应力云图

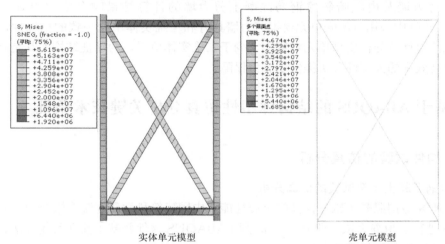

实体单元模型　　　　　　　　　　壳单元模型

图 2.3-43　轴压作用下钢支撑的 Mises 应力云图

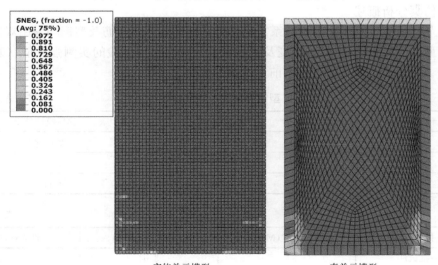

实体单元模型　　　　　　　　　　壳单元模型

图 2.3-44　设置钢支撑剪力墙混凝土受拉损伤云图

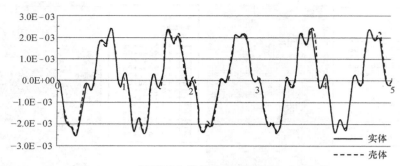

图 2.3-45　设置钢支撑剪力墙顶点位移时程比较

（5）小结

综上所述，采用分层壳单元和采用三维实体单元模拟普通钢筋混凝土剪力墙、内藏钢板混凝土剪力墙及内藏暗斜撑钢筋混凝土剪力墙的计算结果吻合度均很好，表明在 ABAQUS 软件中采用分层壳单元模拟剪力墙具有和三维实体单元一致的精确性，而且采用壳单元使得计算分析模型单元数量大大少于三维实体单元，为保证结构尤其是高层建筑结构进行高效率的弹塑性分析提供了有力保障。

2.4　基于 ABAQUS 的结构弹塑性仿真分析关键技术验证

2.4.1　构件试验的仿真分析

1. 型钢混凝土压弯试验的仿真分析

为了研究型钢混凝土压弯构件的抗震性能，中国建筑科学研究院有限公司针对两批共 26 个试件进行了拟静力试验研究。本节采用 ABAQUS 软件并基于前文所述方法，针对试验结果与现象进行数值模拟分析。

（1）仿真分析概述

在本节分析中，混凝土本构关系采用弹塑性损伤模型，钢筋及型钢均采用双折线理想弹塑性模型。混凝土受压/受拉强度及钢材屈服强度均采用试验的实测强度值（表 2.4-1、表 2.4-2）。材料其余计算参数均按前文所述方法确定。

型钢和钢筋的材性参数　　　　　　　　　　　表 2.4-1

材料种类	屈服强度（MPa）	弹性模量（MPa）
型钢	285	2.06×10^5
纵筋	357	2.02×10^5
箍筋	276	2.11×10^5

混凝土材性参数　　　　　　　　　　　表 2.4-2

批次	抗压强度（MPa）	抗拉强度（MPa）	弹性模量（MPa）
第一批试件	37.3	3.04	3.0×10^4
第二批试件	37.8	3.05	3.0×10^4

计算分析模型中，按照试件的尺寸和实际配置型钢、钢筋的情况在 ABAQUS 中分别建立混凝土、型钢和钢筋（纵筋和箍筋）的几何模型，见图 2.4-1。其中混凝土采用三维实体单元 C3D8R，型钢采用平面壳单元 S4R，纵筋和箍筋采用杆单元 T3D2。

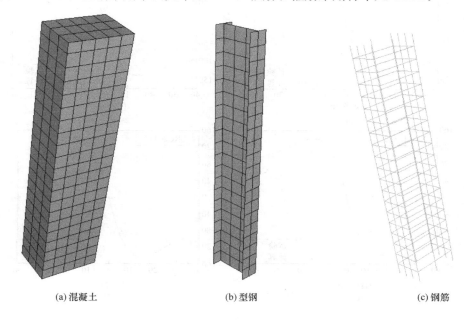

(a) 混凝土   (b) 型钢   (c) 钢筋

图 2.4-1 几何模型

值得说明的是，型钢混凝土构件同时涉及型钢、纵筋、箍筋和混凝土，相互之间作用比较复杂，如何处理它们之间的关系是对其进行有限元分析的难点。ABAQUS 提供了一种较好的处理方法，先分别建立型钢、纵筋、箍筋和混凝土的模型，再把型钢、纵筋和箍筋嵌入（Embed）到混凝土中，混凝土对型钢和钢筋形成约束，使之共同作用。这种方法是一种简化处理，没有考虑型钢、钢筋与混凝土之间的粘结滑移作用，但是可以简化分析过程，且从计算结果上看，上述简化处理方法具有足够的精度。

此外模拟试验的边界条件，将模型下端完全锚固，约束下表面所有节点的自由度。荷载分两步施加：第一步施加竖向荷载，为了防止应力集中导致计算不收敛，竖向荷载平均分布到上表面各节点；第二步施加水平荷载，为了得到荷载-位移全曲线，计算中采用位移加载的方式，对顶部节点施加水平位移荷载。

（2）仿真分析结果与试验的对比

有限元计算所得荷载-位移曲线与试验曲线的比较见图 2.4-2，从中可以看出，计算曲线与试验曲线吻合较好。

2. 钢-混凝土组合剪力墙压弯试验的仿真分析

（1）仿真分析概述

在本节分析中，混凝土本构关系采用弹塑性损伤模型，钢筋及型钢均采用双折线理想弹塑性模型。混凝土受压/受拉强度及钢材屈服强度均采用试验的实测强度值（表 2.4-3、表 2.4-4）。材料其余计算参数均按前文所述方法确定。

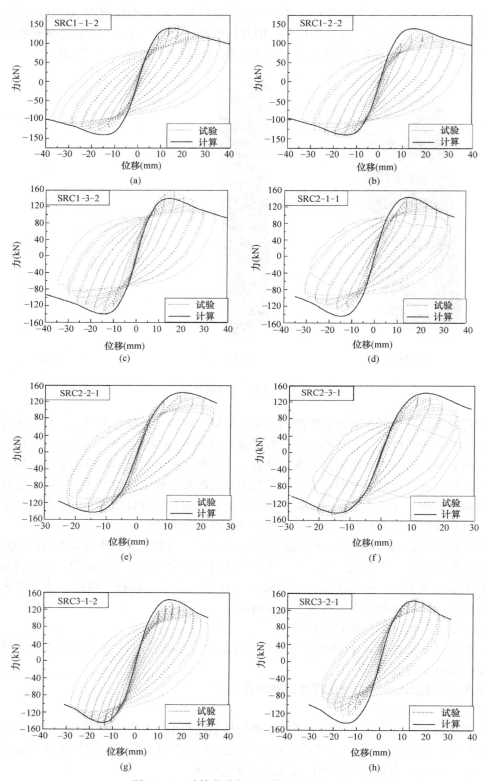

图 2.4-2　计算曲线与试验曲线比较（一）

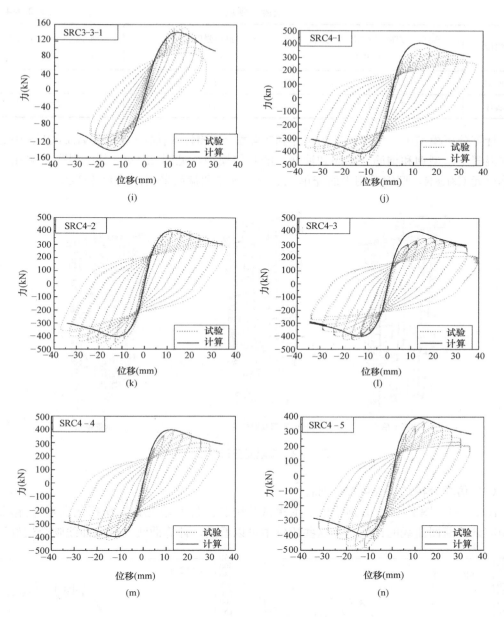

图 2.4-2 计算曲线与试验曲线比较（二）

钢筋及钢板材料特性 表 2.4-3

钢材型号	实测尺寸	实测屈服强度 f_{yk} (MPa)	实测极限强度 f_{uk} (MPa)	弹性模量 (MPa)	屈服应变 （$\times 10^{-6}$）
φ6	φ6.5mm	368.6	468.9	2.1×10^5	1755
φ8	φ8.4mm	245.2	383.1	2.1×10^5	1168
4mm 厚	3.5mm 厚	353.4	469.1	2.1×10^5	1683

混凝土强度

表 2.4-4

部位	实测立方体抗压强度平均值 $f_{cu,m}$(MPa)	轴心抗压强度平均值 f_{cm}(MPa)	轴心抗拉强度平均值 f_{tm}(MPa)
地梁	33.8	25.7	2.74
墙片	47.7	36.3	3.31

计算分析模型中，按照试件的尺寸和实际配置型钢、钢筋的情况在 ABAQUS 中分别建立混凝土、型钢和钢筋（纵筋和箍筋）的几何模型，见图 2.4-3。其中混凝土采用三维实体单元 C3D8R，型钢采用平面壳单元 S4R，纵筋和箍筋采用杆单元 T3D2。

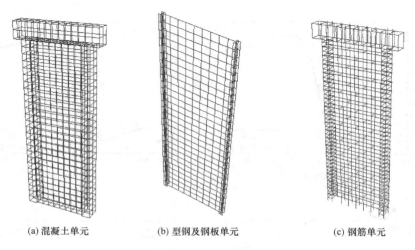

(a) 混凝土单元　　　　　(b) 型钢及钢板单元　　　　　(c) 钢筋单元

图 2.4-3　有限元分析模型构成

（2）仿真分析结果与试验的对比

图 2.4-4～图 2.4-12 分别给出了本次试验中各试件有限元计算所得的荷载-位移曲线与相应试验滞回曲线的比较，从这些比较中可以看到，计算曲线与试验曲线吻合较好。

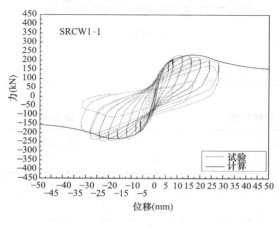

图 2.4-4　基本试件（设计轴压比 0.5）

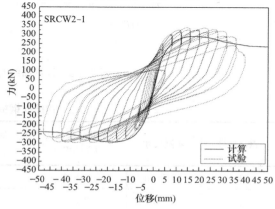

图 2.4-5　两端型钢试件（设计轴压比 0.5）

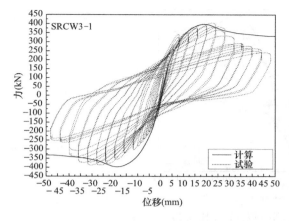

图 2.4-6　中部钢板试件（设计轴压比 0.5）

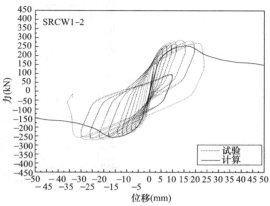

图 2.4-7　基本试件（设计轴压比 0.6）

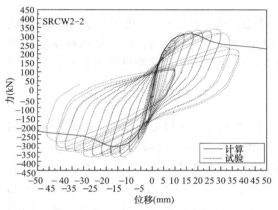

图 2.4-8　两端型钢试件（设计轴压比 0.6）

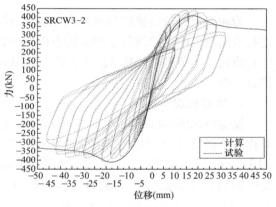

图 2.4-9　中部钢板试件（设计轴压比 0.6）

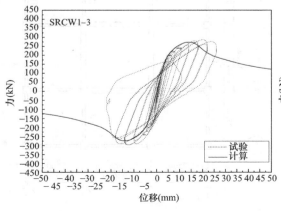

图 2.4-10　基本试件（设计轴压比 0.7）

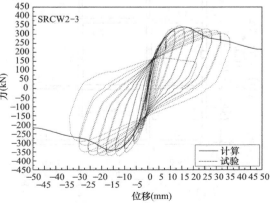

图 2.4-11　两端型钢试件（设计轴压比 0.7）

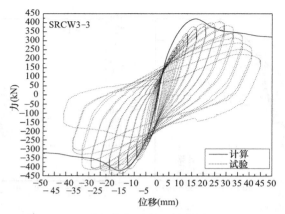

图 2.4-12　中部钢板试件（设计轴压比 0.7）

2.4.2　30 层框架-核心筒结构拟静力推覆试验仿真分析

为深入研究带转换层型钢混凝土框架-核心筒混合结构的抗震性能及抗震设计中的关键技术问题，中国建筑科学研究院有限公司曾进行了一个 1∶10 的 30 层结构模型拟静力试验研究。本节基于 ABAQUS 软件，采用前文所述方法，针对试验过程进行弹塑性计算仿真分析。

1. 试验概况

模型模拟的实际结构为 30 层型钢混凝土框架-型钢混凝土核心筒结构，结构平面双轴对称，平面尺寸为 24m×24m，见图 2.4-13。结构总高 109m，层高分别为：首层 4.5m、2 层 6.5m、3～30 层为 3.5m。结构平面中央布置正方形混凝土核心筒，尺寸 9m×9m。筒体四周开 1.5m×2.5m 洞口。筒体剪力墙厚度：1～4 层 700mm 厚，5～8 层 600mm 厚，9 层以下 400mm 厚。筒体四角配置十字型钢，洞口两侧配置"H"型钢。核心筒为

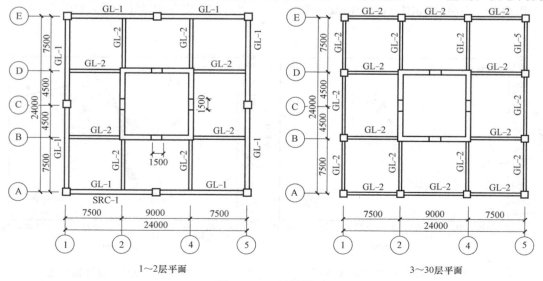

图 2.4-13　结构平面

型钢混凝土剪力墙。墙中型钢一方面提高了剪力墙的承载力，另一方面有利于与结构梁连接。

框架布置在结构外围。框架 1、2 层两跨，柱间距 12m；3 层及以上三跨，柱距分别为 7.5m、9m 和 7.5m。框架柱采用型钢混凝土柱，1 层和 2 层柱截面 950mm×950mm，3～6 层角柱为 950mm×950mm，其他柱为 650mm×650mm，七层以上柱全部为 650mm×650mm。为减轻自重，框架梁采用"工"字型钢梁，框架与筒体连接的梁也采用型钢梁。钢梁与结构筒体连接采用铰接方式，与框架连接采用刚性连接。2 层框架设置转换层，转换梁采用型钢混凝土梁，梁截面采用 850mm×2000mm。混凝土强度等级：1～10 层为 C50，11 层以上为 C40。设计荷载静荷载和活荷载一并考虑。1 层附加荷载为 $7kN/m^2$，2～30 层荷载为 $6kN/m^2$。

模型结构构件尺寸按几何比例缩小，构件中的型钢和配筋按面积等比例缩小。模型混凝土采用与原型结构相同强度等级的混凝土，型钢采用 Q235 薄钢板焊接制作，钢筋用铅丝替代。试验中竖向配重加足，使模型在竖向荷载作用下的应力与实际结构的应力相同。试验的详细情况见参考文献 [17]。

2. 仿真分析概述

弹塑性分析模型基于模型试验结构建立，其中剪力墙及楼板采用分层壳单元（S4R）进行模拟，框架柱、梁均采用纤维梁（B31）进行模拟。混凝土本构关系采用弹塑性损伤模型；试验模型中的型钢以及铅丝采用线性随动硬化金属塑性模型。模型主要材料力学性能参数列于表 2.4-5～表 2.4-7。

混凝土材料特性　　　　　　　　　　　　　　　　　　　表 2.4-5

混凝土强度等级	立方体抗压强度（N/mm²）	弹性模量（N/mm²）
C40	44.5	3.03
C50	59.8	3.59

Q235 钢材材料性能　　　　　　　　　　　　　　　　　表 2.4-6

钢板厚度（mm）	屈服强度（N/mm²）	极限强度（N/mm²）	延伸率（%）
1	410	485	≥20
2	350	465	≥20
3	285	415	≥33

铅丝材料性能　　　　　　　　　　　　　　　　　　　　表 2.4-7

铅丝直径（mm）	最大拉力（kN）	极限强度（N/mm²）
$\phi1.2$	0.498	441
$\phi1.4$	0.687	447
$\phi2.3$	1.84	443
$\phi3.5$	4.98	518
$\phi4.0$	5.56	442

3. 仿真分析与试验结果的对比

在 ABAQUS/ Standard 中进行重力分析和振型分析，模型总质量为 179.5t，基本自振周期为 0.65s（实测 0.64s）。隐式分析结束导入 ABAQUS/Explicit，利用显式求解器进行了推覆分析，下面将分析结果与拟静力试验进行比较。

（1）推覆曲线

图 2.4-14 为计算得到的顶层位移-基底剪力推覆曲线与试验曲线的比较。两者在相当于小震和中震地震作用阶段符合较好，之后计算曲线低于试验曲线，计算承载力低于试验承载力。

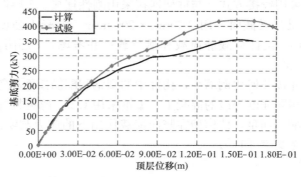

图 2.4-14　计算及试验推覆曲线

（2）结构性能点计算[19]

文献［17］实测以及本节计算所得的推覆曲线按上述方法转化为能力谱，然后计算性能点，如图 2.4-15 所示。

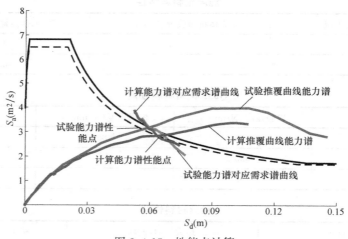

图 2.4-15　性能点计算

由结构的性能点，可得相应结构的顶点位移，相应的结构变形即反映结构在罕遇地震下的位移。计算结果比较汇总于表 2.4-8 中。

结构性能点计算结果　　　　　　　　　　　　　　表 2.4-8

项目	顶点位移(mm)	顶点位移角	基底剪力(kN)	性能点周期(s)
试验结果	90.4	1：120	334.7	0.86
计算结果	96.2	1：113	299.3	0.94

（3）结构变形及破坏过程比较

表 2.4-9 列出结构在各阶段的层间位移角及与拟静力试验中实测数值的对比。

结构各受力阶段的层间位移角　　　　　　　　　　表 2.4-9

楼层	小震		中震		顶点(Δ/H)1/100	
	实测	计算	实测	计算	实测	计算
1	1/7500	1/12100	1/1782	1/1180	1/280	1/83
2	1/3250	1/5180	1/884	1/663	1/188	1/66
3	1/3500	1/3410	1/886	1/515	1/168	1/86
4	1/2058	1/2780	1/534	1/445	1/116	1/76
8	1/1944	1/1820	1/465	1/353	1/114	1/82
13	1/1405	1/1250	1/399	1/296	1/98	1/95
18	1/1132	1/1090	1/310	1/292	1/79	1/109
23	1/1086	1/1050	1/308	1/318	1/86	1/131
28	1/1093	1/1060	1/321	1/348	1/93	1/143
30	1/1060	1/1080	1/282	1/355	1/95	1/145

表 2.4-10 列出各种构件在分析过程中进入塑性的过程及破坏的情况，其中，由框架柱混凝土纤维的拉应变计算结果可以推知哪些截面出现了水平弯曲裂缝，且与试验的框架柱裂缝分布情况基本吻合。

各构件进入塑性破坏的过程　　　　　　　　　表 2.4-10

基底剪力		$V=60kN$（小震弹性）	$V=170kN$（中震弹性）	$V=300kN$（大震性能点）
核心筒连梁	平行加载向	弹性	3～10 层受拉损伤系数接近 1.0,表明有弯曲裂缝,基本无受压损伤	20 层以下均有较大受拉及受压损伤,表明剪切破坏显著
	垂直加载向	弹性	1～2 层稍有受拉损伤	1～2 层明显受拉损伤
核心筒墙肢	平行加载向	弹性	受拉肢底部 3 层有较大受拉损伤;受压肢基本弹性	15 层以下有较大受压损伤,表明剪切破坏显著
	垂直加载向	弹性	受拉肢底部 1～2 层有较大受拉损伤;受压侧基本弹性	受拉侧底部受拉损伤范围扩大至底部 5 层,受压侧稍有损伤
转换梁	平行加载向	弹性	弹性	受压侧 3 层中柱下方转换梁截面拉应变超过 300,已超过开裂应变
	垂直加载向	弹性	受压侧跨中混凝土底部边缘拉应变超过 700,表明已经有裂缝出现,型钢和纵筋处于弹性状态	受压侧跨中混凝土底层拉应变超过 1000,表明裂缝进一步显著开展,型钢和纵筋仍处于弹性状态
框架柱	平行加载向	弹性	转换梁上 3 层中柱底混凝土开裂,拉应变约为 500	转换层中柱及转换梁上 3 层中柱底型钢接近屈服
	垂直加载向	弹性	受拉侧底层混凝土最大拉应变超过 100,表明已有水平裂缝;钢筋、型钢应力均处于弹性范围	受拉侧底层混凝土最大拉应变超过 3000,2 层边柱底部拉应变超过 2000,均已显著开裂;底部 1～2 层钢筋、型钢应力均超过屈服强度;转换梁上 3 层柱底拉应力超过抗拉强度,已开裂

续表

基底剪力		$V=60\text{kN}$ （小震弹性）	$V=170\text{kN}$ （中震弹性）	$V=300\text{kN}$ （大震性能点）
框架梁	各方向	弹性	弹性	1～2层部分钢梁应力接近屈服强度

图 2.4-16 为不同侧向荷载水平下平行加载方向的底部 1～4 层核心筒墙肢和连梁受压损伤的演化情况，其中（a）、（b）、（c）分别对应于小震弹性、中震弹性以及前述大震性能点的结构状态。

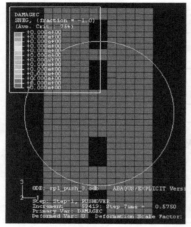 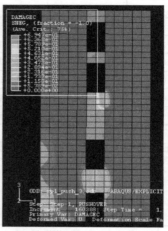 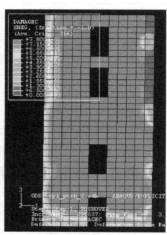

(a) 小震弹性 (b) 中震弹性(顶点位移37mm) (c) 大震性能点(顶点位移100mm)

图 2.4-16　平行加载方向受压损伤等值线图

图 2.4-17 为不同侧向荷载水平下垂直加载方向受拉侧底部 1～4 层核心筒墙体的受拉损伤演化情况，其中（a）、（b）、（c）分别对应于小震弹性、中震弹性以及前述大震性能点的结构状态。

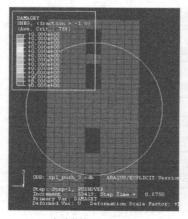 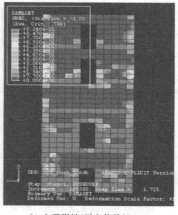 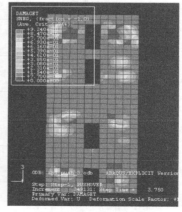

(a) 小震弹性 (b) 中震弹性(顶点位移37mm) (c) 大震性能点(顶点位移100mm)

图 2.4-17　垂直加载方向受拉损伤等值线图（受拉侧）

图 2.4-18 所示为拟静力试验加载过程中核心筒底部的裂缝开展情况。

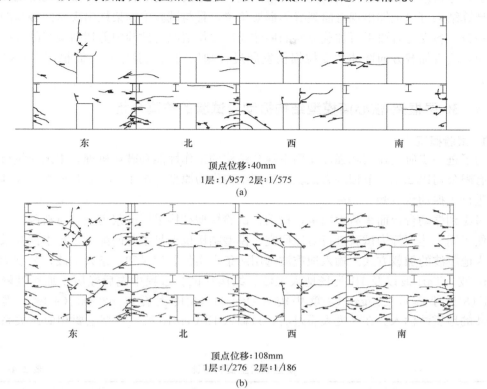

图 2.4-18　试验模型底部 1～2 层剪力墙裂缝变化图

　　从图 2.4-16（a）和图 2.4-17（a）可以看出，核心筒底部在小震作用水平下受拉和受压损伤因子几乎为 0，即没有任何损伤，表明结构处于弹性阶段，基本上没有开裂，这与试验中的情况是一致的。

　　从结构顶点位移和剪力情况来看，图 2.4-16（b）和图 2.4-17（b）中结构所处状态基本上与试验过程中的图 2.4-18（a）相对应。比较平行加载方向核心筒表面的情况（图 2.4-16（b）和图 2.4-18（a）中的东、西侧面），可以看到此时结构的损伤或裂缝均集中出现于底部各楼层的连梁周边；同样，对比图 2.4-17（b）和图 2.4-18（a）中的结构南、北侧面（垂直加载方向），可以发现受拉损伤和受拉水平裂缝都是出现在核心筒根部以及 1～2 层门洞两侧。

　　图 2.4-16（c）和图 2.4-17（c）中结构所处的受力和变形状态则基本上与图 2.4-18（b）的状态相对应。对比图 2.4-16（c）和图 2.4-18（b）中的核心筒东、西侧面（平行加载方向），此时结构底部严重受压损伤范围已经由连梁周边扩大到几乎整个墙肢，试验中也出现由洞口延伸至墙边的剪切斜裂缝；同样地，对比图 2.4-17（c）和图 2.4-18（b）中的核心筒南、北侧面（垂直加载方向），可发现受拉严重损伤的区域已经扩大到底部几层范围，这与试验中底部受拉水平裂缝分布范围的扩大和裂缝数量的增加相对应，表明核心筒在底部已经进入受拉破坏。

　　通过上述比较可知，静力弹塑性分析的结果较好地反映了拟静力试验的模型弹塑性受力过程，分析结果和试验的结构受力骨架曲线、变形情况均吻合良好。根据混凝土纤维的应变计算结果可以推知出现弯曲裂缝的框架位置，且与试验中框架柱出现弯曲裂缝的位置基本一致；各受力阶段平行加载方向的墙体受压损伤情况与试验中剪切斜裂缝的开展情况相对应，垂直加载方向墙体的受拉损伤发展过程则反映出试验中核心筒根部受拉破坏的过程。

2.4.3　30 层框架-核心筒模型结构振动台试验的仿真分析

1. 试验概况[18]

为了进一步研究在实际强震作用下混合结构的工作性能和破坏机理，中国建筑科学研究院有限公司以 2.4.2 节拟静力试验的原型结构作为原型，按 1∶15 的几何缩尺设计试验模型进行了振动台试验。

考虑到振动台台面承载力因素，振动台试验模型结构采用砂浆为主要材料制作。此外为了便于同上述拟静力试验进行对比研究，模型结构也加足了竖向配重，且本试验采用单向输入地震波的加载方式。输入地震波选用两条真实强震记录和一条人工波，分别为：El Centro 波、Taft 波以及 III 类场地人工波。结构在试验过程中先后经历了加速度峰值为70gal（8 度小震），200gal（8 度中震），400gal（8 度大震），620gal（9 度大震）和780gal 的地震波输入。在 8 度大震过后，只输入 El Centro 波。模型主要相似比关系参见表 2.4-11。

模型试验主要相似比 表 2.4-11

物理量		量纲	相似比（模型∶原型）
材料特性	应力[σ]	FL^{-2}	1∶2
	应变[ε]	—	1∶1
	弹性模量[E]	FL^{-2}	1∶2
	泊松比[ν]	—	1∶1
	密度[ρ]	FT^2L^{-4}	7.5∶1
	质量[m]	LT^{-2}	1∶450
几何尺寸	线尺寸[L]	L	1∶15
	面积[A]	L^2	1∶225
	体积[V]	L^3	1∶3375
动力尺寸	频率[ω]	T^{-1}	3.87∶1
	时间[t]	T	1∶3.87
	线位移[δ]	L	1∶15
	速度[v]	LT^{-1}	1∶3.87
	加速度[a]	LT^{-2}	1∶1
	重力加速度[g]	LT^{-2}	1∶1
荷载	集中力[P]	F	1∶450
	压力[q]	FL^{-2}	1∶2
	弯矩[M]	FL	1∶6750

在振动台试验模型中，采用黄铜板焊接组合工字形截面构件代替原型结构框架型钢梁，铅丝代替钢筋，配合比为1∶3的水泥砂浆代替混凝土。墙体配筋采用焊接钢丝网片代替，其余钢筋均采用铅丝代替，暗柱中型钢采用焊接铜板组合截面构件替代。

2. 仿真分析概述

弹塑性仿真分析模型基于模型试验结构建立，其中剪力墙及楼板采用分层壳单元（S4R）进行模拟，框架柱、梁均采用纤维梁（B32）进行模拟。水泥砂浆本构关系采用弹塑性损伤模型，如图2.4-19所示；试验模型中的型钢以及铅丝采用线性随动硬化塑性模型。模型主要材料力学性能参数列于表2.4-12。

动力弹塑性计算分析模型结构中各种材料参数表　　　　表2.4-12

材料名称	铅丝	铜材	水泥砂浆
初始弹性模量 E_0（MPa）	$2×10^5$	$1.09×10^5$	$1.7×10^4$
屈服强度（铅丝/铜材） 弹性区压/拉强度（水泥砂浆）（MPa）	335	155	14.47/0.56
极限强度（铅丝/铜材） 峰值压/拉强度（水泥砂浆）（MPa）	335	325	20.1/0.8
泊松比	0.3	0.3	0.2
密度（kg/m³）	$7.8×10^3$	$8.85×10^3$	$2.4×10^3$

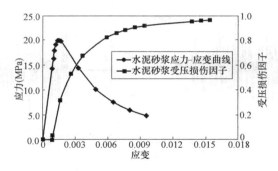

图2.4-19　模型结构水泥砂浆受压损伤定义示意图

根据振动台试验可知，本次试验中，输入地震波的峰值加速度从70gal（8度小震）开始，历经200gal（8度中震）、400gal（8度大震）、620gal（9度大震），直至780gal（超9度大震），共计11个模拟地震输入工况。

考虑到地震波加速度峰值为70gal工况（共计3个）试验过程中，结构振动幅度小，结构其他反应亦不明显。本级地震动输入过后，结构白噪声扫描结果显示结构的频率与试验前相比几乎没有变化，底层框架柱以及转换梁等部位均未见裂缝及损坏，结构基本上处于弹性工作状态。因此结构动力弹塑性分析工况自8度中震开始，直至试验终止的所有工况，共计12个（包括白噪声）。各工况对应的输入波形及名称依次参见图2.4-20及表2.4-13。

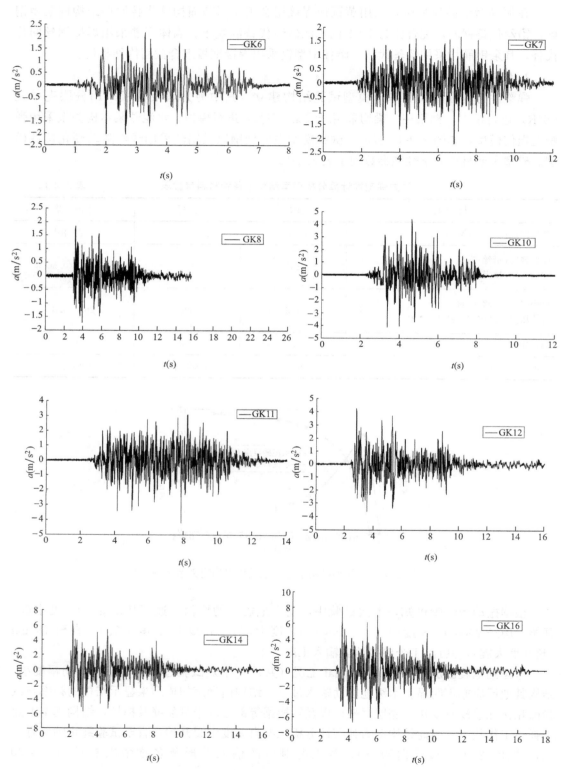

图 2.4-20　试验实测模型结构地基底板顶面加速度时程曲线

动力弹塑性分析与模型振动台试验工况对应表　　　　表 2.4-13

名称(序号)		波形及输入方向	加速度峰值
自振特性	1	白噪声扫描	50
8 度中震	6	Taft 波—X 向	200
	7	Ⅲ类场地人工波—X 向	
	8	El Centro—X 向	
自振特性	9	白噪声扫描	50
8 度大震	10	Taft 波—X 向	400
	11	Ⅲ类场地人工波—X 向	
	12	El Centro—X 向	
自振特性	13	白噪声扫描	50
9 度大震	14	El Centro—X 向	620
自振特性	15	白噪声扫描	50
1.0*g*	16	El Centro—X 向	780
自振特性	17	白噪声扫描	50

　　需要说明的是，在振动台试验过程中各烈度工况组后均设置白噪声工况进行结构振动特性的识别，由于软件的功能限制及节省计算的时间成本，计算分析中在每个工况后均设置一个时长为 2s 的自由振动工况，并对该工况的计算结果进行频谱分析获得各工况输入完成后结构的振动特性。

3. 仿真分析与试验结果的对比

（1）模型结构的动力特性分析

　　根据相似关系，计算的模型总重（不含底座的模型自重＋配重）为 38t。采用模型实际配重施加方案，计算得到模型结构总质量及自振特性如表 2.4-14 及表 2.4-15 所示。

模型结构自重试验值与计算值比较　　　　表 2.4-14

	模型结构自重(t)
试验加载值	38.5
计算值	39.2

模型结构自振周期试验值与计算值比较　　　　表 2.4-15

方向	数值	频率(Hz)	
		一阶	二阶
X 向	实测值(试验前)	1.69	7.04
	计算值	1.72	7.02

　　模型结构前二阶振型如图 2.4-21 所示。

　　可以看出，理论计算值与实测值吻合较好，说明计算模型与结构振动台试验模型吻合很好，表明模型结构的加工精度及质量良好。

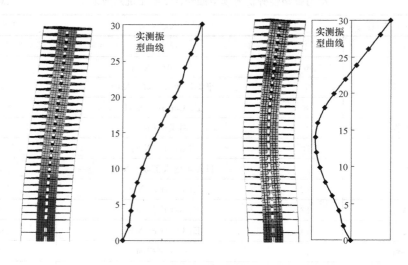

图 2.4-21　模型结构第一、二阶振型

（2）结构顶点位移时程曲线对比

1）8 度中震

图 2.4-22～图 2.4-24 为模型结构振动台试验 8 度中震各工况（Taft 波、人工波及 El Centro 波）输入下，动力弹塑性计算给出的结构顶点位移与试验实测结果的比较图。

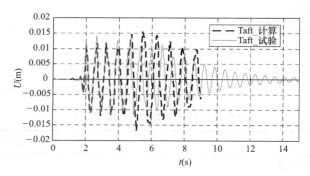

图 2.4-22　8 度中震 Taft 波结构顶点位移对比

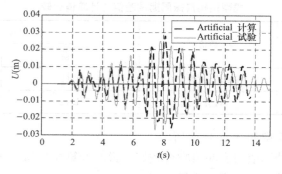

图 2.4-23　8 度中震人工波结构顶点位移对比

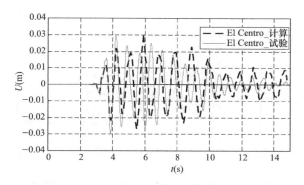

图 2.4-24　8 度中震 El Centro 波结构顶点位移对比

可以看到，模型结构动力弹塑性分析给出的三条地震输入作用下结构顶点的位移时程曲线与振动台实测曲线基本吻合，尤其在地震动输入的初始阶段，计算分析结果与实测吻合很好，而随着地震输入的持续，输入峰值的进一步加大，计算结果与实测曲线逐渐出现相位差，计算结果较实测滞后。

2）8 度大震

图 2.4-25～图 2.4-27 为模型结构振动台试验 8 度大震各工况（Taft 波、人工波及 El Centro 波）输入下，动力弹塑性计算给出的结构顶点位移与试验实测结果的比较图。

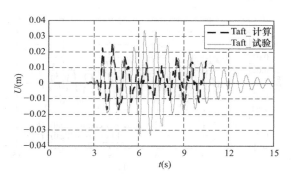

图 2.4-25　8 度大震 Taft 波结构顶点位移对比

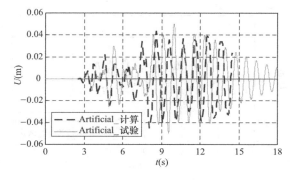

图 2.4-26　8 度大震人工波结构顶点位移对比

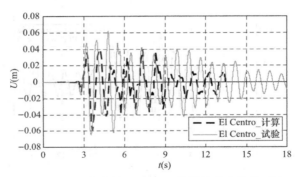

图 2.4-27 8 度大震 El Centro 波结构顶点位移对比

可以看到，模型结构动力弹塑性分析给出的三条地震输入作用下结构顶点的位移时程曲线与振动台实测曲线基本吻合，尤其在地震动输入的初始阶段，计算分析结果与实测吻合很好，而随着地震输入的持续，输入峰值的进一步加大，计算结果与实测曲线逐渐出现相位差，计算结果较实测滞后。

3）9 度及超 9 度大震

图 2.4-28、图 2.4-29 为模型结构振动台试验 9 度大震（El Centro 波，输入峰值 600gal）及超 9 度大震（El Centro 波，输入峰值 780gal）输入下各工况，动力弹塑性计算给出的结构顶点位移与试验实测结果的比较图。

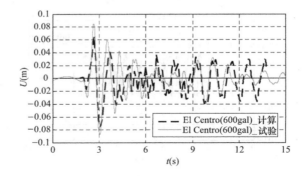

图 2.4-28 9 度大震 El Centro 波结构顶点位移

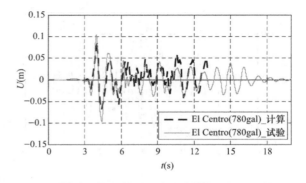

图 2.4-29 超 9 度大震 El Centro 波结构顶点位移对比

可以看到，模型结构动力弹塑性分析给出的三条地震输入作用下结构顶点的位移时程曲线与振动台实测曲线基本吻合，尤其在地震动输入的初始阶段，计算分析结果与实测吻合很好，而随着地震输入的持续，输入峰值的进一步加大，计算结果与实测曲线逐渐出现相位差，计算结果较实测滞后。

（3）结构楼层最大位移及层间位移角的对比

1）8度中震

如图 2.4-30 为 8 度中震三种工况下，模型结构楼层最大位移及最大层间位移角的动力弹塑性分析结果与实测值的对比。可以看到，动力弹塑性分析给出的结构楼层最大位移结果与实测值趋势及数值均吻合较好，其中在结构中部楼层（约 10～20 层范围），计算结果较振动台实测值偏大；动力弹塑性分析给出的楼层最大位移角与实测结果亦基本吻合，尤其在结构 20 层以下，二者吻合程度很高。

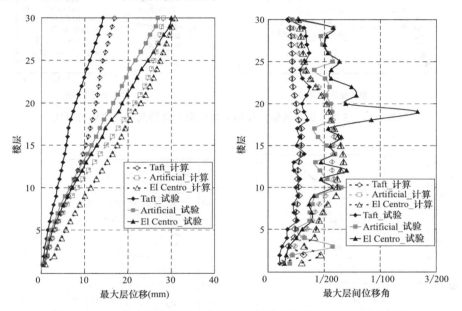

图 2.4-30　8 度中震各波输入作用下楼层最大位移及层间位移角对比

2）8度大震

如图 2.4-31 为 8 度大震各工况地震作用下，模型结构楼层最大位移及最大层间位移角的动力弹塑性分析结果与实测值的对比。可以看到，动力弹塑性分析给出的结构楼层最大位移结果与实测值趋势及数值均吻合较好，其中在结构中部楼层（约 10～20 层范围），计算结果较振动台实测值偏大；动力弹塑性分析给出的楼层最大位移角与实测结果亦基本吻合，尤其在结构 20 层以下，二者吻合程度很高。

3）9度及超9度大震

如图 2.4-32 为 9 度大震及超 9 度大震各工况地震作用下，模型结构楼层最大位移及最大层间位移角的动力弹塑性分析结果与实测值的对比。

可以看到，动力弹塑性分析给出的结构楼层最大位移结果与实测值趋势及数值均吻合较好，其中在结构中下部楼层（约 1～20 层范围），计算结果较振动台实测值偏大；动力

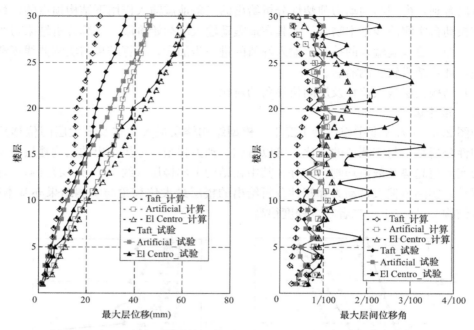

图 2.4-31　8 度大震各波输入作用下楼层最大位移及层间位移角对比

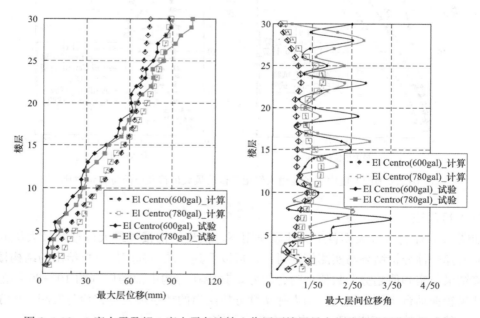

图 2.4-32　9 度大震及超 9 度大震各波输入作用下楼层最大位移及层间位移角对比

弹塑性分析给出的楼层最大位移角与实测结果亦基本吻合，尤其在结构 20 层以下，二者吻合程度很高。

将模型结构 8 度中震、8 度大震、9 度及超 9 度大震的动力弹塑性分析的结构顶点最大位移及最大层间位移角信息汇总如表 2.4-16～表 2.4-18 所示。

8度中震各工况结构顶点最大位移及最大层间位移角汇总表 表 2.4-16

工况	顶点位移(mm)			最大层间位移角		
	实测	计算	计算/实测	实测	计算	计算/实测
Taft	14.2	16.86	1.19	1/277(L22) 1/361(L16)	1/350(L22) 1/259(L16)	0.80 1.39
Artificial	26.8	28.3	1.06	1/153(L10) 1/189(L16)	1/173(L10) 1/169(L16)	0.88 1.12
El Centro	29.9	30.87	1.03	1/74(L19) 1/140(L13)	1/184(L19) 1/148(L13)	0.41 0.95

8度大震各工况结构顶点最大位移及最大层间位移角汇总表 表 2.4-17

工况	顶点位移(mm)			最大层间位移角		
	实测	计算	计算/实测	实测	计算	计算/实测
Taft	36.2	25.5	0.70	1/100(L23) 1/118(L22)	1/123(L23) 1/115(L22)	0.81 1.03
Artificial	47.1	45.5	0.97	1/86(L15) 1/130(L10)	1/109(L15) 1/90(L10)	0.79 1.44
El Centro	64.5	59.2	0.92	1/32(L16) 1/51(L22)	1/94(L19) 1/62(L22)	0.34 0.82

9度及超9度大震各工况结构顶点最大位移及最大层间位移角汇总表 表 2.4-18

工况	顶点位移(mm)			最大层间位移角		
	实测	计算	计算/实测	实测	计算	计算/实测
El Centro(600gal)	87.4	74.6	0.85	1/17(L7) 1/42(L10)	1/60(L7) 1/44(L10)	0.28 0.95
El Centro(780gal)	103.8	89.0	0.86	1/20(L16) 1/28(L23)	1/54(L16) 1/39(L23)	0.37 0.72

可以看出，各工况结构顶点位移的计算值与试验实测值较为吻合，且随着输入加速度峰值的增大，结构顶点最大位移计算与试验实测值的比值从 1.19 逐渐减小至 0.85。

从各表的最大层间位移角统计结果可知，与振动台实测最大层间位移角对应楼层的计算值均小于实测值，个别工况甚至差别很大；而计算最大层间位移角对应楼层的实测值与计算值却十分接近。

进一步观察图 2.4-31、图 2.4-32 可知，结构楼层最大位移及最大层间位移角的振动台实测值随层高变化幅度以及相邻层间的变化均较为剧烈，有悖于试验现象及逻辑概念。分析其原因可能有：一方面振动台试验量测具有一定的误差；另一方面，试验直接量测值均为加速度，精度准确度相对较高，而结构位移及层间位移角均为数值积分后处理值，积累误差的影响较大。

（4）结构损伤及破坏模式

1）结构刚度变化

如前所述，针对各工况后设置的自由振动工况给出的结构顶点位移进行频谱分析，可以间接得到结构各工况后的自振特性，将结果汇总并与试验实测结果对比如表 2.4-19 所示。

各工况输入后模型结构动力特性对比表　　　　　　　表 2.4-19

工况名称	工况号	频率（Hz）	
		计算值	实测值
试验前	1	1.72	1.69
8度中震后	6	1.27	1.47
	7	1.17	
	8	1.03	
8度大震后	10	1.02	1.25
	11	0.98	
	12	0.95	
9度大震后	14	0.93	1.13
峰值 0.78g 地震波输入后	16	0.85	1.03

可以看到，模型结构的动力弹塑性分析结果与试验实测值吻合较好，而且随着工况的增加周期逐渐增大，体现了结构随输入增加损伤逐渐累积的客观现象。

2）结构破坏模式对比

由于分析工况较多，结果信息量很大，为节省篇幅，并方便与试验结果进行对照，此处仅给出试验最后一个地震输入工况的计算结果。

如图 2.4-33（a）为超 9 度大震作用后，1～4 层范围内垂直于加载方向的剪力墙的受拉塑性主应变分布云图。可以看到，该片剪力墙最大塑性受拉应变发生在剪力墙根部，最大值约为 13100με，已经远超过混凝土受拉开裂应变，并且也超过试验用铅丝的屈服应变，基本达到铅丝的极限受拉应变。参照振动台试验报告可知，试验结束时，该位置剪力墙已经从墙根位置整体拉断。

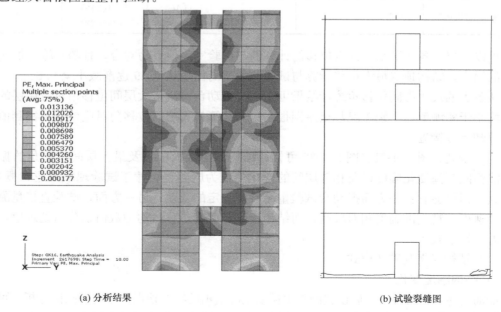

　　　　　(a) 分析结果　　　　　　　　　　　　　　　　(b) 试验裂缝图

图 2.4-33　模型结构 1～4 层剪力墙破坏情况（垂直于加载方向）

如图 2.4-34（a）为超 9 度大震作用后，1~3 层范围内平行于加载方向的剪力墙的受拉塑性主应变分布云图。可以看到，模型结构二层洞口位置塑性应变十分集中，其最大值约为 246000$\mu\varepsilon$，已经远超过混凝土受拉开裂应变，且也已经超过试验用铅丝的极限受拉应变，表明此处剪力墙破坏相当严重。对比试验裂缝图 2.4-34（b）可知，动力弹塑性分析结果与试验现象完全吻合。

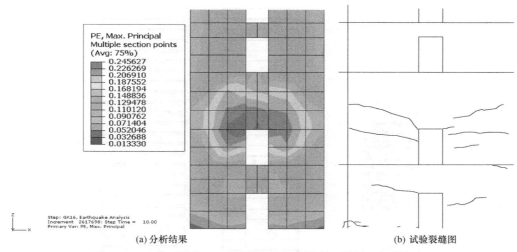

(a) 分析结果　　　　　　　　　　　　　(b) 试验裂缝图

图 2.4-34　模型结构 1~3 层剪力墙破坏情况（平行于加载方向）

如图 2.4-35（a）为超 9 度大震作用后，平行于加载方向外框架柱混凝土受压损伤分

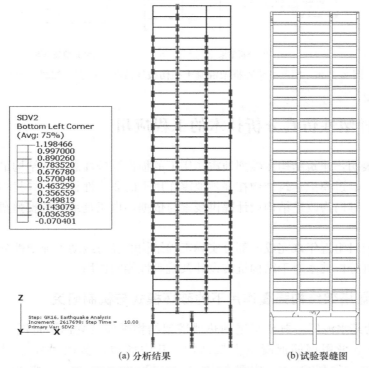

(a) 分析结果　　　　　　　　　　　　　(b) 试验裂缝图

图 2.4-35　模型结构外框架混凝土损伤破坏情况（平行于加载方向）

布云图。可以看到，模型结构二层转换梁以及该层外框架损伤较为集中，其最大受压损伤因子达到 0.67，已经超过混凝土峰值抗压应变。这一结论与试验现象（图 2.4-35b）完全吻合。

如图 2.4-36（a）为超 9 度大震作用后，垂直于加载方向外框架柱混凝土受压损伤分布云图。可以看到，模型结构二层转换梁以及该层外框架损伤较为集中，其最大受压损伤因子达到 0.67，已经超过混凝土峰值抗压应变。这一结论与试验现象（图 2.4-36b）完全吻合。

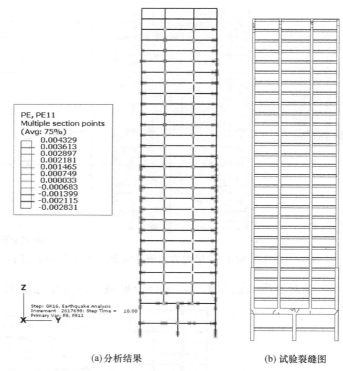

(a)分析结果   (b)试验裂缝图

图 2.4-36 模型结构外框架混凝土损伤破坏情况（垂直于加载方向）

2.5 结构弹塑性仿真分析技术的工程应用

大量震害表明，建筑结构在强烈地震作用下的损伤及破坏总是从结构最为薄弱的部位发生和发展的。通过模拟建筑结构在强烈地震作用下的非线性行为，寻找结构可能存在的抗震薄弱部位，继而为改进结构设计提供线索与依据，也正是结构抗震弹塑性仿真分析的主要目的之一。

本节结合项目组近年来完成的部分实际工程结构的静力或动力弹塑性分析工作，揭示结构弹塑性仿真分析技术对于结构抗震设计及抗震性能的作用。

2.5.1 预热器塔架结构强震作用下的破坏模式与机制研究

图 2.5-1 为某水泥厂一典型窑尾预热器塔架结构平面及立面示意图。该结构在标高 7.500m 平面以下采用钢筋混凝土框架结构，其中周边柱截面尺寸分别为 1500mm×1500mm、1600mm×1600mm，中部为 1000mm×1000mm，混凝土强度等级 C40。标高

7.500m；平面以上采用带钢支撑的钢管混凝土框架结构，钢管混凝土柱截面尺寸为 ϕ850mm（四角柱）和 ϕ900mm（中柱），柱间支撑采用热轧无缝钢管，梁采用焊接工字钢梁及型钢梁；首层楼板采用120mm厚钢筋混凝土现浇楼板（混凝土强度等级C30），其余楼面均采用6mm厚花纹钢板平铺。结构柱及斜撑钢材等级为Q345-B，结构中部钢梁由于受荷较大采用Q345-B级钢，其余均为Q235-B。结构抗震设防烈度为7度（0.15g），抗震设防类别为乙类，设计地震分组为第一组，场地类别为Ⅱ类，场地特征周期0.35s。

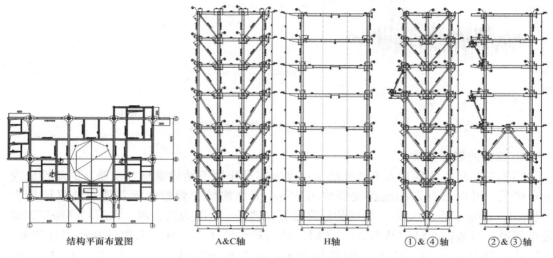

结构平面布置图　　A&C轴　　H轴　　①&④轴　　②&③轴

图 2.5-1　塔架结构平面及剖面图

1. 分析方法

为了研究该结构在强烈地震以及超烈度地震作用下的抗震性能，采用前文所述动力弹塑性分析方法，地震动记录采用频谱特征与规范抗震设计反应谱特征较为一致的人工模拟地震记录（持续时间为20s），峰值加速度依次选取55gal、110gal、150gal、200gal、310gal、400gal及510gal。与我国抗震规范对应，分析工况实际涵盖了Ⅱ类场地，设计地震分组第一组［场地特征周期0.35s，且计算8度（0.2g）及8度（0.3g）罕遇地震作用时按规范规定增加0.05s］、7度（基本地震加速度0.15g）小震、8度（基本地震加速度0.3g）小震、7度（0.15g）中震、8度（0.2g）中震、8度（0.3g）中震、7度（0.15g）大震、8度（0.2g）大震以及8度（0.3g）大震的情况，进行了2个输入方向、7种地震动加速度峰值共计14个工况的动力弹塑性计算分析。图2.5-2为生成的人工记录波形及谱分析曲线。

钢材采用双线性随动硬化模型，在循环过程中无刚度退化。钢材屈服强度根据等级不同按规范取标准值，钢材的强屈比为1.2，极限应变为0.025。混凝土材料采用弹塑性损伤模型，混凝土材料峰值强度按规范取标准值且不考虑箍筋或钢管的约束增强效应。

同时根据结构构件的受力及弹塑性行为，楼板采用四边形或三角形壳单元模拟，其余构件均采用三节点空间纤维梁柱单元模拟。计算过程中，首先进行结构的重力效应分析，并在此基础上完成地震输入的动力弹塑性分析。时程积分方法为显式中心差分法，结构阻尼采用质量比例阻尼形式，混凝土材料阻尼比取5%，钢材阻尼比取3%。

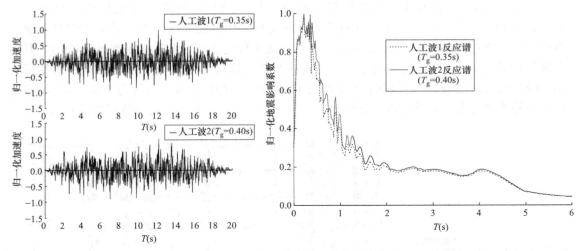

图 2.5-2　人工波波形及谱分析曲线

2. 结构的破坏模式

图 2.5-3 为 X 方向输入不同峰值加速度地震动作用下结构钢材（钢筋）的塑性应变分布情况。可以看到，在地震波峰值为 55gal 下结构处于弹性；随着地震波峰值增大（110gal、150gal 及 200gal），结构的最终屈服（破坏）状况为二、四、六层局部楼层钢梁发生屈服；当地震波峰值达到 310gal 时，结构最终除了二、四、六层的局部梁屈服外，五层的斜撑开始出现一定程度的塑性变形；随着地震波峰值进一步增大（400gal 及 510gal），结构五、六层斜撑及二、四、六层的梁的塑性加剧，同时七、八层的斜撑也出现了局部屈服，楼层变形显著增加。整体而言，在 X 方向地震动作用下，随着地震波峰值增大，结构的屈服（破坏）机制为首先部分梁屈服，继而以五、六层斜撑为主的屈服再到底层柱底部出铰。

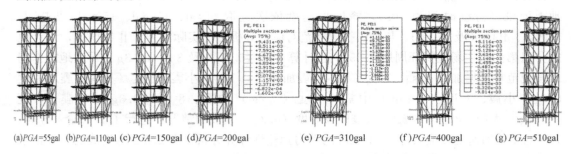

(a)PGA=55gal　(b)PGA=110gal　(c)PGA=150gal　(d)PGA=200gal　　(e)PGA=310gal　　(f)PGA=400gal　　(g)PGA=510gal

图 2.5-3　不同峰值加速度地震动作用下结构的损伤状态

Y 方向输入情况，在地震波峰值为 55gal 时结构处于弹性；随着地震波峰值增大（110gal、150gal 及 200gal），结构的最终屈服（破坏）状况为二、五、六、七层的局部梁发生屈服；当地震波峰值达到 310gal 时，结构除六、七、二层和五层的局部梁屈服外，五、六及七层的斜撑发生屈服，其中五层的斜撑塑性严重，从而导致此时结构五层层间位移角显著增大；随着地震波峰值进一步增大（400gal 及 510gal），结构五、六层斜撑塑性加剧，楼层变形显著增大，此外结构七、八层的斜撑以及底层柱顶部也出现了塑性。整体而言，在 Y 方向地震动作用下，随着地震波峰值的增大，结构的屈服（破坏机制）为首先部分梁发生屈服，然后五、六、七及八层斜撑发生屈服，最终底层柱顶部出铰。

3. 结构的破坏机制

结构在强烈地震作用下的响应，尤其是结构的破坏机制研究一直是结构抗震工程中的重要内容。掌握了结构在强烈地震作用下的破坏机制，在一定意义上即是抓住了结构抗震设计的灵魂。

（1）结构框架柱

分别选取 A 轴与①轴交叉位置（参见图 2.5-1）结构第一及第五层角柱，提取其在各个分析工况下的轴力和弯矩，并利用基于平截面假定得到的构件截面 N-M 屈服承载力及极限承载力曲线进行校核。

图 2.5-4、图 2.5-5 为选取的各框架柱在各个分析工况下轴力最大、轴力最小以及弯矩最大三种情况下的（轴力，弯矩）分布情况，以及其与截面屈服承载力（材料强度取设计值）N_y-M_y 曲线和极限承载力（材料强度取标准值）N_u-M_u 曲线的校核。可以看到，在 X 方向地震作用下，结构各层柱内力均随着地震动峰值加速度的增大而增大，其中首层柱弯矩及轴力的增大幅度显著；在 Y 方向地震作用下，结构各层柱内力均随着地震动峰值加速度的增大而增大，尤其是当地震动峰值加速度超过 310gal 以后，结构各层柱弯矩的增大幅度均有显著增加，其中由于弯矩的增大幅度很大，结构首层及五层柱（轴力，弯矩）内力点甚至超过了构件截面屈服承载力曲线而接近极限承载力曲线。

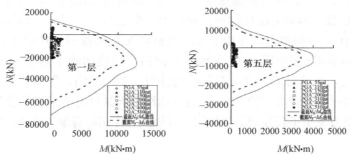

图 2.5-4 X 方向输入所选角柱内力校核

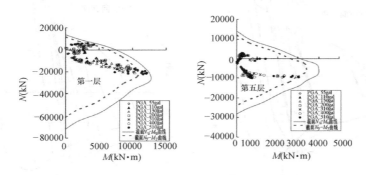

图 2.5-5 Y 方向输入所选角柱内力校核

另外值得注意的是，塔架结构柱在峰值加速度较小的地震动作用下（55gal 及 110gal），由于重力的作用使得结构柱保持受压状态，但随着地震动峰值加速度的增大，地震作用引起的构件内力亦增大，结构柱逐渐出现受拉状态。尤其是 Y 方向输入时，当峰值加速度达到 510gal 时结构首层柱甚至出现了拉-弯屈服破坏模式。

（2）结构斜撑

斜撑是预热器塔架结构抗侧力体系中的重要构件，为了分析其破坏形式，分别选取 X 及 Y 方向输入峰值加速度为 310gal 和 510gal 的四种工况，给出结构第五层 X 向（截面为 $\phi500\times10$）和 Y 向斜撑（截面为 $\phi500\times12$）（图 2.5-6）轴向力与轴向变形的关系曲线的计算结果并对其进行分析。

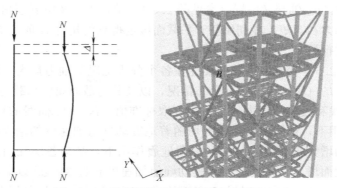

图 2.5-6　所选斜撑及轴力、轴向变形示意图

由图 2.5-7 可以看出，在峰值加速度为 510gal 的地震动作用下，结构第五层斜撑均表现出显著的受拉屈服（即轴力随杆件伸长而增大）现象与受压屈曲（即轴力随杆件缩短而减小）现象。其中 X 方向地震动作用下，B 观察点 X 向斜撑最终产生了约 20mm 的受拉塑性伸长；Y 方向地震动作用下，B 观察点 Y 向斜撑最终出现了约 21mm 的受压塑性缩短。值得说明的是，本节计算中并未对斜撑构件引入初始缺陷，斜撑产生受压屈曲现象的原因主要是由于斜撑长度较大（约 16m），地震动作用下其自身质量惯性作用造成了侧向位移与所受的轴向压力发生了较强的耦合作用，且该耦合作用随着地震动强度的增大而增大。

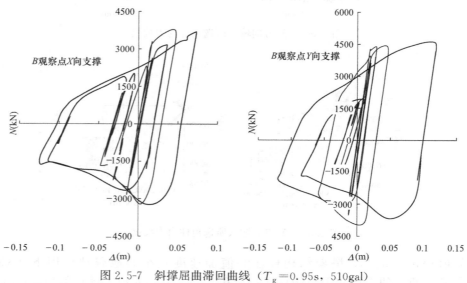

图 2.5-7　斜撑屈曲滞回曲线（$T_g=0.95$s，510gal）

4. 基于弹塑性分析结果的设计建议

由结构在强震作用下的破坏顺序及破坏机制分析可知，虽然预热器塔架结构整体的屈服机制及破坏模式较好，但是斜撑在强烈地震动作用下出现的受压屈曲破坏对保证结构保持良好的抗震性能有直接影响，且斜撑的受压屈曲破坏在场地特征周期较大及抗震设防烈度较高时更为突出。为了进一步保障结构抗震性能，尤其是预防超设防烈度地震发生时结构发生倒塌破坏，结构设计应给予一定关注。一方面，适当提高斜撑的抗震承载力或将斜撑改为 X 形式交叉撑对于提高塔架结构的抗震性能将有一定的帮助；另一方面，将部分斜撑替换为耗能能力更好的构件如屈曲支撑（Buckling Restrained Brace）或防屈曲支撑（Unbuckling Restrained Brace）也不失为提高预热器塔架结构抗震性能的一种方法。

2.5.2 某高层住宅剪力墙结构静力弹塑性分析

某高层公寓楼建筑（图 2.5-8）共 52 层，总建筑高度约 150.3m，其中地上 49 层，地下 3 层。主体建筑采用钢筋混凝土剪力墙结构体系，其中地上部分（主要剪力墙厚度随结构楼层厚度）依次为 400mm（1～12 层）、350mm（13～24 层）、300mm（25～36 层）及 250mm（37～顶层）；剪力墙混凝土等级随楼层依次为：C55（1～15 层）、C50（16～42 层）及 C45（43 层及以上）；楼盖体系采用现浇钢筋混凝土梁板体系，混凝土等级为 C30。本工程结构安全等级为一级，设计使用年限为 50 年，抗震设防类别为丙类，剪力墙及框架（建筑物局部）抗震等级为一级，拟建建筑场地类别为Ⅲ类，设计地震分组为第一组，场地特征周期为 0.5s，抗震设防烈度为 7 度（0.15g）。

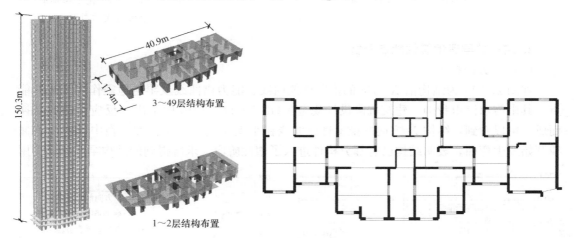

图 2.5-8 公寓楼示意图

1. 分析方法

为了配合该项目的超限审查工作，课题组采用静力弹塑性推覆分析研究结构的抗震性能。其中结构中连梁等杆件采用塑性铰梁单元；剪力墙及楼板采用四边形或三角形缩减积分弹塑性分层壳单元模拟，楼板采用弹性楼板假定。结构材料中钢材采用双线性随动硬化本构关系，钢材的强屈比为 1.2，极限应变为 0.025。混凝土采用弥散裂缝混凝土模型，该模型能够考虑混凝土材料拉压强度差异、压碎和开裂等性质。计算中，混凝土轴心抗压和轴心抗拉采用标准强度，按《混凝土结构设计规范》GB 50010—2010 表 4.1.3 取值。

需要指出的是，偏保守考虑，计算中混凝土强度不考虑截面内横向箍筋的约束增强效应，仅采用规范中建议的素混凝土参数。

在选择推覆荷载时，考虑到本工程结构高度较大，周期较长，高振型的影响较大，其中一阶振型的振型参与质量仅约为总质量的 63%，结合以往类似工程的研究成果，本工程采用振型组合后层剪力的差值作为侧向推覆荷载（图 2.5-9）以适当考虑结构高振型的影响。根据以往多项工程的研究经验，上述侧向力分布模式与振型组合后层作用力推覆分析的计算结果和结论一致。同时考虑到结构具有对称性，因此本次推覆分析仅进行 X 正方向、Y 正负方向的三个工况。图 2.5-10 所示为结构静力推覆分析模型加载工况示意图。

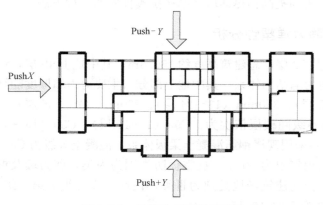

图 2.5-9　推覆分析工况示意图

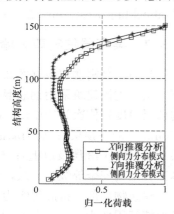

图 2.5-10　归一化推覆荷载
分布模式示意图

2. 结构的罕遇地震性能点分析

（1）X 方向推覆

如图 2.5-11 为结构沿 X 方向的推覆性能曲线、能力谱曲线及罕遇地震作用下的性能点。其中需求谱由我国《建筑抗震设计规范》GB 50011—2010 中给出的反应谱曲线转换而成。可以看到，结构 X 方向的推覆性能曲线在小震作用下保持弹性，在中震作用后曲线开始发生弯曲，表明结构已有部分构件进入了塑性阶段。求解得到的结构罕遇地震作用

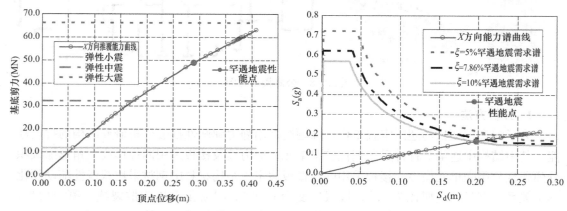

图 2.5-11　X 方向推覆结构性能曲线及性能点

下性能点对应的基底剪力为 48835.8kN（剪重比为 11.1%），顶点位移为 290mm，结构进入弹塑性产生的附加阻尼比约为 8.6%，叠加结构弹性状态下的阻尼比，结构在性能点位置的等效阻尼比约为 $\xi = \beta_e + \kappa\beta_0 = 0.05 + 1/3 \times 8.6\% \approx 7.86\%$。计算终止时，结构基底剪力为 63121.4kN（剪重比为 14.3%），结构顶点位移为 409mm。

（2）Y 方向推覆

初次推覆分析表明，由于结构底部加强层与其相邻上部楼层配筋构造相差较大，使得结构 Y 方向抗震性能较差，且推覆能力谱曲线无法求解得到性能点（图 2.5-12）。

故与结构设计人员沟通后，将原结构底部加强层相邻上两层作为过渡加强层（即将原结构第 7、8 层作为过渡加强层）进行计算。过渡加强层配筋率设置如下：

过渡加强层第一层（原结构第 7 层）：约束边缘构件配筋率为 2.4%（原结构为 0.8%）（若为原结构底部加强层平面位置对应处，约束边缘构件配筋率小于 2.4%，不作过渡调整），墙体配筋率为 0.52%（原结构为 0.37%）；

过渡加强层第二层（原结构第 8 层）：约束边缘构件配筋率为 1.2%（原结构为 0.8%）（墙体配筋率为 0.44%，原结构为 0.37%）。

图 2.5-12 为底部加强层相邻上两层过渡加强后，结构的推覆能力曲线。由图可知，通过设置过渡层进行配筋过渡加强后，在中震作用后能力曲线没有原结构弯曲大，结构抗震性能较原结构有很大改善。

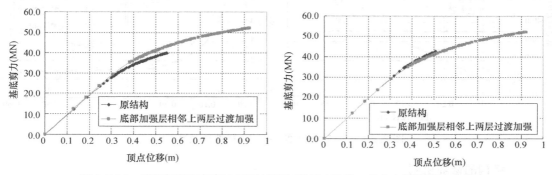

图 2.5-12 底部加强层相邻上两层过渡加强后 +Y 及 −Y 方向推覆能力曲线

图 2.5-13 为结构沿 +Y 方向的推覆性能曲线、能力谱曲线及罕遇地震作用下的性能点。可以看到，结构 +Y 方向的推覆性能曲线在小震作用下保持弹性，在中震作用后曲线开始发生明显弯曲，表明结构已有部分构件进入了塑性阶段。求解得到的结构罕遇地震作用下性能点对应的基底剪力为 40286.8kN（剪重比为 9.1%），顶点位移为 485mm，结构进入弹塑性产生的附加阻尼比约为 8.88%，叠加结构弹性状态下的阻尼比，结构在性能点位置的等效阻尼比约为 $\xi = \beta_e + \kappa\beta_0 = 0.05 + 1/3 \times 8.88\% \approx 7.96\%$。计算终止时，结构基底剪力为 52307.8kN（剪重比为 11.8%），结构顶点位移为 922mm。

图 2.5-14 为结构沿 −Y 方向的推覆性能曲线、能力谱曲线及罕遇地震作用下的性能点。可以看到，结构 −Y 方向的推覆性能曲线在小震作用下保持弹性，在中震作用后曲线开始发生明显弯曲，表明结构已有部分构件进入了塑性阶段。求解得到的结构罕遇地震作用下性能点对应的基底剪力为 40732.8kN（剪重比为 9.2%），顶点位移为 469mm，结构进入弹塑性产生的附加阻尼比约为 8.66%，叠加结构弹性状态下的阻尼比，结构在性能

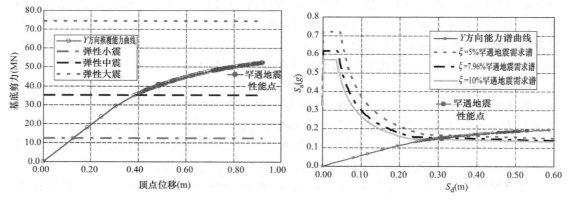

图 2.5-13　+Y 方向推覆结构性能曲线及性能点

点位置的等效阻尼比约为 $\xi = \beta_e + \kappa\beta_0 = 0.05 + 1/3 \times 8.66\% \approx 7.88\%$。计算终止时，结构基底剪力为 42567.0kN（剪重比为 9.8%），结构顶点位移为 508mm。

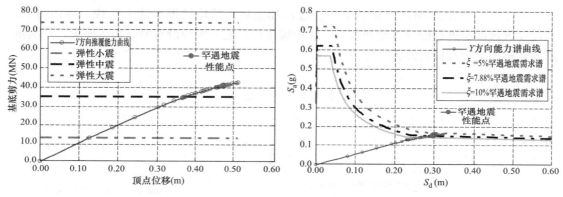

图 2.5-14　−Y 方向推覆结构性能曲线及性能点

3. 结构的破坏机制

在推覆分析中，本结构中的剪力墙的非线性模型采用分层壳单元模拟剪力墙及其中的分布钢筋，墙体的轴力、剪力及弯矩之间的耦合作用均可以考虑，得到的整体推覆分析结果也更为准确。

推覆分析过程中，结构经历了重力作用→小震作用→中震作用→罕遇地震作用（性能点）→超罕遇地震作用而直至计算不收敛等多个阶段，结构在各阶段的非线性反应及屈服机制总结如下：

（1）X 方向推覆（图 2.5-15、图 2.5-16）

在重力作用下结构处于弹性状态。当推覆荷载达到弹性小震水平时，结构连梁基本全部均处于弹性状态，结构底部墙体仍处于受压状态，其中位于推覆方向背部的剪力墙中竖向钢筋最大压应力约为 21MPa，位于推覆方向前方的剪力墙中竖向钢筋受压应力约为 74MPa。

当推覆荷载达到弹性中震水平时，结构 X 方向大部分连梁进入塑性状态，其中混凝土最大塑性应变约为 20.8με；底部加强区中位于推覆方向背部的剪力墙中竖向钢筋已经

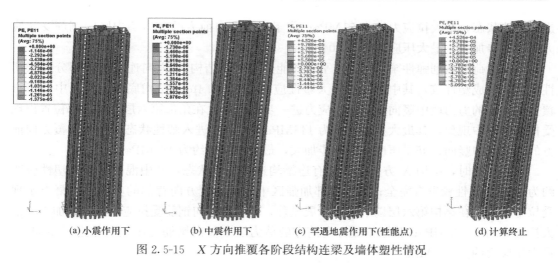

(a) 小震作用下　　　　　(b) 中震作用下　　　　(c) 罕遇地震作用下(性能点)　　　(d) 计算终止

图 2.5-15　X 方向推覆各阶段结构连梁及墙体塑性情况

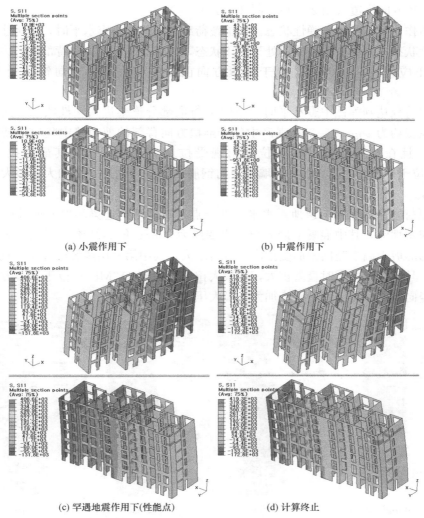

(a) 小震作用下　　　　　　　　　　　(b) 中震作用下

(c) 罕遇地震作用下(性能点)　　　　　　　(d) 计算终止

图 2.5-16　X 方向推覆各阶段底部六层剪力墙中钢筋应力情况（kPa）

进入受拉状态，最大拉应力约为 51MPa；位于推覆方向前方的剪力墙中竖向钢筋受压应力则进一步加大，最大压应力约为 104MPa。

当推覆荷载达到弹性罕遇地震水平（性能点）时，结构 X 方向连梁绝大部分进入塑性状态，形成塑性铰，其中混凝土最大塑性应变约为 23.4$\mu\varepsilon$；结构底部加强区中位于推覆方向背部的剪力墙中竖向钢筋受拉应力进一步加大，且在角部第六层墙肢底部位置出现受拉应力集中现象，其最大拉应力约为 148MPa，表明已进入塑性状态；位于推覆方向前方的剪力墙中竖向钢筋受压应力进一步加大，最大压应力约为 134MPa。

计算终止时，结构 X 方向几乎所有连梁均进入塑性状态，其中混凝土最大塑性应变约为 41$\mu\varepsilon$，塑性铰发育完全；结构底部加强区中位于推覆方向背部的剪力墙混凝土出现受拉塑性，且在结构第六层以下塑性开展显著，墙肢内竖向钢筋受拉应力进一步加大，最大拉应力约为 403MPa；位于推覆方向前方的剪力墙中竖向钢筋受压应力亦进一步加大，最大压应力约为 179MPa。

（2）+Y 方向推覆（图 2.5-17、图 2.5-18）

在重力作用下结构处于弹性状态。当推覆荷载达到弹性小震水平时，结构连梁基本全部处于弹性状态，结构底部墙体仍处于受压状态，其中位于推覆方向背部的剪力墙中竖向钢筋最大压应力约为 42MPa，位于推覆方向前方的剪力墙中竖向钢筋受压应力约为 64MPa。

当推覆荷载达到弹性中震水平时，结构 Y 方向部分连梁进入塑性状态，其中混凝土最大塑性应变约为 26$\mu\varepsilon$；底部加强区中位于推覆方向背部的剪力墙中竖向钢筋已经进入受拉状态，且在第六层墙肢底部位置出现受拉应力集中现象，其最大拉应力约为 360MPa；位于推覆方向前方的剪力墙中竖向钢筋受压应力则进一步加大，最大压应力约为 112MPa。

当推覆荷载达到弹性罕遇地震水平（性能点）时，结构连梁塑性发展较中震时不显著，未形成塑性铰，其中混凝土最大塑性应变约为 30$\mu\varepsilon$；但是结构底部加强区中位于推覆方向背部的剪力墙中竖向钢筋受拉应力显著增大，其中第六层墙肢底部位置钢筋已进入塑性状态，且面积较中震时显著扩大，其最大拉应力达到 412MPa；位于推覆方向前方的剪力墙中竖向钢筋受压应力进一步加大，最大压应力约为 140MPa。

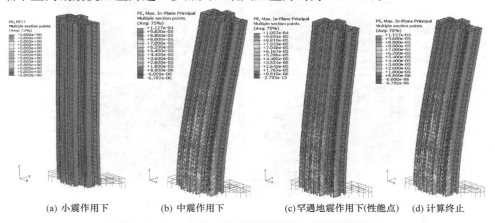

(a) 小震作用下　　　(b) 中震作用下　　　(c)罕遇地震作用下(性能点)　(d) 计算终止

图 2.5-17　+Y 方向推覆各阶段结构连梁塑性情况

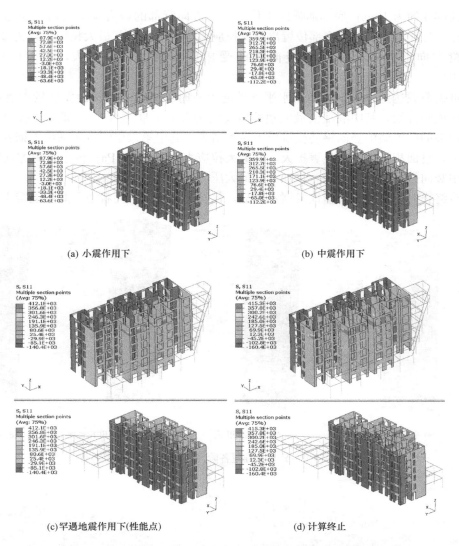

(a) 小震作用下　　　　　　　　　　(b) 中震作用下

(c)罕遇地震作用下(性能点)　　　　　(d) 计算终止

图 2.5-18　＋Y 方向推覆各阶段底部六层剪力墙中钢筋应力情况（kPa）

计算终止时，结构连梁塑性发展不明显，仅有部分进入塑性状态，其中混凝土最大塑性应变约为 32$\mu\varepsilon$，塑性铰发育不显著；结构底部加强区中位于推覆方向背部的剪力墙混凝土受拉塑性进一步向结构纵深方向发展，结构第六层墙肢内竖向钢筋受拉应力进一步加大，最大拉应力达到 415MPa；位于推覆方向前方的剪力墙中竖向钢筋受压应力亦进一步加大，最大压应力约为 160MPa。

（3）－Y 方向推覆（图 2.5-19、图 2.5-20）

在重力作用下结构处于弹性状态。当推覆荷载达到弹性小震水平时，结构连梁基本全部处于弹性状态，结构底部墙体仍处于受压状态，其中位于推覆方向背部剪力墙中的竖向钢筋最大压应力约为 22MPa，位于推覆方向前方的剪力墙中竖向钢筋受压应力约为 74MPa。

当推覆荷载达到弹性中震水平时，结构 Y 方向部分连梁进入塑性状态，其中混凝土

最大塑性应变约为 $19\mu\varepsilon$；底部加强区中位于推覆方向背部的剪力墙中竖向钢筋已经进入受拉状态，且在第六层墙肢底部位置出现受拉应力集中现象，其最大拉应力约为 68MPa；位于推覆方向前方的剪力墙中竖向钢筋受压应力则进一步加大，最大压应力约为 138MPa。

当推覆荷载达到弹性罕遇地震水平（性能点）时，结构连梁塑性发展较中震时不显著，未形成塑性铰，其中混凝土最大塑性应变约为 $31\mu\varepsilon$；但是结构底部加强区中位于推覆方向背部的剪力墙中竖向钢筋受拉应力显著增大，其中第六层墙肢底部位置钢筋已进入塑性状态，且面积较中震时显著扩大，其最大拉应力达到 418MPa；位于推覆方向前方的剪力墙中竖向钢筋受压应力进一步加大，最大压应力约为 202MPa。

计算终止时，结构连梁塑性发展不明显，仅有部分进入塑性状态，其中混凝土最大塑

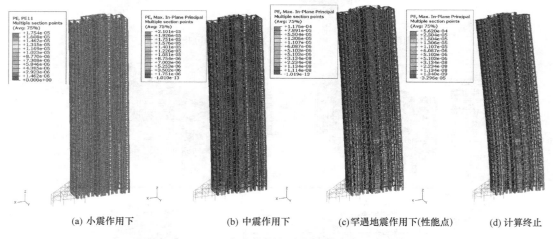

(a) 小震作用下　　　(b) 中震作用下　　　(c)罕遇地震作用下(性能点)　　　(d) 计算终止

图 2.5-19　$-Y$ 方向推覆各阶段结构墙体塑性情况

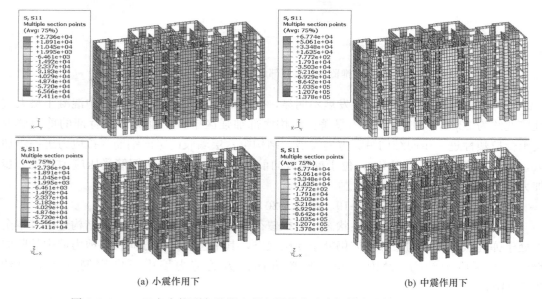

(a) 小震作用下　　　　　　　　　　(b) 中震作用下

图 2.5-20　$-Y$ 方向推覆各阶段底部六层剪力墙中钢筋应力情况（kPa）（一）

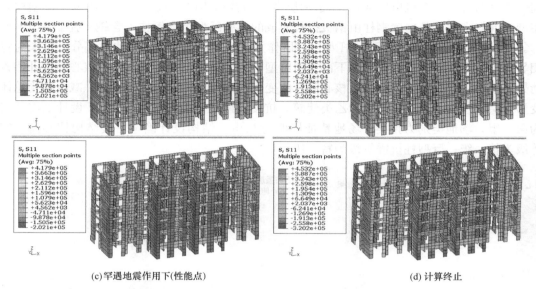

(c)罕遇地震作用下(性能点)　　　　　　　　　　(d)计算终止

图2.5-20　－Y方向推覆各阶段底部六层剪力墙中钢筋应力情况（kPa）（二）

性应变约为$44\mu\varepsilon$，塑性铰发育不显著；结构底部加强区中位于推覆方向背部的剪力墙混凝土受拉塑性进一步向结构纵深方向发展，结构第六层墙肢内竖向钢筋受拉应力进一步加大，最大拉应力达到453MPa；位于推覆方向前方的剪力墙中竖向钢筋受压应力亦进一步加大，最大压应力约为320MPa。

4. 基于弹塑性分析结果的设计建议

三个工况的推覆分析结果表明，结构整体呈倾倒破坏模式，本工程结构第二、三层及底部加强层与非加强层相邻楼层为整体结构的抗震薄弱部位，在推覆荷载作用的背侧，其外围墙肢中的钢筋均出现了显著的塑性集中现象，结构墙肢受拉效应明显。该现象主要是由于底部加强区（按照规范要求为结构一～六层）与非底部加强区配筋（基本为构造要求控制）差别较大造成。建议在结构底部加强区相邻上两层范围内设置配筋构造过渡区，适当提高墙体及暗柱的配筋构造措施，尽量实现底部加强区与非加强区墙体配筋的平缓变化，为实现结构良好的抗震性能提供进一步的有力保障。

2.5.3　超高层结构罕遇地震动力弹塑性分析

上海中心大厦（图2.5-21、图2.5-22）塔楼高为632m（结构高度为580m），共124层，属于高度超限的超高层建筑，需要高效的结构体系来满足规范对这种高度建筑的严格要求。根据建筑设计的要求，塔楼的楼层呈圆形，上下中心对齐并逐渐收缩。而塔楼的外层幕墙形状近似尖角削圆了的等边三角形。它从建筑的底部一直扭转到顶部，每层扭转约1°，总的扭转角度约为120°。

塔楼抗侧力体系为"巨型框架-核心筒-外伸臂"结构体系。在八个机电层区布置多达六道两层高外伸臂桁架和八道箱形空间环形桁架。其中核心筒为一个边长约30m的方形钢筋混凝土筒体，核心筒底部翼墙厚1.2m，随高度增加核心筒墙厚将逐渐减小，顶部为0.5m。腹墙厚度将由底部的0.9m逐渐减薄至顶部的0.5m；巨型空间框架由八道箱形空间桁架（布置在八个机电层区）、六道两层高外伸臂桁架以及八个巨型柱组成。巨型柱采用型钢混凝土柱，其内置钢柱由钢板拼接而成的单肢巨型组合钢柱，含钢率控制在 4%～8%；箱形空间桁架杆件均采用 H 型钢，既作为抗侧力体系巨型框架的一部分，又作为将相邻加强层之间楼层荷载传递至下部支承巨型柱上的转换桁架。巨型柱与核心筒的外伸臂桁架连接采用钢结构，能够约束核心筒弯曲变形，调整整体结构侧向刚度，减少结构总体变形及层间位移。本工程结构为乙类建筑，抗震设防烈度为 7 度（0.1g），设计地震分组为第一组，场地类别为Ⅳ类，场地特征周期为 0.9s。结构设计确定塔楼结构核心筒抗震等级为特一级；巨型柱抗震等级为特一级。

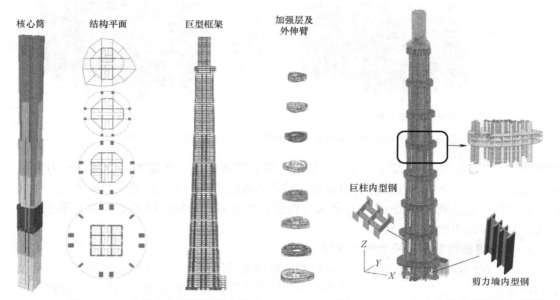

核心筒　结构平面　巨型框架　加强层及外伸臂

巨柱内型钢

剪力墙内型钢

图 2.5-21　上海中心结构抗侧力体系　　　图 2.5-22　上海中心结构弹塑性分析模型

1. 分析方法

采用动力弹塑性分析方法研究本工程结构在设计烈度罕遇地震作用下的抗震性能，其中输入地震动记录包括四组天然记录和三组人工记录，采用三向输入并轮换主方向方式。三方向输入峰值比依次为 1∶0.85∶0.65（主方向∶次方向∶竖向），同时根据上海规范，主方向波峰值加速度取为 200gal。在输入地震动记录之前首先进行结构重力作用下的加载分析，形成结构构件的初始内力。输入地震动信息见表 2.5-1。

地震动记录信息表　　　　　　　　　　　　　　　　表 2.5-1

地震记录编号		分量	地震名	地震时间	记录台站	场地
1	US256	N83W	SAN FERNANDO EARTHQUAKE	FEB. 9,1971	VERNON,CMD LDG.,CAL.	D
	US257	S07W				
	US258	UP				
2	US334	N04W	BORREGO MOUNTAIN EARTHQUAKE	APR. 8,1968	ENG. BLDG.,SANTA ANA, ORANGE COUNTY,CAL.	D
	US335	S86W				
	US336	UP				

续表

地震记录编号		分量	地震名	地震时间	记录台站	场地
3	US724	North	SAN FERNANDO EARTHQUAKE	FEB. 9,1971	5260 CENTUARY BOULEVARD, 1ST FLOOR,L. A. ,CAL.	D
	US725	East				
	US726	UP				
4	US1213	UP	BORREGO MOUNTAIN EARTHQUAKE	APR. 8,1968	HOLLYWOOD STORAGE, PENTHOUSE, LOS ANGELES,	D
	US1214	North				
	US1215	East				
5	MEX006	N00E	MEXICO CITY EARTHQUAKE	SEPT. 19, 1985	GUERRERO ARRAY, VILE,MEXICO	E
	MEX007	N90E				
	MEX008	UP				
6	S79010		Artificial records of Acc. for minor EQ. Level of Intensity 7			4
	S79011					
	S79012					
7	L7111		Artificial records of Acc. for major EQ. Level of Intensity 7			4
	L7112					
	L7113					

根据结构的特点，在构建弹塑性分析模型的过程中，结构巨型柱、剪力墙均采用分层壳单元模拟，其中钢板剪力墙采用在设置钢板剪力墙的位置同时建立钢筋混凝土材料的墙体（壳单元）及钢板（壳单元）的方法模拟；对于伸臂桁架所在楼层（三层），采用弹性楼板（壳单元模拟）假定，并按照实际输入楼板厚度；其余楼层则采用刚性楼板假定。

在材料本构关系方面，剪力墙混凝土按照规范相关参数采用非约束混凝土本构模型，考虑到巨型柱内设置了连肢型钢，对其内部混凝土的约束增强效应显著，因此按照前文所述约束混凝土方法进行考虑。钢材采用双线性随动硬化模型。

2. 重力加载分析

在进行罕遇地震下的弹塑性反应分析之前，进行了结构在重力荷载代表值下的重力加载分析。重力加载分析的结果介绍如下：

（1）剪力墙及巨型柱

剪力墙及巨型柱混凝土基本处于弹性状态，仅有局部连梁，由于垂直支撑在连梁上的楼面梁的面外弯矩作用下，出现少量塑性应变，其受压损伤因子仅为 0.04。外框架的混凝土柱中受压损伤为 0，处于弹性（图 2.5-23）。

（2）混凝土构件中型钢及钢结构应力

重力作用下结构混凝土构件中型钢及钢板应力均没有超过屈服强度（图 2.5-24），最大 Mises 应力约为 104MPa。重力作用下结构钢构件应力均没有超过屈服强度（图 2.5-25），最大 Mises 应力约为 329MPa，为局部楼面钢梁。

3. 动力弹塑性分析

（1）结构的破坏情况

由于计算结果数据量巨大，以下仅分别给出 X 及 Y 为输入主方向（主方向波分别为

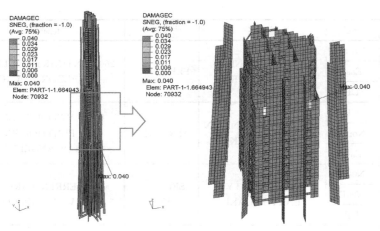

图 2.5-23　重力作用下竖向构件损伤因子

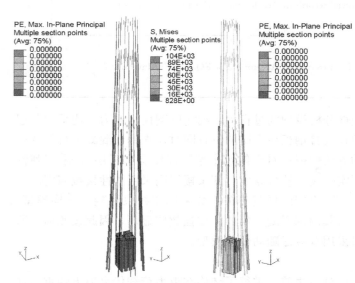

图 2.5-24　混凝土构件中型钢和钢板塑性应变及应力（kPa）

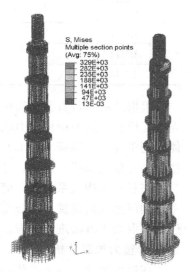

图 2.5-25　钢构件塑性应变
及应力（kPa）

US1214 波及 Mex 波）结构破坏最显著的分析结果。

由图 2.5-26 可以看出，本结构连梁在罕遇地震作用下均严重破坏，大部分连梁受压损伤因子均达到了 0.97。结构巨型柱及大部分墙肢未出现受压损伤，仅在第六、七及八区核心筒剪力墙部分墙肢出现了明显的损伤，其主要原因是上述区域中核心筒墙肢的数量、厚度、混凝土强度等级以及配筋构造发生了较为明显的变化，从而造成承载力出现了突变。

由图 2.5-27 及图 2.5-28 可以看出，在 7 度罕遇、三向地震输入作用下，结构八个区域的伸臂桁架有个别杆件出现塑性，其中 US1214 波、X 为输入主方向时，伸臂桁架杆件的最大塑性应变为 $4175\mu\varepsilon$（第四区，伸臂桁架竖杆）；Mex 波、Y 为输入主方向时，伸臂桁架杆件的最大塑性应变为 $2120\mu\varepsilon$（第四区，伸臂桁架竖杆，与 X 为输入主方向为同一杆件)。

图 2.5-29 显示,结构下部设置的钢板剪力墙在两个输入主方向作用下,其内置的钢板均未进入塑性。

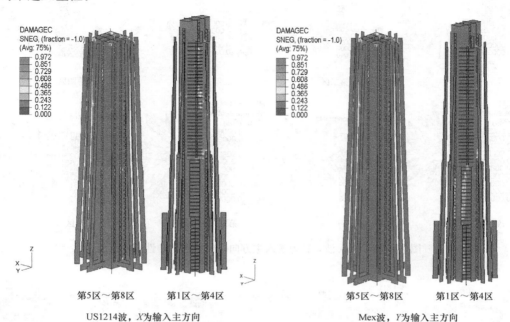

第5区～第8区　　　第1区～第4区　　　　　　第5区～第8区　　　第1区～第4区

US1214波,X为输入主方向　　　　　　　　　　Mex波,Y为输入主方向

图 2.5-26　剪力墙及巨型柱受压损伤因子分布示意图

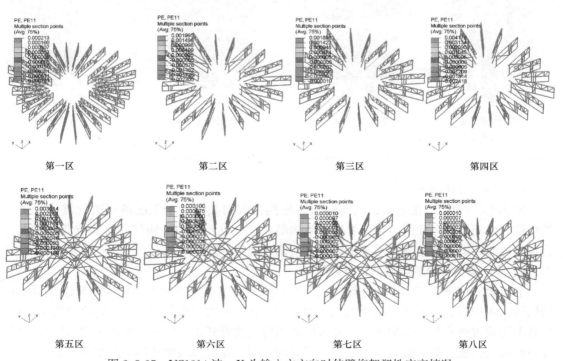

第一区　　　　　　第二区　　　　　　第三区　　　　　　第四区

第五区　　　　　　第六区　　　　　　第七区　　　　　　第八区

图 2.5-27　US1214 波,X 为输入主方向时伸臂桁架塑性应变情况

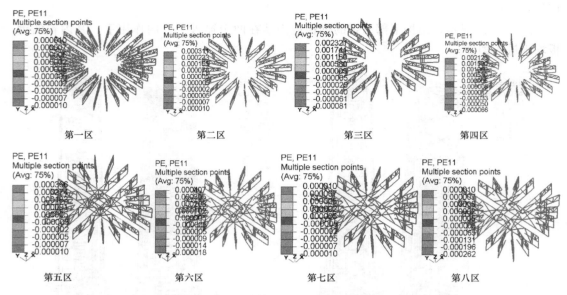

图 2.5-28　Mex 波，Y 为输入主方向时伸臂桁架塑性应变情况

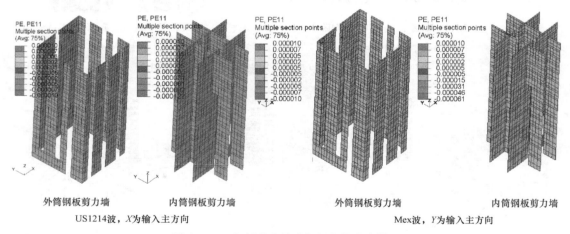

图 2.5-29　钢板剪力墙中钢板塑性应变情况

（2）结构位移情况

图 2.5-30 为结构在七组、三向输入并轮换主方向共十四个工况的罕遇地震作用下，结构最大层间位移角曲线。可以看出，结构第六、七及八区中部楼层的层间位移角最大，这与上述剪力墙罕遇地震作用下出现显著损伤的现象一致。

4. 基于弹塑性分析结果的设计建议

七组地震记录、三向作用并轮换主次方向的 7 度罕遇地震动力弹塑性分析结果显示，结构第六区中部、第七区中部及第八区中部均存在一定的抗震薄弱因素，建议结构设计单位对上述位置进行进一步的研究，并采取适当措施改善其抗震性能，如减少剪力墙与巨型柱截面收进幅度、提高混凝土强度等级降低的位置、在剪力墙中适当增加型钢或提高配筋率等，为确保结构抗震安全性提供有力保障。

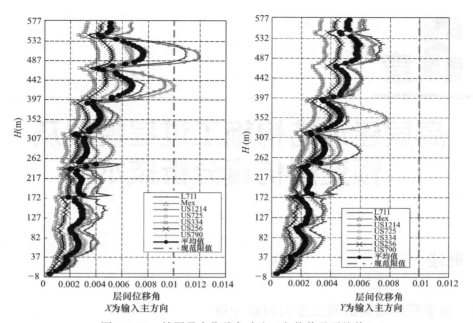

图 2.5-30 楼层最大位移角响应（包络值及平均值）

第**3**章

高层建筑结构施工过程模拟及预变形仿真分析技术

3.1 概述

3.1.1 复杂高层建筑的施工受力特点分析

超高层建筑及复杂工程施工过程中会出现以下不利现象：

(1) 较大的竖向压缩变形，对楼层净高以及最终建成标高有不利影响；

(2) 竖向构件应力水平不同，以及不同材料的竖向构件之间，容易产生压缩变形差，从而造成楼面处于非水平状态；

(3) 混凝土徐变、收缩在不断开展，会使得变形随着时间进一步发展，可能对结构使用和结构安全性带来不利影响；

(4) 竖向变形差异的存在，不仅影响到施工质量，从设计的角度上看，竖向变形差异还会在水平构件中产生附加内力，影响结构安全；

(5) 对于部分复杂结构以及特殊施工方法下的施工过程而言，某些施工过程中的结构风险会比建成后正常使用阶段要大，该类结构三阶段的风险率分布见图 3.1-1。

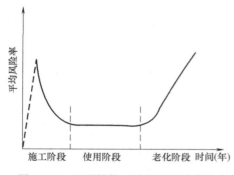

图 3.1-1 工程结构三阶段的风险率分布

3.1.2 施工过程模拟及预变形仿真分析的必要性和作用

复杂结构的施工过程是一个结构体系及其力学性态随施工进程非线性变化的复杂过程，是一个结构从小到大、从简单到复杂且体系和边界条件不断变化的成长过程。施工过程中结构体系及其力学性态都在随施工过程发生变化，结构体系在每一阶段的施工过程中，都可能伴随有结构边界条件的变化（边界约束形式、位置及数量随时间变化）、结构体系的变化（结构拓扑及结构几何随时间变化）、结构施工环境温度的变化及预应力结构中预应力的动态变化等，其中包括结构响应中可能出现的几何非线性（如大位移、大转角，甚至有限应变）、边界条件的非线性（如随时间变化的接触边界条件）、材料非线性等现象。结构体系在每一施工阶段的力学性态（如内力和位移）必然会对下一施工阶段甚至所有后续施工阶段结构的力学性态产生影响。对于超高层建筑、带超大悬挑、连体的复杂结构，考虑建造的施工过程与否，对结构构件的内力分布和最终状态具有显著影响。

施工过程结构分析应结合施工方案进行，通过建立合理的分析模型，准确反映施工引起的结构刚度变化过程，施加与施工状况相一致的荷载与作用，最终得到施工过程中准确的结构内力和变形。

施工过程模拟及预变形仿真技术主要有如下几方面作用：

（1）在施工方案正式实施前，通过施工模拟分析可以明确施工中危险环节的出现时机以及受力关键部位，验证施工方案的可行性和安全性，必要时进行加强和改进，并再次进行施工模拟计算。需要时，对某些构件采用延迟安装技术。

（2）准确获得施工过程中的构件内力，并进行适当的控制。对施工过程模拟分析结果进行分析，如发现构件应力状态异常或超出结构设计人员预期，则需调整施工方案或采取临时补强措施，以控制施工过程构件内力，实现安全施工。以施工模拟得到的构件内力作为初始内力，和后续荷载效应（如后加非结构恒载、活载、风载、地震等）进行组合，则结构设计会更为合理。

（3）通过预变形技术，可确定出结构加工预调值和施工安装预调值；按照新的施工安装预调值对加工预调后的构件进行施工，可使得建成的结构在指定荷载状态下达到设计目标位形，避免超高层建筑因竖向压缩变形以及差异压缩变形而导致的层高偏差或楼面非水平状态，避免因层高变化带来电梯系统无法精确停靠楼层的不足。

（4）施工模拟计算结果可以作为施工过程结构安全性监测方案的确定，以及监测结果的比对依据，验证施工监测结果的合理性。

3.1.3　施工过程模拟及预变形仿真分析的主要研究重点

本章研究的一个显著的特点是理论性与实践性并重，着重强调解决实际工程中面临的困难，强调应用技术的系统化整理和小结，研究成果以能满足工程精度需要为原则。总体技术路线：

（1）总结以往成果，提出问题→理论研究→确定分析方法；

（2）结合实际工程，建立模型→工程计算→分析计算结果的合理性→对分析方法和模型进行必要的改进；

（3）按工程实施的需要，整理分析结果，进行必要的简化，在实际工程中予以应用。

对施工过程的模拟计算，既涉及施工过程中吊装构件的模型及其动力学理论、非完整结构体系的模拟方法和非线性力学理论，也涉及施工过程中对不断变化的结构模型进行修正的理论与技术。因而，如何合理准确地模拟施工过程中各个施工阶段结构体系的变化过程，如何正确且较准确地预测结构在不同施工阶段的非线性力学性态和累积效应，如何控制施工过程中结构应力状态和变形状态始终处于安全范围内，并使成型结构的构型与内力达到设计要求且结构本身处于最优的受力状态，是目前大型复杂结构体系合理且安全施工所迫切需要解决的问题。包括：

（1）主体结构施工过程模拟分析技术；

（2）预变形分析技术；

（3）地基不均匀沉降对施工模拟分析的影响；

（4）混凝土收缩和徐变对施工过程模拟分析的影响；

（5）施工模拟及预变形技术在实际工程中的应用技术。

在细节方面，对大型复杂结构，在其施工过程中尚需考虑的主要力学问题有：

（1）结构施工单元的划分及其力学性态；

（2）施工中临时支承系统的布置及其对结构力学性态的影响；

（3）大型构件或结构单元在吊装（或滑移、提升）过程中的动力学性能；

（4）结构构件的内力和变形随着结构形体增长的累积变化；

（5）结构在施工过程中的稳定性；

（6）张拉结构或预应力结构中的预应力的施加与控制；

（7）施工用临时支承结构的拆除顺序与控制方法；

（8）施工过程中温度的影响及控制；

（9）施工过程中结构边界条件的可能变化及其他非线性影响因素；

（10）结构实际内力、变形与理论设计状态的差异。

3.2　施工过程数值模拟及结构预变形技术的原理及方法

3.2.1　基本概念

1. 设计目标位形

结构位形总是与荷载状态一一对应的，且结构形态会受到与时间关联因素（如混凝土收缩、混凝土徐变）的影响。因此，确定施工模拟的目标位形时也需指定荷载状态，必要时，还需指定时间节点。经和结构设计人员沟通，天津津塔的目标位形为结构施工图中所表述的形态，该位形对应的荷载状态为结构自重和附加恒载作用（指幕墙荷载、楼面装修荷载，以及机电荷载）。

2. 施工过程模拟分析

施工过程结构分析指：结合施工方案，建立合理的分析模型，准确反映施工引起的结构刚度变化过程，施加与施工状况相一致的荷载与作用，得出较准确的结构内力和变形。

施工过程结构分析宜在正式施工前结合施工方案及施工组织计划进行。当施工方案有所调整或实际施工过程与施工方案存在偏差时，宜及时调整施工过程结构分析模型，再次进行分析。

3. 预变形——钢构件施工安装预调值与加工预调值

施工安装预调值：每个施工步内外柱吊装时，构件顶点标高是关键；该构件顶点施工安装控制标高与扣除地基均匀沉降影响后的设计目标标高的差值称为施工安装预调值。

加工预调值：竖向构件在加工过程中需要有针对性地调整构件的加工长度，以避免构件标高施工预调而导致的"焊缝过大"或"构件偏长无法安装到指定标高"的弊端。加工预调值主要是针对钢构件，对于混凝土结构，则对混凝土支护模板尺寸有些许影响。

第 i 节的柱顶施工安装预调值以及第 i 节柱的加工预调值的定义见图 3.2-1。施工预调值以柱顶加高为正，钢结构加工预调值以柱长增加为正。第 i 节柱加工预调值＝i 节柱施工预调值－$(i-1)$ 节柱施工预调值＋$(i-1)$ 节施工段自重引起下部结构（含自身）已产生的 z 向变形。

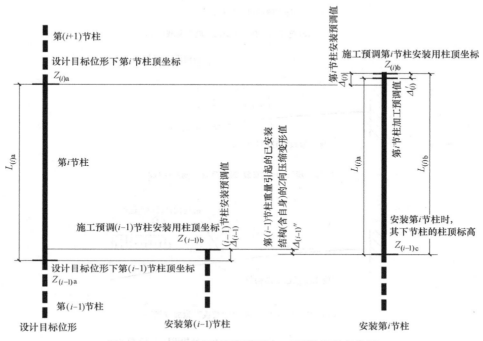

图 3.2-1   施工安装预调值及加工预调值的定义图

3.2.2 施工过程模拟及预变形分析的基本原理及方法

1. 施工模拟分析的基本步骤

首先，根据建筑施工图纸的几何坐标信息（称之为结构设计位形，记为 $\{v\}^0$），建立整体结构的分析模型，并在该位形的基础上，按照《施工进度计划表》，将整个结构计算过程划分为若干个施工模拟计算步，依次生成结构构件单元，逐步进行计算分析。需要指出的是，在上述施工模拟过程中，除结构构件的生成顺序与施工过程一致外，施加到结构构件上的各种荷载（如结构构件自重、施工模架荷载、施工活荷载等）也与施工过程保持一致。上述过程即为结构施工的全过程模拟分析，以悬臂杆件为例，施工过程进行的事宜见图 3.2-2。

2. 结构预变形分析的基本步骤

进行结构预变形分析的步骤为：

第一步，采用结构设计位形（假定为 $\{v\}^0$）建立计算模型，以及确定的施工方案，按 3.2.2.1 节中方法进行整体结构施工建造的第一次模拟分析，得到结构的一个变形状态（如图 3.2-3，假定该变形位形为 $\{v\}^0+\Delta\{v\}^1$），显然该变形状态与结构设计位形之间存在差距 $\Delta\{v\}^1$。

第二步，以 $\Delta\{v\}^1$ 作为结构施工预调值，反向施加到结构初始位形 $\{v\}^0$ 上，进而得

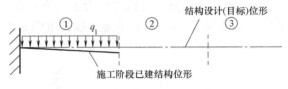

(a) 施工步1: 构件1安装, 施加荷载1

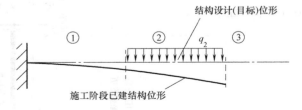

(b) 施工步2: 构件2安装, 删除荷载1, 施加荷载2

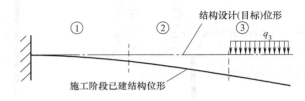

(c) 施工步3: 构件3安装, 删除荷载2, 施加荷载3

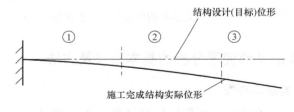

(d) 施工步4: 删除荷载3, 结构建造完成

图 3.2-2　结构的施工过程模拟

到结构第一次迭代后结构的初始位形 $\{v\}^1$（此时 $\{v\}^1 = \{v\}^0 - \Delta\{v\}^1$）。

　　第三步，在第一次迭代后结构初始位形 $\{v\}^1$ 基础上，采用相同的施工方案，按 3.2.2.1 节中方法进行整体结构施工建造的第二次模拟分析。此时，若结构的非线性程度弱，则在此位形上施加荷载 q，结构在荷载作用下的位形将十分逼近结构设计位形 $\{v\}^0$，即此时位形与设计位形的误差 $\Delta\{v\}^2 \approx 0$。

　　若结构的非线性程度较强，则再次加载后的结构位形与结构设计位形仍会有较大差距（记为 $\Delta\{v\}^2$），说明此时需要进行多次迭代计算。

　　第四步，将 $\Delta\{v\}^2$ 作为结构施工预调值，反向施加到上一次迭代时结构的初始位形 $\{v\}^1$，得到本次迭代结构的初始位形 $\{v\}^2$，并再次进行整体结构施工建造模拟分析。如此反复，直至 n 次迭代加载后计算得到的结构位形与设计位形的误差 $\Delta\{v\}^n$ 满足要求时，此时本迭代步加载之前的结构初始位形 $\{v\}^n$ 即为结构施工的初始位形。

上述迭代过程见图 3.2-3，进行预变形分析的流程见图 3.2-4。

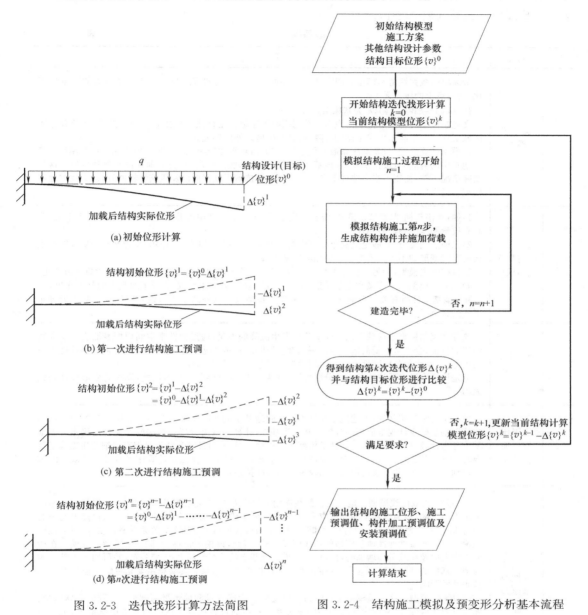

图 3.2-3 迭代找形计算方法简图　　　　图 3.2-4 结构施工模拟及预变形分析基本流程

3.2.3 地基基础沉降对施工过程模拟及预变形分析的影响考虑

1. 地基计算模型的种类

地基模型（亦称土的本构定律或本构关系）是研究土体在受力状态下的应力-应变关系。合理选择地基模型是共同作用分析中非常重要的问题，它不仅直接影响地基反力（基底反力）的分布和基础的沉降，而且影响基础和上部结构的内力和变形分布。因此，在共同作用分析中必须选择比较接近所分析场地的地基模型。同时，也应注意施工条件对地基特性的影响。目前工程中常用的地基模型有线性弹性地基模型、非线性弹性地基模型、弹塑性地基模型三大类（表 3.2-1）。

地基模型

表 3.2-1

序号	名称	简　　述
1	文克尔模型	最简单的线弹性地基模型。假定地基土界面上任一点处的沉降与该点所承受压力的强度成正比，而与点上的压力无关。 　　$P(x,y)=kW(x,y)$，k 为基床系数(kN/m^3)。 　　文克尔模型的特征是把土体视为一系列侧面无摩擦的土柱或彼此独立的竖向弹簧，在荷载作用区域下立刻产生与压力成正比的沉降，而在此区域以外位移为 0。 　　该模型计算简便，只要基床系数 k 值选择得当，可获得比较满意的结果。但文克尔地基模型忽略了地基中的剪应力，按这一模型，地基变形只发生在基底范围内，基底范围外没有地基变形。这与实际情况不符，使用不当会造成不良后果。当地基抗剪强度很低以及压缩层较薄时，选文克尔地基模型较适宜
2	改进型文克尔模型	1)如：费洛年柯-保罗基切模型、海滕尼模型，将文克尔模型中彼此独立的弹簧通过薄膜单元，或具有抗弯刚度的弹性板相连。 　　2)巴斯杰纳克模型：假定文克尔模型中各弹簧间存在着剪切的相互作用，将弹簧与一层只能产生横向剪切变形却不可压缩的剪切层相联来实现。 　　3)符拉索夫模型：为另一种双参数模型，限定位移沿 z 向的变化规律，如按线性或指数函数变化。 　　4)利夫金模型——广义文克尔模型：为三参数模型，k 为基床系数，表征了地基土的基本刚度；α、β 为与地基土性质有关的无量纲系数，用来描述基础范围以外的土体对地基刚度和接触压力分布形式的影响
3	弹性半空间模型	改变文克尔模型中荷载作用下仅受荷区发生沉降的不足，通过弹性半空间模型表征土介质连续性态的特征，合理考虑受荷区一定范围内都会沉降的真实情况。可分为：1)均匀各向同性弹性半空间模型；2)不均匀各向同性弹性半空间模型；3)层状横向各向同性弹性半空间模型。 　　但是该模型没有反映地基土的分层特性，且认为压力扩散到无限远，因此，算得的变形往往是偏大的
4	有限压缩层地基模型	地基土通常是层状的，上述地基模型不能反映地基土的实际情况。有限压缩层地基模型以我国建筑地基基础设计规范使用的分层总和法为基础，计算深度由分层总和法的有关规定确定。当地基土分布比较复杂，弹性半空间地基模型不足以模拟时，或者计算参数不足但有详细的压缩模量资料时，采用有限压缩层地基模型是简便可行的。该模型的另一优点是计算用参数可经常规压缩试验得到。此外，还便于通过修改压缩模量近似地模拟地基土非线性性质
5	非线性弹性地基模型	(1)邓肯-张双曲线模型。地基土在荷载作用下的应力-应变关系假设为线性关系，显然与实测结果是不一致的，因为地基土的加载应力-应变关系呈非线性。1963 年康德尔（Konder）提出的土的应力-应变关系为曲线形，后为邓肯和张（Duncan and Chang）根据这个关系并利用莫尔-库仑强度理论导出了非线性弹性地基模型的切线模量公式，因此，该模型被称为邓肯-张模型。该模型在荷载不太大以及荷载单调增加时可以较好地模拟地基土的非线性应力-应变关系，并可用于上部结构与地基基础的共同作用研究中，且能获得与实际较相符的结果。其缺点主要是忽略了应力路径和剪胀性的影响。 　　(2)K-G 模型。这一类模型是将应力和应变分解为球张量和偏张量两部分，分别建立球张量、偏张量与体应变、广义剪应变之间的增量关系。一般通过各项等压试验确定体积模量 K，通过 p 为常数的三轴试验确定剪切模量 G。后来为了反映土的剪胀性，也建立了一些这两个张量交叉影响的模型。典型的 K-G 模型有多马舒克-维利亚潘（Domaschuk-Valliappan）模型，内勒（Naylor）模型，沈珠江模型等
6	弹塑性地基模型	目前采用的弹塑性地基模型是基于增量弹塑性理论，在该理论中，土的弹性阶段和塑性阶段不能截然分开，而土体的破坏只是这种应力变形的最后阶段。这类模型假定土的总变形及其增量分为可恢复的弹性变形和不可恢复的塑性变形两部分。比较有代表性的弹塑性地基模型有：剑桥模型和修正剑桥模型，莱特-邓肯模型，清华弹塑性模型，上海土弹塑性模型等，其中莱特-邓肯模型较多地应用于砂土地基上的上部结构与地基基础的共同作用分析。对于正常固结土和弱超固结土可采用修正剑桥模型

在施工过程模拟计算中，采用较多的为分布式弹簧，其工作原理相当于文克尔模型。

2. 地基基础沉降计算时的不利因素

基础沉降计算问题用一句话来概括就是：理论计算值和工程实测值之间有一定差异，对于压缩性较大的地基，理论计算值偏小，反之偏大。可见，基础沉降计算问题还没有完全解决。其主要问题为：

（1）深基坑基底附加应力计算时，由于基坑底回弹再压缩问题，而附加应力不再符合 $P_0 = P - \gamma_p D$，其回弹再压缩系数在 $0 \sim 1$ 之间，很难取得准确，因此附加压力很难取准。

（2）地基土的物理力学性质中的有关计算参数（如地基土的弹性模量、变形模量、压缩模量和泊松比等）很难取得正确和准确。

（3）所有的沉降计算方法对地基沉降计算深度都做了不同的简化处理（有限深度），这必然带来一定误差。

（4）地基最终沉降量计算的几个主要方法都是以弹性力学为基础，并假设地基无侧限且为连续线弹性体，没有考虑深基坑支护结构的侧限作用对基坑底的回弹变形影响。而地基往往具有非连续、非均质、非线性性质，不采用数值方法是很难分析的。同时，采用弹性理论计算沉降时，是按半无限平面或空间体地基得到的解析解，而实际地基压缩层又按十分有限的深度计算，其计算结果必然偏大。

（5）黏性土地基的沉降三过程（初始沉降、固结沉降和次固结沉降）可以明显区分出来，而砂土地基沉降的前两个过程很难区分，而且占总沉降的大部分。次固结沉降相对较小，也很难计算。

（6）采用数值方法计算超高层建筑深基础沉降时，其主要问题是地基本构模型和计算参数的选择问题，以及怎样进行整体结构，包括桩箱（筏）、地基、上部结构的总体三维分析问题。

（7）基础沉降实测数据很少，而高层建筑和超高层建筑基础沉降实测数据更少，很难建立沉降数据库和专家系统。

3. 带地基基础有限元模型数值模拟分析方法

当对带地基的结构计算模型，进行施工模拟及预变形迭代计算分析，可得到考虑施工模拟和地基沉降影响因素的施工安装预调值和加工预调值。由于地基基础的均匀沉降对上部结构层高以及相对位形不产生影响，因此，地基均匀沉降对施工安装预调值的影响不予考虑。

上部结构施工过程模拟分析的计算工作量很大，在建立地基基础和上部结构的协同工作计算模型时，通常需对地基基础进行一定的简化处理。

（1）地基模型的考虑（表 3.2-2）

有限元数值模拟简化方法

表 3.2-2

筏板	采用 Solid 45 实体单元。当对筏板及底层竖向构件内力要求精度较低时,也可采用厚板单元进行模拟
桩基或桩土联合	线性弹簧 Combin 14 单元,将桩的压缩和桩土相互作用产生土的变形反映到弹簧的刚度中
仅土体	线性杆 Link 10 单元

（2）地基土弹簧刚度的确定：依据《建筑桩基技术规范》JGJ 94—2008 中的相关规

定，采用等效作用分层总和法，取用勘察报告提供的相应各土层压缩模量 E_{si}，计算在施工模拟过程计算荷载作用下的结构基础的沉降量 S_c，继而反算得到地基土弹簧的刚度。当计算出板单元的面弹簧刚度后，需等效到各节点弹簧上，如图 3.2-5 所示。

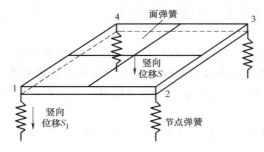

图 3.2-5 面弹簧等效为节点弹簧示意图

用弹簧单元模拟桩，关键在于设置弹簧单元的刚度系数 K。首先，根据上述的边界条件，弹簧单元的下端是约束所有自由度的，这就要求其刚度系数 K 不仅能反映桩的压缩性质，还能反映桩端以下土的压缩变形。其次，由于工程的桩间距较小，群桩效应较大，需要根据群桩效应对弹簧刚度进行折减。折减之后，不但弹簧总体刚度下降，不同位置的弹簧刚度也不同。

高层建筑的内筒区域、内外筒之间区域、外筒区域、裙房区域地基土弹簧刚度往往各不相同，建议分别设定不同的参数。

（3）需要指出的是，当计算分析的时间范围仅为结构施工完成阶段，地基沉降尚未完全发生，宜将最终沉降量 S_c 进行折减修正 $S_c = \phi_s S'$，并以此值进而确定地基基床系数。

（4）当筏板上设置后浇带，且计算分析时需考虑后浇带影响时，可在筏板单元中设定后浇带单元组，初期时杀死，后按照实际施工进度激活后浇带。

4. 将沉降变形实测值作为强制位移施加进行施工过程模拟

由于土的非线性理论特征研究尚不够充分，以及计算手段的缺乏，地基沉降的理论计算的精确性没法得到保证。为准确计入地基沉降对施工过程中主体结构的影响，可以采取另外一种变通的方法，"通过沉降测量获取地基沉降的实测值→将筏板表面的实测沉降值离散分布到主体结构基底的构件根部→将对应施工过程模拟步下基础沉降实测值作为强制位移施加在考虑施工过程的主体结构上"来计入地基沉降的影响。

该方法最大的缺点就是时间的滞后性。在需要进行预变形分析时，往往不能采用。由于构件安装后，地基才发生沉降，按沉降计算得到的主体结构变形值进行构件的反馈加工需要较长的时间。通常因为工期缘故，时间无法得到保证。

该方法主要适用于现场结构应力和变形监测时，进行监测结果与分析结果对比。由于地基沉降影响采用实测值，施工模拟计算分析结果更为合理、准确。

3.2.4 混凝土收缩和徐变

1. 混凝土收缩曲线

混凝土收缩指混凝土由于所含水分的变化、化学反应及温度降低等因素引起的体积缩小。根据产生收缩的原因，混凝土的收缩变形主要有浇筑初期（终凝前）的凝缩变形、硬化混凝土的干燥收缩变形、自生收缩变形、温度下降引起的冷缩变形以及因碳化引起的碳化收缩变形五种。

（1）凝缩（塑性收缩）：混凝土搅拌后，因水泥的水化反应而出现的沁水和体积缩小现象，一般发生在混凝土搅拌后 3～12h 以内。因为凝缩发生时混凝土仍处于塑性状态，所以称这种凝缩为塑性收缩。凝缩的大小约为水泥体积的 1%。

（2）自缩（自生收缩）：自缩是指混凝土在恒温绝湿条件下由于水泥浆的水化作用引起的体积缩小变形。这种收缩一般发生在大体积混凝土的内部、钢管混凝土等。混凝土自缩与水泥品种、水泥用量及掺用混合材料种类有关。温度较高、水泥用量较大以及水泥细度较细时，自缩值也相应较大。自缩变化幅度约为 40×10^{-6}（一个月）和 100×10^{-6}（五年后）之间。如果以混凝土线膨胀系数为 $10 \times 10^{-6}/℃$ 计，自缩相当于降温 $4 \sim 10℃$ 引起的温度变形，所以不可忽略混凝土的自缩对抗裂问题的影响。

（3）干缩（干燥收缩）：干缩指放置在未饱和空气中的混凝土因水分散失引起的体积缩小变形，属于物理收缩。混凝土的干缩一般在 $(200 \sim 1000) \times 10^{-6}$ 范围内，大约是自缩的 10 倍。所以，干燥收缩是混凝土收缩的主要因素，结构收缩计算主要是针对干燥收缩。

（4）冷缩（温度收缩）：冷缩指混凝土随温度下降发生的收缩变形。对大体积混凝土，裂缝主要由温度变化引起。混凝土配合比及性能、环境条件、结构、施工及养护条件五方面都可能导致混凝土产生温度收缩裂缝。

（5）碳化收缩：碳化作用指大气中的 CO_2 在有水分条件下（实际上真正的介质是 H_2CO_3）与水泥的水化物发生化学反应产生 $CaCO_3$ 和游离水等而引起收缩。由于碳化作用而产生的体积收缩就叫碳化收缩。碳化作用只在适中的湿度（约 50%）才会较快地进行。碳化作用大体上与时间的平方根成正比，即 $1 \sim 4$ 年之间成倍增加，之后再在 $4 \sim 10$ 年之间成倍增加。碳化收缩仅发生在表面较浅的范围内。

国内外有关文献对混凝土的干燥收缩机理进行了分析，认为干燥收缩是由于混凝土内部水分的消失所致。在混凝土干燥收缩的同时，还伴随着混凝土的自生收缩。早在 60 多年前，Davis 就用 "autogeneous volume change"（自身体积变形）描述了混凝土的自收缩现象。由于当时所用的混凝土水灰比较大，自生收缩测定值只有 $50 \sim 100$ 个微应变，这与干燥收缩相比几乎小一个数量级，再加上实测的干燥收缩中包括了混凝土的自生收缩，因而自生收缩问题一直没有得到足够的重视。随着高强度高性能混凝土的研制及应用，混凝土的水灰比不断降低，混凝土的自生收缩逐渐被人们关注。近年来的研究表明，随着水灰比的降低，自生收缩所占比重越来越大。现有的试验方法测量的干燥收缩应变中包含了同条件下的自生收缩应变。对于普通混凝土，自生收缩约为干燥收缩值的 1/10；对于高强度混凝土，自生收缩变形较大，实际测量到的自生收缩值大约占到 $1/3 \sim 1/2$；对超高强度混凝土，自生收缩变形则要占到 90% 以上。

结合 CEB-FIP（1990）模型，混凝土收缩应变一般可以表达为收缩应变终值和收缩应变时间函数的乘积：

$$\varepsilon_s(t,\tau) = \varepsilon_s(\infty,0)\varphi_s(t-\tau)$$

式中，$\varepsilon_s(\infty,0)$ 表示收缩应变终值；$\varphi_s(t-\tau)$ 表示收缩应变时间函数，取决于环境相对湿度、混凝土成分和构建理论厚度等因素。

$$\varphi_s(t-\tau) = \left[\frac{t-\tau}{0.35D^2+(t-\tau)}\right]^{0.5}$$

式中，t 为混凝土计算龄期（d）；τ 为收缩开始时的混凝土龄期（d）；$D = \dfrac{2A_c}{u}$，构件的名义尺寸（mm）；A_c 为构件的截面面积；u 为构件与大气相接触的周边长度。

$$\varepsilon_s(\infty,0)=\varepsilon_s(f_{cm})\times\beta_{SRH}$$

其中：

$$\varepsilon_s(f_{cm})=[160+10\beta_{sc}(9-f_{cm}/10)]\times10^{-6}$$

$$\beta_{SRH}=\begin{cases}1.55(1-RH)^3 & 40\%\leqslant RH\leqslant99\% \\ 0.25 & RH\geqslant99\%\end{cases}$$

式中，系数 β_s 以水泥品种而定，

$$\beta_s=\begin{cases}4 & 慢硬水泥 \\ 5 & 普通或快硬水泥 \\ 8 & 快硬高强水泥\end{cases}$$

f_{cm} 为混凝土 28d 标准抗压强度（MPa），$f_{cm}=f_{ck}+8\text{MPa}$，$f_{ck}$ 是混凝土特征抗压强度；RH 为周边混凝土的相对湿度。在这个计算模型中考虑了混凝土强度、构件尺寸、相对湿度、温度、加载龄期、持荷时间和水泥品种的影响因素。

中央电视台总部大楼（主楼）部分柱为 SRC 柱，混凝土强度等级 C60，根据应力监测的要求，在现场也制作了混凝土干缩对比试件，将干缩对比试件置于室内正常通风环境，采用钢筋计进行测量，测量时仍记录应变值。试件混凝土入模前的照片见图 3.2-6，其中未配筋试件中仅放置

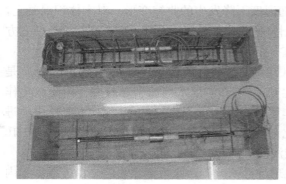

图 3.2-6　混凝土干缩试件传感器布置图

一支钢筋计，在配筋试件中放置两支钢筋计。试验从 2006 年 9 月开始一直在进行，截至 2008 年 8 月的数据见图 3.2-7。

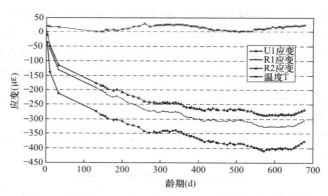

图 3.2-7　混凝土干缩应变测试曲线

从试验数据曲线看，混凝土干缩应变显示良好的规律性，且经过一年时间后，干缩应变增长变得缓慢，未配筋试件混凝土干缩应变值为 $-356\mu\varepsilon$，而配筋试件的应变测值分别为 $-293\mu\varepsilon$ 和 $-259\mu\varepsilon$。各支传感器在同一测次中应变差值基本保持稳定，其中配筋试件的平均值较未配筋试件约低 $100\mu\varepsilon$，这表明由于钢筋的约束作用，减小了混凝土的干缩应变。

对各传感器应变测值进行了拟合，拟合曲线、拟合方程和相关系数的平方值见图

3.2-8。拟合曲线与实测值的相关系数均在 0.97 以上，表明所用曲线可以起到良好的替代作用，方便在构件应变测值修正中使用，同时，对于后期的干缩应变，可以近似用拟合曲线计算出来。

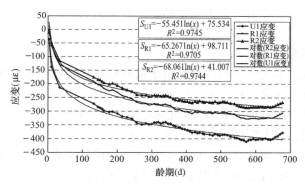

图 3.2-8　混凝土干缩应变拟合曲线

2. 混凝土徐变

混凝土徐变是在持续荷载的作用下，混凝土结构的变形随时间不断增长的现象，即徐变是依赖于荷载且与时间有关的一种非弹性性质的变形。徐变可分为两种：基本徐变和干燥徐变。基本徐变是指在常荷载作用下无水分转移时的体积改变；干燥徐变是指在常荷载作用下试件干燥时的时变变形。

目前主要的混凝土徐变机理理论：

（1）黏弹性理论

黏弹性理论把水泥浆体看成弹性的水泥凝胶骨架，其空隙中充满着黏弹性液体构成的复合体。初始加载时刻，一部分荷载被黏弹性液体承受，推迟了骨架的瞬时弹性变形。之后由于压力作用，液体从高压处向低压处流动而卸载，骨架承受荷载逐渐加大，增大了弹性变形，即观测到的徐变。水泥浆卸载时，液体向相反的方向流动，引起徐变恢复。

（2）渗出理论

渗出理论是 1934 年 Lynam C.G. 提出的。他认为混凝土徐变是由于水泥凝胶粒子表面吸附水和粒子之间的层间水在荷载作用下的流动引起的。水泥浆受压后，吸附水和层间水缓慢的排出而产生变形。水被排出一部分后，凝胶颗粒受压力增加，水压减小，水渗出速度也减缓，所以徐变速率随时间而变小。渗出理论认为徐变不可恢复。

（3）黏性流动理论

黏性流动理论是 1937 年 Thomas F.G. 提出的。他认为混凝土由两部分组成：荷载作用下产生黏性流动的水泥浆体和不产生流动的惰性骨料。混凝土受荷时，水泥浆的流动受到骨料的阻碍，骨料压力增大，水泥浆压力减小，徐变速率也逐渐减小。

（4）塑性流动理论

塑性流动理论认为混凝土的徐变类似于金属材料晶格滑动的塑性变形。金属材料中，当加荷应力超过屈服点后，塑性变形就发生了，典型的如软钢的屈服台阶。Glanville W.H.于 1939 年提出了实用的晶格滑动理论，认为混凝土徐变在低应力下是黏性流动，在高应力下是塑性流动（即晶格滑动）。

（5）微裂缝理论

微裂缝理论认为混凝土的徐变是由其组成材料上的初始微裂缝引起的。在正常工作应力范围内，微裂缝只稍微增加一些徐变；当应力较大时，初始微裂缝会扩展并逐渐产生新的裂缝；荷载继续增加，还会产生少量穿越砂浆甚至是骨料的裂缝，最后各种裂缝迅速发展并逐渐贯通。

（6）内力平衡理论

内力平衡理论认为水泥浆体的徐变是由于荷载破坏了存在于水泥浆体中的内力平衡状态，并达到新的平衡的变化过程。

混凝土徐变受到的影响因素非常多，包括混凝土材料类型、加载龄期、环境湿度和温度、构件的比表面积、应力幅度大小。

混凝土的徐变一般采用徐变度、徐变系数或徐变函数来表示。目前较为常用的混凝土徐变计算公式为1990CEB-FIP模式规范（混凝土结构）：

$$\varepsilon_c(t,\tau_0)=\frac{\sigma_c(t_0)}{E_c(28)}\varphi(t,\tau_0)$$

式中，$\varepsilon_c(t,\tau_0)$ 为加载龄期为 τ_0，计算考虑龄期为 t 时，τ_0 常取 28d；$\sigma_c(\tau_0)$ 为加载龄期加载应力（MPa）；$E_c(\tau_c)$ 为 τ_0 加载龄期混凝土弹性模量（MPa）；$\phi(t,\tau_0)$ 为加载龄期为 τ_0，计算考虑龄期为 t 时的混凝土徐变系数。

$$\phi(t,\tau_0)=\phi_0 \cdot \beta_c(t-\tau_0)$$

$$\phi_0=\phi_{RH} \cdot \beta(f_{cm}) \cdot \beta(\tau_0)$$

$$\phi_{RH}=1+\frac{1-RH/RH_0}{0.46(h/h_0)^{1/3}}$$

$$\beta(f_{cm})=\frac{5.3}{(f_{cm}/f_{cm0})^{0.5}}$$

$$\beta(\tau_0)=\frac{1}{0.1+(\tau_0/t_1)^{0.2}}$$

$$\beta_H=150\left[1+\left(1.2\frac{RH}{RH_0}\right)^{18}\right]\frac{h}{h_0}+250\leqslant1500$$

$$f_{cm}=0.8f_{cu,k}+8(MPa)$$

式中，τ_0 为加载时的混凝土龄期；t 为计算考虑时刻的混凝土龄期；ϕ_0 为名义徐变系数；β_c 为加载后徐变随时间发展的系数；ϕ_{RH} 为环境相对湿度修正系数；$\beta(f_{cm})$ 为考虑混凝土加载龄期时强度修正系数；$\beta(\tau_0)$ 为加载龄期影响系数；RH 为环境年平均相对湿度；h 为构件理论厚度（mm），$h=2A/u$，A 为面积，u 为构件与大气接触的周边长度；h_0 为100mm；f_{cm} 为混凝土强度等级；f_{cm0} 为10MPa；β_H 为考虑湿度和厚度有关的系数；t_1 为1d。

3. 高层建筑中弹性压缩变形、收缩变形、徐变变形的相对比例

（1）钢管混凝土柱＋钢板剪力墙高层建筑

项目原型：天津津塔，75层，高336.9m，"框架＋钢板剪力墙"系统，该结构体系包含由外伸刚臂和带状桁架连接的外圈延性抗弯框架，以及内钢板剪力墙核心筒。周边延性抗弯框架由柱距约6.5m的钢管混凝土组合柱和宽翼缘钢梁组成。

以施工完成后两年作为计算时间点，在施工模拟计算中考虑混凝土收缩和徐变影响后，对弹性位移、徐变位移及收缩位移各自在总位移中所占的比重进行分析。以38层柱顶点（139.9m）为例进行比较，其中，38层外柱（C26）顶点位移情况如图3.2-9所示，内柱顶点位移如图3.2-10所示。

由图3.2-9、图3.2-10可见，相对来说，徐变引起的柱顶竖向位移所占比重较大，基本达到弹性位移的50％，而收缩位移所占的比重较小。

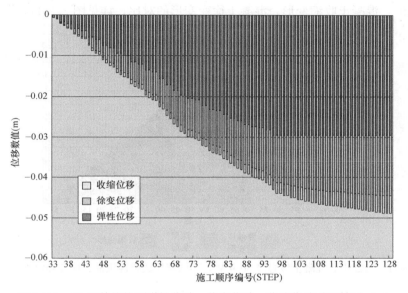

图3.2-9　38层外柱柱顶弹性位移、徐变位移、收缩位移对比结果（m）

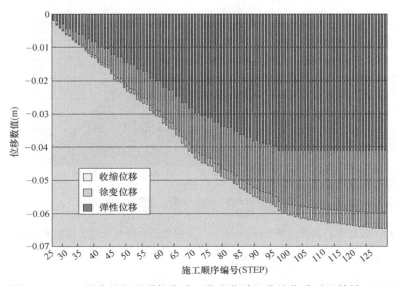

图3.2-10　38层内柱柱顶弹性位移、徐变位移、收缩位移对比结果（m）

对 38 层外柱柱顶来说，具体数值是：最大总位移为 48.9mm，其中弹性位移为 29.4mm，占 60.3%；徐变位移为 15.0mm，占 30.6%；收缩位移为 4.5mm，占 9.1%。

对 38 层内柱柱顶来说，具体数值是：最大总位移为 64.7mm，其中弹性位移为 41.0mm，占 63.3%；徐变位移为 18.8mm，占 29.1%；收缩位移为 4.9mm，占 7.6%。

（2）钢管混凝土柱＋钢筋混凝土核心筒高层建筑

工程背景：长江中心位于中国香港中环地区，介于中银大厦与香港汇丰银行总部大厦之间，总建筑面积 140000m²，是一座现代化智能型超高层办公楼。长江中心地下 4 层，地上 62 层，总高度 290m，采用了钢筋混凝土筒体结构和钢管混凝土柱与钢梁组成的外框结构的混合结构体系。ARUP 计算分析得到 30 年后，钢管混凝土柱和钢筋混凝土核心筒弹性压缩变形、混凝土收缩变形、混凝土徐变变形的对比，详见图 3.2-11、图 3.2-12。

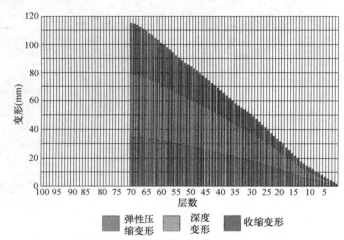

图 3.2-11　长江中心混凝土核心筒 30 年后，不同楼层数弹性压缩、徐变和收缩变形对比

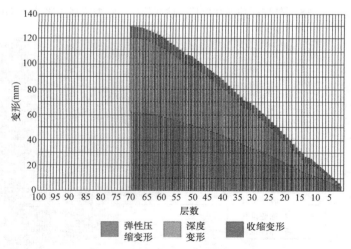

图 3.2-12　长江中心钢管混凝土柱 30 年后，不同楼层数弹性压缩、徐变和收缩变形对比

从图 3.2-11 和图 3.2-12 中可以看出：

（1）对混凝土核心筒，弹性压缩变形：徐变变形：收缩变形＝30%：40%：30%。

（2）对钢管混凝土柱，弹性压缩变形：徐变变形：收缩变形＝46%：46%：8%。

4. 混凝土收缩徐变对高层建筑的影响内容分析（表 3.2-3）

混凝土收缩徐变对高层建筑的影响 表 3.2-3

影响方面	具体影响
对主体结构的影响	由于混凝土核心筒、不同混凝土柱的应力分布值，以及比表面积等因素的不同，徐变变形值也会有所差别，徐变变形差异的发生会使得竖向荷载的承重分布在不同柱，以及核心筒之间产生新的调整。收缩徐变变形值大的竖向构件上的内力将向变形小的构件上转移。同一钢管混凝土构件、型钢混凝土构件内混凝土承担的荷载部分也会向不具备收缩和徐变的钢结构部分转移
对非结构构件的影响	收缩徐变引起的变形差异，会随着结构的增高而加大。对于填充墙、外幕墙等非结构构件，则容易因为脆性材料的硬性连接的原因，产生约束应力，导致裂缝甚至破裂的情况发生
对层高的影响	混凝土收缩徐变需增大压缩变形值，从而会引起楼层层高有一定的减小。这会引起层高、净高和建筑物标高的变化，同时还会对需严格控制层高标准的电梯使用产生影响

3.3 施工过程数值模拟及结构预变形技术的实施方法

3.3.1 计算软件的选用

目前，多种大型商业结构分析软件均可实现对结构进行顺序施工模拟的分析计算功能，如 SAP2000、ETABS、MIDAS、ANSYS 等。根据目前开展计算分析工作的具体要求，介绍两个比较典型且应用比较广的分析软件的顺序施工的实现方法，具体的理论参见相关的参考资料。

1. ANSYS 数值模拟方法简介

采用 ANSYS 软件的生死单元技术对结构进行顺序施工模拟计算，基本步骤为：先建立结构空间整体有限元模型，形成结构总刚度矩阵；再将未建造结构单元杀死（EKILL），即将其刚度矩阵乘以一个很小的缩减因子（ESTIF，如 1×10^{-6}），将单元载荷、质量、应变和其他分析特性设为近似零值，以消除未建结构单元对结构总刚度的贡献及自重对结构荷载的贡献；然后按结构实际施工顺序，逐步对施工步单元进行激活（EALIVE），使单元载荷、质量、刚度等恢复其初始值，模拟结构顺序建造的状况。每激活一次结构单元，计算一次结构总刚度矩阵，从而对结构总刚度矩阵逐步修正，实现结构自重逐层施加的模拟。计算时应将大变形效应打开（NLGEOM，ON），进行顺序施工模拟选用的单元类型应为支持"birth"和"death"特性的单元。

ANSYS 可以利用命令流的方式进行施工步分组、激活或杀死、几何位形更新、荷载施加、迭代等操作，具有较大的灵活性，可适用非常复杂的结构施工过程模拟、找形及结构预变形分析工作。

2. SAP2000、ETABS 数值模拟方法简介

SAP2000 将对顺序施工的模拟用非线性静力分析阶段施工（Stage Construction）实

现。分析中可以定义一个阶段序列，在里面能够增加和去除部分结构，选择性地施加荷载到结构的一部分，以及考虑诸如龄期、徐变和收缩的时间等相关的材料性能。其可以用来模拟结构在施工过程中的结构刚度、质量、荷载等不断变化的过程。对每个定义的施工阶段分析一次，每次分析都是在上一次分析的结果基础上进行的，它是一种静力非线性过程。在程序中施工过程的每个阶段由一组称作为有效组的构件来表示，当从上一个阶段到下一个阶段分析结构发生变化时，根据定义阶段情况，程序会首先判断哪些构件是新添加的，哪些是被删除的以及哪些是没有变化的，对于这几种不同的构件，进行不同的操作。

对于添加的对象，对象从一个初始的无应力状态开始，它们的刚度与质量立刻被添加到结构上，并将荷载施加到新添加的对象上。对于移除的对象，它们的刚度与质量立即从结构中移除，并将被移除的对象所承受的所有力转移到剩余结构的连接点上，在随后的分析过程中再将此转移到连接点的荷载逐渐地从结构中移走。对于没有变化的对象，对象继续保持它们在先前阶段中的状态。荷载工况中指定的荷载能够有选择地施加到保留的对象上。

对于每个非线性阶段分析的工况，可以定义一个阶段系列。分析按照定义的顺序来执行。在一个分析工况中，可能指定任意数量的阶段。阶段施工也可以从一个分析工况持续到另一个分析工况。

对于每个阶段，需要指定：

（1）持续时间，以天为单位。它用于时间相关效应。如果不想在给定阶段考虑时间相关效应，可以设置持续时间为零。

（2）任意数量的、需要在结构上添加的对象组，或没有。如果考虑时间相关的话，可以指定对象在添加时的龄期。

（3）任意数量的、需要在结构上移除的对象组，或没有。

（4）任意数量的、被指定的荷载工况加载的对象组，或没有。

可以指定组内的所有对象都被加载，或者只对本阶段添加到结构中的组内的对象加载。定义组在分析中根据施工顺序，根据实际情况进行划分定义，以满足工程应用为宜。每一个阶段分析包括两部分：一为结构荷载的改变，这是瞬时发生的，即分析是逐步的，但从材料的观点来看不存在时间占用；二为如果指定了非零的持续时间，时间相关的材料效应将被分析。在这段时间，结构不改变，施加的荷载保持不变，但会发生内部应力重分布。

3.3.2 施工模拟及结构预变形分析所需的基本材料

施工模拟及结构预变形分析所需的基本材料包括：

（1）结构施工图；

（2）岩土工程勘察报告；

（3）试桩报告；

（4）建立结构电算模型；

（5）施工提供的《施工进度计划表》以及施工过程荷载；

（6）结构设计人员所需的某一荷载状态下的结构目标位形。

当需准确考虑施工过程对结构受力和变形的影响时，对实际施工过程应进行必要的记录，记录内容应能满足准确开展施工过程结构分析的需要，宜包括下列内容：

（1）施工期间的构件安装过程记录；

（2）施工人员、施工机械或临时堆载的分布、变化及取值；

（3）施工过程中模板和支撑的重量、支承方式、安装和拆除时机；

（4）构件连接方式的变化记录，包括钢构件铰接向刚接的转换等；

（5）建筑物所处环境的相关记录，包括温度、风等；

（6）混凝土同条件养护试件的强度试验记录；

（7）室内装修记录、设备安装记录和幕墙安装记录，记录内容以能够满足相关荷载值估算需要为宜；

（8）其他施工过程结构分析需要的相关记录。

3.3.3　施工过程模拟计算模型单元的选用

ANSYS 分析软件中常可用 Beam4 单元来模拟梁、柱、刚接斜撑构件。

Beam4 是一种可用于承受拉、压、弯、扭的单轴受力单元。这种单元在每个节点上有六个自由度：X、Y、Z 三个方向的线位移和绕 X、Y、Z 三个轴的角位移。可用于计算应力硬化及大变形的问题。通过一个相容切线刚度矩阵的选项用来考虑大变形（有限旋转）的分析。如图 3.3-1 为 Beam4 单元的几何模型。

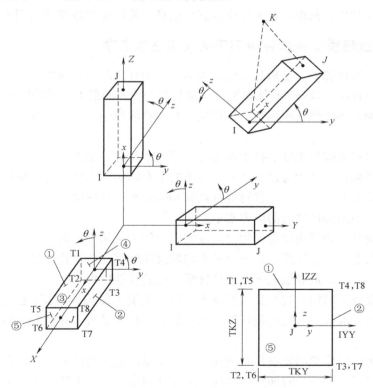

图 3.3-1　Beam4 单元几何模型

核心筒剪力墙和楼板均为钢筋混凝土结构，考虑结构的受力特点、计算效率和施工模拟的需要，选用 Shell181 单元进行模拟，以混凝土的材料性质定义单元。根据施工图纸确定钢筋混凝土结构的形状和尺寸，根据配筋率调整剪力墙和楼板的厚度，进行截面等效。考虑组合梁效应对楼板进行刚度等效。

Shell181 单元适用于薄～中等厚度的壳结构。该单元有四个节点，单元每个节点有六个自由度，分别为沿节点 X、Y、Z 方向的平动及绕节点 X、Y、Z 轴的转动。退化的三角形选项用于网格生成的过渡单元。Shell181 单元具有应力刚化及大变形功能，强大的非线性功能，并有截面数据定义、分析、可视化等功能，还能定义复合材料多层壳。Shell181 单元的截面定义了垂直于壳 X-Y 平面的形状。通过截面命令可以定义 Z 方向连续层，每层的厚度、材料、铺层角及积分点数都可以不同。Shell181 单元的形状、节点位置、坐标系如图 3.3-2 所示。该单元由四个节点 I、J、K、L 定义，单元的表述通过对数应变和真实应力度

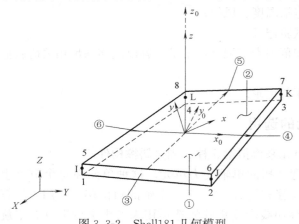

图 3.3-2　Shell181 几何模型

量，可以通过实常数或截面来定义厚度及其他信息，使用实常数选项只用于单层壳。

3.3.4　施工过程模拟在软件中实现的几点注意事项

（1）施工模拟计算中，变形是以单元激活后作为计算起点，所以最上方结构的竖向变形计算值通常会很小。这与"整体模型、一次加载"得到的最上方结构竖向变形最大的结构概念存在差别；将各段柱压缩变形累积后方与"整体模型、一次加载"计算结果具有一定的可比性。

（2）施工过程模拟与预变形技术在超高层建筑中具有一定的现实意义，可避免因变形值过大造成层高偏差，减少对设备和人员使用的不利影响。当施工过程模拟分析发现不同竖向构件压缩变形差异较大时，宜对构件截面和结构布置进行优化调整，以此尽可能降低相同材料类型、不同构件之间的应力水平差异。

（3）施工安装预调值规律通常为沿高度方向中间大两端小；加工预调值的规律通常为沿高度方向下大上小。需注意，由于地基不均匀沉降的存在，而找形时最下方地下室的顶板仍需保持水平，所以最底层地下室的杆件预调值差异性较大。

（4）对于混凝土结构（包括型钢混凝土、钢管混凝土结构），混凝土收缩徐变对施工安装预调值和钢管混凝土结构的钢管加工预调值影响比较显著，宜在预变形时考虑该影响因素。

（5）混凝土收缩徐变的发展与时间相关联，所以理论上的楼面水平也仅仅是与考虑混凝土收缩徐变时间段的一个时间点相对应。为保证指定时间点上的楼面水平，则要求在楼板浇筑时或楼面装修时，楼面在考虑混凝土收缩徐变前应处于非水平状态，这在实际操作上具有一定的难度。

3.3.5　预变形值在施工过程中的实施方法

1. 加工预调值和施工安装预调值在实际施工时的简化建议

（1）当连续若干段的每段柱加工预调值均小于5mm时，可将其中连续数段（第 $i+1$ 段、第 $i+2$ 段、……、第 $i+n$ 段）的加工预调值合并到最上段柱（第 $i+n$ 段）进行加工预调。其余各段（第 $i+1$ 段、第 $i+2$ 段、……、第 $i+n-1$ 段）不再进行加工预调。

（2）第 $i+n$ 段柱的加工预调值调整为 $\sum\limits_{k=1}^{n}$ 第（$i+k$）段柱加工预调值。合并后（第 $i+n$ 段）柱的加工预调值以介于5～8mm之间为宜。

（3）由于加工预调值进行了调整，施工预调值也需做适当调整。除最上段柱（第 $i+n$ 段）柱顶施工预调值保持不变外，其余各段柱（第 $i+1$ 段、第 $i+2$ 段、……、第 $i+n-1$ 段）柱顶施工安装预调值均需适当减小。

（4）第（$i+j$）段柱柱顶施工预调值调整为未优化前第（$i+j$）段柱柱顶施工预调值— $\sum\limits_{k=1}^{j}$ 第（$i+k$）段柱加工预调值；j 取值范围为1～（$n-1$）。

以某三段柱为例加以说明，见表3.3-1（表中数值仅为示意用）。

分段柱加工预调和施工安装预调优化调整示意表　　　　　　表 3.3-1

柱分段号	未优化调整前,分段柱预调		优化后的预调值	
	柱顶施工预调值(mm)	每段柱加工预调值(mm)	柱顶施工预调值(mm)	每段柱加工预调值(mm)
第 13 段	$30.17=b_1$	$1.99=a_1$	取(b_1-a_1) =30.17-1.99=28.18	0
第 14 段	$29.46=b_2$	$2.18=a_2$	取($b_2-a_1-a_2$) =29.46-1.99-2.18=25.29	0
第 15 段	$29.62=b_3$	$2.08=a_3$	取$b_3=29.620$	取$a_1+a_2+a_3=$ 1.99+2.18+2.08=6.25mm

2. 钢构件加工及安装预调值在实际施工时的方法

（1）钢柱加工预调值预调长度较大（如超过5mm）时，宜通过调整构件长度来进行加工预调，避免现场焊接工作量增大较多。

（2）钢柱加工预调值预调长度较小时，可通过钢柱之间的焊缝调节实现加工预调值（图3.3-3）。调整方法为：在上下节钢柱对接耳板处采用螺栓和焊接固定耳板，在焊缝处加设垫板的方式，达到增大焊缝间隙以调节柱顶实际标高的目的。因此，衬垫板工厂焊接的常规做法必须改变，否则钢柱因焊接衬板与柱头隔板冲突，无法向下调节柱顶标高。衬垫板工厂焊接改为现场点焊后，可根据标高实际情况对

图 3.3-3　钢柱焊缝高度调节

衬板宽度进行调整。

（3）钢构件焊缝收缩预调值的实施方法。焊缝焊接后通常会因为焊缝冷却而收缩，为考虑收缩变形影响，除采取合理的焊接工艺外（如：使焊接过程中加热量平衡；收缩量大的焊接部位先焊，收缩量小的焊接部位后焊；采用对称焊等），尚应进行焊接工艺性试验确定焊缝收缩变形值的大小，进而通过调整钢柱之间的缝隙把焊缝收缩变形对钢柱标高的影响降到最低。

当水平构件（如钢桁架）焊接收缩变形对钢柱垂直度产生明显影响时，也应进行水平构件焊缝收缩值计算、预估及工艺试验确定水平收缩值，通过事先将所连竖向柱反向预偏的方法进行预调，使得水平构件焊接收缩变形产生后钢柱竖向构件回归原位。

（4）混凝土构件预调实现方法。混凝土构件不存在预加工问题，所以混凝土构件没有真正意义上的加工预调值，直接通过混凝土外部模板的施工预调方法来实现。

（5）延迟构件的施工方法。当整体结构存在某些应力集中区域或重力荷载作用下，某些构件应力状态会超出运行限值时，可采用构件延迟安装的实现方法（图 3.3-4）。

图 3.3-4　钢斜撑、钢柱延迟安装方法

3.4　施工过程模拟分析工程案例介绍

3.4.1　天津津塔超高层建筑施工模拟介绍（超高层钢管混凝土结构）

1. 项目介绍

天津津塔项目由一幢 75 层高的塔楼（津塔）、一幢 26 层高的公寓楼组成（津门）。津塔总建筑面积为 26 万 m^2，高 336.9m，结构平面呈椭圆形（椭圆长轴和短轴直径分别约为 72m、40m）。津塔结构形式为"框架＋钢板剪力墙"系统，该结构体系包含由外伸刚臂和带状桁架连接的外圈延性抗弯框架，以及内钢板剪力墙核心筒。周边延性抗弯框架由柱距约 6.5m 的钢管混凝土组合柱和宽翼缘钢梁组成。主塔楼采用桩筏基础形式。津塔立面建筑效果图，结构典型平面、A-A 剖面、28～33 层设置的伸臂桁架局部立面分别见图 3.4-1。

2. 关键因素的考虑方法

（1）目标位形的确定

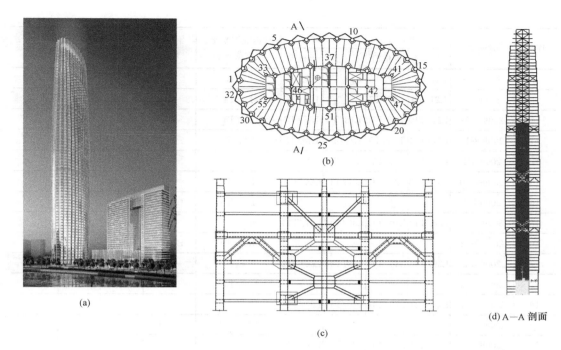

图 3.4-1 天津津塔

结构位形总是与荷载状态一一对应的，且结构形态会受到与时间关联因素（如混凝土收缩、徐变）的影响。因此，确定施工模拟的目标位形时也需指定荷载状态，必要时，还需指定时间节点。经和结构设计人员沟通，天津津塔的目标位形为结构施工图中所表述的形态，该位形对应的荷载状态为结构自重和附加恒载作用（指幕墙荷载、楼面装修荷载以及机电荷载）。

（2）施工组织计划

为真实反映施工建造过程，需由施工方提供详细的施工组织计划。组织计划中应包括主体结构的建造过程、施工荷载状态，以及幕墙、机电及室内装修的进度情况，其中主体结构的建造过程是关键，本工程中核心筒超前施工，钢板剪力墙落后于上部结构15层进行安装，伸臂桁架和外圈柱同时安装。津塔的施工组织计划表见表3.4-1。

津塔施工组织计划表 表 3.4-1

序号	时间点	吊装		焊接		柱内灌混凝土、浇混凝土板	钢板墙焊接	幕墙	机电	装修
		核心筒	外框筒	核心筒	外框筒					
1	2008-8-28	B4/T1	B4/T1							
2	2008-9-21	B1/T2		B1/T2						
2	2008-9-30	L2/T3								
4	2008-10-21	L5/T4	B1/T2							
5	2008-11-9	L8/T5	L2/T3	L2/T3	B1/T2					
6	2008-11-28	L12/T6	L5/T4	L5/T4	L2/T3					
7	2008-12-18	L15/T7	L8/T5	L8/T5	L5/T4	B1/T2				

序号	时间点	吊装		焊接		柱内灌混凝土、浇混凝土板	钢板墙焊接	幕墙	机电	装修
		核心筒	外框筒	核心筒	外框筒					
8	2009-1-6	L18/T8	L12/T6	L12/T6	L8/T5	L2/T3				
9	2009-2-2	L21/T9	L15/T7	L15/T7	L12/T6	L5/T4				
10	2009-2-21	L24/T10	L18/T8	L18/T8	L15/T7	L8/T5				
11	2009-3-12	L27/T11	L21/T9	L21/T9	L18/T8	L12/T6				
12	2009-4-1	L30/T12	L24/T10	L24/T10	L21/T9					
13	2009-4-20	L33/T13	L27/T11	L27/T11	L24/T10	L15/T7				
14	2009-5-1					L18/T8	B4/T1			
15	5009-5-14	L36/T14	L30/T12	L30/T12	L27/T11			L1	L1	
16	2009-5-22					L21/T9	B1/T2			
17	2009-6-2	L39/T15	L33/T13	L33/T13	L30/T12			L3		
18	2009-6-12					L24/T10				
19	2009-6-21	L43/T16	L36/T14	L36/T14	L33/T13					
20	2009-6-27					L27/T11	L12/T6			
21	2009-7-1	L45/T17	L39/T15	L39/T15	L36/T14					
22	2009-7-24					L30/T12		L15		
23	2009-7-30	LA8/T18	L43/T16	L43/T16	L39/T15					
24	2009-8-14					L33/T13			L16	L16
25	2009-8-23	L51/T19	L45/T17	L45/T17	L43/T16					
26	2009-9-4					L36/T14				

（3）钢管混凝土柱的套箍效应的影响

根据钟善桐编著的《钢管混凝土结构》相关章节可知，在纵向轴心压力 N 作用下，圆形钢管混凝土构件产生纵向压应变 ε_3，由此引起钢管和核心混凝土的环向应变分别为 $\varepsilon_{1s}=\mu_s\varepsilon_3$ 和 $\varepsilon_{1c}=\mu_c\varepsilon_3$，式中 μ_s、μ_c 分别为钢和混凝土的泊松比。轴心压力作用下，开始时 $\mu_c<\mu_s$；轴力继续增大，待钢管纵向压应力 $\sigma_3\approx f_P$（比例极限）时，$\mu_c\approx\mu_s$；继续加大轴力，钢管应力超过比例极限后，$\mu_c>\mu_s$，即 $\varepsilon_{1c}>\varepsilon_{1s}$，此时，钢管混凝土的套箍作用才真正形成。

当钢管的比例极限应变约为 0.1% 时，此时对应的混凝土应力约为混凝土棱柱体抗压强度的 75%。而在结构自重、附加恒载和幕墙荷载标准值作用下，钢管混凝土的钢管及其内部混凝土的应力都处于较低水平，远未达到上述标准（即钢材 0.1% 的比例极限应变、混凝土棱柱体强度的 75%），因此进行施工过程模拟计算时，可不考虑钢管套箍约束作用的影响。

（4）地基基础的考虑

筏板采用实体单元（Solid45）模拟，筏板下部桩基及土采用分布式弹簧加以考虑。文克尔地基模型中地基基床系数的确定方法及计算过程如下：

1）采用《建筑桩基技术规范》JGJ 94—2008 的方法——等效作用分层总和法，取用勘察报告提供的相应各土层压缩模型 E_{si}，计算筏板中点处地基的最终沉降量 $S_c = \phi_s S'$；

2）根据上述计算得到的筏板中心点处地基的最终沉降量，反算得到基床系数 k。

因预变形计算分析的时间仅截止至结构施工完成阶段，依据以往工程经验，对步骤1）计算得到的最终沉降量 S_c 按 60% 进行了修正，并以此值确定地基基床系数。内筒区域、内外筒之间区域、外筒区域、裙房区域地基土弹簧刚度取值分别为 11.4MPa/m、1.2MPa/m、11.4MPa/m、3.5MPa/m。

对带地基的结构计算模型进行施工模拟及预变形迭代计算分析，可得到考虑施工模拟和地基沉降影响因素的施工安装预调值和加工预调值。由于地基基础的均匀沉降对上部结构层高以及相对位形不产生影响，因此，地基均匀沉降对施工安装预调值的影响不予考虑。

（5）混凝土收缩和徐变的考虑

对于钢管混凝土结构来说，随着时间的推移，核心混凝土会发生徐变和收缩，导致混凝土变形增大，使得载荷及应力在钢管和混凝土之间重新分配，结果是钢管受荷增大，钢管混凝土总变形也在增大。钢管混凝土的徐变收缩特性是由混凝土的徐变收缩特性与核心混凝土和钢管之间的应力重分布两者相互作用的结果。本工程对混凝土收缩和徐变采用如下考虑思路：

1）分析软件采用 SAP2000。在原模型中选取一榀带加强桁架的结构进行计算分析，得到混凝土收缩和徐变对施工安装预调值和加工预调值的影响规律。简化计算模型详见图 3.4-2。

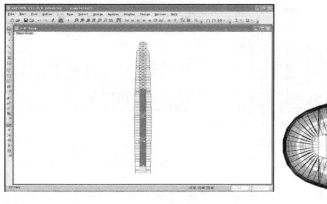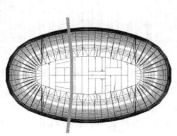

图 3.4-2　徐变和收缩简化计算模型

2）外柱 C26 不同分段施工安装预调值与考虑收缩徐变与否的放大倍数见图 3.4-3；内柱 C52 不同分段施工安装预调值与考虑收缩徐变与否的放大倍数见图 3.4-4。根据图 3.4-3 和图 3.4-4 可知：尽管内外柱不同分段施工安装预调值的放大倍数不完全相等，但总体来看，除上部数个分段外，安装预调值放大倍数均在 1.5 附近。

从工程实际应用角度出发，采用如下做法：当考虑混凝土收缩徐变影响因素后，内外柱钢结构施工安装预调值统一按 1.5×不考虑混凝土收缩徐变及不考虑地基沉降影响的施工安装预调值确定。放大倍数简化后采用 1.5 倍，主要鉴于以下几点因素：①混凝土收缩和徐变的存在是业界公认的，混凝土的收缩和徐变机理非常复杂，影响因素众多且程度各异，混凝土收缩和徐变理论公式计算模型的精确性尚有待进一步提高；②钢管混凝土的收缩和徐变与普通混凝土结构也存在一定差别，研究尚待深入；③本项目中，混凝土收缩和徐变因素将引起施工安装预调值的放大，这一点是可以肯定的。

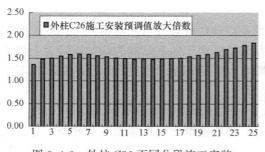
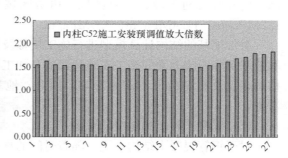

图 3.4-3　外柱 C26 不同分段施工安装预调值与放大倍数的关系曲线　　　图 3.4-4　内柱 C52 不同分段施工安装预调值与放大倍数的关系曲线

3）外柱 C26 不同分段加工预调值与考虑收缩徐变与否的放大倍数见图 3.4-5；内柱 C52 不同分段加工预调值与考虑收缩徐变与否的放大倍数见图 3.4-6。经分析，从工程实际应用角度出发，建议如下：当考虑混凝土收缩徐变影响因素后，内外柱钢结构加工预调值统一按 1.5×不考虑混凝土收缩徐变及不考虑地基沉降影响的加工预调值采用。

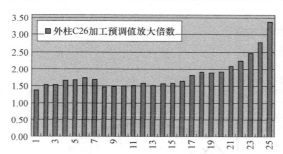
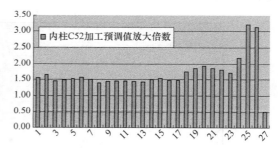

图 3.4-5　外柱 C26 不同分段加工预调值与加工预调值放大倍数的关系曲线　　　图 3.4-6　内柱 C52 不同分段加工预调值与加工预调值放大倍数的关系曲线

4）单榀简化模型计算分析后，得出结论：考虑混凝土收缩和徐变后，内外柱不同分段施工安装预调值和加工预调值的放大倍数不完全相等，总体上看，除上部个别分段外，混凝土收缩和徐变引起的施工安装预调值和加工预调值的放大倍数均在 1.5 附近。

本工程结构平面相对比较规则，将简化模型中结论推广到全楼，内外柱钢结构施工安装预调值、钢结构加工预调值按 1.5×不考虑混凝土收缩徐变及不考虑地基沉降影响的预调值进行取值，以考虑混凝土收缩和徐变的影响因素。

3. 计算模型及主要计算结果

（1）计算模型

根据施工方提供的施工方案，并结合计算分析的需要，施工模拟计算共分为 48 步，整个结构模型逐步激活，构件在不同荷载步激活对象各不相同，在施工步 10、20、30、

40下，激活构件分别如图 3.4-7 (a)、(b)、(c) 和 (d) 所示。

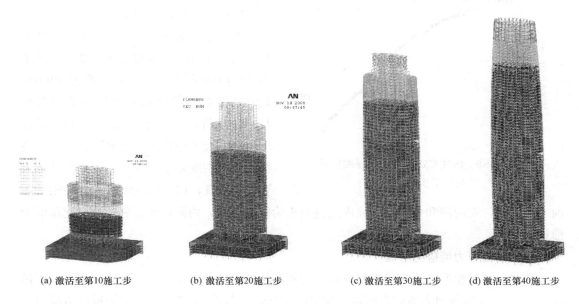

| (a) 激活至第10施工步 | (b) 激活至第20施工步 | (c) 激活至第30施工步 | (d) 激活至第40施工步 |

图 3.4-7　天津津塔计算模型

（2）施工模拟模型与设计模型对比

为验证施工模拟用 ANSYS 模型的准确性，采用与结构设计用 ETABS 模型相同的计算参数和荷载进行分析，将两者之间的部分计算结果进行对比，详见表 3.4-2。根据表中结果可知，两个分析模型之间具有较好的吻合性，表明施工模拟用 ANSYS 模型是合理的。

施工模拟用 ANSYS 模型与结构设计用 ETABS 模型部分计算结果对比　　表 3.4-2

模型用途	结构自重 (kN)	结构自振周期(s)			柱中轴力(kN)		4 层梁中轴力最大值(kN)
		T_1	T_2	T_3	B4 层 C52	B4 层 C36	
施工模拟用 ANSYS 模型	1.741×10^5	4.96	4.72	4.23	43162	43496	674
结构设计用 ETABS 模型	1.723×10^5	5.17	4.77	4.02	42570	42422	656

（3）预变形模型经施工模拟后，楼层控制点标高的计算精度

对经过预变形反调后的结构计算模型（考虑施工模拟和地基沉降影响因素）进行一次施工模拟计算后，所有外柱和内柱各楼层控制点最终标高与目标位形标高（原设计标高-地基均匀沉降值）的差异如表 3.4-3 所示。

楼层控制点施工模拟后的最终标高与目标位形标高的差异（mm）　　表 3.4-3

柱子类型	所有外柱	所有内柱
标高差异最大值	−0.16	0.00

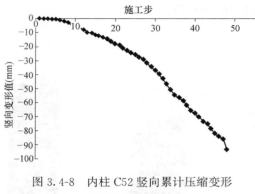

图 3.4-8　内柱 C52 竖向累计压缩变形
与施工步关系曲线

（4）不考虑地基沉降和混凝土收缩、徐变影响的柱累计压缩变形

不考虑地基沉降时，内柱 C52（柱编号见图 3.4-1b）竖向累计压缩变形与施工步关系曲线见图 3.4-8，最大值为 92mm；典型外柱 C26 的竖向累计压缩变形规律与 C52 相仿，最大值为 63mm。内柱累计压缩变形大于外柱的主要原因有：（1）内柱的截面刚度要小于外柱；（2）内柱轴力要大于外柱；（3）内柱钢管比外柱钢管超前 6 层施工，而内圈和外圈钢管柱内的混凝土为同时浇筑，内圈柱超前施工会引起压缩变形加大。

（5）钢板剪力墙应力分布

带地基计算模型经施工模拟完成后，得到的楼层钢板剪力墙应力分布情况如下：①标高 0.0～4.1m 钢板剪力墙应力值最大为 55.3MPa；②标高 26.5～30.7m 钢板剪力墙应力值最大为 45.6MPa；③标高 232.3～236.5m 钢板剪力墙在施工完毕后应力值最大为 9.2MPa。总体而言，考虑施工过程模拟分析，地上结构钢板剪力墙在重力荷载代表值作用下应力值较小。

（6）施工安装预调值

不考虑地基沉降、混凝土收缩和徐变影响因素时，外柱、内柱最大施工安装预调值分别为 37mm、52mm。考虑地基沉降、混凝土收缩和徐变影响因素后，内外圈柱各段柱柱顶施工安装预调值与施工段的关系曲线见图 3.4-9；外柱、内柱最大预调值分别为 60mm、85mm（注：外柱图 3.4-9a 中系列 1～32 分别对应图 3.4-1b 中外柱 C1～C32；内柱图 3.4-9b 中系列 1～23 分别对应图 3.4-1b 中内柱 C33～C55）。

（7）钢柱加工预调值

不考虑地基沉降、混凝土收缩和徐变影响因素时，外柱、内柱最大加工预调值分别为 5.1mm、5.7mm。考虑地基沉降、混凝土收缩和徐变影响因素后，不同施工段内外圈柱的钢结构加工预调值与施工段的关系曲线见图 3.4-10。除 B4 层外，外柱、内柱最大预调值分别为 7.7mm、8.6mm。

4. 预调值的简化建议

（1）加工预调值和施工安装预调值在实际施工时的简化建议（见 3.3.5 节）

（2）钢板剪力墙是否需进行加工预调

1）依据施工模拟分析得到的计算结果可知：不同高度柱的加工预调值变化较为连续；越高，柱的加工预调值越小；绝大部分节段柱的加工预调值小于 6mm。由于实际施工中每节柱通常会跨越 3 层高，因此，各层柱加工预调计算值通常小于 2mm。

2）钢板剪力墙落后于上部结构 15 层进行安装。实际施工过程中，当安装某一层的钢板剪力墙时，与之连接的柱均早已安装就位，柱中压缩变形已部分完成。

根据上述分析并结合实际计算结果可知：当钢板剪力墙后焊接时，除 B4 层外的其余各层钢板剪力墙相连两侧柱的所余加工预调值均小于 1mm，因此，B4 层以上钢板剪力墙可不进行加工预调。

地基沉降对 B4 层钢板剪力墙影响稍大（内圈柱比外圈柱沉降值大，考虑收缩、徐变和基础沉降影响后，B4 层内圈柱的钢结构加工预调平均值为 12mm），建议 B4 层钢板剪力墙延迟至与 L1 层钢板剪力墙同时安装，B4 层钢板剪力墙在拟安装前根据实测结果确定下料长度，进行必要的预调。

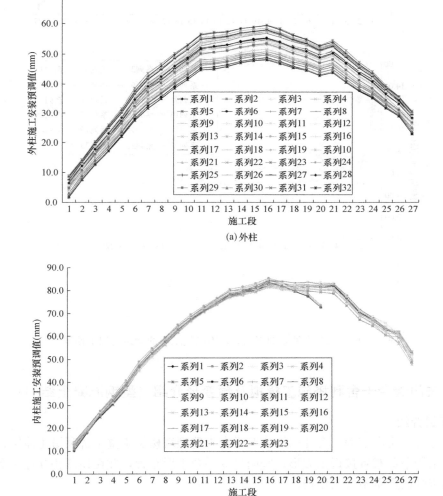

图 3.4-9　综合多种影响因素后，各段柱柱顶施工安装预调值

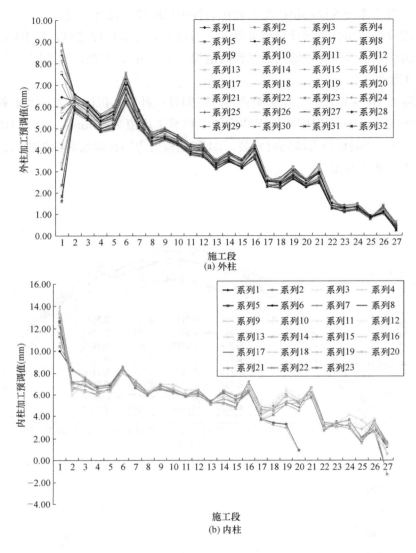

图 3.4-10　综合多种影响因素后，不同施工段的钢结构加工预调值

3.4.2　法门寺合十舍利塔施工模拟及预变形介绍（型钢混凝土结构）

1. 项目介绍

法门寺合十舍利塔为纪念性佛塔，双手合十造型塔楼位于整个舍利塔主体结构核心区域，塔楼结构平面布置接近正方形，竖向呈双手合十形布置，并在顶部相互连接形成连体结构，属于竖向严重不规则结构。

法门寺合十舍利塔主塔采用型钢-混凝土组合结构形式。主塔建筑物总高度为 148m（混凝土塔身高 127m），主平面为 54m×54m（图 3.4-11），地上部分共 12 层，结构层高依次为：一层 24m，十层 5m，十一层 8m，其余各层层高 10m。为实现建筑造型，塔身结构在高度 24m、44m（手背）、54m（手心）、74m 分别设置塔体拐点，其中 24m 以下为规则竖直筒体，24～44m手背侧以15°角向内倾斜，44～54m手背侧及手心侧以双向倾斜面转换，44～74m手背侧（54～74m手心侧）以36°角向外倾斜，74～127m手背及74～104m手心以36°向内倾斜，整体结构为高耸倾斜、造型不规则结构。

2. 施工过程描述

法门寺合十舍利塔造型不规则，结构形式复杂，施工建造过程亦十分复杂，重力荷载在结构施工过程中会引起结构平面变形以及结构完工后位形控制等问题，结构总体采用"舍利塔双手同时施工，钢结构超前土建

图 3.4-11 法门寺合十舍利塔

20m，土建外墙采用爬模体系，内部采用常规模架体系"，施工过程中还存在超前钢结构的稳定问题。

依照法门寺施工单位提供的结构施工方案以及荷载条件，对合十舍利塔主塔结构进行详细的结构施工过程模拟分析：①对施工过程中结构整体稳定进行验算。当发现稳定性不足时，提出相应的建议和加强方案。②根据施工过程模拟分析结果，提出结构施工预调值供施工单位采用。

法门寺合十舍利塔施工过程示意见图3.4-12。

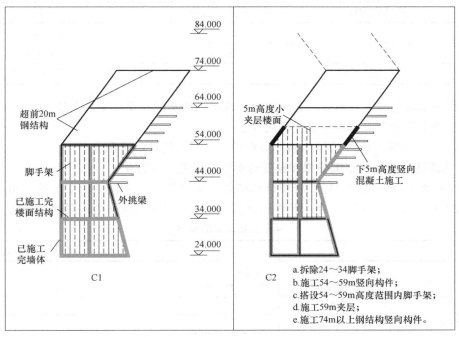

图 3.4-12 法门寺合十舍利塔施工过程示意（一）

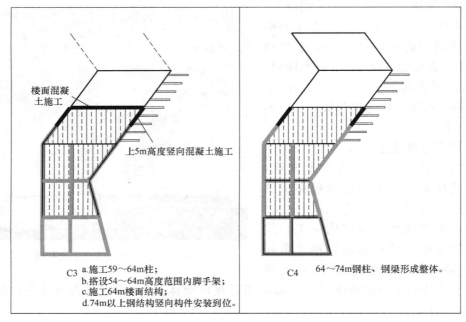

图 3.4-12　法门寺合十舍利塔施工过程示意（二）

3. 计算模型

采用目前国际通用大型数值模拟计算软件 ANSYS 进行模拟计算，结构材料（混凝土及钢材）均视为线弹性材料，材料参数如表 3.4-4 所示。

法门寺合十舍利塔结构材料参数　　　　　　　　　　　　　　　表 3.4-4

名称	弹性模量（MPa）	密度（kg/m³）	说明
C60	3.6×10^4	2.5×10^3	混凝土剪力墙及所有混凝土竖向构件
C60	3.6×10^4	2.5×10^3	混凝土楼板、混凝土梁及型钢混凝土梁
Q345	2×10^5	7.85×10^3	钢骨、型钢梁、钢骨横穿、钢柱

计算中激活位移大变形（几何非线性）选项，采用的"单元生死"技术以及坐标更新功能，实现模拟施工及迭代求解预调值算法。

图 3.4-13～图 3.4-15 为结构整体分析模型及局部构件示意图。

4. 地基基础沉降对施工模拟和预变形影响分析的考虑方法

为考察地基基础沉降对施工模拟计算结果的影响程度，进行 4 个工况的分析工作。4 个工况的描述见表 3.4-5；4 个工况作用下左手手背角点侧向位移值的对比见表 3.4-6。

4 个分析工况的描述　　　　　　　　　　　　　　　　　表 3.4-5

	工况 1	工况 2	工况 3	工况 4
地上结构	混凝土浇筑至 79m 钢结构施工至 94m	混凝土浇筑至 79m 钢结构施工至 94m	建造完成	建造完成
考虑地下室	是	否	是	否
考虑基础沉降	是	否	是	否
模拟施工过程	是			

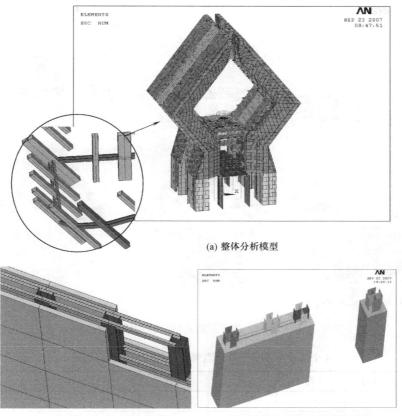

(a) 整体分析模型

(b) 空心混凝土墙、钢骨及横撑

(c) 首层钢骨混凝土墙及型钢混凝土柱

图 3.4-13 结构计算模型示意图

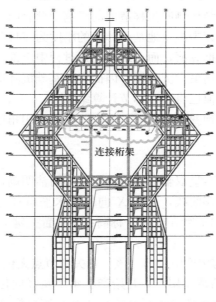

图 3.4-14 为提高施工过程安全性，增设了中部拉结桁架

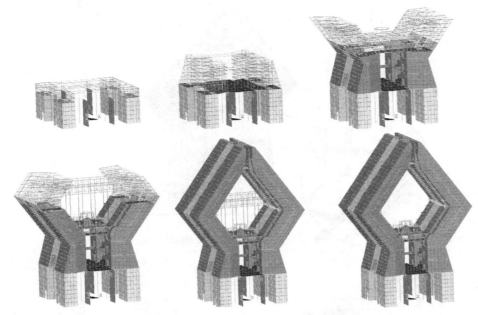

图 3.4-15　施工模拟不同阶段的模型图

4 个工况下左手手背角点侧向位移值的对比（mm）　　　表 3.4-6

考察点的 z 向坐标值	工况 1	工况 1	差值	工况 3	工况 4	差值
74m	−38	−43	5	−45	−52	7
127m	—	—		34	35	1

　　通过以上计算可以看出，由于本结构基础底板厚度较大，以及下部结构（主要为地下室及 24m 以下部分）刚度较大，结构对基础不均匀沉降具有较大的协调能力，从而使得下部基础不均匀沉降对上部结构侧向位移造成的影响十分有限。

　　需要说明的是，本节计算中桩及地基土弹簧的刚度为《桩基筏板计算程序 TBSP 计算报告》中基础最终沉降量的推算值，而在结构建造过程中上部结构重量逐渐增加，地基土体逐渐压缩变形，基础尚未达最大沉降量，因而实际基础沉降值会更小，进而上部结构因基础沉降而产生的水平侧移值也将小于本节计算结果。

　　在进行工程施工模拟及预变形分析时，从实际工程应用角度出发，不再考虑基础沉降及地下室的影响。

　　（1）结构变形分析结果

　　由于本工程结构布置基本呈双轴对称，为了表述简洁明确，仅给出左手部分结构关键位置的整个施工过程中的位移曲线，其中 X 向位移水平向右为正；Z 向位移沿建筑物高度方向向下为负。如图 3.4-16 为结构 74m 标高拐点位置关键节点在施工过程中 X 方向及 Z 方向位移曲线。

　　可以看出，在 74m 结构构件施工前，该位置关键节点无位移；施工安装后（第 11 施工步），在重力荷载及施工荷载作用下，开始产生水平及竖向位移，并随着施工的继续而不断增大，当结构施工至 104～109m（第 16 施工步）连接桁架时，舍利塔双手结构连接

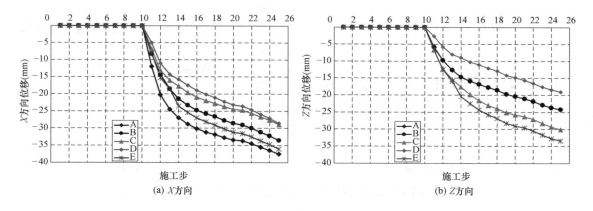

(a) X方向　　　　　　　　　　　　　(b) Z方向

图 3.4-16　结构 74m 标高拐点位置节点施工过程位移曲线

成为一体共同工作，使得该位置水平及竖向位移增大趋势变缓。此外，观察手背侧 A、C、E 三点水平位移可以看出，虽然三点设计位形共线，但施工过程中由于荷载作用下三点水平位移不同，从而造成结构位形与设计位形产生差别，可见在施工过程中对结构采取预变形予以纠正是十分必要的。

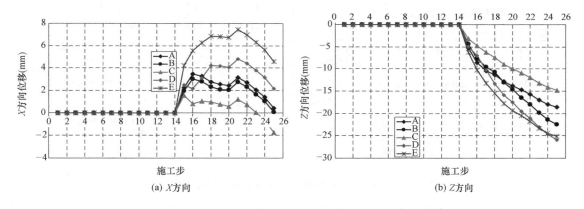

(a) X方向　　　　　　　　　　　　　(b) Z方向

图 3.4-17　结构 94m 标高拐点位置节点施工过程位移曲线

如图 3.4-17 为结构 94m 标高拐点位置关键节点在施工过程中 X 方向及 Z 方向位移曲线。可以看出，在 94m 结构构件施工前，该位置关键节点无位移；施工安装后（第 15 施工步），在重力荷载及施工荷载作用下，开始产生水平及竖向位移，当结构施工至 104~109m（第 16 施工步）连接桁架后，由于舍利塔双手结构连接成为一体共同工作，结构受力及变形机制发生改变，使得该位置关键节点的水平位移变缓甚至减小。此外，观察手背侧 A、C、E 三点水平位移亦可得到前文类似结论。

（2）钢骨柱应力分析

如图 3.4-18 为结构标高 54m 及 74m 结构 P 轴钢骨柱内外表面应力在施工过程中

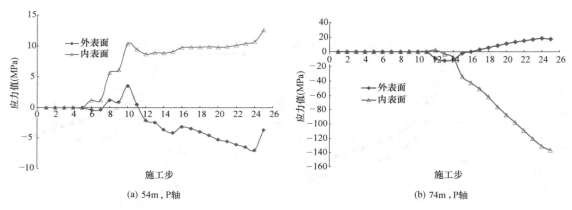

(a) 54m, P轴   (b) 74m, P轴

图 3.4-18 不同标高 P 轴手心位置钢骨柱内外表面应力

的变化曲线，其中内、外表面是指钢骨柱截面面向手心及手背侧表面。可以看出，两标高位置钢骨柱内外侧表面应力随施工过程变化显著，甚至出现了应力拉、压状态转变的现象。

此外，进一步对比考虑结构施工与否钢骨柱应力变化，即受力变化过程如图 3.4-19 所示。

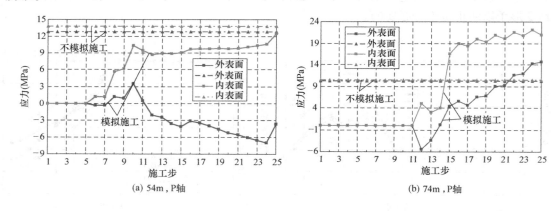

(a) 54m, P轴   (b) 74m, P轴

图 3.4-19 不同标高 N 轴手心位置钢骨柱内外表面应力

可以看到，是否进行结构施工过程模拟，钢骨柱应力有明显差别，一方面当结构建造完成时，二者在受力状态及数值上明显不同：以图 3.4-19（a）为例，前者内表面为拉应力 12.5MPa，外表面则为压应力 -3.7MPa，而后者则均为拉应力（内表面 13.8MPa，外表面 12.9MPa）；更为重要的是，由于考虑了结构施工过程，前者钢骨柱应力随施工过程不断变化。如图 3.4-19（b）为例，钢骨柱外侧表面在构件安装前无应力，安装后首先为受拉，随着上部结构的建造逐渐由受拉转变为受压，而后者则为恒定值受拉。

（3）结构钢骨柱及混凝土模板预变形值

如图 3.4-20 依次为舍利塔结构施工过程中各标高钢骨柱及混凝土墙体预变形值曲线，其中预变形值为正时指向手心方向；反之，指向手背方向。可以看出，由于本工程结构形式及建造过程均十分复杂，使得各标高预变形值变化复杂：在 94m 结构及连接桁架施工前，舍利塔两手掌结构均为独立工作的悬臂结构，因而施工预变形值大，且均为正值；当两手连接成为一连体结构共同受力、结构形式改变后，结构整体性特点显著，因而施工预变形值亦减小。

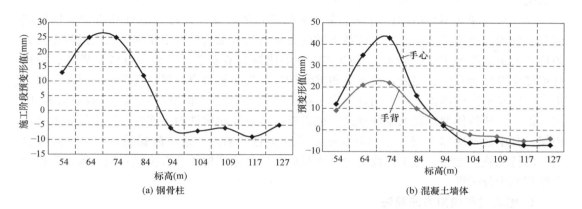

图 3.4-20　各标高节段构件施工预变形值曲线

3.4.3　中央电视台总部大楼（主楼）施工模拟分析及现场监测（钢与型钢混凝土组合结构）

1. 工程概况

中央电视台总部大楼（主楼）（以下简称"CCTV主楼"）由两座塔楼、裙房及基座组成，设三层地下室，总建筑面积约 473000m² （图 3.4-21）。两座双向倾斜 6° 的塔楼分别为 52 层和 44 层，顶部通过 14 层高的悬臂结构连为一体。悬臂悬伸长度分别为 75m 和 67m，悬臂底面水平，顶面与两座塔楼屋顶位于同一个倾斜面内，最大高度 234m。裙房9 层。

CCTV主楼结构体系为带斜撑钢外框筒（部分为型钢混凝土组合柱，为主要抗侧力结构）和内部钢框架核心筒组成的结构，在刚性楼层面内设钢斜撑增强面内刚度，加强内外框筒协同工作的能力。由于外筒倾斜的建筑特征导致垂直内筒与倾斜外筒其中两个面的跨距逐步加大，设置了一系列转换桁架托换新增柱，在大悬臂结构底部两层设置双向转换桁架将大悬臂内部柱中竖向荷载向外立面带斜撑主结构上传递，在裙楼演播厅和中央控制区等大空间上方也设置转换桁架以支承上部楼面柱。因建筑造型特殊，最终确定采用"两塔悬臂分离安装、逐

图 3.4-21　CCTV主楼效果图

步阶梯延伸、空中阶段合龙、少量构件延迟安装"的施工方法。

CCTV主楼进行施工过程模拟分析，以及进行施工过程监测是很有必要的，因为：在重力荷载作用下，双向倾斜塔身结构施工过程中的变形特征与常规塔楼存在不同；随着

超大空中悬臂施工的进行，其结构变形特征将更显特殊。CCTV 主楼重力荷载作用下的变形特殊性主要体现在三方面：①重力荷载下，塔身双向倾斜会产生倾覆弯矩，倾覆弯矩会使得不同柱之间产生差异沉降；②倾斜塔身和超大悬臂会结构存在"$P-\Delta$ 效应"，引起结构产生平动变形；③超大悬臂结构在重力荷载作用下，竖向沉降变形显著。

CCTV 主楼体型给结构内力也带来了复杂性，体现在：①特大悬臂和塔身双向倾斜引起的倾覆弯矩使得结构在重力荷载下的内力分布与常规结构很不相同，施工过程中部分角柱和大量斜撑处于受拉状态；②CCTV 主楼建筑造型复杂，塔楼与悬臂交界处、塔楼与裙楼交界处为几何突变处，交界处角部结构具有较明显的应力集中现象；③对部分应力集中程度非常高的部位，需采用延迟安装技术降低延迟施工部位杆件在重力荷载作用下的内力值；④建筑体型以及大空间建筑功能需求，造成竖向构件的不连续，需设置多处转换桁架，其中悬臂底部 2 层为整体转换层；⑤巨型悬臂采用"逐步阶梯延伸、空中阶段合龙"的特殊施工方法，施工阶段受力体系与成型后整体结构体系有明显不同，施工阶段安全性控制十分关键。

2. 施工过程模拟方法简述

以委托单位提供的 CCTV 主楼结构 SAP2000 有限元模型（2005 年 10 月 19 日版本）为基础，通过程序转换得到 ANSYS 有限元模型，如图 3.4-22 所示。其中梁、柱、斜撑以及桁架等构件均采用 Beam4 单元模拟，楼板采用 Shell181 单元模拟，底部节点采用固结约束。

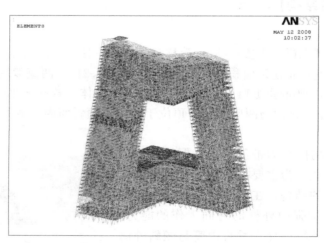

图 3.4-22　ANSYS 有限元模型

采用软件 ANSYS 的单元"生死"技术，根据现场测试报告记录的施工进度，有步骤地依次激活相关单元，并考虑施加与施工过程对应的各种荷载，可以准确地实现整个施工模拟过程。

整个模拟过程分 93 步进行，其中 1～56 步为悬臂段合龙前的施工步，57 步为悬臂段合龙，58～93 步为悬臂段合龙后的施工步。

施工模拟荷载即为在施工过程中考虑的各种荷载，它与结构设计荷载不同，主要包括：构件自重、楼板自重和楼面施工活载、幕墙荷载、机电分项工程荷载、基础沉降等。

（1）构件自重：包括梁、柱、斜撑以及桁架，由程序自动计算。

（2）楼板自重和楼面施工活载：楼板自重由程序自动计算，并在楼板施工过程中考虑由中国建筑工程总公司提供的 $0.6kN/m^2$ 的施工活载，该活载施加到楼板面单元上，在当前楼层施工完毕后即取消。

（3）幕墙荷载：根据中国建筑工程总公司提供的幕墙面荷载 $1.5kN/m^2$，按楼层高度换算成线荷载，作用在外框筒边梁上。

（4）机电分项工程荷载：按照清华大学《中央电视台新台址主楼钢结构构件加工预调值计算及分析报告》中提供的楼层总恒载对应的楼面等效面荷载值，扣除对应层的楼板自重、楼面施工活载以及室内装饰荷载，施加到楼板面单元上。其中室内装饰荷载按 $0.5kN/m^2$ 考虑。

（5）基础沉降：随着施工进度的推进，上部结构和基础的相互作用更加明显，因此基础底部的沉降对上部结构变形的影响不能忽略。由于地质特性较复杂，难以准确模拟基底的沉降量，故在计算中将实测 B3 层沉降量作为位移荷载施加到模型相应的节点位置。

（6）季节温度变化荷载：在激活安装构件时，按安装构件时实测的非日照直射的空气温度作为构件的初始温度值。

CCTV 主楼结构计算模型整体如图 3.4-22 所示，其中梁、柱、斜撑以及桁架等构件均采用 Beam4 单元模拟，楼板采用 Shell181 单元模拟，底部节点采用固结约束。根据现场测试报告中记录的施工进度进行模拟。每两层作为一个施工段。每层中钢结构、混凝土楼板、幕墙等荷载均按实际施工进度真实模拟。施工过程中不同阶段的计算模型见图 3.4-23。

图 3.4-23 施工模拟的阶段性 ANSYS 有限元模型

3. 监测内容简述

（1）基础沉降监测

基础筏板面部分区域 B4 层为设备夹层，用光学水准仪进行测量操作存在较大困难，因此，光学水准测量的沉降测点布置在 B3 层柱侧。按筏板分区，塔楼 T 区布设 T01~T20 监测点；U 区布设 U01~U18 监测点；V 区布设 V01~V12 监测点；塔楼 X 区布设 X01~X20 监测点，共计 70 个监测点。场区内设 3 个水准基点和 3 个工作基点，先监测工作基点，再分块测量。精密光学水准基础沉降的监测频次为两周一次，并根据施工荷载增量情况作适当增减。监测按《建筑变形测量规程》JGJ/T 8—97 一级变形测量等级进行。

（2）变形监测

结合工程实际情况和设计人员对测点布设的基本原则，进行测点布置。监测楼层通常每4层设一道，布设在间隔的刚性楼层上，包括 F01、F02、F06、F10、F12、F16、F20、F24、F28、F32、F36、F37、F41、F45、RF（屋顶）。测点中包含建筑外形的各特征角点。外部安装140只棱镜，楼内设300个高程测点和平面变形测点；另外悬臂区内设有32个高程测点。

（3）应力监测

考虑 CCTV 主楼结构的受力特点以及施工工序的特殊要求后，确定需进行监测的关键构件，主要包括：特征位置（首层、塔楼与裙楼交接楼层、塔楼高度中部楼层、塔楼与悬臂连接楼层等）构件、转换桁架构件、施工过程中内力变化较大构件（如悬臂构件、后装延迟构件周围的部分构件、重要斜撑）等。支撑及转换桁架构件主要承受轴力，每根测试构件设一测试截面，其中柱间支撑构件测试截面位于支撑跨越非刚性楼层楼面以上 500mm 处；桁架斜腹杆测试截面位于构件下端节点区外 500mm 处；楼面内斜撑测试截面位于构件跨中。每柱设一个测试截面，位于柱下端节点区上方 1000mm 处。每梁设一个测试截面，位于梁端节点区外 500mm 处。78根测试构件上安装了 211 个传感器。

4. 基础沉降和温度在施工模拟中的考虑

（1）基础沉降

根据 B3 层 70 个光学水准测量的沉降量值，可绘制整个筏板区域的沉降等高线图，以直观反映基础的变形形态，典型的沉降等值线图见图 3.4-24。由图可知，沉降变形的趋势为内侧大，远侧小（指向两塔连线中点为内），与塔身倾覆弯矩（双塔倾斜及超大悬臂所致）引起的基础变形规律相一致；随着悬臂部分开始施工，倾覆弯矩增速加大，沉降梯度也越大。

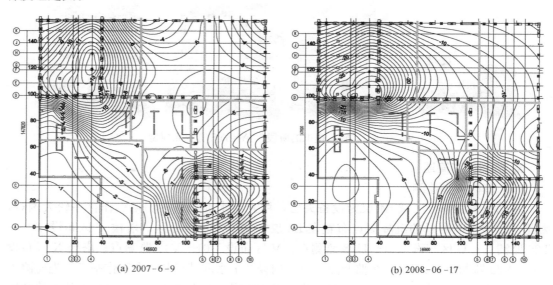

(a) 2007-6-9   (b) 2008-06-17

图 3.4-24　沉降等值线图

将实测的施工过程中的基础沉降值作为强制位移施加在主体结构计算模型的基础部位，从而准确考虑地基沉降对施工过程模拟计算的影响。

（2）温度作用

施工期间结构通风良好，且结构变形监测一般在清晨进行，从工程应用性角度出发，温度荷载仅考虑季节温差引起的结构均匀温度变化，而不考虑不均匀温差的影响，如图3.4-25所示。以实测的楼面温度为本施工段安装构件的初始温度，以施工模拟计算当前施工步安装时刻的温度作为终态温度，计入季节温度变化对结构变形的影响。

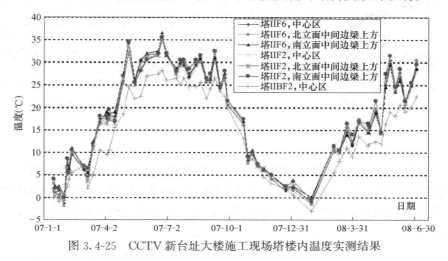

图 3.4-25　CCTV新台址大楼施工现场塔楼内温度实测结果

5. 施工模拟与监测结果的对比分析

（1）变形施工模拟计算与实测结果对比

变形实测曲线与施工模拟计算曲线的对比见图3.4-26～图3.4-28。实测曲线中测点编号无后缀；不考虑温度影响的计算曲线在测点后加"C"；考虑温度影响的计算曲线在测点后加"CT"。图3.4-26为角柱竖向变形的典型对比曲线，从图中看出：①考虑温度影响后，理论计算结果与实测结果的吻合性更佳；②高层建筑的 Z 向变形受季节温度影响较为显著，应在施工模拟计算中考虑为宜。

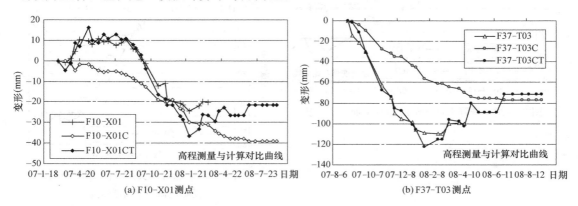

（a）F10-X01测点　　　　　　　　　　（b）F37-T03测点

图 3.4-26　角柱测点竖向变形对比曲线

图3.4-27为角柱平面变形对比分析曲线，图3.4-28为悬臂角点平面变形的对比分析曲线。通过曲线看出，季节温度变化对平面变形测量结果的影响幅度较竖向变形小，总体

而言，施工模拟计算结果与监测结果的规律一致。

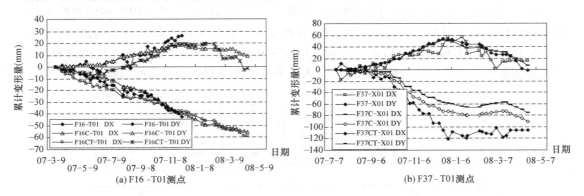

(a) F16-T01测点   (b) F37-T01测点

图 3.4-27　角柱测点平面变形对比曲线

　　根据实际结构的施工过程，利用 ANSYS 软件进行施工模拟计算，列出 TW09 和 TW15 两点实测竖向变形与施工模拟计算结果的对比曲线，见图 3.4-29，图中虚线为模拟计算值。从监测结果看，实测结果与理论模拟计算变形趋势一致，数值基本接近，具有较好的可比性。

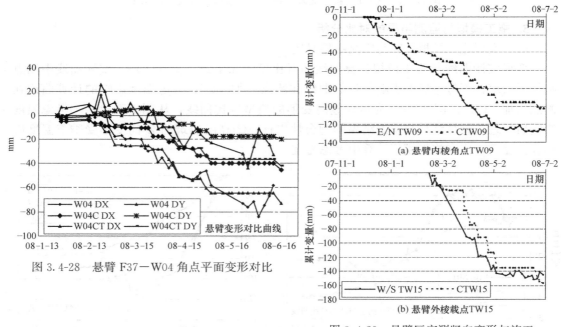

图 3.4-28　悬臂 F37—W04 角点平面变形对比

(a) 悬臂内棱角点 TW09

(b) 悬臂外棱载点 TW15

图 3.4-29　悬臂区实测竖向变形与施工
模拟沉降计算结果对比

　　（2）应力分析模拟计算与实测结果对比

　　1）柱截面应力　典型测试柱截面实测与计算的应力对比见图 3.4-30、图 3.4-31。其中图 3.4-30（a）和图 3.4-30（b）为塔楼 T 区首层受压和受拉角柱应力对比曲线；图 3.4-31（a）和图 3.4-31（b）为塔楼 X 区首层受压和受拉角柱应力对比曲线。

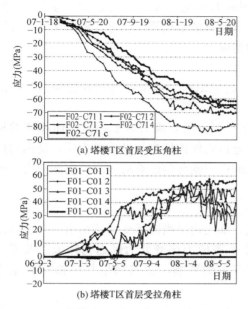

(a) 塔楼T区首层受压角柱

(b) 塔楼T区首层受拉角柱

图 3.4-30 塔楼 T 区首层受压、受拉角柱实测与计算应力对比曲线

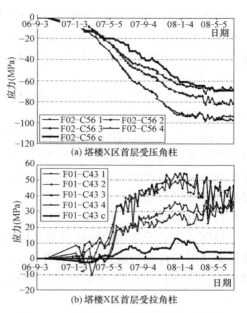

(a) 塔楼X区首层受压角柱

(b) 塔楼X区首层受拉角柱

图 3.4-31 塔楼 X 区首层受压、受拉角柱实测与计算应力对比曲线

由图 3.4-30 和图 3.4-31 中曲线看出，随着施工楼层的增加，构件应力逐渐增大，到主体结构完工后，应力趋于平稳，其中受拉角柱应力在悬臂施工完成后有少量回落的趋势；计算和测试应力变化趋势基本一致。

2）斜撑截面应力

典型测试斜撑截面实测与计算的应力对比见图 3.4-32。

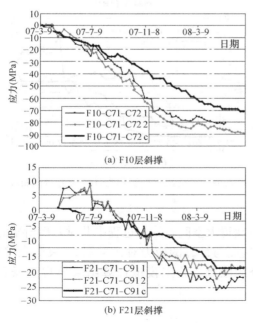

(a) F10层斜撑

(b) F21层斜撑

图 3.4-32 斜撑实测与计算应力对比曲线

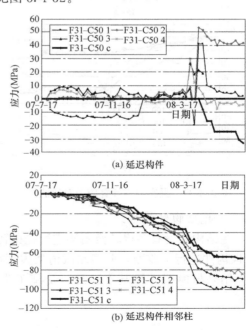

(a) 延迟构件

(b) 延迟构件相邻柱

图 3.4-33 延迟构件及其相邻柱实测与计算应力对比曲线

从图 3.4-32 中发现，塔楼中部外框斜撑实测应力在施工过程中先受拉，与模拟计算有差别，但随着施工进行，又逐渐受压，回归到与计算结果相符的状态。前期实测和计算受力性质的差异可能是由于焊接施工引起的结构初应力。

3）延迟构件应力

从 2008 年 3 月上旬开始安装延迟构件，到 3 月底结束。典型延迟构件实测与计算的应力对比见图 3.4-33。

从图 3.4-33 可以看出，延迟构件在连接前基本不受力，应力水平很低，而相邻的构件应力随着结构施工的进行应力增大较为明显。延迟构件连接参与结构受力后，延迟构件开始受力；此后因延迟构件的参与工作，相邻柱的应力变化幅度有所减缓，实测应力发展趋势与计算结果相同。

4）梁截面应力

楼面梁主要承受楼面结构自重和楼面活荷载，框架边梁尚需承受幕墙荷重。典型测试梁截面实测与计算的应力对比见图 3.4-34。图中实测应力突变处为延迟构件施工及屋面梁相邻构件焊接引起的安装应力，如扣除安装应力的影响，实测结果与模拟计算基本吻合。

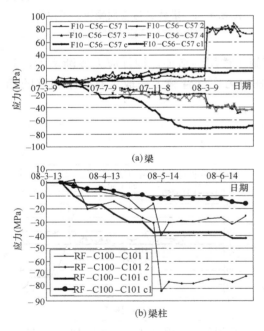

图 3.4-34　梁实测与计算应力对比曲线

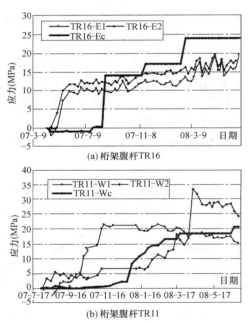

图 3.4-35　桁架腹杆实测与计算应力对比曲线

5）桁架腹杆截面

在结构内设有多榀转换桁架进行托柱转换以获得大空间，施工过程中共对九榀桁架的 16 根构件进行了监测，典型测试桁架腹杆截面实测与计算的应力对比见图 3.4-35。实测应力结果与模拟计算基本一致。受施工步划分的限制，施工模拟计算结果出现阶跃状特征。

第**4**章

高层建筑结构防连续倒塌仿真分析技术

4.1 概述

结构的连续倒塌是由于意外荷载造成结构的局部破坏，并引发连锁反应，导致破坏向结构的其他部分扩散，最终使结构主体丧失承载力，造成结构的大范围坍塌。美国土木工程学会将连续性倒塌定义为"初始的局部单元破坏向其他单元扩展，最终导致结构整体性的或大范围区域的倒塌"。结构一旦发生连续倒塌将造成重大的生命财产损失，因而如何尽量避免结构发生连续倒塌成为工程界日益关注的问题。

自从 1968 年英国 Ronan Point 公寓倒塌事件发生，国外对连续倒塌问题已经进行了50 余年的研究。1995 年美国 Alfred P. Murrah 联邦政府办公楼倒塌、2001 年世贸双塔倒塌以后，随着突发事故的频繁发生，结构的连续倒塌已经成为严重威胁公共安全的重要问题，越来越被工程界重视。

在我国，结构连续倒塌事故也有发生，典型事件如 1990 年发生在辽宁盘锦的由于燃气爆炸导致某建筑主体结构倒塌；2003 年 11 月 5 日湖南衡阳大厦火灾致使大厦西部偏北的 5 根柱子丧失承载力，引起大厦 3000 多平方米范围的连续倒塌。

高层建筑因其具有应用的广泛性、连续倒塌引发事故的严重性、接触人群的多样性等特点，存在着地震作用、爆炸等特殊荷载下发生连续倒塌的可能性。因此对高层建筑进行连续倒塌仿真分析是具有现实意义的。

4.1.1 进行高层建筑防连续倒塌研究的必要性

1. 国内外高层建筑的典型连续倒塌案例

在研究高层建筑连续倒塌设计之前，先给出几个典型的高层建筑连续倒塌的实例。

（1）英国伦敦 Ronan Point 公寓倒塌事件

Ronan Point 公寓是一栋 22 层的装配式钢筋混凝土结构体系，承重墙板和楼板全部预制，板的大小尺寸与房间相同，各预制板之间的节点仅由齿槽灌浆相连而无钢筋连接。1968 年 5 月 16 日清晨，位于 18 层一单元的住户在厨房点火煮水时因夜间煤气泄漏引起爆炸，爆炸压力破坏了该单元两侧的外墙板和局部楼板，上一层的墙板在失去支承后也同时坠落，坠落的构件依次撞击下层造成连续破坏，使得 22 层高楼的一个角区发生多米诺骨牌效应从上到下一直塌到底层的现浇结构为止。事故发生的初始原因为公寓楼的一个单元发生爆炸，但却最终导致此单元及相连区域从上到下发生连续性破坏，因此此次破坏具有明显的"不成比例性"和"连续性"，最终结构倒塌的部分占整个结构体系的20%左右（图4.1-1、图4.1-2）。

图4.1-1　Ronan Point公寓预制板连续倒塌

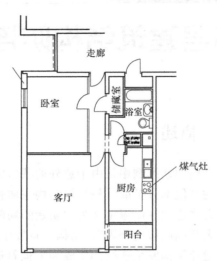

图4.1-2　Ronan Point公寓连续倒塌角部平面图

引起这次灾难的荷载是煤气爆炸产生的冲击荷载。这类荷载属于"偶然荷载"，在结构设计时通常不予考虑的。在这次事故发生以后，工程界开始注重研究建筑物抗连续倒塌能力。

（2）美国俄克拉荷马州Alfred P. Murrah联邦大楼倒塌事件

该联邦大楼建于18世纪70年代，是一座9层钢筋混凝土结构的政府职能大楼。1995年4月19日，该大楼遭恐怖分子汽车炸弹袭击，直接导致建筑物底层的两根柱子发生严重破坏，这些柱子失效之后引起所支撑的上部转换梁失效，然后引起转换梁所支撑的柱子及楼板发生倒塌，如此循环，直到建筑的整个立面发生由下而上的全部倒塌，如图4.1-3、图4.1-4所示，这次事故导致168人死亡和超过500人受伤。

图4.1-3　美国俄克拉荷马州
Alfred P. Murrah联邦大楼倒塌

图4.1-4　联邦大楼爆炸位置

（3）美国世贸大楼连续倒塌

2001 年 9 月 11 日纽约世贸中心双子大楼遭恐怖袭击后彻底倒塌（图 4.1-5），这是人类历史上迄今为止影响最广的一次连续倒塌事件。飞机撞击后产生的巨大冲击破坏以及大火燃烧引起的高温导致局部楼层的塌落，塌落冲击荷载一层层地向下传递并引起整体结构的偏心受荷是最终导致大楼轰然倒塌的重要原因。整座建筑物倒塌时是一层一层、一顿一顿地往下坠，形成了一个非常令人震惊的"多米诺骨牌效应"。此次事故不仅直接造成了 3000 多人的死亡和巨额的财产损失，对美国及全世界的经济和安全都造成了极坏的影响。"9·11"事件的发生，使得全世界工程界对连续倒塌的研究达到了最高潮，学者们纷纷提出了很多关于防连续倒塌的分析方法及设计建议。

（4）我国衡阳大火中衡州大厦的连续倒塌

衡州大厦位于湖南省衡阳市珠晖区宣灵村，东、北面与衡州大市场相邻，南接正衡股份有限公司商住楼，西面毗连房地局住宅楼。占地面积 1740m²，总建筑面积 9300m²，共八层，局部九层，高 28.5m。该建筑于 1997 年 4 月动工兴建，1998 年 10 月建成并投入使用。一层为框架结构门面，后改作仓库使用；二层以上为砖混结构，均为居民住宅。

2003 年 11 月 3 日衡州大厦发生特大火灾，火灾导致大楼西北部分（约占整个建筑的五分之二）突然坍塌，如图 4.1-6 所示，造成 36 人伤亡，其中 20 名消防官兵壮烈牺牲。事后对该起事故的调查分析，表明引起结构连续倒塌的主要原因在如下几点：

1）建筑结构缺乏整体牢固性容易导致大面积连续倒塌

图 4.1-5　纽约世贸大楼的连续倒塌

大厦的一层为框架结构，二～八层（局部九层）为预制楼板、砌体墙结构。据专家分析衡州大厦倒塌有两种可能性，一是二层预应力楼板受到火烧后，楼板受损伤滑落引发上方 19cm 厚承重墙体受损；第二种情况是一层中的某根梁或柱在火灾中受到损伤，也会造成大面积坍塌事故。

2）安全储备不足的建筑结构在火灾中容易倒塌：该建筑物的个别柱体的轴压比或柱中混凝土所受的力比较大，如果在平时使用荷载下的安全贮备相对不足，则长时间受高温后有遭到破坏的可能。

3）设计施工问题为建筑倒塌埋下隐患：从该楼倒塌后的鉴定情况看，该楼设计施工不满足规范关于钢筋连接、抗震构造的要求，施工存在质量问题。

2. 高层建筑防连续倒塌的研究是非常必要的

虽然高层建筑发生连续倒塌的概率不高，但由于高层建筑都是人员与财产密集的场所，连续倒塌一旦发生，必然会造成很严重的生命财产损失，并产生恶劣的社会影响。自

图 4.1-6　衡州大厦的连续倒塌

改革开放以来，国内经济有了巨大的发展，随着国家建设发展，建设项目越来越多，对一些具有重要地位、较高安全等级的重要建筑，其结构设计除了按一般概念验算强度、刚度和稳定性外，还应进行抗连续倒塌性能分析。

我国的现行设计规范在安全储备上较英美等发达国家存在严重不足，偶然荷载作用引起的局部损伤对结构性能的影响，还有待进一步研究。因此，建筑物的抗连续倒塌分析在我国也是一个十分紧迫的研究课题，对完善我国现行规范具有重要的意义。

我国的《高层建筑混凝土结构技术规程》JGJ 3—2010 第 3.12 节（抗连续倒塌设计基本要求）对高层建筑抗连续倒塌作了基本的规定。结构抗连续倒塌设计在欧美发达国家中早已得到广泛关注，英国、美国、加拿大、瑞典、俄罗斯等国均颁布了相关的设计规范和标准，我国在这一领域的研究已经远远落后于西方发达国家，亟待开展系统研究。

4.1.2　高层建筑的连续倒塌类型

引起连续倒塌的原因多种多样，其传力机制也会有所不同，德国学者 Uwe Starossek 在深入研究倒塌机理的基础上，将连续倒塌划分为 6 个类型，即薄饼型、拉链型、多米诺型、截面型、失稳型和混合型倒塌。

（1）薄饼型倒塌

此种类型的典型例子就是"9·11"事件中世贸大楼的倒塌。由于飞机的撞击及其引起的大火导致了撞击区域的初始损伤，由此引起的竖向承载构件的失效只限于几个楼层却扩展到了大楼整个横截面。而下部结构在高温作用下，材料强度已经变低，在上部楼层的巨大重量的压挤下，导致其下层结构的倒塌，荷载往下逐层传递并逐渐累加，引起了连锁坍塌，所以整座建筑物倒塌时是一层一层地往下坠，最终导致了整个结构的坐踏式的倒塌。这种情况下，结构在连续倒塌的过程中不断传递竖向冲击力，失效构件在失效之前的主要内力、传递力与倒塌的传播方向二者的方向是平行的。

（2）拉链型倒塌

这种破坏是指局部构件由于初始的破坏而退出工作，原本由其承担的荷载在剩余结构内重分布，由于破坏的突然性，导致与其相邻的同类构件内部应力集中而破坏，同理导致其他构件相继破坏。这种倒塌过程中的传递作用即为初始破坏构件在破坏之前内力的反作用力。与薄饼型倒塌不同，它在倒塌过程中不一定伴随有冲击力的产生。在拉链型倒塌过程中，失效构件在失效之前的主要内力与倒塌过程中的传递作用二者方向并不平行，甚至是垂直的。框架结构由于柱的失效而引起的连续倒塌一般都为拉链型倒塌，倒塌过程中的传递作用主要通过梁进行传递，为水平方向，与柱失效前的内力（竖直方向）是垂直的。

（3）多米诺型倒塌

结构中的某个构件因稳定或其他原因倾倒，并以一定的角度撞击与其相邻的同类构件，导致后者发生相同的破坏，继而引起结构的连续破坏，即为多米诺型倒塌。与薄饼型倒塌相同，多米诺型倒塌过程中也伴随有冲击力的产生，但是引起连续倒塌的力是水平力，因此传递作用的方向是水平方向，这与构件破坏之前内力的方向是相垂直的，即倒塌是沿着与失效构件内力相垂直的方向进行传播。群结构中，如果有单个构件有倾覆的风险，或是结构沿水平方向布置相同，如多米诺骨牌序列，那就有可能发生多米诺型的倒塌。

（4）截面型倒塌

考虑梁在弯矩作用下或钢筋在轴拉力作用下的情况。如果横截面中的某一部分破坏，原本由其承担的内力将在剩余的部分重新分布，从而引起横截面中其他部分因内应力的增大而相继破坏，最终导致破坏贯穿整个横截面。虽然这种类型的破坏通常不会引起结构的连续倒塌，但是其破坏机理同连续倒塌是相似的。

（5）失稳型倒塌

失稳型倒塌的特点是某一个关键构件的破坏就导致结构大范围的甚至全部倒塌，而不是发生其他构件的相继破坏。这种倒塌通常始于结构中比较重要构件的破坏，如塔架结构中的基脚等。

（6）混合型倒塌

有些结构的连续倒塌兼有上述两种或以上倒塌类型的特点，如 1995 年美国 Alfred P. Murrah 联邦大楼的倒塌就包含了薄饼型和多米诺骨牌型倒塌的特点，把这种倒塌划分为混合型倒塌。

4.1.3　国内外防连续倒塌设计相关规范

1. 国外规范

抗连续倒塌设计最早在设计规范中提出的国家是英国。在 1968 年伦敦发生的 Ronan Point 公寓连续倒塌事故后，英国便开始对结构进行抗连续倒塌设计的研究。为了防止结构发生连续倒塌，英国设计规范通过如下三个准则来把握：①通过结构拉结系统增强结构的连接性、延性和冗余度来保证结构在经受偶然荷载后具有较好的结构整体性。②多重荷载路径设计方法，该方法要求设计人员通过"拿掉"某根构件来模拟它的失效，并保证"拿掉"失效构件后，结构具有足够的跨越能力，保证结构不会发生过大范围的破坏。③局部抵抗偶然荷载设计方法，针对某些构件失效后，其上部结构不能形成跨越能力的情况，这类构件则作为"关键构件"或者"重点保护构件"来设计。英国应用这套抗连续倒塌设计准则已经将近 30 年了，而在一系列建筑物遭受到的蓄意袭击中，建筑结构表现出来的抗连续倒塌性能均体现了该套设计准则的有效性。

欧洲的 Eurocode1 针对连续倒塌规定结构必须具有足够的强度以抵御可预测或不可预测的意外荷载。规范中的抗连续倒塌设计分为两个方面，一个方面基于具体的意外事件，另一方面则独立于意外事件，设计目的在于控制意外事件造成的局部破坏。而局部破坏一旦发生，结构需具备良好的整体性、延性和冗余度来控制破坏蔓延。欧洲规范与英国规范类似，也是采用了拉结强度法、拆除构件法和关键构件法三种方法。

美国在 GSA 设计准则、ASCE7-02 设计准则以及 UFC 设计准则（Unified Facilities

Criteria 2005）中均对连续倒塌问题进行了论述。

GSA 首先给出了一套排除不需要进行抗连续倒塌设计的建筑结构的分析流程。GSA 对新建和现有的联邦大楼与现代主要工程，包括钢筋混凝土结构和钢结构的抗连续倒塌设计均要进行多重荷载路径设计。GSA 规定了以限定结构由于初始竖向构件的失效引起的结构破坏范围作为衡量结构抗连续倒塌的标准。在经过线弹性分析后，为了对结构的倒塌面积大小和分布有效地加以量化，GSA 提出了一个判别各构件破坏情况的性能指标。

ASCE7-02 中讨论了减少结构发生连续倒塌的问题。当中论述了结构发生连续倒塌的可能性的两种设计方法，直接设计方法和间接设计方法。直接设计方法包括：1）多重荷载路径设计方法，它要求结构需具备跨越一个由于偶然荷载影响而失效的构件的能力；2）局部抵抗偶然荷载设计方法要求建筑及局部具有足够的强度来抵抗既定的偶然事件造成的偶然荷载。间接设计方法通过提高结构本身的强度、连接性和延性来增强结构的抗连续倒塌性能。但是，在直接设计方法和间接设计方法中，ASCE7-02 都没有给出可执行的或者可以量化的设计准则。

UFC 设计准则要求通过两种设计方法来保证结构抗连续倒塌能力。第一种设计方法是通过结构本身各构件所能提供的"拉结力"组成的整体拉结系统来保证结构抗连续倒塌性能，第二种设计方法是多重荷载路径设计方法，它视该种结构模型为一种"抗弯模型"，它要求"拿掉"一个竖向承力构件后的结构模型具有足够的跨越能力保证不发生过大范围的倒塌。对于多重荷载路径设计方法，UFC 提供了三种可选的计算方法：线性静力、非线性静力和非线性动力计算方法。

下面对几种重要的标准进行较为详细的说明。

（1）俄罗斯防止连续倒塌措施的相关规定

1）高度超过 75m 的高层建筑，均应进行结构的防止连续倒塌验算。验算的目的是为了防止高层建筑在自然紧急状态（源自气候条件或地质变化等）或人为紧急状态（建筑内部或外部由于火灾或其他灾难性情况发生）下，一旦部分承重结构受到破坏后，破坏会逐步扩大，使建筑发生连续倒塌。

2）建筑物防止连续倒塌的整体坚固性（Robustness），应根据结构计算确定。

3）当发生局部破坏时，建筑的整体坚固性计算应考虑相应的荷载组合（含永久荷载和活荷载等）要求。局部破坏应满足下列要求：破坏发生在墙肢上，且从两组墙的交接点到最近的洞口或下一个交接点的距离小于 10m 时；局部破坏发生在同一层楼板上；以上局部破坏的受荷面积均不应超过 80m^2。对建筑抗连续倒塌整体坚固性的评估，应根据上述局部破坏的最大效应确定。

4）对于紧急状态，需根据规范要求验算承载能力极限状态，不要求验算裂缝、变形等正常使用极限状态。抗力计算须采用荷载标准值。

5）效应计算应使用空间计算模型，将所有结构构件考虑在内，模拟建筑投入使用后局部承重构件发生损害时荷载的重分布及破坏情况。

6）防止建筑发生累计损害的主要措施有：结构应有较多的冗余度，以保障柱、横梁、隔板、节点的承重能力；连续加强配筋；提高结构构件和节点的延性。在允许范围内提高结构的延性可有效阻止结构破坏的继续扩大，即当某些承重构件发生破坏时，可以有较大的变形而不至于立刻失去所有的承载能力。因此在设计时应增加配筋或采用其他延性材料，加大连接件强度及韧度。高层建筑应尽量采用现浇结构，当采用非承重预制构件时，应采用与承重结构连接牢固性好、可靠性高的预制板材。楼板与柱、梁、隔板的相连处应能保证上层楼板坍塌时支撑住上层楼板，而不掉到下层楼内。连接处的承重能力应为半个跨度的楼板与结构构件的重量（$D+0.25L$）。

（2）GSA 导则

美国公共事务管理局（General Service Adminstration）于 2000 年制订了连续倒塌的分析与设计导则（GSA Progressive Collapse Analysis and Design Guidelines）。

1）要求多层房屋的设计应进行以下突发事件的检验。即多层房屋在首层去掉一个主要支承后，不应导致上部结构的倒塌。这个主要支承包括：地面以上一层临近房屋短边或长边中部的一根柱或一段 9m 的承重外墙；地上一层任何一根角柱或沿房屋转角各 4.5m 的两段外承重墙；地下车库中一根柱或一段 9m 的承重外墙。

2）对延性差的结构，考虑动力系数 2，按 2（$D+0.25L$）进行验算（其中：D 为永久荷载标准值，L 为活荷载标准值）。

3）强调结构设计应使结构具有更好的坚固性，以减少连续倒塌的可能性。结构应具有多赘余度和多传力途径（包括竖向荷载及承载力）；构件应具有良好的延性，保证变形远远超过弹性极限时还能有一定的承载能力；要考虑相邻构件的破坏，应有足够的反向受力承载力；构件应具有足够受剪承载力，保证不产生剪切破坏。

（3）NYC 规定

美国 NYC 建筑法规第 18 章提出两种防止连续倒塌的途径。

1）转变途径法（Alternate Path Method）。即当结构失去某一关键构件时，通过转变受力途径仍能承受相应的荷载组合（即能确保结构的稳定，而不发生连续倒塌）。这里的关键构件指：一个单独楼板或两个相邻墙段形成的墙角，一根梁及其从属范围的楼板，一根柱或其他影响结构稳定的结构构件。计算要考虑的荷载组合为 $1.0D+0.25L$ 和 $1.0D+0.25L+0.2W$（其中：W 为风荷载标准值）。

2）局部抗力增强法（Specific Local Resistance Method）。即对结构设计中不能破坏的结构构件，控制构件的需供比 DCR（Demand-Capacity Ratio）$\leqslant2$，并采用增加构件承载力的方法，确保在紧急情况下构件具有较大的强度储备，以保证结构的稳定。

$$DCR=\frac{Q_{UD}}{Q_{CE}}\leqslant2$$

式中，Q_{UD} 为在紧急情况下按弹性静力分析求得的构件或节点承受的内力；Q_{CE} 为构件或节点预期的极限承载能力，计算 Q_{CE} 时，考虑瞬时作用对材料强度的提高系数（钢材取 1.05，钢筋混凝土取 1.25）。此时荷载组合取 2($D+0.5L+0.2W$)。构件的荷载总值 2($D+0.5L$) 不应小于 $36kN/m^2$。

（4）DOD 导则

美国国防部（DOD）于 2001 年发表了防连续倒塌暂行设计导则。

1）要求进行去掉一个主要承重构件或一个主要抗力构件的结构反应分析。对于一般住宅类建筑，去掉的限于房屋周边的主要承重构件；考虑有可能在房屋内部发生爆炸时，要去掉的构件包括外部及内部的主要承重构件。

2）对于框架结构，去掉任一层的一根柱，则与该柱相接的所有填充墙和梁均被去掉；

去掉任一层的一根梁，则被去掉梁上部的填充墙均被去掉。对于无梁楼盖体系，去掉整跨楼盖也就是去掉四根柱所包围的楼盖。

3）对于承重墙结构，去掉长度为两倍墙高（墙高定义为水平方向支承之间的竖向距离）的一段墙，且该墙长度不应小于伸缩缝或控制缝之间的距离。在转角处沿两个方向的长度均应满足以上要求。若墙有与其相连的竖向承重构件，则去掉的长度可取竖向承重构件之间的实际距离。当采用无梁楼盖时，去掉楼盖的面积，其宽度为被去掉墙的长度，其长度为从去掉墙段到相邻内承重墙的距离。

4）对支撑-框架结构，去掉一根柱或一根梁类似框架结构。沿柱列设置赘余的支撑，当在某跨失去一根柱或梁将不会导致房屋其余部分建筑的倒塌。

5）对框架-剪力墙结构，参照以上体系，适当地去掉墙、柱、梁或板进行分析。

总结以上欧美各国现有抗连续倒塌相关规范设计方法，降低结构在偶然荷载作用下发生连续倒塌的风险通过以下方法来实现：1）概念设计和采用拉结系统等来提高结构的整体性、坚固性、连续性及延性；2）局部抵抗偶然荷载设计方法，设计并提高关键构件的安全度，使其具有足够的强度能一定程度上抵御偶然荷载作用；3）多重荷载路径法，通过"拿掉"某根构件来模拟它的失效，并保证"拿掉"失效构件后，结构具有足够的跨越能力，保证结构不会发生过大范围的破坏。其中多重荷载路径法是目前国外抗连续倒塌设计的主流方法。

2. 国内规范

我国规范在抗连续倒塌设计方面起步较晚，仅在一些规范内笼统地提到结构要具有抵御一定的偶然荷载作用的能力，考虑结构的局部破坏对整体的影响，在该方面与国外存在明显差距。总体而言，我国现有规范中对结构抗连续倒塌尚无具体的方法和准则，缺乏可操作性。

（1）《建筑抗震设计规范》GB 50011—2010 第 3.5.2 条第 2 款中提到"应避免部分结构或构件破坏而导致整个结构丧失抗震承载力或对重力荷载的承载能力"。

（2）《混凝土结构设计规范》GB 50010—2010 第 3.6 节：防连续倒塌设计原则。

（3）《工程结构可靠性设计统一标准》GB 50153—2008 规定：当发生爆炸、撞击、人为错误等偶然事件时，结构能保持必需的整体稳固性，不出现与起因不相称的破坏后果，防止出现结构的连续倒塌；并对偶然设计状态作了原则要求。但现行有关规范还没有提出具体的抗连续倒塌设计方法，缺乏可操作性。

（4）《高层建筑混凝土结构技术规程》JGJ 3—2010 中专门增加了一节（第 3.12 节）说明高层结构抗连续倒塌设计的基本要求。对抗连续倒塌设计的范围、方法及概念设计进行了明确的规定，这是我国结构领域的规范首次对抗连续倒塌设计进行明确规定，但是该节的规定也相对比较简略。

（5）清华大学、中国建筑科学研究院编制了《建筑结构抗倒塌设计规范》CECS 392：2014，它是我国首部防倒塌设计规程。

4.1.4 高层建筑结构防连续倒塌分析国内外研究现状

1. 高层建筑连续倒塌的国外研究现状

自从 1968 年英国 Ronan Point 公寓发生连续倒塌事件以来，国外对结构连续倒塌的研究已进行了 50 余年的时间，以英国、美国为首的发达国家相继颁布了相应的设计规范和指南。英国是世界上最早在建筑规范中提出避免结构连续倒塌要求的国家。1976 年，英联邦政府对建筑规范进行了修改，规定"要减少建筑在偶然事件作用下连续倒塌的敏感性"，此后颁布了一些法令条文来保证结构构件能充分拉结成整体，并确立关键构件的最小承重荷载。其后，美国、加拿大及欧洲的瑞典、丹麦、荷兰等国家的标准和欧洲标准中也相继出现了有关抗连续倒塌的条款。美国总务局（GSA）与国防部（DOD）出版的 "Progressive Collapse Analysis and Design Guidelines for New Federal Office Buildings and Major Modernization Projects" 和 "Design of Buildings to Resist Progressive Collapse" 是目前公认的较为完善的标准，它们较其他规范更为系统地阐述了结构抗连续倒塌的概念、设计方法、设计过程以及实施步骤等问题，使结构设计人员可以真正进行防止结构发生连续倒塌的设计。

目前，国外学者对结构连续性倒塌的研究主要集中在结构的抗连续倒塌设计、抗连续倒塌分析与风险评估以及对结构物倒塌过程进行仿真模拟和试验研究等方面。

（1）抗连续倒塌设计方面

根据美国目前规范，结构抗连续倒塌设计的方法通常可以归为两类，即间接设计与直接设计。间接设计是指不直接体现突发事件的具体影响，在结构的设计阶段通过最小强度、连续性及延性要求来保证结构的抗连续倒塌能力，又包括联系力方法以及综合措施方法。联系力方法的核心思想是荷载传递路径的连续性以及完整性，它要求结构在竖向以及水平方向能够有效地传递荷载。综合措施法通过结构布局、楼板传力方式、结构的延性细节以及混凝土截面受拉侧钢筋布置等方法来提高结构抵抗连续倒塌的能力。直接设计又分为备用荷载路径分析和特殊抗力设计，前者通过假定主要承重构件的初始失效来研究或评价结构的冗余性能及抵抗连续性倒塌的能力，这种方法与引起结构初始破坏的原因无关。后者则是对主要承重构件进行防爆或防撞设计，避免在突发事件下发生局部破坏。特殊抗力设计主要在军用和政府建筑设计时采用。

W. Mc Guire 指出，直接设计法中的备用荷载路径分析和特殊抗力设计法不应当作为结构抗连续倒塌设计的主要方法，结构的抗连续倒塌设计应通过加强结构的整体性来实现，应对连接节点进行合理的设计，以达到设计规范的抵抗力、连续性及内部构件间的连接力要求，从而确保结构体系的整体性。W. Mc Guire 还给出了结构抗连续倒塌设计的基本流程：首先考虑结构在正常使用荷载作用下的整体性，然后考虑偶然荷载作用情况，检查结构在偶然荷载作用下某构件失效后是否具有备用的荷载路径；如果不具有备用的荷载路径，则此失效构件就定义为关键构件，应对其进行特殊抗力设计。

Javeed Munshi 总结了美国、加拿大及一些欧洲国家规范中结构抗连续倒塌设计的一些方法，指出了其中部分方法的不足，并提出了结构抗连续倒塌设计的一些建议：①针对不同的结构类型，如现浇框架结构、承重墙结构、预制板结构等，应采用不同的设计方法；②结构的抗连续倒塌设计中应考虑填充墙等非结构构件的有利影响；③在联系力设计法中，应保证结构在水平与竖向两个方向的连续性，有些情况下，还必须考虑水平孤立的节点（如入口与主体结构之间的节点）的破坏能够阻止破坏向主体结构传播；④在强震作用地区下的建筑，应进行抗震抗连续倒塌的多灾设计，荷载之间的组合及荷载的大小取值应考虑事件发生的可能性大小及设计理念。

（2）抗连续倒塌分析与风险评估方面

结构抗连续倒塌能力定义为结构因突发事件或局部严重超载而造成部分构件突然失效时，结构能自行调整内力，阻止破坏过程的延续，从而保证结构整体不至于破坏的能力。对结构进行抗连续倒塌能力分析是建立在允许结构发生局部破坏的基础上的，提高结构的抗连续倒塌能力也就是防止结构在偶然作用下发生连续倒塌。目前，多采用拆除构件法对结构进行连续倒塌分析及风险评估。拆除构件法通过拆除（静态或动态拆除）结构中的一根关键构件（如框架柱、部分承重墙等）来模拟结构的初始破坏，通过有限元法分析结构中部分构件拆除后的剩余结构，判断结构是否会发生连续倒塌。如果结构具有备用的荷载传递路径，能有效地进行内力重分配，则说明结构有抵抗连续倒塌的能力，根据分析结果和评估准则即可判断结构的连续倒塌风险是高还是低。这种方法不考虑引起结构初始破坏的原因，可操作性强，有助于初步认识结构体系的倒塌机制与性能表现。

Meng-Hao Tsai 和 Bing-Hui Lin 采用美国总务局颁布的标准（GSA 标准）中的线性静力分析法对一栋抗震的钢筋混凝土建筑进行了连续倒塌风险评估，同时对结构在一根柱失效的情况下进行了线性静力、非线性静力及非线性动力分析。结果表明，在发生相同的需求位移下，采用不同的方法将得到不同的抗连续倒塌能力。通过比较非线性静力与非线性动力分析的结果，表明对于非线性静力分析，GSA 标准建议的动力放大系数取为 2 是偏于保守的。

Jinkoo Kim 和 Taewan Kim 使用有限元软件 OpenSees，分别按照 GSA 标准和 DOD 指南推荐的拆除构件法，研究了低抗震区钢抗弯平面框架的抗连续倒塌能力。分析发现线性动力分析严重低估了结构响应；非线性动力结果受荷载、拆除柱位置或建筑层数的影响，角柱拆除的连续倒塌风险最高，随着楼层的增加，结构的连续倒塌风险降低。

John E. Breen 以一汽车制造间为研究对象，分析了建筑物连续倒塌问题。作者指出，由于偶然荷载作用具有很大的不确定性，通过确定偶然荷载的大小来对建筑结构进行抗连续倒塌设计的方法并不可取，工程师应通过在结构内部设计拉结体系来提高结构的整体性。与现浇钢筋混凝土结构相比，大板结构、剪力墙结构、钢结构体系的整体性与连续性较差，因而更容易发生连续倒塌。同时，文章还指出，由于抗震建筑的连续性和延性较好，因此，位于高地震区的结构通常具有较高的抗连续倒塌能力。

Mehrdad Sasani 和 Serkan Sagiroglu 研究了地震等水平作用对结构抗连续倒塌能力的影响。作者认为，结构局部破坏后重新分布荷载的能力取决于结构的强度、连续性、冗余度以及结构的变形和耗能能力。对钢筋混凝土框架结构而言，这些性能在很大程度上取决于设计的地震作用和风荷载等水平作用。文章通过对多自由度和等效单自由度体系的反应分析，研究了框架结构抗水平荷载设计对抗连续倒塌能力的影响程度。

Kapil khandelwal 等人基于宏观模型研究了钢框架考虑地震作用设计的抗连续倒塌性能。分别考虑中震和大震作用设计，对一幢钢框架进行了抗连续倒塌能力的对比分析，计算结果表明，考虑大震作用设计的钢框架结构具有相对较高的抗连续倒塌能力。

（3）连续仿真模拟和试验研究方面

B. M. Luccioni 等对阿根廷以色列公共社区一栋 12 层的多维抗弯框架建筑物进行连续倒塌模拟分析，得出了该结构在受损后的倒塌机理。结构局部倒塌可分两个过程，首先是爆炸本身的影响，而后是由爆炸引起的冲击作用在结构内的传播，两种作用相互影响共同导致了结构的局部倒塌。

A. Astaneh-Asl 为了研究带钢拉索体系的结构的抗连续倒塌性能，对一个单层足尺结构模型做了 10 组试验。试验结果表明，带有拉索体系的结构能有效地防止楼板在某个外柱突然失效后的连续倒塌，并提出了防止结构连续倒塌的构造措施和力学方法，即可通过在楼板内埋置钢丝，使结构在柱失效时形成"悬链作用"，从而防止楼板发生连续倒塌。

Mehrdad Sasani 对一栋六层的钢筋混凝土结构在两根相邻柱（其中一根为角柱）同时失效的情况进行了试验研究。试验得到结构的最大竖向位移只有 6.4mm，结构完全能够抵抗连续倒塌。填充墙的拉结作用以及悬链作用为结构的抗连续倒塌性能提供了极为有利的影响。为了进一步研究填充墙对结构反应的影响，文章还分析了没有填充墙的情况。结果表明，不考虑填充墙的作用，结构的最大竖向位移增大了 2.4 倍。

2. 高层建筑连续倒塌的国内研究现状

于山等提出一种基于建筑危险性的钢筋混凝土建筑抗倒塌设计方法，将钢筋混凝土建筑分为四类，通过设置拉杆连接系统和 Alternate Path 设计提高建筑抗倒塌能力。梁益等参考美国 DOD 指南提供的设计流程，对按照我国现行混凝土结构设计规范设计的 3 层钢筋混凝土框架进行了连续倒塌仿真，分析了其抗连续倒塌能力。并应用拉结强度法和拆除构件法，对该框架进行了抗连续倒塌设计。

傅学怡等对卡塔尔某超高层建筑进行了结构抗连续倒塌计算分析，分析验算了外围 2～9 层任一对交叉柱失效破坏后结构的抗连续倒塌能力。在研究分析的基础上，提出了抗连续倒塌设计方法。从该工程来看，抗连续倒塌设计的核心思路是假定高层建筑外框筒的某对交叉斜撑受恐怖袭击失效，该交叉斜撑失效后，其余结构重新分布的荷载能够有合理的受力路径分摊到附近结构，剩余结构能够有效保证整体结构的不倒塌。

朱炳寅对莫斯科中国贸易中心工程的抗连续倒塌设计进行了介绍，该工程为典型的防-抗结合，对重要承受竖向荷载的构件，采取必要措施保证不会在突发荷载下失效，对于局部可失效构件，如楼板等，有合理路径将其荷载传至其余结构，保证主体结构不会发生连续倒塌破坏。

陆新征和江见鲸用有限元程序 LS-DYNA，对世贸中心双子大楼受飞机袭击后的连续倒塌进行了仿真分析，结果表明通过适当地选取计算参数和计算模型，可以对这种特殊的复杂过程进行模拟分析和仿真。师燕超，李忠献等运用有限元显式动力分析软件 LS-DYNA，分析了某 2 跨 3 层框架结构在爆炸作用下的连续倒塌，研究了初始损伤、结构的初始条件等因素对爆炸荷载作用下钢筋混凝土框架结构连续倒塌过程的影响。并提出了一种改进的钢筋混凝土结构连续倒塌分析的方法。阎石等采用有限元方法对爆炸荷载引起的钢筋混凝土框架结构的倒塌机理进行了初步研究，采用静力移除法进行非线性分析，得到整个框架在构件失效后的传力路径和倒塌过程。胡晓斌和钱稼茹对钢框架结构的连续倒塌问题做了一系列的研究，对一榀多层平面钢框架进行了连续倒塌仿真分析，研究结构连续倒塌的全过程，分析表明，对于钢结构，提高材料的失效应变，可显著提高结构抵抗连续倒塌的能力；两人还对单层及多层钢框架进行了连续倒塌动力效应分析，研究动力放大系数的影响因素。马人乐等利用非线性有限元方法，对三种形式的梁柱节点在结构的某一柱子失效后的性能进行了弹塑性分析，研究了钢框架梁柱节点在柱子失效后的应力分析、塑性区分布及极限承载力。张云鹏考虑初始静力荷载效应，分析高层结构在底层边柱失效时整体结构的瞬时动力响应。

目前，国内对连续倒塌的试验研究比较少。2007年，湖南大学易伟建等采用拟静力试验方法，进行了一榀4跨3层的钢筋混凝土平面框架的倒塌试验，对试验模型框架受力过程进行了分析，并对结构受力机制的转换过程进行了探讨。

4.2 防连续倒塌设计分析方法

4.2.1 连续倒塌设计方法

结构抗连续倒塌设计一般分为两种：结构计算法和构造设计法。结构计算法通过计算评估结构抵抗连续倒塌能力，根据不同的适用条件，分为多重荷载路径法和局部抵抗特殊偶然作用法。构造设计法则是通过构造措施保证结构体系具有一定的连续性、延性以提高结构抵抗连续破坏的能力。

1. 多重荷载路径法（又称"拆杆法""备用荷载路径法"）

多重荷载路径法假定某主要承重构件失效，分析结构是否形成"搭桥"能力，继而判断结构是否发生连续倒塌。用此方法提高结构抗连续倒塌能力主要依靠结构体系的连续性和延性，以保证原来作用于破坏构件上的荷载在剩余结构上重分配，维持结构在短时间内的整体稳定性。图4.2-1大致反映了此方法的力学原理。

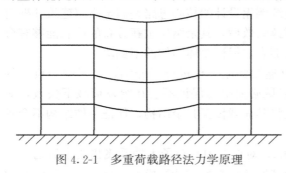

多重荷载路径法的关键是确定偶然荷载下构件可能失效的位置。美国GSA在相关规程中规定，对于典型结构，在结构底层外部，可分别移除结构短边中部柱（墙）、长边中部柱（墙）及角柱（墙）；在结构底层内部，如果未采取足够的安全措施，则应考虑移除一根内部柱（墙）。对于非典型结构，如框剪结构、竖向不连续结构、开间尺寸变化较大的结构或开间

图4.2-1 多重荷载路径法力学原理

尺寸很大的结构、平面不规则结构及密柱结构等，则应根据工程经验决定需要移除的构件。

根据是否考虑非线性和动力效应，多重荷载路径法可采用线性静力分析、非线性静力分析、线性动力分析及非线性动力分析。

（1）线弹性静力分析

线弹性静力分析是最基本和最简单的连续倒塌分析方法。主要步骤是从未加载的结构上静力移除竖向支撑构件，并对剩余结构静力施加重力荷载（乘以动力放大系数，以考虑动力影响），进行线弹性静力分析。由于对倒塌荷载的处理简单，这种方法通常得到的结果比较保守。

线弹性静力分析的优点是相对简单，计算快速，容易实现，但由于没有考虑材料非线性和动力特性，通常不宜用于复杂和大型结构的抵御连续倒塌能力分析。

（2）非线性静力分析

非线性静力分析最常被用到的是抗震分析中的"Pushover 分析"方法，它是对结构体系进行非线性全过程分析，通过逐步地增加荷载得到最大荷载（荷载控制）或最大位移（位移控制），采用这种方法可以评价承受侧向荷载结构的延性性能。

建筑结构抵御连续倒塌能力分析，可采用竖向 Pushover 分析方法，亦即通过逐步增加竖向荷载，确定最大竖向荷载或结构倒塌荷载。在进行连续倒塌分析时，正常荷载下的结构性能是已知的，因此，在大多数情况下，竖向 Pushover 分析是受荷载控制的。为了考虑动力影响，重力也要乘以放大系数。

连续倒塌通常可能是由局部结构破坏引起的，在竖向 Pushover 分析中往往仅有几个杆件会产生屈服，远离初始破坏位置的杆件可能不会屈服，即使在传力途径失效后，直接位于被移除杆件之上的竖向支撑杆件（柱）通常不会产生很大的变形，因此，当采用传统分析准则进行竖向 Pushover 连续倒塌分析时，可能得到相对较为保守的延性值。

这种方法考虑了材料非线性，但分析相对复杂，需要确定力与位移的关系曲线，没有考虑动力特性，结果过于保守，适用于相对简单的结构。

（3）线弹性动力分析

线弹性动力分析方法可以反映结构支撑杆件实际的移除过程，使结构产生真实的线弹性运动。这种方法通常比等效静力方法要精确，可以更合理地考虑连续倒塌分析的动力放大系数、惯性力和阻尼力等动力特性。这种方法考虑了动力特性，但没有考虑材料的非线性，建模通常较复杂耗时，分析也比较复杂，时程曲线和内力必须通过额外的计算来获得，对于产生较大塑性变形的结构，动力放大系数、惯性力和阻尼力的计算可能不合理。

（4）非线性动力分析

非线性动力分析可以更为合理地对爆炸引起的结构支撑构件失效时的结构反应进行分析，这种方法同时考虑了动力特性和材料非线性，提供了更为理想的结果，但分析过程可能比较耗时，而且对结果进行正确的评价存在一定的困难，在大多数情况下，分析结果需要经过独立验证，不合理的假定或不合理的模型都可能导致结果不合理，在分析中，为了减少建模和计算的时间，往往需要限制非线性单元的数量。

2. 局部抵抗特殊偶然作用方法

局部抵抗特殊偶然作用方法主要针对结构中某些重要构件，分析它们是否有能力抵抗设计考虑的偶然作用。这种方法要求预测作用于结构上的偶然荷载的类型及其量值，然后对局部构件进行承载能力极限状态分析，以使结构能够抵抗特定的突发事件。通过局部抗力分析，可以了解当这些关键构件直接受偶然事件影响时，能否有足够的能力维持结构体系的整体稳定性。这种方法可以用于任何单个构件（包括节点和构件）的失效，建筑物加固修复时，此方法比多重荷载路径法要简单和合理。

局部抵抗特殊偶然作用法允许业主有选择地对关键部位（例如外围承重柱）或者薄弱承重构件进行加固，以抵挡威胁建筑物的荷载，提高结构抗连续倒塌能力。此方法和多重荷载路径法采用相同的计算方法，但只关注关键构件，其计算模型要小，运算效率高。

3. 构造设计法

构造设计法在结构设计时除满足承载力要求外，还应通过构造要求保证结构体系的连续性、延性。从理论上来讲，如果结构体系具有一定程度的连续性、延性和足够的强度储备，在偶然作用发生后，若局部构件失效，通过结构体系本身的连续性，剩余结构内部可以形成新的荷载传递路径，从而能够维持结构的整体稳定性。美国土木工程师协会在 ASCE7-02 中推荐了几种提供建筑物整体性的措施，包括：①良好的平面布局；②连续系统的整体性；③对墙进行加固；④尽量使用双向受力板；⑤对主要承重体系进行分区；⑥利用楼板的"悬链线作用"；⑦利用结构体系的冗余性；⑧延性设计；⑨对爆炸荷载和反向荷载进行特殊的加固设计；⑩划分功能区。

4.2.2 连续倒塌分析方法

结构在偶然荷载作用下发生的连续倒塌是一个极其复杂的过程，当结构局部发生破坏，一些构件失效丧失承载力后，其几何构成和边界条件发生突变而振动，从而使剩余结构进行内力、变形和刚度重分布。本质上，结构连续倒塌是一个动力过程，同时结构的连续倒塌也必然伴随着非线性，因此合理地考虑动力效应和非线性是进行抗连续倒塌设计和评估的难点和关键所在。

对于上节规范中提出的多种分析方法，UFC 提出的多重荷载路径法的分析思路明确，结果直观，在连续倒塌设计分析中采用较多。多重荷载路径法可采用线弹性静力分析、非线性静力分析、线弹性动力分析及非线性动力分析，相对多重荷载路径法静力分析，动力分析则能考虑拆除构件时产生的动力效应。

1. 多重荷载路径法

在结构遭受意外荷载作用局部构件失效之前，结构处于初始的平衡状态，存在着一定的变形、内力和刚度的状态条件中。结构局部构件发生破坏时，从初始状态条件发生变化，即在竖向荷载作用下结构形成初始的内力、变形和刚度分布，在构件失效时结构进行内力、变形和刚度重分布，而不是直接将竖向荷载作用在"剩余结构"形成内力、变形及刚度分布的过程。

傅学怡建议采取如下方法步骤进行分析：①首先计算竖向荷载作用下的结构内力并求得失效构件对剩余结构的反力 F，拿掉欲拆除的构件，结构在竖向荷载和失效构件对剩余结构反力 F 作用下形成初始内力、刚度和变形，模拟结构的初始平衡态。②模拟构件失效承载力消失的过程，通过施加反力 F 从幅值到零的时程荷载。并将其变化过程简化为线性的变化过程。假设其变化过程持续时间为 t_0，即构件在经历 t_0 时间后失效，丧失承载力。

考虑了初始平衡态多重荷载路径法动力分析，可以使结构内力变形从初始平衡态位置在构件失效瞬间开始发生变化，观察结构在构件失效瞬间产生的动力效应。考虑结构初始平衡态可避免将全部竖向荷载立即加在包含失效构件的新结构中，使构件的内力重新分布，而令更多的竖向荷载传递到其他梁柱中，而不是失效区域的梁和柱，将局部失效影响减少到最低限度。

2. 动力弹塑性时程分析方法

多重荷载路径法通过"拿掉"可能遭遇破坏的结构构件来模拟它的失效，再验算"剩余结构"是否具有抗连续倒塌能力，避开了局部构件失效过程，简单有效。但它们均未能分析局部构件失效的成因和机理，未能分析考虑动力弹塑性效应，未能考虑到初始平衡状态（初始内力、变形、刚度）对结构受到局部破坏后的巨大影响，未能考虑偶然荷载作用下对剩余结构其他构件造成的初始损伤。

动力弹塑性时程分析方法能够更为准确考虑上述因素，在国内结构设计领域，对于重要和特殊结构，动力弹塑性时程分析方法已在抗震分析中逐渐得到推广应用，该方法可以改造应用于抗连续倒塌分析中。

运用动力弹塑性时程法进行抗连续倒塌可以较真实地模拟地震、爆炸、撞击和火灾等偶然荷载作用，以荷载时程方式输入整个过程，可以真实反映各个时刻偶然荷载作用引起的结构响应，包括变形、应力、损伤形态（初始损伤，损伤的扩展，累积损伤）构件失效的机理等。

与抗震领域的动力弹塑性分析相比，动力弹塑性分析应用于连续倒塌分析时，有如下区别：①荷载不同，地震动时程需要替换为爆炸冲击波超压，或者直接删去杆件，模拟构件失效；②材料本构不同，如果特殊构件受爆炸冲击动荷载，相应部分的本构也应修改为对应的动本构方程；③相比地震分析，连续倒塌分析的位移更大，为大位移、大扭转、高应变率问题，为了满足该问题，对应的数值积分方法、本构模型等均应进行相应的修改。

抗连续倒塌动力弹塑性时程分析的基本方法：

（1）建立结构的几何模型并进行网格划分；

（2）定义材料的本构关系，对各个构件指定相应的单元类型和材料类型确定结构的质量、刚度和阻尼矩阵；

（3）输入偶然荷载时程并定义模型的边界条件，开始计算；

（4）计算完成后，对结果（包括变形、应力、损伤形态等）数据进行处理，对结构抗连续倒塌性能进行分析和评估。

动力弹塑性时程分析法除了可以用应力、变形等指标外还可以用损伤等指标对结构的抗连续倒塌性能进行评估。可以研究构件在偶然荷载作用下失效的机理以及偶然荷载作用瞬间给剩余结构造成的初始损伤，同时也可以观察构件损伤和破坏的不断扩展及结构最后的损伤破坏情况。

4.2.3 分析软件选用

通过前面的介绍，采用"多重荷载路径法"对结构进行连续倒塌计算时，可以采用线性静力分析、非线性静力分析、线性动力分析及非线性动力分析方法进行分析。目前的结构设计软件及通用有限元软件均有其中的部分功能。

推荐采用 PKPM、SAP2000、MIDAS、3D3S、MSGS 等结构设计软件，对结构进行线性静力分析，可以利用"拆杆法"对所确定组合的内力结果，对结构构件进行承载力、稳定校核，查看预先假设的构件失效后，通过内力重分布，结构能否承受所定组合下的荷载。

可以采用 PKPM、SAP2000、MIDAS 等结构设计软件和 ANSYS、ABAQUS 等有限元软件，对结构进行非线性静力分析或线性动力分析，可以得到内力重分布下构件的受力状态，分析结构的承载能力，线性动力分析还能模拟结构的内力重分布过程。

可以采用 ANSYS、ABAQUS、MARC 等有限元软件，对结构进行非线性动力分析，同时考虑几何非线性、材料非线性，通过对结构某个构件的实效过程，结构的内力重分布，模拟结构在受到突加荷载时的整个变化过程，分析最为直接，得到的结果也最为逼真。

由于连续倒塌涉及大变形、大转角、高应变率等强非线性问题，隐式积分方法存在难以收敛的问题，显式积分方法的优势得以凸显，因此，当对结构进行连续倒塌数值模拟时，显式分析软件具有不可比拟的优势，目前在结构领域应用最多的是 ABAQUS/Explicit 模块和 LS-DYNA 软件。

4.2.4　ABAQUS 进行连续倒塌分析

1. ABAQUS 单元模型

（1）梁柱单元模型

采用纤维单元模型，所谓纤维模型，就是将杆件截面划分成若干纤维，每个纤维均为单轴受力，并用单轴应力-应变关系来描述该纤维材料的特性，纤维间的变形协调则采用平截面假定，可根据计算的需要调整截面混凝土纤维或钢筋纤维的数量，如图 4.2-2 所示。

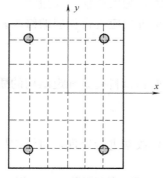

图 4.2-2　纤维梁单元模型

其基本假定为平截面假定，该单元的特点如下：

① 铁木辛柯梁，考虑剪切变形；

② 可采用弹塑性损伤模型本构关系；

③ 转角和位移分别插值，是 C_0 单元，容易和同样是 C_0 单元的壳单元连接；

④ 二次插值函数，长度方向有三个高斯积分点，精度高；

⑤ 在梁、柱截面设有多个积分，用于反映截面的应力-应变关系；

⑥ 采用 GREEN 应变计算公式。考虑大应变的特点，适合模拟梁柱在大震作用下进入塑性的状态。

由于采用纤维模型，杆件刚度由截面内和长度方向动态积分得到，其双向弯压和弯拉的滞回性能由材料的滞回性能来精确表现，同一截面的纤维逐渐进入塑性，在长度方向亦是逐渐进入塑性。为了提高计算精度，应对实际工程中的梁、柱单元细分。

描述一维单元（梁、柱）的常用弹塑性模型有塑性铰模型和塑性区模型。塑性铰模型将塑性变形限制发生在单元的局部区域，其余部位则永远保持弹性，这是对工程实际情况的简化，该模型的单元本构关系大多采用杆件的内力-变形关系，即与杆件截面相关的本构关系，如 SAP2000、ETABS 和 MIDAS 等计算程序均采用此模型，它的优点是计算工作量小，在静力单调加载计算时能够得到足够的工程精度，但无法准确描述单元屈服后的滞回规律，不适合循环动力荷载如地震作用的分析计算，同时由于单元进入塑性时刚度发生较大突变，动力时程积分往往难于收敛。

塑性区模型则是单元在长度方向和在截面内逐渐进入塑性，是对工程实际情况比较精确的模拟。该模型的单元本构关系采用材料一点的应力-应变关系，单元刚度阵则由材料一点的应力-应变关系对截面和长度积分得到，因而轴力和双向弯矩偶合作用的屈服准则和滞回规律得到较精确的模拟。目前高端的大型通用软件如 ABAQUS、ANSYS 和 NASTRAN 等均有塑性区模型。虽然塑性区模型计算工作量偏大，但现代微机计算能力的快速提高，使该模型得以进入实用化。本书介绍的 BEPTA 程序即采用塑性区模型。

（2）壳单元模型

ABAQUS 中采用分层壳元模拟剪力墙和楼板，如图 4.2-3 所示。

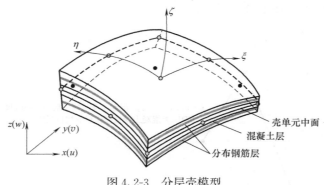

图 4.2-3　分层壳模型

其特点如下：

① 可采用弹塑性损伤模型本构关系；

② 可考虑多层分布钢筋；

③ 转角和位移分别插值，是 C_0 单元，与梁单元的连接容易；

④ 可模拟大变形、大应变的特点，适合模拟剪力墙在大震作用下进入塑性的状态。

为了提高计算精度，应对实际工程中的壳元细分。用以描述剪力墙单元的弹塑性模型是混凝土弹塑性损伤模型＋壳元。混凝土剪力墙和楼板采用弹塑性损伤模型，剪力墙和楼板的分布钢筋也能在单元内一并考虑。

2. 材料本构模型

（1）钢材本构模型

钢材本构模型采用双线性随动硬化模型（如第 2 章图 2.3-8 所示），包辛格效应已被考虑，在循环过程中，无刚度退化。计算分析中，设定钢材的强屈比为 1.2，极限应变为 0.025。

（2）混凝土材料模型

采用弹塑性损伤模型，可考虑材料拉压强度的差异，刚度、强度的退化和拉压循环的刚度恢复。混凝土材料进入塑性状态伴随着刚度的降低，其刚度损伤分别由受拉损伤参数 d_t 和受压损伤参数 d_c 来表达，如图 4.2-4 所示，d_t 和 d_c 由混凝土材料进入塑性状态的程度决定。

混凝土弹塑性损伤模型是一种连续的、塑性为基础的损伤混凝土模型，由 Lubliner 和 Lee 等人提出，它假定混凝土的破坏形式是拉裂和压碎，混凝土的单轴抗压和抗拉强度不同，相差达 10 倍以上，因此混凝土进入塑性后的损伤系数分别由两个独立的参数控制，混凝土受拉（压）塑性损伤后卸载反向加载受压（拉）的刚度恢复亦分别由两个独立的参数控制。

计算中，混凝土材料轴心抗压和轴心抗拉强度标准值按《混凝土结构设计规范》GB 50010—2010 取值。

需要指出的是，偏保守考虑，计算中混凝土均不考虑截面内横向箍筋的约束增强效应，仅采用规范中建议的素混凝土参数。混凝土本构关系曲线如图 4.2-4、图 4.2-5 所示。

当荷载从受拉变为受压时，混凝土材料的裂缝闭合，抗压刚度恢复至原有的抗压刚度；当荷载从受压变为受拉时，混凝土材料的抗拉刚度不恢复。在双向受力状态下，混凝土损伤模型屈服如第 2 章图 2.3-3 所示。

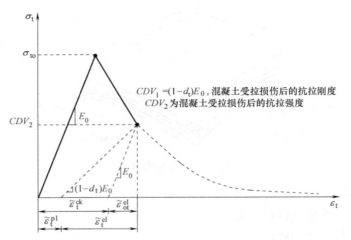

图 4.2-4　混凝土受拉应力-应变曲线及损伤示意图

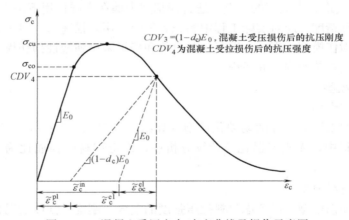

图 4.2-5　混凝土受压应力-应变曲线及损伤示意图

可以看到，伴随着混凝土材料进入塑性状态程度大小，其刚度逐渐降低，在弹塑性损伤本构模型中上述刚度的降低分别由受拉损伤因子 d_t 和受压损伤因子 d_c 来表达。采用 Najar 的损伤理论，脆性固体材料的损伤定义如下（参见第 2 章图 2.3-14 所示）：

$$d_t \text{ 或 } d_c = \frac{W_0 - W_\varepsilon}{W_0}$$

式中，$W_0 = \frac{1}{2}\varepsilon : E_0 : \varepsilon$，$W_\varepsilon = \frac{1}{2}\varepsilon : E : \varepsilon$，依次为无损材料及损伤材料的应变能密度；$E_0$ 及 E 分别为无损材料及损伤材料的四阶弹性系数张量；ε 为相应的二阶应变张量。

计算中，混凝土材料轴心抗压和轴心抗拉强度标准值按《混凝土结构设计规范》GB 50010—2010 附录 C 表 4.1.3 采用。此外，在弹塑性损伤本构模型中采用受拉损伤因

子 d_t 和受压损伤因子 d_c 来体现伴随着混凝土材料进入塑性状态程度大小，其刚度逐渐降低的现象。参考闫晓荣等给出的损伤因子表达如下：

$$受拉损伤因子：\begin{cases} d_t=1-\sqrt{\dfrac{1.2-0.2x^5}{1.2}} & (x\leqslant 1) \\[3mm] d_t=1-\sqrt{\dfrac{1}{1.2[\alpha_t(x-1)^{1.7}+x]}} & (x>1) \end{cases}$$

式中，$x=\dfrac{\varepsilon}{\varepsilon_t}$，$\alpha_t$ 参见规范定义。

$$受压损伤因子：\begin{cases} d_c=1-\sqrt{\dfrac{1}{\alpha_a}[\alpha_a+(3-2\alpha_a)x+(\alpha_a-2)x^2]} & (x\leqslant 1) \\[3mm] d_c=1-\sqrt{\dfrac{1}{\alpha_a[\alpha_d(x-1)^2+x]}} & (x>) \end{cases}$$

式中，$x=\dfrac{\varepsilon}{\varepsilon_c}$，$\alpha_a$，$\alpha_d$ 参见规范定义。按照上述公式，并进行适当修正后引入本书计算。

本算例中混凝土单轴应力状态的受压损伤因子与应变关系如图 4.2-6 所示。

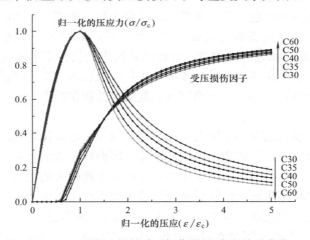

图 4.2-6　混凝土材料受压损伤因子-应变关系曲线

可以看出，材料拉/压弹性阶段相应的损伤因子为 0，当材料进入弹塑性阶段后损伤因子增长较快，其中当混凝土受压达到峰值强度时受压损伤因子约为 0.2～0.3。

与前述剪力墙混凝土采用的本构模型一致，框架柱中混凝土同样采用弹塑性损伤模型。考虑到柱配筋率较高，以及其内部设置的型钢对混凝土有一定的约束效应，因此对柱混凝土的受压本构关系考虑一定的约束效应以客观、合理反映实际，约束效应的考虑方法主要参考了钱稼如等"普通箍筋约束混凝土柱的中心受压性能"一文，如图 4.2-7 所示。而对于柱混凝土受拉部分仍与前文一致。

3. 动力方程的数值解法

采用直接积分法，结构在地震作用下的动力微分方程为：

$$m\ddot{x}+c\dot{x}+f=-m\ddot{u}_g \tag{4.2-1}$$

由于结构的非线性性质，振型叠加法已不适用，必须采用直接积分的方法。隐式和显

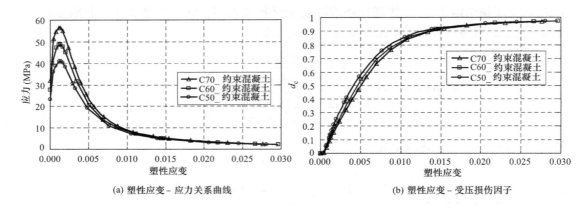

(a) 塑性应变 – 应力关系曲线　　　　　　　(b) 塑性应变 – 受压损伤因子

图 4.2-7　柱约束混凝土材料特性曲线

式是主要的直接积分方法。隐式的算法是利用下一时刻的平衡求得下一时刻的位移，而显式则利用本时刻的平衡求得下一时刻的位移。一般来说，对于动力学问题，通常采用无条件稳定的隐式算法，其中 Newmark 方法是应用最广泛的隐式算法，但用此法进行弹塑性时程分析时遇到下面两个问题：其一是隐式算法要求每一步都要作矩阵求逆，但随着结构自由度的增加，矩阵求逆所需的时间成几何级数增长，如对于一个近 5 万自由度系统的 20s 历程，即使每步求逆都是一次收敛，其计算时间也会长得不堪忍受；其二是当结构的非线性程度严重时，有些步还需要进一步细分步长才能收敛。更为严重的是，当结构出现严重的刚度突变（塑性铰模型）或负刚度（混凝土塑性损伤模型）时，即使细分步长也不能收敛，从而得不到计算结果。

显式算法的稳定步长需要小于所有单元的最小周期，通常比隐式小一个数量级。但显式算法不需要矩阵求逆，也不需要形成刚度矩阵，因而每一步的求解时间很少。而且其求解时间的增长与单元数目的增长成算术比例，这样对于规模大的题目，显式算法就具有优越性。另外，因为采用小步长，能够更精确地描述地震作用，也避免了在结构严重非线性时隐式算法会发生的发散问题。基于上述考虑，BEPTA 软件采用显式算法。

ABAQUS 提供了两种不同的直接动力积分法：隐式算法和显式算法。

隐式算法通常采用 Newmark 法，它是根据 t 时刻的平衡通过动力微分方程式（4.2-1）求得 $t+\Delta t$ 时刻的平衡，从而得到 $t+\Delta t$ 时刻结构的动力反应。求解过程中需对结构的刚度矩阵求逆，当结构有非线性时，还需进行平衡迭代以消除不平衡力。当满足一定条件时，Newmark 法是无条件稳定的，即时间步长 Δt 的大小可不影响解的稳定性。Δt 的选择主要根据解的精度确定，通常情况下，$\Delta t < T/10$（T 为结构的基本周期）就可获得较精确的结果。应用隐式算法进行弹塑性时程分析时存在两个方面的问题：一是隐式算法要求每一步都要作刚度矩阵求逆，随着结构自由度数目的增加，矩阵求逆所需的时间成几何级数增长。二是当结构存在有严重非线性时，步长还需要进一步细分，特别是当结构出现严重刚度突变或负刚度时，即使细分步长也不能收敛，从而无法得到计算结果。

显式算法通常采用中心差分法，它是根据 t 时刻及 $t-\Delta t$ 时刻结构的动力反应通过公式（4.2-1）求得 $t+\Delta t$ 时刻结构的动力响应，计算过程无需刚度矩阵求逆及平衡迭代。显式算法是有条件稳定，其稳定性条件是：$\Delta t \leqslant \Delta t_{cr} = T_n/\pi$，其中，$T_n$ 是结构中构件最小固有振动周期。由此可见，结构模型中单元的最小尺寸决定积分过程的时间步长 Δt，单元尺寸愈小，则积分过程中的时间步长就愈小，计算用时也愈长。因此，在实际结构模型中，应避免单元尺寸过小，从而造成计算用时不合理增加。

显式分析与隐式分析计算时间与自由度数的关系如图 4.2-8 所示。

显式算法的稳定步长通常比隐式算法小 2～3 个数量级，但显式算法不需矩阵求逆及平衡迭代，因而每一步的求解时间很短，而且其求解时间的增长与结构自由度的增长成正比，求解过程中不存在收敛性问题。因此，对规模较大的弹塑性模型进行弹塑性时程分析时，显式算法具有无可比拟的优越性。基于以上原因，本次弹塑性时程分析中采用显式算法。

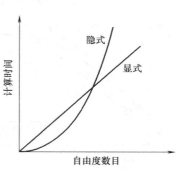

图 4.2-8 显式分析与隐式分析计算时间与自由度数的关系

本书采用 ABAQUS 软件对本工程结构进行地震响应分析。在计算分析过程中考虑了以下非线性因素：

① 几何非线性。结构的动力平衡方程建立在结构变形后的几何状态上，"$P\text{-}\Delta$" 效应、非线性屈曲效应、大变形效应等都被精确考虑。

② 材料非线性。直接在材料应力-应变本构关系层面上进行模拟。

③ 施工过程非线性。本结构为超高层钢筋混凝土结构，因此较为细致的施工模拟与结构的实际受力状态更为接近，分析中按照整个工程的建造及加固过程，共分为 3 个施工阶段，采用 "单元生死" 技术进行模拟。

需要指出的是，整个分析同时采用了 ABAQUS/Standard 与 ABAQUS/Explicit，即结构施工建造过程的模拟采用 ABAQUS/Standard 进行，并在此基础上采用 ABAQUS/Explicit 完成地震响应的动力分析。

4.2.5 利用 LS_DYNA 进行连续倒塌分析

1. LS-DYNA 常用混凝土动态损伤模型及其参数确定方法

LS-DYNA 中关于混凝土模型有十几种本构描述方法，包括弹性本构、弹塑性本构、损伤本构以及脆性断裂本构等，弹性本构以及弹塑性本构由于参数较少，应用比较方便；损伤本构以及断裂本构，其本构参数较多并且大部分需要通过相关试验确定，在动力荷载作用下结构反应差距较大，因此其应用受到一定的限制。由于目前对混凝土结构研究的深入，越来越多的计算开始使用复杂的混凝土动力模型。其中使用较为广泛的模型包括 HJC 混凝土模型、Mat_Concrete_Damage 混凝土模型、Mat_Concrete_Damage_Rel13 混凝土模型和 Mat_Brittle_Damage 混凝土模型等，这些模型的参数较多，确定过程比较复杂，最后预测的结果偏差也较大。为了研究不同的混凝土模型对计算结果影响，本书通过查阅大量文献资料，总结了这几种模型参数确定方法，下面分别介绍其确定过程。

（1）HJC 混凝土本构模型

HJC 混凝土本构模型是 1993 年 T. J. Holmquist 和 G. R. Johnson 所提出的针对混凝土在大应变、高应变率和高压强条件下的一种计算模型，可以计算累计损伤对材料性能的影响。该本构模型自提出以来，被广泛地应用于钢筋混凝土侵彻问题的研究，其模拟结果与试验现象较为吻合，很多学者也对模型参数取值进行过研究和改进。

如图 4.2-9 所示，该本构中混凝土的等效屈服强度是压力、应变率及损伤的函数。其归一化等效应力为：

$$\sigma^* = [A(1-D)+Bp^{*N}][1-C\ln(\dot{\varepsilon}^*)] \tag{4.2-2}$$

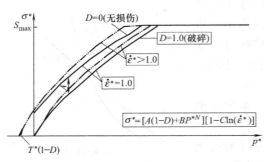

图 4.2-9　HJC 混凝土本构模型

式中，$\sigma^* = \sigma/f_c'$ 为归一化的等效内力，σ 为混凝土真实应力，f_c' 混凝土的静态单轴抗压屈服强度，应满足 $\sigma^* \leqslant S_{\max}$；$p^* = p/f_c'$ 为归一化的静水围压，p 为实际静水围压；D 为混凝土的断裂损伤指数，$0 \leqslant D \leqslant 1$；$\dot{\varepsilon}^* = \dot{\varepsilon}/\dot{\varepsilon}_0$ 为无量纲的等效应变率，$\dot{\varepsilon}$ 为实际应变率，$\dot{\varepsilon}_0$ 为参考应变率；A、B、N、C 和 $S_{\max}$ 均为混凝土的材料参数，A 为归一化内聚强度，B 为归一化压力硬化系数，N 为归一化压力硬化指数，C 为应变率系数，$S_{\max}$ 是归一化的最大强度，均由实测确定。

混凝土的断裂损伤指数 D 表示为：

$$D = \sum \frac{\Delta\varepsilon_p + \Delta\mu_p}{\varepsilon_p^f + \mu_p^f} \tag{4.2-3}$$

式中，$\Delta\varepsilon_p$ 和 $\Delta\mu_p$ 分别为在一个积分步长内的等效塑性应变和等效体积应变的增量；ε_p^f 和 μ_p^f 为在常压 p 下断裂时的塑性应变和体积应变，为了计算方便，定义 $f(p)$ 为在一定压力下材料直到断裂失效所产生的塑性应变，用下式表示：

$$f(p) = \varepsilon_p^f + \mu_p^f = D_1(p^* + T^*)^{D_2} \tag{4.2-4}$$

$$D_1(p^* + T^*)^{D_2} \geqslant \varepsilon_{f\min} \tag{4.2-5}$$

式中，$T^* = T/f_c'$，T 为最大拉伸强度；D_1 和 D_2 为实测损伤常数；常数 $\varepsilon_{f\min}$ 为最小破碎塑性应变。

混凝土的压力-体积应变关系在受压区和受拉区均分为三段表述，第一区是线弹性区，压力 $p \leqslant p_c$ 或者 $\mu \leqslant \mu_c$；第二个区是过渡区，$p_c \leqslant p \leqslant p_{pl}$ 或者 $\mu_c \leqslant \mu \leqslant \mu_{pl}$，在该阶段，混凝土内的孔洞逐渐被压缩，从而产生塑性变形；第三区为密实区，混凝土满足下列关系：

$$p = K_1\bar{\mu} + K_2\bar{\mu}^2 + K_3\bar{\mu}^3 \tag{4.2-6}$$

图 4.2-10 给出了混凝土本构静水压力与体积应变之间的关系。

表 4.2-1 中，K 为弹性体积模量；K_1、K_2、K_3 为常数；插值函数 $F = \dfrac{\mu_{\max} - \mu_c}{\mu_{pl} - \mu_c}$，$\mu_{\max}$ 为卸载之前所到达的最大体积应变，p_c 和 μ_c 分别为混凝土材料空隙开始闭合时临界压力和体应变，p_l 和 μ_{pl} 分别为混凝土材料空隙全部闭合时临界压力和体积应变；μ_0 为混凝土单元卸载前的体积应变；$\mu_{pl} = \dfrac{\rho_g}{\rho_0} - 1$，$\rho_g$ 为颗粒密实时混凝土材料的密度，也称晶

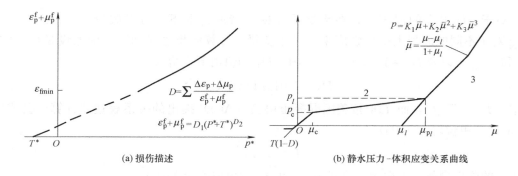

(a) 损伤描述　　　　　　　　　　(b) 静水压力-体积应变关系曲线

图 4.2-10　HJC 模型的混凝土损伤描述和压力-体积变形关系曲线

体密度，ρ_0 为初始密度。

HJC 混凝土模型压力 p 与体积应变 μ 的关系　　　　　　　表 4.2-1

三阶段	分区		加载	卸载
压缩阶段	弹性区	$0 < \mu \leqslant \mu_c$	$K\mu$	$K\mu$
	过渡区	$\mu_c < \mu \leqslant \mu_{pl}$	$p_c + K(\mu - \mu_c)$	$p_c + K_1(\mu_0 - \mu_c) +$ $[(1-F)K + FK_1](\mu - \mu_0)$
	密实区	$\mu > \mu_{pl}$	$K_1\bar{\mu} + K_2\bar{\mu}^2 + K_3\bar{\mu}^3$	$K_1\bar{\mu}$
拉伸阶段		$0 \leqslant -p \leqslant T$	$K\mu$	$K\mu$
		$-p > T$	0	0
断裂后重新受压	恢复阶段	$\mu_1 < \mu \leqslant 0$	0	—
	过渡区	$0 \leqslant \mu \leqslant \mu_{pl}$	$p_1^* \mu / \mu_{pl}$	$p_c + K_1(\mu_0 - \mu_c) +$ $[(1-F)K + FK_1](\mu - \mu_0)$
	密实区	$\mu > \mu_{pl}$	$K_1\bar{\mu} + K_2\bar{\mu}^2 + K_3\bar{\mu}^3$	$K_1\bar{\mu}$

在 LS-DYNA 中，应用 HJC 模型需要输入 21 个参数，这些参数主要有初始密度 ρ_0 和剪切模量 G，本构方程中等效应力表达式（4.2-2）中的 A、B、C、N，拟静力单轴抗压强度 f_c，归一化的最大强度 S_{max}，参考应变率 $\dot{\varepsilon}_0$，式（4.2-5）中最小破碎塑性应变 ε_{fmin} 以及塑性常数 D_1、D_2，式（4.2-6）中的压力常数 K_1、K_2、K_3，表 4.2-1 中混凝土材料空隙开始闭合时临界压力和体应变 P_{crush} 和 μ_{crush} 以及混凝土材料空隙全部闭合时临界压力和体应变 P_{lock} 和 μ_{lock}，失效类型判断标志 F_s。表 4.2-2 给出了轴心抗压强度 $f_c =$ 48.0MPa 的 HJC 参数在 LS-DYNA 中的数值输入。

HJC 模型参数（48MPa）　　　　　　　表 4.2-2

*MAT_JOHNSON_HOLMQUIST_CONCRETE(单位：m，kg，s)								
RO	G	A	B	C	N	FC	T	EPS0
2400	1.49E10	0.79	1.60	0.007	0.61	4.8E7	4.0E6	1.0E-6
EFMIN	SFMAX	PC	UC	PL	UL	D1	D2	K1
0.01	7.0	1.60E7	0.01	8.0E8	0.10	0.03	1.0	85E9
K2	K3	FS						
−171 E9	208 E9	0.0						

对于不同强度的混凝土，在无试验数据支持的情况下，可以假设 A、B、C、N、S_{max} 对于不同的混凝土抗压强度来说是不变量，计算结果也显示这样的假设是可取的。D_2 和 ε_{fmin} 可以取 $D_2 = 1.0$，$\varepsilon_{fmin} = 0.01$。$D_1$ 的值由下式给出：

$$D_1 = 0.01/(1/6 + T^*) \tag{4.2-7}$$

式中，$T^* = T/f_c'$，而 T 值按美国混凝土协会（ACI）提出的关系表达式计算（公式中 T 和 f_c 的单位均为 MPa）：

$$T = 0.62 f_c^{1/2} \tag{4.2-8}$$

混凝土的弹性模量可以取为（公式中 E_c 和 f_c 的单位均为 MPa）[6]：

$$E_c = \frac{10^5}{2.2 + \dfrac{34.74}{f_c}} \tag{4.2-9}$$

混凝土泊松比一般取 $\nu = 0.2$，根据弹性理论可以计算混凝土的弹性模量 K 和剪切模量 G：

$$K = \frac{E_c}{3(1 - 2v)}$$
$$G = \frac{E_c}{2(1 + v)} \tag{4.2-10}$$

P_{crush} 计算公式为：

$$P_{crush} = f_c/3 \tag{4.2-11}$$

这样，可以计算 $\mu_{crush} = \dfrac{P_{crush}}{K}$；混凝土的压实密度，一般可以取 $\rho_g = 2680 \text{kg/m}^3$，可得 $\mu_{pl} = \dfrac{\rho_g}{\rho_0} - 1$；对于混凝土压实阶段，由于混凝土的成分相差不大，认为压实后混凝土的 $p\text{-}\mu$ 是一致的，即参数 K_1、K_2、K_3 取值相同。

参数 P_{lock} 需要由试验数据确定，因此，在 HJC 混凝土本构模型中，除了 P_{lock} 之外，其他参数均可以由 f_c 计算。

F_s 在程序默认状态下取 0，不考虑失效；如果取 $F_s < 0$，在 $P^* + T^* < 0$ 时失效，材料拉伸破坏；如果取 $F_s > 0$，则当 $\varepsilon > F_s$ 时失效。

（2）Mat_Concrete_Damage 混凝土本构模型

Mat_Concrete_Damage（简称 D 模型）包括初始屈服面、极限强度面和残余强度面，可以模拟后继屈服面在初始屈服面和极限屈服面之间以及软化面在极限强度面和残余强度面之间的变化。该模型必须与状态方程一起使用，可以考虑钢筋作用、应变率效应、损伤效应、应变强化和软化作用。

Mat_Concrete_Damage 混凝土模型是由 Mat_Pseudo_Tensor（伪张量模型）改进而来。

Mat_Pseudo_Tensor 是带有损伤和失效的两曲线模型（图 4.2-11），其最大失效面和残余失效面表达式为：

$$\Delta \sigma_m = a_0 + \frac{p}{a_1 + a_2 p} \quad （最大失效面） \tag{4.2-12}$$

$$\Delta\sigma_r = a_{0f} + \frac{p}{a_{1f} + a_2 p} \quad (\text{残余失效面}) \tag{4.2-13}$$

对于混凝土本构，LS-DYNA 手册给出了参数建议值：

$$a_0 = \frac{f_c}{4}, \quad a_1 = \frac{1}{3}, \quad a_2 = \frac{1}{3f_c}, \quad a_{0f} = 0, \quad a_{1f} = 0.385$$

由于 Mat_Pseudo_Tensor 在模拟混凝土动力性能方面还有一定局限性，所以 Malvar 等人在其基础上又发展了新的 Mat_Concrete_Damage 模型，增加了屈服面和损伤参数，但是模型参数较多，参数的确定难度较大。

在 D 模型中，将体积响应和偏量响应分开考虑，对于体积响应，采用状态方程（压力与体积应变关系曲线）确定；一旦知道压力，屈服或失效面就限制了第二应力偏应力量不变量，从而可以计算偏量响应。受压时混凝土的塑性流动按照 Prandtl-Reuss 流动法则，将体积响应和偏量响应分开考虑会导致

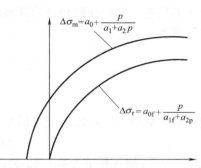

图 4.2-11　有损伤和失效的
两曲线混凝土本构

无法考虑混凝土的剪切膨胀性质，因此对于有明显的边界约束和低损伤水平的结构，计算结果往往比预期效果偏软。

为了与试验更加吻合，D 模型增加一个有三个新参数（a_{0y}，a_{1y}，a_{2y}）表示的初始屈服面，同时为了不让当 p 足够大时，两个固定面彼此平行，又增加了一个参数 a_{2f}，因此使用 8 个参数（a_0，a_1，a_2，a_{1f}，a_{2f}，a_{0y}，a_{1y}，a_{2y}）定义了三个固定的屈服面：

$$\Delta\sigma_m = a_0 + \frac{p}{a_1 + a_2 p} \quad (\text{最大失效面}) \tag{4.2-14}$$

$$\Delta\sigma_r = \frac{p}{a_{1f} + a_{2f} p} \quad (\text{残余失效面}) \tag{4.2-15}$$

$$\Delta\sigma_y = a_{0y} + \frac{p}{a_{1y} + a_{2y} p} \quad (\text{屈服失效面}) \tag{4.2-16}$$

式中，$\Delta\sigma = \sqrt{3J_2}$，$J_2 = (S_1^2 + S_2^2 + S_3^2)/2$，$p = -(\sigma_1 + \sigma_2 + \sigma_3)/3$（应力以拉伸为正、压缩为负，压力以压缩为正，拉伸为负）。

在达到最大屈服面之前，屈服面由最大强度面 $\Delta\sigma_m$ 和残余强度面 $\Delta\sigma_y$ 之间插值获得，即：

$$\Delta\sigma = \eta\Delta\sigma_m + (1-\eta)\Delta\sigma_y \tag{4.2-17}$$

式中，η 是与损伤变量 λ 相关的函数，在 0～1 之间变化，函数 $\eta(\lambda)$ 由用户自己以一系列（η，λ）数组形式输入，从（0，0）开始，当 $\lambda = \lambda_m$ 时，η 增加到 1，此时屈服面达到最大失效面，此后的屈服面由最大失效面和残余失效面确定：

$$\Delta\sigma = \eta\Delta\sigma_m + (1-\eta)\Delta\sigma_r \tag{4.2-18}$$

之后，η 再逐渐衰减到 0，即屈服面最后到达残余失效面。参数 η 反映了屈服面的强化和软化。其中 $\lambda = \int_0^{\bar{\varepsilon}^p} \dfrac{\mathrm{d}\bar{\varepsilon}^p}{(1 + p/f_t)^{b_1}}$，而 $\mathrm{d}\bar{\varepsilon}^p = \sqrt{(2/3)\,\varepsilon_{ij}^p \varepsilon_{ij}^p}$，对于拉伸压力（$p < 0$）损伤

演化参数 b_1 按如下方法替换为 b_2，即：$\lambda = \begin{cases} \int_{\bar{\varepsilon}^p}^{\bar{\varepsilon}^p} \dfrac{\mathrm{d}\bar{\varepsilon}^p}{r_f(1+p/r_f f_t)^{b_1}} & (p \geqslant 0) \\ \int_0^{\bar{\varepsilon}^p} \dfrac{\mathrm{d}\bar{\varepsilon}^p}{r_f(1+p/r_f f_t)^{b_2}} & (p < 0) \end{cases}$ 同时该模型

为了对接近三轴拉伸路径处的轨迹改变的影响做一定的限制，增加的损伤用一个系数 f_d 进行调整：

$$f_d = \begin{cases} 1 - \dfrac{|\sqrt{3J_2}/p|}{0.1} & 0 \leqslant |\sqrt{3J_2}/p| < 0.1 \\ 0 & |\sqrt{3J_2}/p| \geqslant 0.1 \end{cases} \tag{4.2-19}$$

使得修改后的等效塑性应变被增加为：

$$\Delta\lambda = b_3 f_d k_d (\varepsilon_v - \varepsilon_{v,\text{yield}}) \tag{4.2-20}$$

式中，b_3 为输入标量参数；k_d 为内标量乘数；ε_v 为体积应变；$\varepsilon_{v,\text{yield}}$ 为屈服体积应变。在计算中，该材料本构主要是输入 a_0、a_1、a_2、a_{1f}、a_{2f}、a_{0y}、a_{1y}、a_{2y}、b_1、b_2、b_3 等不变量，需要输入 η 与损伤变量 λ 的关系曲线，同时需要输入混凝土压力和体积应变曲线。

由于 D 模型输入的参数较多，而目前的 LS-DYNA 手册并没有给出所有参数的确定方法，本书结合已有的研究成果，在其他学者研究基础上，给出了一种用于确定 D 模型本构参数的计算方法。

首先，介绍目前对参数的确定方法的已有研究成果。

参数 (a_0, a_1, a_2) 可以通过混凝土的三轴压缩试验进行拟合，或者采用下列方法进行估算：

参数 a_0 表示最大失效面与应力差分轴的交点，即 $\Delta\sigma|_{p=0} = a_0$；

参数 a_1 是 $p=0$ 时的斜坡的倒置，即：

$$\left[\frac{d}{d_p}\Delta\sigma\right]_{p=0} = \frac{1}{a_1} \tag{4.2-21}$$

对于非常大的 p 值，方程右边的分母由 $a_2 p$ 决定，即：

$$\Delta\sigma - a_0 \rightarrow \frac{1}{a_2} \qquad \text{当 } p \rightarrow \infty \tag{4.2-22}$$

对于没有试验数据支持的情况下，可以采用 LS-DYNA 建议值：

即 $$a_0 = \frac{f_c}{4}; \ a_1 = 1/3, \ a_1 = \frac{1}{3f_c}$$

对于 a_{1f} 和 a_{2f}，LS-DYNA 建议 $a_{1f} = 1.5$，同时考虑 $\Delta\sigma_r = 0.85\Delta\sigma_m$ 和试验曲线确定 a_{2f}。

初始屈服面大约是在三轴压缩路径上位于 $\Delta\sigma = 0.45\Delta\sigma_m$ 处点的位置，如图 4.2-11 所示，对于最大失效面上的点 $(p, \Delta\sigma_m)$，位于屈服面上的相应点 $(p', \Delta\sigma_m)$ 是

$$\Delta\sigma_y = 0.45\Delta\sigma_m \text{ 和 } p' = p - \frac{0.55}{3}\Delta\sigma_m \tag{4.2-23}$$

将 $\Delta\sigma_y$ 表示成 p 的函数：

$$\Delta\sigma_y = 0.45\left(a_0 + \frac{p}{a_1 + a_2 p}\right) \tag{4.2-24}$$

于是将 p 表示成 p' 的函数：

$$p = -\frac{1}{2}\left[\frac{a_1}{a_2} - p' - \frac{0.55}{3}\left(a_0 + \frac{1}{a_2}\right)\right] - \frac{1}{2}\sqrt{\left[\frac{a_1}{a_2} - p' - \frac{0.55}{3}\left(a_0 + \frac{1}{a_2}\right)\right]^2 + 4\left(\frac{0.55 a_0 a_1}{3 a_2} + \frac{a_1}{a_2}p'\right)}$$

$$\tag{4.2-25}$$

从而使 $\Delta\sigma_y$ 可作为 p' 的函数得以计算，$\Delta\sigma_y$ 函数曲线如图 4.2-12 所示。因此可以在线 $\Delta\sigma_y(p')$ 上取 3 个点，求解参数（a_{0y}，a_{1y}，a_{2y}）。

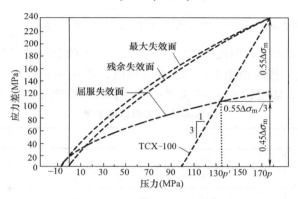

图 4.2-12 D 模型屈服面示意图

对于未知的混凝土模型，如果已知无约束压缩强度 $f_{c,new}$，但不知道混凝土材料失效面，那么可以从已知材料的数据中换算出数据，令 $r = \dfrac{f_{c,new}}{f_{c,old}}$，$f_{c,old}$ 是已有模型混凝土的无约束压缩强度，则新的材料失效面为：

$$\Delta\sigma_n = a_{on} + \frac{p}{a_{1n} + a_{2n}p} \tag{4.2-26}$$

式中，$a_{0n} = a_0 r$，$a_{1n} = a_1$，$a_{2n} = a_2/r$。当缺少试验数据或者拟合结果不适合情况下，很难对参数进行准确的描述，而 LS-DYNA 建议值 $a_0 = \dfrac{f_c}{4}$，$a_1 = 1/3$，$a_1 = \dfrac{1}{3 f_c}$ 并没有可靠的理论依据。

下面给出确定 a_0、a_1、a_2、a_{1f}、a_{2f}、a_{0y}、a_{1y}、a_{2y} 的方法。对于参数 a_0、a_1、a_2 来说，如果能够确定 a_0 的数值，那么再需要 2 个试验点，就可以定出 a_1、a_2 的数值，在这里，假设最大失效面与应力差分轴的交点（即 $\Delta\sigma|_{p=0} = a_0$）的数值，与 Ottosen 强度准则（当然也可以假设其他强度准则）相同；这样，可以由已知的 Ottosen 强度准则与应力差分轴的交点来确定 a_0，对于 Ottosen 强度准则，其表达式为：

$$f(I_1, J_2, \cos 3\theta) = a\frac{J_2}{f_c'^2} + \lambda\frac{\sqrt{J_2}}{f_c'} + b\frac{I_1}{f_c'} - 1 = 0 \tag{4.2-27}$$

$$\lambda = \lambda(\cos 3\theta) > 0 \tag{4.2-28}$$

式中，常数 a、b 用于确定子午线曲线；λ 函数用来确定偏平面破坏图形。

对于不同的 f_t/f_c'，当 $\theta = 60°$ 时，a、b、λ 取值如表 4.2-3 所示。当取 $I_1 = 0$ 时，方

程是关于 $\sqrt{J_2}$ 的一元二次方程，解出的结果可以由公式 $\Delta\sigma = \sqrt{3J_2}$ 求出 a_0 的值。确定 a_0 之后，可以由 2 个试验点求解关于 a_1、a_2 的二元一次方程，点 $(p, \Delta\sigma) = (1/3f_c, f_c)$ 和 $(p, \Delta\sigma) = (1.73f_c, 3.68f_c)$ 在压缩极限面上，可以通过这两点求解 a_1、a_2。当 a_0、a_1、a_2 确定之后，就可以确定最大极限面 $\Delta\sigma_m$。然后根据 $\Delta\sigma_y = 0.45\Delta\sigma_m$ 和 $p' = p - \dfrac{0.55}{3}\Delta\sigma_m$ [点 $(p', \Delta\sigma_m)$ 在初始屈服极限面上] 可以确定出参数 a_{0y}、a_{1y}、a_{2y}。对于 a_{0f}、a_{1f}、a_{2f}，混凝土本构中取 $a_{0f} = 0$，残余强度失效面大约为最大强度失效面的 0.8 倍，在本书取残余强度失效面大约为最大强度失效面的 0.75 倍，因此可以假设按照初始屈服极限面的方法确定 a_{1f}、a_{2f}，即 $\Delta\sigma_r = 0.75\Delta\sigma_m$ 和 $p'' = p - \dfrac{0.25}{3}\Delta\sigma_m$，其中点 $(p'', \Delta\sigma_m)$ 在残余屈服极限面上，因此可以取 $(p'', \Delta\sigma_m)$ 上两个点确定参数 a_{1f}、a_{2f}。

对于 b_1、b_2、b_3，推荐使用 LS-DYNA 建议值，即 $b_1 = 1.6$，$b_2 = 1.35$，$b_3 = 1.15$。

在 LS-DYNA 中，需要输入 $\eta \sim \lambda$ 关系曲线，其具体取值参见表 4.2-4。

Ottosen 准则参数取值参考 表 4.2-3

f_t/f_c'	a	b	λ
0.08	1.8076	4.0962	7.7834
0.10	1.2759	3.1962	6.5315
0.12	0.9218	2.5969	5.6979

$\eta \sim \lambda$ 关系曲线 表 4.2-4

ω	0	8E-6	2.4E-5	4E-5	5.6E-5	7.2E-5	8.8E-5
η	0	0.85	0.97	0.99	1	0.99	0.97
ω	3.2E-4	5.2E-4	5.7E-4	1E0	10E1	1E10	
η	0.5	0.1	0	0	0	0	

Malvar 等人通过数值模拟与试验对比，表明 Mat_Concrete_Damage 本构模型可以很好地模拟混凝土在冲击荷载下的单向、双向、三向受力特性。在此本构基础上，Malvar 等人又进一步改进了该本构模型，引入了 Mat_Concrete_Damage_Rel13 本构模型，该模型只是在 DYNA971 版本以后引入的，由于该本构的研究是与 K&C 公司合作研究，因此研究内容很难获得。但是 Mat_Concrete_Damage_Rel13 最方便之处是用户可以直接输入混凝土轴心抗压强度 f_c，其他数据可以由程序自动生成。

实际程序中是利用轴心抗压强度（f_c）45.4MPa 混凝土的试验数据，利用未知的混凝土模型与已知的 45.4MPa 混凝土的试验数据破坏面参数之间的关系，使用户只要输入未知混凝土模型轴心抗压强度（$f_{c,new}$）即可自动生成全部的参数。

（3）钢筋本构

钢筋本构采用双线性弹塑性模型，如图 4.2-13 所示，对应的 LS-DYNA 中使用材料 Mat_Piecewise_Linear_Plasticity 关键字，其可以通过三种方式考虑材料应变率的影响：

①应变率效应使用 Cowper and Symonds 模型计算，其比例系数为 $1 + \dfrac{\dot{\varepsilon}}{C}$，其中 $\dot{\varepsilon}$ 是材料

的应变率，C 和 P 一般取值是 $40s^{-1}$ 和 5；②定义一条屈服应力的增大系数曲线，该曲线是随应变率变化的，用来考虑钢筋屈服应力随应变率的变化；③如果考虑应力路径的影响，可以定义一个表格，来考虑不同的应力应变路径情况下，钢筋屈服应力随应变率的变化。本书采用第二种方式计算钢筋的应变率效应，即钢筋的应变率效应采用下列动力强度增大系数计算：

$$DIF = \left(\frac{\dot{\varepsilon}}{10^{-4}}\right)^{\alpha} \tag{4.2-29}$$

式中，$\dot{\varepsilon}$ 为钢筋的应变率（s^{-1}），其范围是 $10^{-4} \sim 225s^{-1}$，$\alpha = 0.074 - 0.04 f_y/414$，$f_y$ 为钢筋屈服强度，其中 $290\text{MPa} \leqslant f_y \leqslant 710\text{MPa}$。

2. LS_DYNA 进行连续倒塌模拟

结构连续倒塌是复杂的动力非线性问题，其分析主要涉及两个难点，即不连续位移场的描述、接触碰撞分析以及结构倒塌过程中大位移、大转动的描述。

连续倒塌模拟需考虑结构单元截面由塑性铰产生的断裂，并对由此造成了不连续位移场做出恰当的数学描述。目前，解决不连续位移场问题非有限元方法主要有离散元法、扩展散体法和应用单元法等，有限元法是基于连续力学原理方法，因此必须改进。LS-DYNA 软件中包含了 Lagrange 固体力学算法和现时构形的物质坐标，它把计算网格固定在材料上，可以跟踪物质的运动，能够清楚地识别材料的边界和

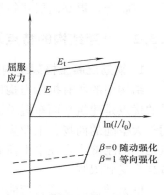

图 4.2-13 钢筋本构模型

交界面，记录和表现材料性质的时间历史，准确地反映材料的本构特性，与材料侵蚀算法结合使用可以有效地解决材料破碎引起的位移场不连续问题。

连续倒塌中还伴随着结构质量和刚度的剧烈重分配，不可避免地出现失效构件与余下结构、地面以及相邻建筑物等接触碰撞问题。LS-DYNA 程序能处理各类结构界面的动态接触和相对滑移问题，提供了数十种不同的接触类型。通过定义可能发生相互接触的两个表面（分别称为主、从表面），并加入适当的算法，可以有效解决倒塌碰撞问题。倒塌分析中涉及的结构大位移、大转动描述。LS-DYNA 是功能齐全的几何非线性即大位移、大转动和大应变有限元数值计算软件，考虑与变形历史有关的大变形问题时采用增量法，将时间变量离散成某个时间序列，在每个 Δt 间隔内假定是线性的小变形，总体累积是非线性的大变形。

此外，LS-DYNA 包含的显式分析单元具有特殊的自由度：速度和加速度。这些参数记录能真实全面地反映倒塌过程的发展。该软件还能考虑材料损伤特性，并能通过动画形式演示倒塌过程，这是其他隐式分析软件所不具备的。

4.3 框架结构地震作用下的倒塌仿真分析及试验研究

4.3.1 试验目的

（1）研究结构刚度变化对结构抗震性能和抗连续倒塌能力的影响。

我国《建筑抗震设计规范》GB 50011—2010 和《高层建筑混凝土结构技术规程》JGJ 3—2010 中对竖向不规则性的具体规定表述如下："高层建筑的竖向体型宜规则、均匀，避免有过大的外挑和收进。结构的侧向刚度宜下大上小，逐渐均匀变化。A 级高度高层建筑的楼层抗侧力结构的层间受剪承载力不宜小于其相邻上一层受剪承载力的 80%，不应小于其相邻上一层受剪承载力的 65%；B 级高度高层建筑的楼层抗侧力结构的层间受剪承载力不应小于其相邻上一层受剪承载力的 75%。"通过振动台试验，检验我国对刚度规则性要求的合理性。

当框架结构刚度比不满足规范要求时，是否容易引发结构的连续倒塌。

（2）对地震作用下的框架结构进行数值模拟分析，并检验数值模拟分析结果与试验结果是否吻合，提高高层建筑结构连续倒塌数值模拟分析方法的准确性。

4.3.2 框架结构的特点及层刚度比的意义

1. 钢筋混凝土框架结构的特点

结构中的所有抗侧力构件全部采用框架，所形成的结构体系，称为框架体系。框架体系的优点是建筑平面布置灵活，可任意分割房间，容易满足生产工艺和使用要求。它既可用于大空间的商场、工业生产车间、礼堂，也可用于住宅、办公楼、医院和学校建筑；缺点是侧向刚度小，在水平荷载作用下侧向变形大，承受水平地震作用的能力较弱，因而建造高度受到限制。

框架结构的变形为弯曲变形形式，层间侧移自上而下逐层增大，具体描述如下：

（1）以弯曲变形为主

框架侧移以整体剪切变形为主，框架在水平力作用下（图 4.3-1a），由水平力引起的倾覆力矩，使框架的近侧柱拉伸、远侧柱压缩，形成框架的整体弯曲变形 Δ_b（图 4.3-1b）；由水平力引起的楼层剪力，使梁、柱产生垂直于其杆轴线的剪切变形和弯曲变形，形成框架的整体剪切变形 Δ_s，（图 4.3-1c）。当框架的层数不太多时，框架的侧移主要是由整体剪切变形引起的，整体弯曲变形的影响甚小。

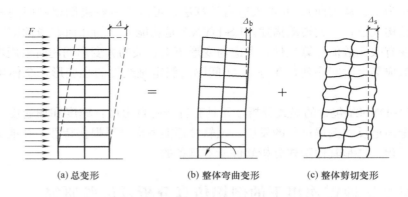

(a) 总变形   (b) 整体弯曲变形   (c) 整体剪切变形

图 4.3-1 水平荷载作用下框架的变形

柱、梁弯曲变形是框架侧移的主因，在框架整体剪切变形所引起的层间侧移中，楼层剪力和弯矩，使柱产生垂直于杆轴方向的剪切和弯曲变形，直接构成侧移分量；框架节点上下的柱端弯矩在梁中引起的剪力和弯矩，使梁产生竖向弯曲变形，并导致框架节点发生转动，间接地构成侧移分量。从这个侧移分解示意图 4.3-2 中可以看出：层间侧移的大小与楼层剪力的数值成正比，侧移的大小与梁、柱的截面惯性矩 I 成反比。

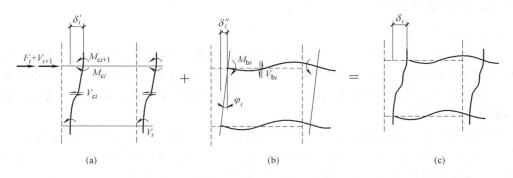

图 4.3-2　框架层间侧移的主要组成分量

（2）层间侧移自上而下逐层增大

地面运动时建筑受到的水平地震作用，沿房屋高度方向大体上是呈倒三角形分布，由此引起的框架楼层剪力自上而下累积而逐层加大，在底层达到最大值。虽然框架的梁、柱截面也是自上而下分段逐级加大，但梁、柱抗弯刚度的增长率低于楼层剪力的增长率，框架的层间侧移自上而下仍存在着逐层增大的趋势，整体侧移曲线近似于以结构底部为零点的正弦曲线。框架的这种"剪切型变形"属性，使它的最小层间侧移发生在结构的顶部，最大层间侧移发生在结构的底层或底部几层。

2. 框架结构楼层刚度比

目前，有关结构楼层刚度比计算方法，主要有如下三种：

① 通过层间位移角比来衡量结构侧向刚度变化；

② 等效剪切刚度比；

③ 楼层剪力和层间位移比计算楼层刚度比。

三种计算楼层刚度比方法中，①层间位移角比法仅考虑了结构构件布置方式、位置及构件尺寸大小，弱化了层高的影响。当仅考虑弹性计算时该方法似乎有一定论据，但它未考虑到楼层层高的突变将引起该层结构极限承载力的降低，设计中往往误判为满足楼层侧向刚度比限值要求，认为该层结构不需再乘以软弱层地震剪力增大系数。这样，当框架结构在强震作用下进入弹塑性阶段后，层高突变的楼层将呈现出严重的位移角突变，继而导致该软弱层严重破坏或倒塌。②等效剪切刚度比法仅仅考虑了层间竖向构件的贡献而忽略了水平构件的影响，且对层间构件布置方式和位置也未曾涉及，所以该法属于近似方法。③楼层剪力和层间位移比计算楼层刚度比方法从刚度的原始定义出发，反映了力与位移的关系。虽然计算中层间侧移没有扣除所谓的结构"无害位移"，但因为这里采用的是相邻层刚度比或与其上相邻层刚度平均值的关系，其无害位移差别甚微，尤其是对于剪切型框架结构更是完全可以忽略不计，所以采用该方法来限制钢筋混凝土框架结构楼层刚度比应是较为恰当的。

从上节的震害分析来看楼层的刚度比对框架结构地震下的破坏起着至关重要的作

用，所以本书以层刚度的变化对结构薄弱层的影响着手，进行框架结构连续倒塌试验。

4.3.3 试验模型

1. 结构原型考虑

为尽量减少其他因素影响，仅研究首层刚度对框架结构倒塌的影响，试验原型为完全对称的十层框架结构，如图 4.3-3 所示，其平面轴线尺寸为 24.0m×24.0m。抗震设防烈度为 7 度，设计基本地震加速度值取 0.15g，设计地震分组第三组，场地类别Ⅱ类，框架抗震等级二级，周期折减系数 0.65。

3 个算例的首层层高分别为 5.4m、6.8m 和 7.8m，其余 2~10 层层高均为 3.6m，剖面如图 4.3-4~图 4.3-6 所示。对应层高不同变化的 3 个算例分别称为方案一、方案二和方案三。混凝土强度等级：梁、板均为 C35，框架柱为一~六层 C45，七~十层 C35。楼板厚度为 200mm，梁、柱构件具体尺寸见表 4.3-1。

<table>
<tr><td colspan="6" align="center">框架结构梁、柱构件尺寸</td><td align="right">表 4.3-1</td></tr>
<tr><td rowspan="2" align="center">楼层</td><td colspan="3" align="center">梁截面（宽×高，mm）</td><td align="center">柱截面（mm）</td><td align="center">备注</td></tr>
<tr><td align="center">方案一</td><td align="center">方案二</td><td align="center">方案三</td><td></td><td></td></tr>
<tr><td align="center">1~2</td><td align="center">400×600</td><td align="center">600×600</td><td align="center">650×650</td><td align="center">700×700</td><td></td></tr>
<tr><td align="center">3~4</td><td align="center">350×600</td><td align="center">350×600</td><td align="center">350×600</td><td align="center">650×650</td><td></td></tr>
<tr><td align="center">5~7</td><td align="center">350×600</td><td align="center">350×600</td><td align="center">350×600</td><td align="center">600×600</td><td></td></tr>
<tr><td align="center">8~10</td><td align="center">400×450</td><td align="center">400×450</td><td align="center">400×450</td><td align="center">550×550</td><td></td></tr>
</table>

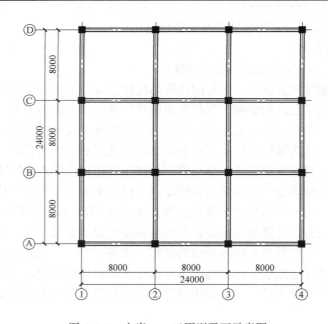

图 4.3-3 方案一~三原型平面示意图

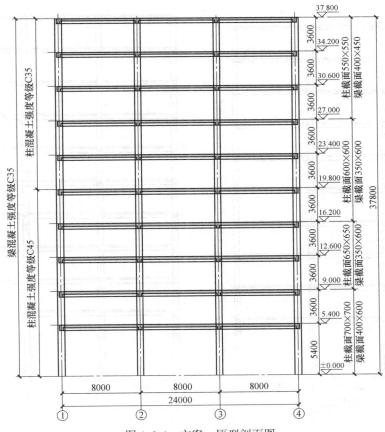

图 4.3-4　方案一原型剖面图

2. 试验模型

根据《建筑抗震试验方法规程》JGJ/T 101—2015 的规定，确定本次振动台试验所采用的主要相似关系。其中长度比为 1∶10（模型∶原型）；周期比 1∶3.16；加速度比 1∶1。

根据试验室振动台等设备条件，本试验按 1∶10 几何缩尺设计结构模型。

由于在实际工程中，建筑物一层常因作为公共场所而改变层高，故本次试验所选 3 个高层（十层）框架模型的层高变化均在一层，一层层高分别是模型一 540mm，模型二 680mm，模型三 780mm，其余九层层高均为 360mm。

模型构件截面及配筋根据相似比进行设计，楼板厚度 20mm，混凝土强度等级为 C30，双层双向配筋，上筋 1.2@15，下筋 1.0@15。

柱截面大小三个模型相同，一、二层为 70mm×70mm，三、四层为 65mm×65mm，五～七层为 60mm×60mm，八～十层为 55mm×55mm，一～六层混凝土强度等级为 C40，七～十层混凝土强度等级为 C30。

梁截面除一、二层（模型一为 40mm×60mm，模型二为 60mm×60mm，模型三为 65mm×65mm）不等外，其余各层均相等，三～七层为 35mm×60mm，八～十层为 40mm×45mm，混凝土强度等级均为 C30。

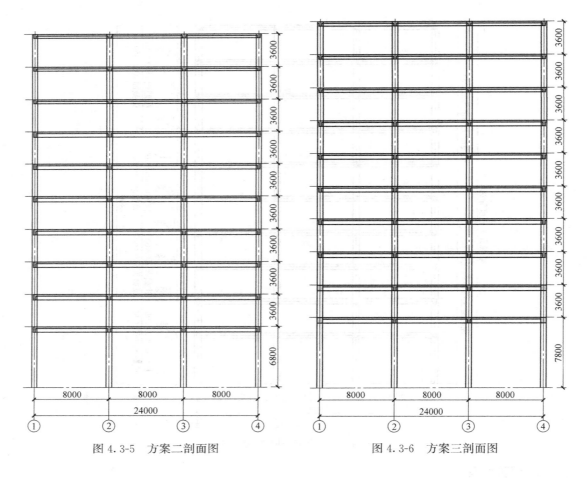

图 4.3-5　方案二剖面图　　　　　　　　图 4.3-6　方案三剖面图

4.3.4　试验方案

1. 竖向加载方案

模型重量相似关系为 1：120，方案 1 原型结构总重为 65443.391kN，故模型一总重应为 545.36kN，扣除模型自重（44.579kN）后，总配重为 500.781kN，均匀加到模型各层，每层配重约为 50.1kN；方案 2 原型结构总重为 66926.844kN，则模型二总重应为 557.724kN，扣除模型自重（46.0kN）后，总配重为 511.724kN，均匀加到模型各层，每层配重约为 51.2kN；方案 3 原型结构总重为 67754.688kN，则模型三总重应为 564.622kN，扣除模型自重（46.8kN）后，总配重为 517.822kN，均匀加到模型各层，每层配重约 51.8kN。

2. 水平加载方案及加速度传感器布置

根据原型结构的设计条件及结构动力特性，Ⅱ类场地，设计地震分组第三组，特征周期 $T_g=0.45s$，设防烈度 7 度（0.15g），结构主要振型所对应的周期为 $T_1=1.907s$，三个模型所对应的三个原型方案计算选用一条人工模拟地震时程曲线 RGB2 和两条实际强震记录 TRB1、TRB2 进行振动台试验。并选用地震波 TRB1、TRB2 进行框架结构的连续倒塌试验。

图 4.3-7 为地震波 TRB1 的加速度时程曲线以及加速度反应谱曲线。为尽量排除其他因素影响，第一阶段三个模型振动台试验均采用单向输入地震波（小、中震时分别输入 TRB1、TRB2 两条波，中震以后仅输入 TRB1 一条波）的加载方式，加载方向如图 4.3-8 所示，图中模型的东、西立面垂直于加载方向，南、北立面平行于加载方向。

根据试验室模型制作时位置的具体情况，试验是先做模型三，接着做模型二，然后做模型一。为了对因层高改变引起层刚度变化的框架结构在罕遇地震作用下破坏现象有更加全面、直观的了解，充分研究框架结构的抗震性能及倒塌破坏机理，第二阶段对模型一、二进行倒塌试验，此时输入的是双向地震波。

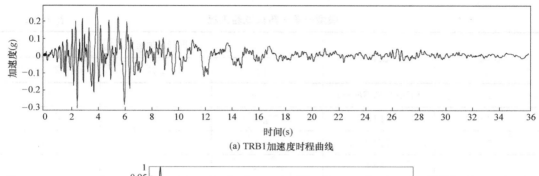

(a) TRB1加速度时程曲线

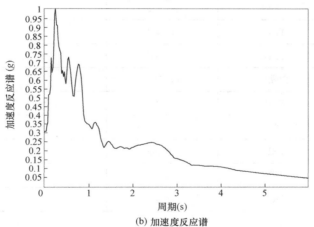

(b) 加速度反应谱

图 4.3-7　TRB1 地震波加速度时程曲线及加速度反应谱

4.3.5　试验工况

各模型试验工况大致相同，为控制篇幅，仅描述模型一试验工况。

模型一共进行了两个阶段的试验，第一阶段为常规振动台试验，第二阶段为地震倒塌试验。

第一阶段振动台试验包括白噪声扫描在内共分 19 个工况，各工况的名称、编号、输入地震波及其峰值加速度见表 4.3-2。模型基础底板上在 X、Y 向

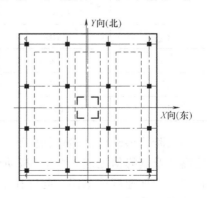

图 4.3-8　地震波输入方向

各布置 1 个加速度传感器，用于测量模型基础底板加速度；为校核对称位置加速度值和防止个别加速度传感器失灵丢失数据，在模型的一、三、五、七和九层每层沿 X 向布置 3 个加速度传感器，沿 Y 向布置 1 个；在模型的二、四、六、八和十层每层沿 X 向布置 2 个加速度传感器，沿 Y 向布置 1 个；共布置了 37 个加速度传感器。由于原设计框架的设防烈度为 7 度（0.15g），试验时，以多遇地震下的峰值加速度 55gal 为起点，按照 7 度 （0.15g）中震 150gal、7 度（0.15g）大震 310gal、8 度（0.2g）大震 400gal、8 度 （0.3g）大震 510gal、9 度（0.4g）大震 620gal、750gal、900gal 的顺序输入，直至结构破坏倒塌。

模型一第一阶段试验工况

表 4.3-2

工况	波名	台面峰值加速度		
		X 向	Y 向	Z 向
1	白噪声（加满配重）	0.050g		
2	TRB1	55gal		
3	TRB2	55gal		
4	白噪声	0.050g		
5	TRB1	150gal		
5A	TRB2	150gal		
6	白噪声	0.050g		
7	TRB1	310gal		
8	白噪声	0.050g		
9	TRB1	400gal		
10	白噪声	0.050g		
11	TRB1	510gal		
12	白噪声	0.050g		
13	TRB1	620gal		
14	白噪声	0.050g		
15	TRB1	750gal		
16	白噪声	0.050g		
17	TRB1	900gal		
18	白噪声	0.050g		

第二阶段振动台试验包括白噪声扫描在内共分 10 个工况，各工况的名称、编号、输入地震波及其峰值见表 4.3-3。振动台试验的测点在础底板及一～十层，每层在 X、Y 向各布置 2 个加速度传感器，此外在十层的 Z 向还布置了 1 个加速度传感器；共布置了 45 个加速度传感器。

模型一第二阶段试验工况　　　　　　　　　　　　表 4.3-3

工况	波名	台面峰值加速度		
		X 向	Y 向	Z 向
1	白噪声(加满配重)		0.050g	
2	TRB1		310gal	
3	白噪声		0.050g	
4	TRB1		400gal	
5	白噪声		0.050g	
6	TRB	400gal	340gal	
7	白噪声	0.050g	0.050g	
8	TRB	620gal	530gal	
9	白噪声	0.050g	0.050g	
10	TRB	750gal	640gal	

注：双向输入，X 向输入 TRB1，Y 向输入 TRB2。

4.3.6　振动台试验结果简述

1. 裂缝发展过程及结构自振特性变化过程

本试验重点研究框架结构在地震作用下的倒塌性能，表 4.3-4 给出了 3 个模型在第一阶段振动台试验的破坏现象总结。

本试验结构在地震下发生倒塌破坏时，是经历了前面多个较小的地震工况，结构已经出现塑性铰，有一定的损伤累积，从表 4.3-5～表 4.3-7 中结构的周期变化可以看出，结构刚度变化非常大，因此，结构仿真分析时也需在考虑前面的工况基础上进行。

第一阶段振动台试验现象总结　　　　　　　　　　表 4.3-4

工况	模型一	模型二	模型三
150gal	①加载方向，四、六、八、九层顶梁端产生竖向裂缝； ②垂直加载方向，三、四、七、八层顶各有一根梁梁端产生竖向裂缝	加载方向，个别梁梁端、梁柱节点处产生微细裂缝	①加载方向，一层顶梁、柱端出现裂缝； ②垂直加载方向，四、五、八层顶各有一根梁梁端出现裂缝
310gal	①加载方向，各层梁端均有裂缝，原有裂缝发展； ②垂直加载方向，继续产生梁端裂缝	①加载方向，梁端裂缝增多； ②底层中间四柱柱顶出现裂缝	①梁端裂缝明显增多； ②底层中间四柱柱顶出现贯通裂缝，角柱柱顶也出现裂缝
400gal	①加载方向，梁上裂缝发展较充分，有的梁端出现上下贯通缝； ②垂直加载方向，梁端裂缝开展； ③西侧一根框架柱在一层柱根保护层脱落	①梁上裂缝继续发展； ②底层柱上、下端均出现裂缝，梁、柱节点处出现斜裂缝	①底层中间四根柱柱顶严重开裂，保护层脱落，柱根出现塑性铰； ②角柱柱顶裂缝继续开展

工况	模型一	模型二	模型三
510gal	①加载方向,梁上裂缝继续开展,底部三层梁端裂缝宽度加宽; ②垂直加载方向,梁端裂缝继续开展; ③又一根框架柱在一层柱根保护层脱落	①梁上裂缝继续发展; ②底层柱上、下端裂缝继续开展	①底层中间四根柱柱顶折断,其余底层柱上、下端均出现塑性铰; ②梁柱节点裂缝明显
620gal	裂缝继续增多	①梁上裂缝继续发展; ②底层柱上、下端裂缝继续开展	
750gal	①加载方向梁上裂缝基本上下贯通; ②垂直加载方向,梁端裂缝较多	底层柱上端混凝土保护层严重脱落	
900gal	加载方向中间两排柱柱根均出现塑性铰		

模型一第一阶段试验白噪声扫描结构自振频率及阻尼比　　　　　表 4.3-5

工况	一阶		二阶
	频率(Hz)	阻尼比(%)	频率(Hz)
1	1.81	6.38	5.23
4	1.81	6.39	5.18
6	1.70	7.16	4.95
8	1.47	8.83	4.43
10	1.22	8.80	3.98
12	1.12	10.37	3.82
14	1.08	11.30	3.68
16	0.99	10.53	3.19
18	0.91	15.76	2.95

模型二第一阶段试验白噪声扫描结构自振频率及阻尼比　　　　　表 4.3-6

工况	一阶		二阶
	频率(Hz)	阻尼比(%)	频率(Hz)
1	2.00	5.97	5.54
4	1.99	5.73	5.54
6	1.75	5.41	5.12
8	1.47	8.69	4.65
10	1.26	10.52	4.33
12	1.19	10.28	4.18
14	1.15	10.53	4.10
16	1.07	10.78	4.05

模型三第一阶段试验白噪声扫描结构自振频率及阻尼比   表 4.3-7

工况	一阶		二阶
	频率(Hz)	阻尼比(%)	频率(Hz)
1	1.92	5.78	5.64
4	1.92	6.78	5.62
6	1.62	7.65	5.17
8	1.44	6.77	4.88
10	1.30	8.48	4.29
12	1.19	8.65	3.94

2. 模型一第二阶段地震倒塌试验

第二阶段振动台试验为了更加全面、直观地考察因层高变化引起楼层刚度改变框架结构在罕遇地震作用下破坏状态，充分研究框架结构的抗震性能及倒塌、破坏机理，第二阶段对模型一进行了以 X 向为主方向、Y 向为次方向的双向地震波输入作用下的倒塌试验。

首先对模型进行 X、Y 双方向白噪声激励，接着进行第二工况加载。每次加载后，分别对模型进行白噪声激励，得到各级地震作用后模型的自振特性见表 4.3-8。

模型一第二阶段试验白噪声扫描结构自振频率及阻尼比   表 4.3-8

工况	方向	一阶		二阶
		频率(Hz)	阻尼比(%)	频率(Hz)
1	Y	1.44	6.57	3.95
3	Y	1.13	9.96	3.18
5	Y	0.98	13.79	2.94
7	X	0.89	15.81	2.77
	Y	0.95	15.02	2.80
9	X	0.85	12.17	2.61
	Y	0.85	11.22	2.54

输入 X 向峰值加速度 900gal，Y 向峰值加速度 770gal 的双向地震波时，整个模型结构倾倒到振动台四周的钢结构维护框架上，倒塌情况详见图 4.3-9、图 4.3-10。

3. 模型二第二阶段地震倒塌试验

第二阶段振动台试验同模型一，第二阶段对模型二也进行了以 X 向为主方向、Y 向为次方向的双向地震波输入作用下的倒塌试验（表 4.3-9）。

模型二第二阶段试验白噪声扫描结构自振频率及阻尼比   表 4.3-9

工况	方向	一阶		二阶
		频率(Hz)	阻尼比(%)	频率(Hz)
1	X	1.15	9.04	3.91
	Y	1.56	6.75	4.3
3	Y	1.15	10.19	3.52

图 4.3-9　模型一倒塌

图 4.3-10　首层梁柱节点放大图（梁铰）

输入 X 向峰值加速度 620gal，Y 向峰值加速度 530gal 的双向地震波时，模型结构一层柱上下端均出现塑性铰，该层结构变形迅速加大，柱上、下节点处混凝土酥碎，有的钢筋拉断，整个模型倒塌、"坐"到保护振动台的两根钢梁上，最终二层柱根部也都开裂严重，详细情况见图 4.3-11、图 4.3-12。

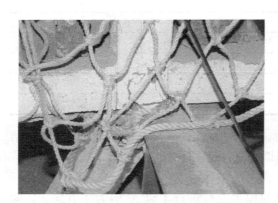

图 4.3-11　梁柱节点破坏（柱铰）

图 4.3-12　首层框架柱破坏引起整体倒塌

4. 模型三第一阶段最后工况引发破坏

模型三仅进行了第一阶段单向输入地震波的试验。加载方向沿 X 向（东西向）。从各级地震作用后模型的自振特性表可以看出，随着地震输入强度的逐步加大，模型结构整体刚度下降，自振周期与阻尼比总体呈增大趋势。

当峰值加速度为 400gal 时，一层中间四柱上端严重开裂，同时伴有混凝土保护层崩落，柱根部出现塑性铰，框架角柱柱顶裂缝发展。

当峰值加速度为 510gal 时，一层中间四柱上部折断，其余框架柱上、下端也均出现明显的塑性铰，梁、柱节点斜裂缝明显，模型结构一阶频率下降为弹性状态下的62.0%，实测对应的阻尼比为8.65%，为弹性状态下的149.7%。

最终模型破坏状况如图4.3-13、图4.3-14所示。

图4.3-13　模型三第一阶段最后一步工况结构破坏整体状况

图4.3-14　柱顶放大图

5. 小结

三个模型的破坏情况简述如下：

（1）模型一在罕遇地震作用下变形均匀，先是框架梁开裂，裂缝发展、增多，直到输入地震波峰值加速度为400gal时，梁上裂缝发展较充分，有的梁端裂缝上下贯通，模型西侧才有一根框架柱在一层柱根部位混凝土保护层脱落；在第二阶段双向大震作用下，模型一（底层5.4m高原型）未出现首层柱塑性铰的破坏状态，首层为梁铰破坏机理，二层发生了柱铰破坏，结构向一侧倾倒，最终模型结构整体倾倒，同时伴随着明显的扭转变形，总体表现出良好的整体屈服机制。

（2）模型二在输入单向地震波峰值加速度为310gal时，一层中间柱柱顶即开裂，一层层间位移角为二层层间位移角的1.64倍，底层已表现出明显的塑性变形集中现象；在第二阶段双向地震作用下模型结构一层柱上、下端均出现塑性铰，该层结构变形迅速加大，柱上、下端混凝土酥碎，有的钢筋拉断，整个模型坍塌、"坐"到保护振动台的两根钢梁上，扭转位移显著。

（3）模型三在输入单向地震波峰值加速度为310gal时，一层中间四根框架柱柱顶裂缝贯通，框架角柱柱顶也产生裂缝，一层层间位移角是二层层间位移角的2.06倍，底层塑性变形集中现象较模型二更为严重；当峰值加速度为510gal时，一层中间四柱上部折断，其余框架柱上、下端也均出现明显的塑性铰，模型结构已严重破坏。

综上可知：

（1）3个模型均按正常设计，在设计地震大震作用310gal时，均未发生地震倒塌，满足了"大震不倒"的要求，模型一和模型二均是在9度大震双向输入（X向620gal，Y向530gal）时发生倒塌，说明按照规范设计，结构是安全可靠的。模型三则由于在第一阶段试验时已严重破坏，故未再进行倒塌试验。

（2）模型三在远远小于前两个模型地震作用的时候，就发生了中柱柱顶震酥的现象。说明框架的层间刚度的变化、薄弱层的出现对结构的抗震非常不利，在结构设计中应当避免，对于模型三这样的底层层高特别大的结构，应当适当增大柱子截面，调整首层和其上的楼层抗侧移刚度基本相当。

4.3.7 倒塌试验的数值仿真

1. 模型一地震倒塌仿真

（1）模型结构特征周期

结构的特征周期如表4.3-10所示。从结构实测频率来看，模型一的 X 向第一阶实测频率为1.81Hz，X 向第二阶为5.23Hz。表4.3-10给出的频率为第一阶1.80Hz，第二阶5.18Hz，二者相差不足1%，数值仿真的结果非常理想。

模型一结构特性 表4.3-10

振型	频率	周期	质量参与系数（%）		振型描述
			X	Y	
1	1.8006	0.5554	84.77	0.00	X 向一阶
2	1.8211	0.5491	0.00	84.22	Y 向一阶
3	2.3193	0.4312	0.00	0.00	一阶扭转
4	5.1768	0.1932	10.18	0.00	X 向二阶
5	5.2239	0.1914	0.00	10.45	Y 向二阶
6	6.5918	0.1517	0.00	0.00	高阶扭转
7	9.0862	0.1101	3.49	0.00	X 向三阶
8	9.1320	0.1095	0.00	3.68	Y 向三阶
9	11.5060	0.0869	0.00	0.00	高阶扭转
10	13.9920	0.0715	1.56	0.00	X 向四阶
11	14.0260	0.0713	0.00	1.65	Y 向四阶
12	17.0350	0.0587	0.00	0.00	高阶扭转

（2）地震波

根据相似关系，输入地震波与原型的地震波相比，峰值加速度保持不变，时间缩尺为原来的1/3.16，相应频谱也发生改变，经测量，结构基础的加速度反应与输入地震波之间略有差别，如图4.3-15所示为倒塌试验最后一个工况输入地震波TRB1和TRB2以及结构底座加速度反应的对比。

（3）大震弹塑性分析结果

图4.3-16给出了在大震下，框架结构倒塌的数值仿真结果，与结构倒塌试验的模型破坏现象、破坏位置基本一致。

从图4.3-17所给框架柱的受压损伤因子看，柱子破坏最严重的是首层框架柱的底端和二层框架柱的顶端，与试验结果一致。根据模型一在双向地震输入下的倒塌过程，结构从开始倾斜到彻底倒塌，历时不到1s，按时间比尺计算，也就是实际一个10层框架结构在地震下倒塌的过程不足3s，人们完全没有能力在这么短的时间内逃生，所以框架结构在设计时考虑结构的防倒塌是必要的。

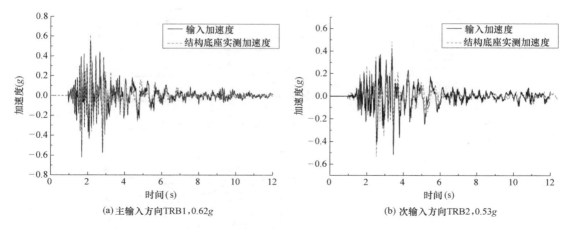

(a) 主输入方向TRB1,0.62g

(b) 次输入方向TRB2,0.53g

图4.3-15　输入加速度与结构底座实测加速度的对比

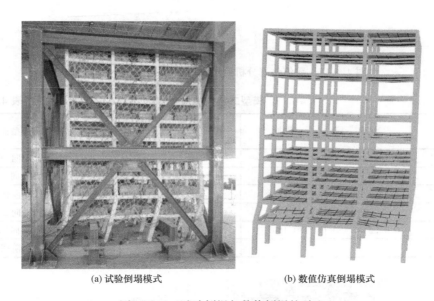

(a) 试验倒塌模式

(b) 数值仿真倒塌模式

图4.3-16　试验倒塌与数值倒塌的对比

2. 模型二地震倒塌仿真

（1）模型结构特征周期

结构的特征周期如表4.3-11所示，结构的典型振型与模型一类似。模型二的 X 向第一阶实测频率为 2.00Hz， X 向第二阶为 5.54Hz；表4.3-11给出的频率为第一阶 1.87Hz，第二阶 5.24Hz，数值仿真存在 6.5% 的误差，属可接受范围。

（2）大震弹塑性分析结果

图4.3-18给出了在大震下，框架结构倒塌的数值仿真结果，与结构倒塌试验的模型破坏现象、破坏位置基本一致。从图4.3-19所给框架柱的受压损伤因子看，柱子破坏最厉害的是首层框架柱的底端和顶端，与试验结果一致。图4.3-20给出了模型二在双向地震输入下的倒塌过程。

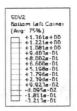
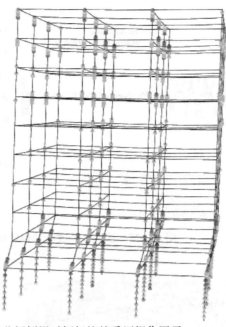

图 4.3-17　数值仿真分析倒塌时框架柱的受压损伤因子

模型二结构特性　　　　　　　　　　　　　　表 4.3-11

振型	频率	周期	质量参与系数(%)		振型描述
			X	Y	
1	1.8326	0.5457	0.00	85.39	Y 向一阶
2	1.8731	0.5339	84.16	0.00	X 向一阶
3	2.4226	0.4128	0.00	0.00	一阶扭转
4	5.1598	0.1938	0.00	10.59	Y 向二阶
5	5.2437	0.1907	11.30	0.00	X 向二阶
6	6.6809	0.1497	0.00	0.00	高阶扭转

(a) 试验倒塌模式

(b) 数值仿真倒塌模式

图 4.3-18　试验倒塌与数值倒塌的对比

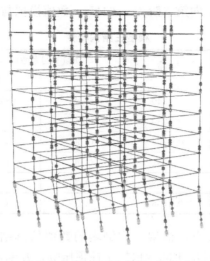

图 4.3-19 数值仿真分析倒塌时框架柱的受压损伤因子

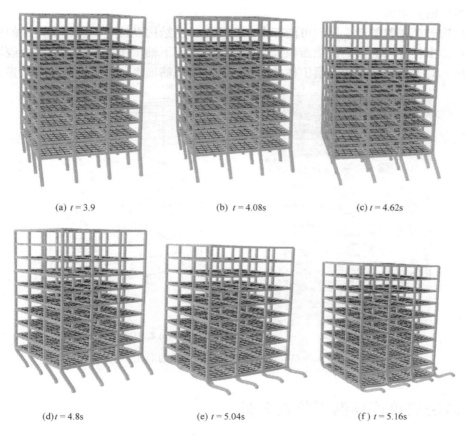

| (a) $t = 3.9$ | (b) $t = 4.08s$ | (c) $t = 4.62s$ |
| (d) $t = 4.8s$ | (e) $t = 5.04s$ | (f) $t = 5.16s$ |

图 4.3-20 模型二地震倒塌过程

3. 模型三地震倒塌仿真

结构的特征周期如表 4.3-12 所示，结构的典型振型与模型一类似。模型三的 X 向第一阶实测频率为 1.92Hz，X 向第二阶为 5.64Hz，数值模拟与实测结果存在 16% 的偏差。

模型三结构特性   表 4.3-12

振型	频率	周期	质量参与系数(%)		振型描述
			X	Y	
1	1.6026	0.6240	0.08	86.64	Y 向一阶
2	1.6027	0.6239	86.64	0.08	X 向一阶
3	2.0846	0.4797	0.00	0.00	一阶扭转
4	4.4807	0.2232	0.06	10.29	Y 向二阶
5	4.4812	0.2232	10.30	0.06	X 向二阶
6	5.7608	0.1736	0.00	0.00	高阶扭转

图 4.3-21 给出了在大震下，框架结构倒塌的数值仿真结果。在单向 510gal 地震波 TRB1 作用下，框架结构的首层中间四根柱子柱顶压酥，并未发生倒塌。数值模拟的结果显示，结构在该工况地震作用下也未发生倒塌，首层中间四根柱子的轴压比、受压损伤因子均比四周的柱子大。

该结构破坏现象的产生原因可能存在以下几点：①结构设计中，边柱及角柱的配筋有所加强；②中柱分摊的竖向荷载面积大，竖向荷载作用下轴压比大。从该试验的破坏现象可以看出，对于框架结构，首层中柱的节点区、柱端箍筋加密区需要进行适当加强。

(a) 试验倒塌模式   (b) 数值仿真倒塌模式

图 4.3-21 试验倒塌与数值倒塌的对比

4.4 高层建筑连续倒塌仿真分析

高层建筑的主要竖向构件为剪力墙、框架柱、斜撑等，高层建筑与大跨空间结构相比，竖向构件的数量少，结构的冗余度低，一旦框架柱、墙等竖向构件发生破坏，很容易导致建筑的连续倒塌。

如何评价高层建筑的抗倒塌能力，目前尚无权威的方法，国内外学者的观念也不统一。本书从两个方面评价结构的抗连续倒塌能力，一是评价结构在特大地震下的抗连续倒塌能力，二是评价结构在某个关键竖向构件受到爆炸或火灾等偶然荷载破坏后的抗连续倒塌能力。

当高层结构所遭遇的地震烈度不断增大时，一旦竖向构件遭到破坏，结构很容易发生连续倒塌，本节采用动力弹塑性方法研究典型高层结构在特大地震下的抗连续倒塌能力。

4.4.1 钢筋混凝土框架-核心筒结构抗倒塌能力分析

以南京德基广场二期为例，进行典型钢筋混凝土框筒结构的抵抗特大地震下的连续倒塌性能分析。

1. 结构体系介绍

南京德基广场二期工程地处南京最繁华的商业地段新街口商业中心区的东北角、德基广场一期工程的北侧。四面临路，交通便利，商业氛围浓厚，西侧为南京市的南北向主轴中山路；北侧为南京市精心打造的文化街区长江路；东侧至南侧为近几年逐步形成的商业街区糖坊桥路。基地总用地面积约 $21350m^2$。

南京德基广场二期主楼地上共 62 层，地下室共 5 层，除地下 1 层西侧为商业、地下 2 层北侧为宴会厅与会议区以外，其余均为汽车库、自行车库、设备用房以及后勤区。

本工程为集商业、餐饮、办公、酒店为一体的综合性超高层建筑。标准层楼层平面示意图如图 4.4-1 所示。

算至大屋面处，南京德基广场二期主楼结构总高达 280m，结构空间模型如图 4.4-2 所示。结构层地面以上 62 层（算至大屋面处），本计算均以结构楼层为准。建筑采用型钢混凝土框架-钢筋混凝土核心筒-伸臂加强层结构体系，核心筒尺寸 21m×21m，外框尺寸 40.6m×40.6m，外框架柱距 11.5m、8.8m、7.15m、6.15m、5.35m、4.35m 等，房屋高宽比 6.9。由核心筒和外周框架形成双重抗侧力体系。为了提高外框架的延性，减小框架柱的截面尺寸，矩形框架柱采用型钢混凝土柱。核心筒的四个角部设钢骨混凝土暗柱，并且在核心筒内适当部位增设型钢，以增强核心筒与楼盖的连接性能和自身的整体抗震性能。

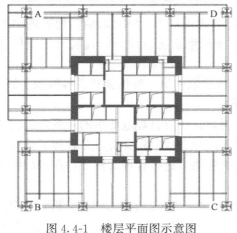

图 4.4-1 楼层平面图示意图

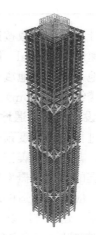

图 4.4-2 三维模型

南京德基广场二期主楼采用外框架、核心筒和加强层桁架结构体系来抵抗风荷载及地震作用产生的水平剪力及倾覆弯矩。底层框架角柱截面尺寸 1900mm×1900mm，逐步收减至 1000mm×1000mm；边柱截面尺寸 1700mm×1700mm，逐步收减至 900mm×900mm。主楼钢筋混凝土核心筒外墙底层厚 1400mm，逐步收减尺寸。在 11 层、28 层、44 层利用避难层设置越层的支撑结构构件，与伸臂结构共同形成三个加强层，以增强结构的侧向刚度，控制结构侧移，实现外框架与核心筒的协同受力。

南京德基广场二期主楼的楼盖系统为钢筋混凝土现浇楼板和型钢梁组成，除首层外，楼板的开洞面积很小。典型的楼板厚度为 110mm、120mm 和 150mm。

主楼部分墙体和框架柱，地下室～34 层采用 C60 混凝土，35～52 层采用 C50 混凝土，53 层及以上楼层采用 C40 混凝土。楼板和梁统一采用 C30 混凝土。其材料参数如表 4.4-1 所示。

混凝土材料性能参数 表 4.4-1

| 强度等级 | 标准值（N/mm²） | | 设计值（N/mm²） | | 弹性模量 |
	f_{ck}	f_{tk}	f_c	f_t	E_c（N/mm²）
C30	20.1	2.01	14.3	1.43	$3.00×10^4$
C40	26.8	2.39	19.1	1.71	$3.25×10^4$
C50	32.4	2.64	23.1	1.89	$3.45×10^4$
C60	38.5	2.85	27.5	2.04	$3.60×10^4$

普通钢筋采用 HPB235 级钢（$f_y=210N/mm^2$）、HRB335 级钢（$f_y=300N/mm^2$）和 HRB400 级钢（$f_y=360N/mm^2$）。型钢和钢板材统一采用 Q345 和 Q345GJ 级钢材。

根据《建筑抗震设计规范》GB 50011—2010 等相关规范及安评报告，本工程抗震设计关键参数如表 4.4-2 所示。

主要抗震设计参数 表 4.4-2

抗震设防类别	抗震设防烈度	设计基本地震加速度值	设计地震分组	场地类别	场地特征周期
乙类	7 度	0.1g	第一组	Ⅱ类	0.4s

设计大震的参数按照《建筑抗震设计规范》GB 50011—2010 取值，地表的水平地震峰值加速度取 220gal，阻尼比取 0.04，地震波采用南京建筑设计研究院有限责任公司提供的场地人工波和地震记录波。

主楼结构（280m）钢筋混凝土核心筒抗震等级取一级，外框架抗震等级取一级。

2. 设防烈度罕遇地震下的动力弹塑性分析

在进行结构 7 度预估罕遇地震弹塑性分析时，采用符合规范要求的一条人工波和两条天然波，共三组地震记录，进行了大震弹性和大震弹塑性时程分析，并进行了比较。

地震的发生是概率事件，为了能够对结构抗震能力进行合理的估计，在进行结构动力分析时，应选择合适的地震波输入。

根据《建筑抗震设计规范》GB 50011—2010 要求，"在进行动力时程分析时，应按建筑场地类别和设计地震分组选用不少于两组实际地震记录和一组人工模拟的加速度时程曲线"。

选用满足规范要求的两组天然波和一组人工波，分水平 X 和 Y 两个方向给出。计算过程中，各波均采用反应谱值较大的分量作为主方向输入，主、次方向地震波峰值加速度比为 1：0.85，峰值加速度取 0.22g，根据不同的地震波曲线，地震波持续时间，人工波取 35s，天然波 1 取 25s，天然波 2 取 35s。图 4.4-3～图 4.4-5 为三组地震波及其反应谱分析曲线。

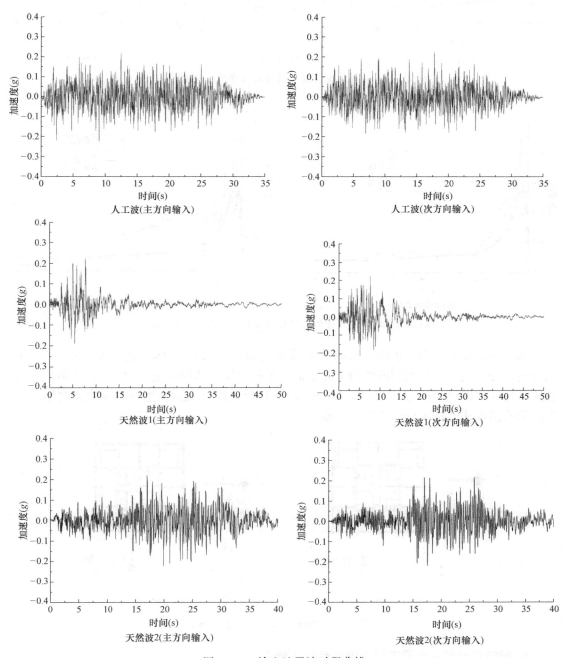

图 4.4-3 输入地震波时程曲线

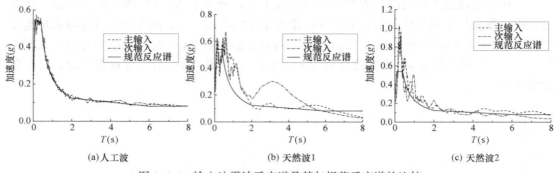

(a) 人工波   (b) 天然波1   (c) 天然波2

图 4.4-4　输入地震波反应谱及其与规范反应谱的比较

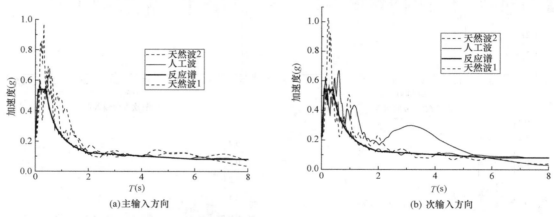

(a) 主输入方向   (b) 次输入方向

图 4.4-5　三组输入地震波反应谱及其与规范反应谱的比较

地震波的输入方向，依次选取结构 X 或 Y 方向（图 4.4-6）作为主方向，另一方向为次方向，分别输入三组地震波的两个分量记录进行计算。结构阻尼比取 4%，峰值加速度按照《建筑抗震设计规范》GB 50011—2010 的规定，取 220gal。主方向和次方向输入地震波的峰值加速度按 1 : 0.85 进行调整。

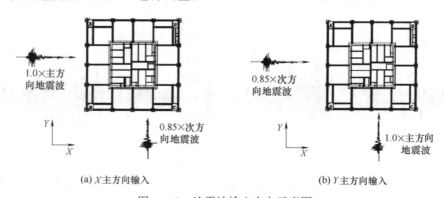

(a) X 主方向输入   (b) Y 主方向输入

图 4.4-6　地震波输入方向示意图

3. 设防烈度罕遇地震下动力弹塑性分析结果

（1）基底剪力响应

表 4.4-3 给出了基底剪力峰值及其剪重比统计结果，三组波输入下，结构地震反应剪重比约为 $5\%\sim8\%$。

大震时程分析底部剪力对比　　　　　　　　　　　　　　表 4.4-3

	X 主方向输入		Y 主方向输入	
	V_x(MN)	剪重比	V_y(MN)	剪重比
人工波	165	7.49%	151	6.85%
天然波 1	158	7.17%	113	5.13%
天然波 2	180	8.17%	128	5.81%
三组波均值	168	7.61%	131	5.93%

（2）楼层位移及层间位移角响应

图 4.4-7 给出了三组波的楼层最大层间位移角结果，每层取结构四个角点混凝土柱上的节点作为参考点，位移的结果取 4 个参考点的最大值，结构最大层间位移角为 1/107，满足规范小于 1/100 的要求。

表 4.4-4 汇总了取 4 个参考点的最大值时，三组波分别取 X、Y 方向为主方向时的结构位移结果。楼顶最大位移为 1669mm，X 为主输入方向时，楼层最大层间位移角为 1/107，在第 57 层；Y 为主输入方向时，楼层最大层间位移角为 1/121，在第 39 层。

楼层位移结果　　　　　　　　　　　　　　表 4.4-4

主输入方向	地震波	顶点位移(mm)		层间位移角		最大层间位移角位置
		四点平均值	四点最大值	四点平均值	四点最大值	
X 主方向	人工波	1097	1164	1/153	1/142	第 57 层
	天然波 1	1278	1336	1/120	1/107	第 57 层
	天然波 2	1388	1433	1/148	1/138	第 57 层
	三条波平均	1255	1311	1/138	1/127	第 57 层
Y 主方向	人工波	1004	1069	1/182	1/155	第 21 层
	天然波 1	1172	1287	1/146	1/126	第 55 层
	天然波 2	1492	1669	1/132	1/121	第 39 层
	三条波平均	1223	1342	1/153	1/138	第 38 层

（3）剪力墙

从上节预估罕遇地震下结构的弹塑性分析结果和弹性分析的结果比较来看，大震弹塑性的结果满足宏观指标要求，说明结果是合理可信的。下面给出结构主要构件的破坏损伤状态，分析破坏原因，找出结构的薄弱环节。

从天然波 2 输入下剪力墙的整体破坏状况（图 4.4-8）可以看出，剪力墙整体破坏较轻，加强层之间局部、端部破坏较重。从剪力墙底部加强部位的受压损伤因子分布结果来看，两个主方向输入下，底部加强部位外圈主要剪力墙中大部分混凝土的受压损伤因子低于 0.3，内部剪力墙局部破坏较重。

该结构在设计烈度罕遇地震下的抗震性能可以总结如下：

1）在选取的三组设计大震水平地震记录、双向作用弹塑性时程分析时，结构顶点最

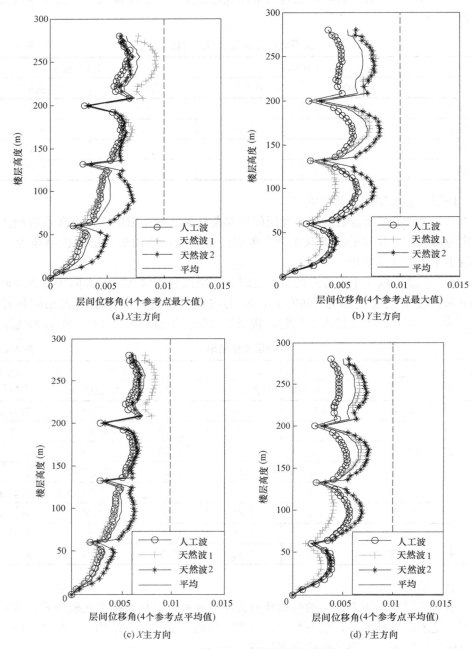

图 4.4-7　三组波的最大层间位移角曲线比较

大位移为 1669mm，最大层间位移角为 1/107，满足规范限值 1/100 的要求。

2）三组地震波，X 为主输入方向时，楼层最大层间位移角为 1/107，出现在第 57 层；Y 为主输入方向时，楼层最大层间位移角为 1/121，出现在第 39 层。

3）三组地震波、双向输入，在 7 度预估的罕遇地震作用下，结构主要剪力墙受压损伤因子大部分在 0.3 以下，破坏较轻；剪力墙约束边缘构件及构造边缘构件局部出现塑性应变，内部次要墙肢局部破坏较重。

4）外框型钢混凝土柱内混凝土受压损伤因子很小，框架柱未破坏；外框型钢混凝土柱内型钢和钢筋均处于弹性状态，未出现塑性应变。

5）三处加强层桁架均没有出现塑性应变，处于弹性状态，最大 Mises 应力为 90MPa。

6）连梁损伤破坏范围较广，损伤较重，在预估的罕遇地震作用下，连梁形成了铰机制，起到了屈服耗能的作用。

7）楼面混凝土梁和楼板均破坏较轻。

通过对结构进行的 7 度预估罕遇地震、三组地震波、双向作用、两个主方向输入的动力弹塑性计算及分析，本结构能够满足《建筑抗震设计规范》GB 50011—2010 "大震不倒"的设防目标。

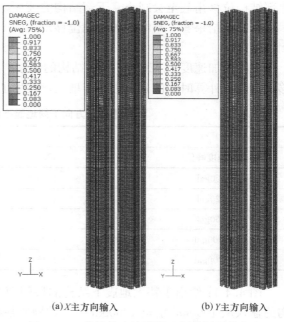

(a) X 主方向输入　　(b) Y 主方向输入

图 4.4-8　整体剪力墙混凝土损伤因子分布

4. 超烈度地震下结构的连续倒塌分析

为了评价正常框架结构超高层建筑的抗连续倒塌能力，利用反应最大的天然波 2，Y 主方向输入，逐步将震级加大，通过结构在 8 度（400gal）、9 度（620gal）罕遇地震下以及峰值加速度为 750gal、1000gal 和 1200gal 时的反应，考查特大地震能否导致结构的连续倒塌。

图 4.4-9 给出了各个峰值加速度下结构的顶点位移反应，可以看出，直到输入峰值加速度为 1000gal，结构顶点位移仍未有明显放大，结构未发生连续倒塌。

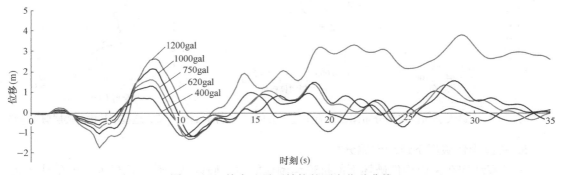

图 4.4-9　特大地震下结构的顶点位移曲线

表 4.4-5 及图 4.4-10 给出了结构的最大层间位移角，从表中可以看出，随着输入的增大，层间位移角并不一定增大，Y 方向层间位移角甚至在输入峰值加速度 1000gal 之前，最大层间位移角呈减小趋势，从图 4.4-10 给出的层间位移角分布图来看，该现象由于结构最大层间位移角出现位置不一致导致。当结构某一位置发生破坏时，耗能增加，其

上部结构位移角甚至会减小，下部结构的破坏，对上部结构起到一个隔震的作用。

从计算结果看，当结构的层间位移角达到1/50时，结构还有足够的支撑竖向荷载不倒的能力。

当峰值加速度为1200gal时，结构的位移严重偏离平衡位置，且不能复原，结构的位移将会随着计算时间的延长进一步增大，发生了连续倒塌。

Y 为主输入方向不同地震下结构最大层间位移角　　　　　　表 4.4-5

加速度峰值	最大层间位移角	
	X	Y
400gal	1/65	1/70
620gal	1/48	1/51
750gal	1/38	1/54
1000gal	1/30	1/67
1200gal	1/16	1/37

图4.4-11给出了特大地震下结构的层间剪力包络的分布图，从图中可以看出，当结构的输入从1000gal增至1200gal时，结构的基底最大剪力变化不大，从图4.4-10计算结果看，结构底部的层间位移角突增，说明结构底部破坏严重，已经不能支撑上部结构的荷载，结构发生了倒塌破坏。

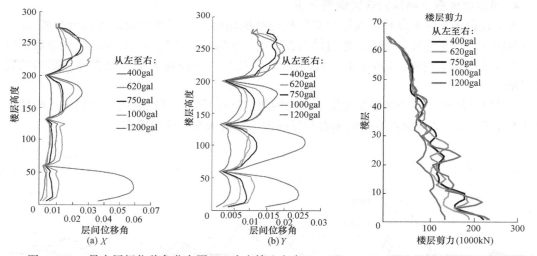

图 4.4-10　最大层间位移角分布图（Y为主输入方向）　　图 4.4-11　特大地震下结构的楼层剪力包络

5. 关键构件破坏下连续倒塌分析

为考察结构在关键构件破坏下的抗连续倒塌能力，假设结构轴压比最大一根角柱在偶然荷载（如爆炸、火灾）下发生破坏，结构内力重分配，分析结构在重力荷载代表值下是否会发生连续倒塌。

图4.4-12给出了拆除角柱部位附近的单元及节点编号。从图4.4-13给出的拆除角柱附近框架柱的轴力分布来看，拆除角柱后，角柱所受轴力在瞬间分配至了周围的框架柱，由于框架柱在重力荷载代表值下的轴压比较低，只有0.3左右，周围框架柱能够承受所分

配的轴力，结构未发生连续倒塌。

从图 4.4-14 和图 4.4-15 给出的局部位移图来看，拆除框架柱顶，位移由原来的 0.2mm 瞬间增大到 54mm，该跨长 7.15m，挠度为 1/260，位移偏大，但尚未发生破坏。

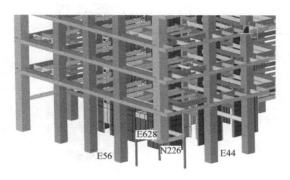

图 4.4-12　单元及节点分布

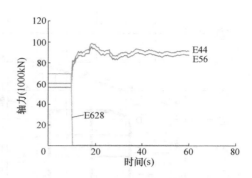

图 4.4-13　拆除角柱附近单元轴力变化

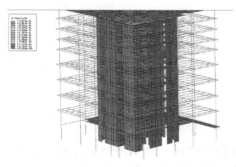

图 4.4-14　局部位移变化

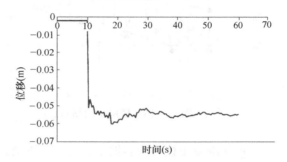

图 4.4-15　拆除角柱顶节点位移变化

从以上的结果看，当结构的框架柱发生突然破坏时，由于使用状态下，框筒结构的框架柱实际轴压比较低，一根柱子破坏，不足以导致结构发生连续倒塌。

6. 小结

从该框架-核心筒高层的分析结果来看，如果按照规范设计，满足规范要求的大震弹塑性层间位移角的限制，在高于设计烈度 2～3 度的情况下，结构在特大地震下仍不会倒塌，该结构体系的抗连续倒塌能力非常好。

框筒结构的某根框架柱在偶然荷载下发生破坏时，通过内力重分配，所破坏框架柱的荷载传至周围柱、墙，当周围结构能够负担所传来的荷载时，结构不会发生连续倒塌。

4.4.2　筒中筒结构抗倒塌能力分析

以天津嘉里中心筒中筒结构为例，研究筒中筒结构在特大地震下的抗连续倒塌能力。

1. 结构体系介绍

天津嘉里中心办公楼项目位于天津市河东区，地处海河东岸。办公塔楼总高 333m，共 72 层，包括写字楼、服务性公寓、底部大堂、空中大堂以及顶部直升机平台等，结构的平面如图 4.4-16 所示。

办公塔楼采用筒中筒体系，模型如图 4.4-17 所示。本塔楼的抗侧力体系由三部分组成：内部混凝土核心筒、外部筒体以及内外筒连接系统。

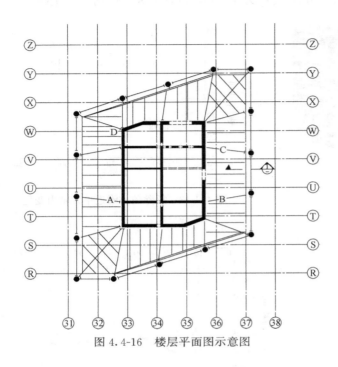

图 4.4-16　楼层平面图示意图

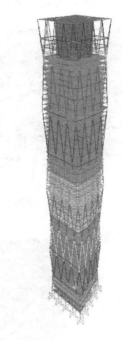

图 4.4-17　三维模型

钢筋混凝土核心筒容纳了主要的垂直交通和机电设备管线，并承担竖向及水平荷载。核心筒在平面上基本为矩形，核心筒向上一直延伸至结构屋顶。核心筒总体尺寸约为 30.8m×23.2m。核心筒在 45～48 层逐渐变小，其对抗侧力的贡献也随之减小，从而 48 层以上外框架承担了更大比例的荷载。核心筒内楼面采用现浇混凝土梁板体系。

塔楼刚性外筒由斜交支撑及水平钢梁形成三角形单元组合而成，这种结构体系能有效地将重力荷载和水平荷载传递至基础。

外筒构件的主要内力为轴力，组合柱是很理想的用来承担此内力的构件类型。共有四种类型的构件共同承担外筒结构的内力，分别为：外筒柱（钢骨混凝土截面）、外筒梁（圆钢管截面）、室内边梁（方钢管截面）以及拉梁（工形截面）。外筒的一大特点是结构构件暴露在幕墙之外，形成了独特的建筑造型。但此形式对结构也有一定的影响，如外筒柱暴露需考虑温度荷载，边梁与外筒柱不能直接连接等。为保证外筒的水平约束，每隔 10 层设置一约束楼层，每隔 2 层设置一加强楼层。

塔楼部分墙体和框架柱，地下室～35 层采用 C60 混凝土；35 层以上采用 C45 混凝土；裙房部分墙体和框架柱采用 C45 混凝土。楼板和梁统一采用 C35 混凝土。

2. 设防烈度罕遇地震下动力弹塑性分析结果

（1）基底剪力响应

表 4.4-6 给出了基底剪力峰值及其剪重比统计结果，三组波、6 种工况输入下，结构地震反应剪重比约为 11%～13.5%。

大震时程分析底部剪力对比   表 4.4-6

	X 主方向输入		Y 主方向输入	
	V_x(MN)	剪重比	V_y(MN)	剪重比
人工波	302	10.90%	313	11.30%
天然波 1	353	12.74%	308	11.12%
天然波 2	373	13.46%	341	12.31%
三组波均值	343	12.37%	321	11.57%

（2）楼层位移及层间位移角响应

表 4.4-7 汇总了取 4 个参考点的最大值时，三组波分别取 X、Y 方向为主输入方向时的结构位移结果。楼顶最大位移为 1523mm。X 为主输入方向时，楼层最大层间位移角为 1/115，在第 68 层；Y 为主输入方向时，楼层最大层间位移角为 1/106，在第 62 层（图 4.4-18）。

楼层位移结果   表 4.4-7

		楼顶位移 （mm）	最大层间 位移角	最大层间 位移角位置
X 主方向	人工波	1123	1/148	第 54 层
	天然波 1	1063	1/145	第 54 层
	天然波 2	1523	1/115	第 68 层
Y 主方向	人工波	1078	1/117	第 52 层
	天然波 1	1076	1/106	第 62 层
	天然波 2	1315	1/122	第 62 层

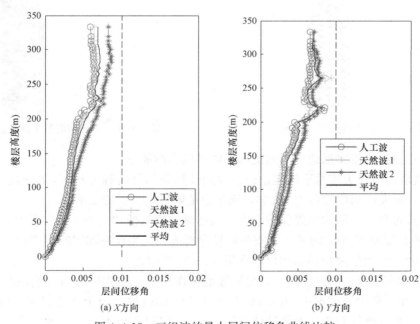

图 4.4-18 三组波的最大层间位移角曲线比较

（3）竖向构件损伤破坏情况分析

图 4.4-19 给出了天然波 2 在 Y 主方向输入下，连梁损伤因子分布，从图中可以看出，底部连梁破坏较轻，中部和上部的连梁大片破坏较重。

图 4.4-20 给出了天然波 2 在 Y 主方向输入下，整体剪力墙损伤因子分布图。可以看出在大震弹塑性分析过程中，剪力墙混凝土损伤因子最大为 0.967，大部分区域不超过0.3。损伤较重的部位仍为第 44、47 层混凝土核心筒收进的部位和底部第 3、4 层剪力墙墙厚由 1600mm 变为 1100mm 处。

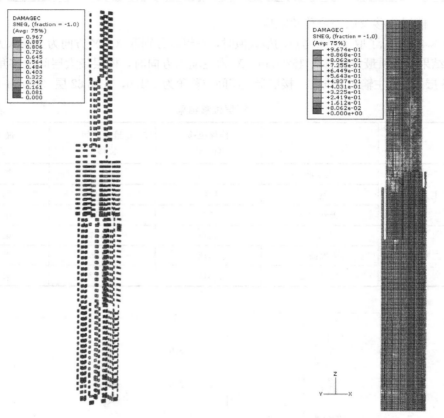

图 4.4-19　连梁损伤因子分布　　　　　图 4.4-20　剪力墙混凝土损伤因子分布

该结构在设计烈度罕遇地震下的抗震性能可以总结如下：

1）在选取的三条大震水平地震记录、双向作用弹塑性时程分析下，结构顶点最大位移 1523mm，最大层间位移角为 1/106，满足规范限值 1/100 的要求。

整个计算过程中，结构始终保持直立，能够满足规范的"大震不倒"要求。

2）三条地震波 X 主方向输入大震弹塑性分析表明，当位移和层间位移角取 4 个参考点的最大值时：最大层间位移角均出现在第 50～70 层附近。

3）三条地震记录，双向作用，7 度罕遇地震作用下，结构底部剪力墙破坏较轻，在第 3～4 层之间，剪力墙截面由 1600mm 厚变为 1100mm 厚，由于变化较快，1100mm 厚墙受力集中，局部破坏较重。上部墙体在第 47～50 层附近剪力墙平面布置发生变化，60层附近墙厚发生变化且荷载较大，变换处墙体局部破坏较重，其他部位剪力墙破坏较轻。

4）大震下，大部分连梁内钢筋屈服，特别是剪力墙破坏较重区域的连梁，混凝土受压损伤因子超过 0.9，破坏较重。连梁破坏区域集中于梁端，与剪力墙相连部位，特别是剪力墙破坏较重的区域，说明在罕遇地震作用下，连梁形成了铰机制，发挥了屈服耗能的抗震工程学概念。

5）外筒内圆钢管在整个分析过程中处于弹性状态，钢管内混凝土出现少量塑性应变，受压损伤因子不足 0.1，破坏较轻。

通过对结构进行的 7 度罕遇地震、双向作用、两个方向输入的动力弹塑性计算及分析，本结构能够满足《建筑抗震设计规范》GB 50011—2010 的规定。

3. 超烈度地震下结构的连续倒塌分析

为了评价正常筒中筒超高层建筑的抗连续倒塌能力，利用反应最大的天然波 1，Y 主方向输入，逐步将震级加大，通过结构在 8 度（400gal、510gal）、9 度（620gal）罕遇地震下以及峰值加速度为 750gal 和 1000gal 时的反应，考查特大地震能否导致结构的连续倒塌。

图 4.4-21 给出了各个峰值加速度下结构的顶点位移反应，可以看出，直到输入峰值加速度为 1000gal，结构顶点位移仍未有明显放大，结构未发生连续倒塌。

表 4.4-8 给出了结构的最大层间位移角，从表中可以看出，随着输入的增大，层间位移角逐步增大。

图 4.4-22 层间位移角分布图可以看出，随着输入的增大，结构 2/3 高度处层间位移角突出，该部分也正是结构核心筒变截面处，从结构损伤看，该处破坏非常严重。

当加速度峰值为 1000gal 时，结构的位移仍未偏离平衡位置，结构仍未倒塌。

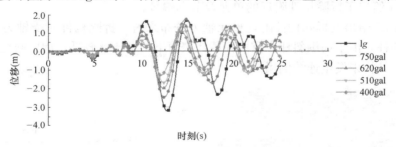

图 4.4-21 结构顶点位移时程

峰值加速度（gal）	最大层间位移角	
	X	Y
400	1/217	1/80
510	1/192	1/73
620	1/136	1/63
750	1/121	1/53
1000	1/94	1/44

Y 主方向输入不同地震下结构最大层间位移角　　　　　表 4.4-8

图 4.4-23 给出了结构在各方向输入下的基底剪力包络，可以看出，随着输入的增大，结构基底剪力一直在增加，结构的抗侧移能力富余程度较高。

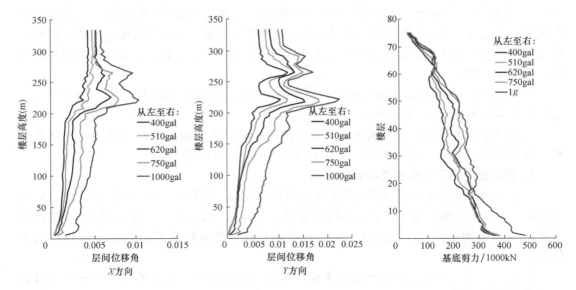

图 4.4-22　最大层间位移角分布　　　　　　图 4.4-23　结构基底剪力分布

4. 关键构件破坏下的连续倒塌分析

考察结构在关键构件破坏下的防连续倒塌能力，假设结构轴压比较大的两组中部斜柱在偶然荷载（如爆炸、火灾）下发生破坏，结构内力重分配，确定结构在重力荷载代表值下是否会发生连续倒塌。

图 4.4-24 给出了拆除构件附近的单元及节点编号。

从图 4.4-25 给出的拆除构件附近单元轴力分布来看，拆除构件所受轴力在瞬间分配至了周围的斜柱，由于周围斜柱在重力荷载代表值下的轴压比较低，周围斜柱能够承受所分配的轴力，结构未发生连续倒塌。

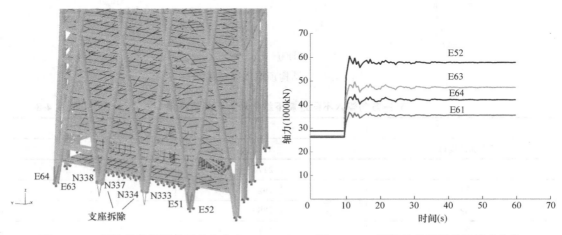

图 4.4-24　拆除构件周围单元节点分布　　　　图 4.4-25　拆除构件周围单元轴力变化

从图 4.4-26 和图 4.4-27 给出的局部位移图来看，拆除斜柱柱顶，位移由原来的 0.6mm 瞬间增大到 30mm 左右，结构位移偏大，但尚不至于发生破坏。

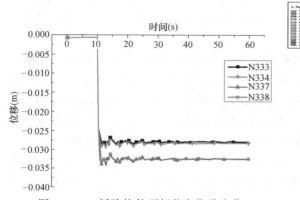

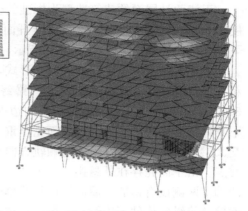

图 4.4-26　拆除构件顶部节点位移变化　　　　　图 4.4-27　拆除构件周围局部位移分布

5. 小结

筒中筒结构的抗侧移能力比框架-核心筒结构要强，结构的薄弱位置在结构高度 2/3 处。

框筒、核心筒结构，当结构的层间位移角达到 1/50 时，结构仍不会发生连续倒塌，而随着地震作用的进一步增大，结构迅速破坏，发生连续倒塌。

拆除底层两组中部斜柱后，结构内力重分配，周围斜柱能够承担所增加的内力，结构不会发生连续倒塌。

4.5　复杂空间结构在偶然荷载作用下的连续倒塌分析

以天津西站大跨度屋盖结构为例研究复杂空间结构的连续倒塌。

4.5.1　屋盖结构体系介绍

天津西站高 68.5m，拱形屋面为联方网格型单层网壳，建筑效果如图 4.5-1 所示。

图 4.5-1　站房鸟瞰图

天津西站屋面的建筑造型为标准的变厚度圆柱面筒壳，跨度 114m，矢高 35.9m，长度 365.5m，含悬挑长度 398m，展开面积 55000m² 。此筒壳特殊点在于它为非等厚壳面，下厚上薄，如图 4.5-2、图 4.5-3 所示。

天津西站采用单层圆柱面网壳形式，网格形式为联方网格。网壳构件采用双向变截面箱梁，拱脚处梁高约 3000mm，翼缘宽 800mm；拱顶处梁高约 1000mm，翼缘宽 2000mm；结构的支承形式为两纵向边支承，支座沿纵向间距 10.75m；箱形梁的上翼缘、下翼缘与筒壳的上表面、下表面完全重合。这种特殊的箱梁布置形式，使本结构成为一种交叉拱系，拱轴线所在平面与顺轨方向夹角为 15.6°。除支座外，每榀拱与其他拱有 5 个交点。由于筒壳存在外悬挑，为了减少悬挑端的位移，在端部四榀设置纵向拉杆。在建筑的端部两侧设有幕墙，屋面结构与此幕墙仅在垂直轨道方向有联系，在其余方向放开；屋面檩条等纵向构件不连续，与屋面主结构连接的两端，一端设置滑动支座。

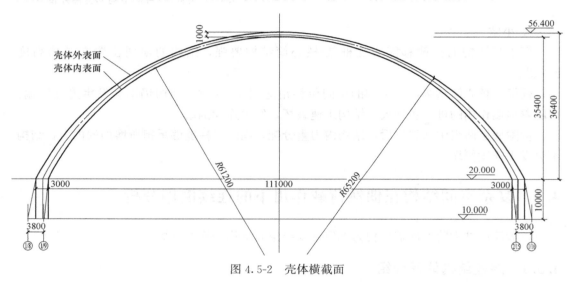

图 4.5-2　壳体横截面

根据建筑要求，结构箱梁截面按以下原则生成（图 4.5-4、图 4.5-5）：

（1）首先根据建筑的上表面和下表面生成两个圆柱面壳；

（2）按照翼缘截面宽度的变化规律，作竖直平面 1～4，此四个竖直平面与筒壳上、下表面的交线即为构件的翼缘边线。

图 4.5-3　室内效果图

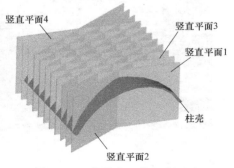

图 4.5-4　构件截面的生成原则

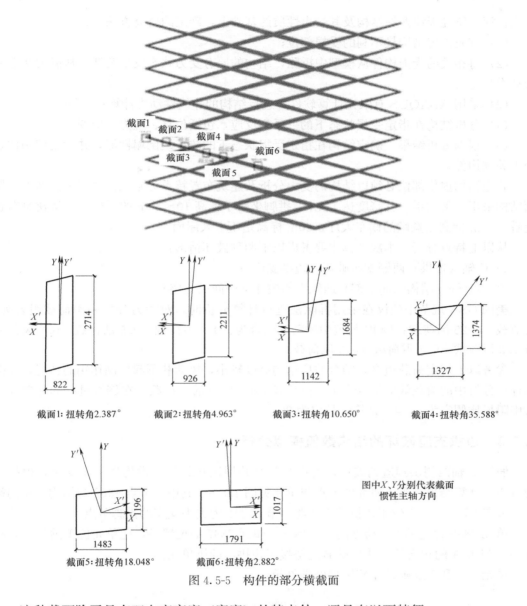

截面1：扭转角2.387°　　截面2：扭转角4.963°　　截面3：扭转角10.650°　　截面4：扭转角35.588°

截面5：扭转角18.048°　　截面6：扭转角2.882°

图中*X*、*Y*分别代表截面
惯性主轴方向

图 4.5-5　构件的部分横截面

这种截面除了具有双向变高度（宽度）的特点外，还具有以下特征：

（1）构件截面不是标准的矩形或平行四边形，没有特殊的规律可循；

（2）构件的参考坐标系与主轴坐标系不重合，存在扭转角，而且此扭转角从拱脚至拱顶不断变化。

4.5.2　连续倒塌分析方法

在天津西站的初步设计中已经充分考虑了抵抗连续倒塌方面的间接设计，保证了结构具有足够的延性和整体性。本研究着重介绍拆除构件法和关键构件法。拆除构件法能较真实地模拟结构的倒塌过程，较好地评价结构的抗连续倒塌能力，而且设计过程不依赖于意外荷载，适用于任何意外事件下的结构破坏分析。

在深入研究天津西站结构及其受力性质的基础上，确定的研究方法为：

（1）首先确定结构最不利的受损部位；

（2）将相关的受损构件从模型中拆除，结构的原有受力状态发生突变，从静力状态变为动力状态；

（3）采用 ABAQUS 有限元计算软件，进行结构的非线性动力计算；

（4）分析结构在指定受损状态下的一系列反应，包括位移、应力（应变等）；

（5）根据分析结果，确定结构在指定受损状态下的防连续倒塌性能，并确定该构件是否为关键构件。

确定结构损伤部位必须以结构的受力分析及建筑布置特点为基础。对于天津西站，屋面结构采用交叉拱系，且跨度达 114m，拱脚坐落于标高 10～20m 的斜柱上。从建筑布置上看，10m 标高是宽敞的候车大厅，20m 标高是不上人屋面。

从以上特点分析，本次计算主要考虑以下两种破坏情形：

1）C 轴（边拱）西侧支座破坏（边拱支座）；

2）1/P 轴（结构纵向中部）西侧支座破坏（中间拱支座）。

美国 GSA 规范中建议在采用拆除法进行计算分析时，对动力分析采用荷载组合为：恒荷载＋0.25 活荷载；DOD 规范中的荷载组合为：0.9 恒荷载＋0.5 活荷载＋0.2 风荷载或 1.2 恒荷载＋0.2 雪荷载＋0.2 风荷载。

参考以上规定荷载组合，结合站房结构高度较小，风荷载不起控制作用的情况，在拆除计算分析中的荷载效应组合为 1.0 恒荷载＋0.5 雪（活）荷载，在倒塌过程的弹塑性分析中阻尼比假定为 0.04。计算时长取为 20s。

4.5.3 边拱支座破坏的结构数值模拟分析

假设 C 轴西侧拱脚遭到破坏，边拱及与其共用拱脚的相邻拱均失去了支座，根据受力分析及计算结果，重点研究的节点与单元见图 4.5-6。其中，节点 4362 为结构悬挑的端点，节点 2975、1573 位于边拱的 1/4 跨，节点 349 为失去支座的拱脚节点。

单元 2839 为边拱 1/4 跨处的一个单元；单元 2837 的位置是：此单元位于拱 B 上，靠近拱 B 与拱 A 的相交处，并且拱 B 是搭接于边拱上的拱单元。

单元 135 和 140 则是相邻拱脚处拱单元。

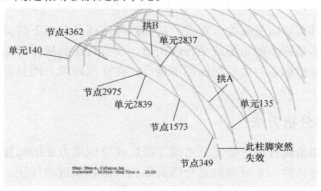

图 4.5-6　边拱拱脚失效时的特征点

自边拱支座被拆除开始，结构就进入动力反应过程，图 4.5-7 是结构在 0.4s、1.8s、20s 时间点上的变形图。

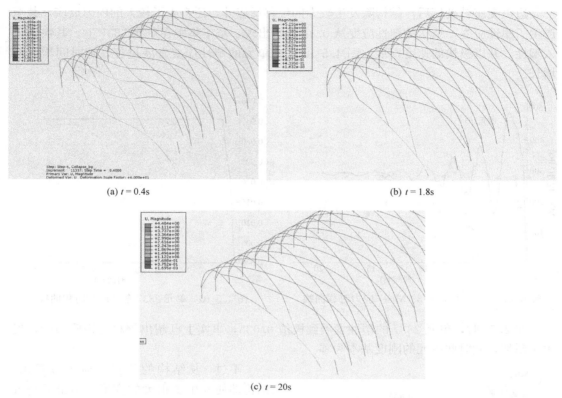

(a) $t = 0.4$s

(b) $t = 1.8$s

(c) $t = 20$s

图 4.5-7　典型时间点的变形图

结构的变形集中在边拱附近的位置，最大位移出现在拱脚处，达 3.8m。

图 4.5-8 是部分典型节点的位移时程。从图中可以看出结构反应的三个特点：

（1）结构刚开始时处于振荡状态，但位移反应约在 7s 达到稳定。

（2）越靠近拱脚，结构的位移反应越大，这说明，边拱失去一侧支座后，其余拱开始发挥拉结作用，拱脚的位移最大。

（3）结构的位移反应较大。

边拱支座被破坏后，结构在振动过程中产生较大的内力反应。图 4.5-9 是单元 2837、2839 的应力时程曲线。

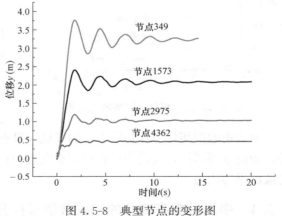

图 4.5-8　典型节点的变形图

单元 2837 的应力发展最快。原因在于，在边拱支座去除后，单元 2837 所在的拱 B 承担起边拱"支座"的任务。随着单元 2837 进入塑性，刚度下降，荷载重新分配，边拱上的单元 2839 的应力也变得显著。在此过程中，其他相关杆件的应力也发生了变化。不过，应力较为显著的构件集中在边拱及其相邻的几榀拱上，影响范围有限。

边拱支座被破坏后，结构除发生较大的位移反应外，还产生了较大的内力反应，甚至产生了塑性应变。结构的塑性应变从 0.4s 开始出现，基本集中在单元 2837 上。其快速进入塑性，并以极快的速度发展。图 4.5-10 是此单元的塑性应变发展过程，随时间增长而增长。

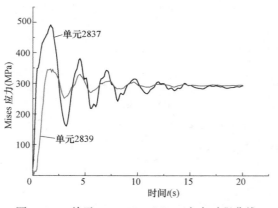

图 4.5-9　单元 2837 2839 Mises 应力时程曲线　　图 4.5-10　单元 2837 塑性应变时程曲线

在 2.5s 时，单元 2837 的塑性发展到极值 0.035，事实上已超出钢材的极限应变，发生了断裂，此时此单元的刚度基本为零。

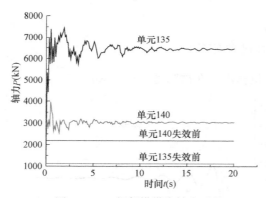

图 4.5-11　相邻拱拱脚轴力时程

不过，从结构的位移反应可以看出，结构即使发生了很大的变形，但最后仍处于一种稳定状态，没有变为机构。而且塑性应变发生后，仅仅集中在一根构件上，没有发生连锁破坏反应。

图 4.5-11 是相邻拱拱脚轴力时程曲线。显然，边拱支座破坏后，其轴力显著增加，说明荷载产生了重分配。

边拱支座被破坏后，边拱局部区域发生破坏，发生很大的位移，个别杆件甚至出现断裂。在这种情况下，构件内力重分布。但结构的损坏集中在边拱附近的区域，没有大面积扩散。这说明，一方面，边拱支座是结构的重要部位，在使用过程中应重点防护；另一方面，结构具有很好的冗余度及防止连续倒塌的能力。

4.5.4　中间拱支座破坏的结构数值模拟分析

假设建筑纵向中部 1/P 轴西侧拱脚遭到破坏，根据受力分析及计算结果，重点研究的节点与单元见图 4.5-12。其中，节点 1519、1517 是距支座最近的相邻两拱与其他拱的交点。单元 1321 成为"悬挑端"的根部。

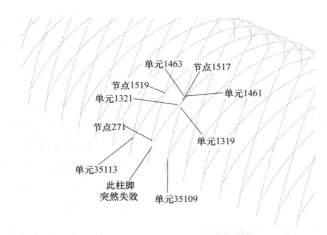

图 4.5-12　中间拱拱脚失效时的特征点

指定支座被拆除开始，结构就进入动力反应过程，图 4.5-13 是结构在 0.4s、0.8s、20s 时间点上的变形图。

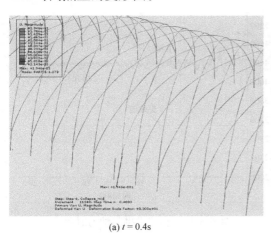

(a) $t = 0.4s$

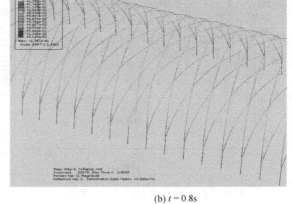

(b) $t = 0.8s$

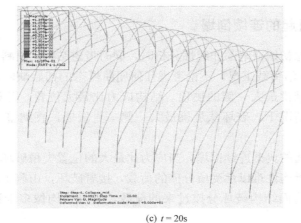

(c) $t = 20s$

图 4.5-13　典型时间点的变形图

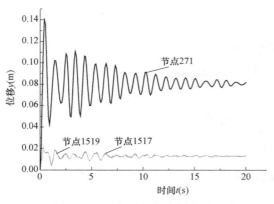

图 4.5-14　典型节点的位移时程图

与边拱支座破坏相比，去除中间拱支座产生的位移效应是很小的。

图 4.5-14 是部分典型节点的位移时程。显然，只有失去支座的拱脚（节点 271）位移最为显著，其他节点的反应很小，而且振荡反应也很小。

所有单元均保持弹性。图 4.4-15 是部分单元的应力时程图，单元 1321 由于成为悬挑端部导致其弯矩增加，使其应力较静力工况有大幅提高。

图 4.5-16 是被破坏拱脚的相邻拱拱脚轴力时程。显然，这两个拱脚处拱

的轴力增加，这说明荷载被部分分配给它们。

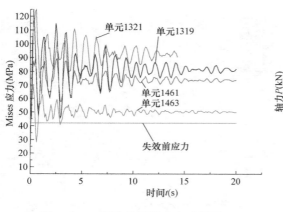

图 4.5-15　部分单元的应力时程图

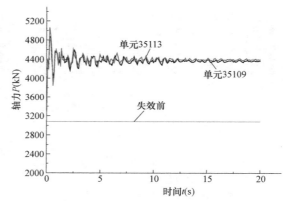

图 4.5-16　相邻拱拱脚轴力时程

4.5.5　屈曲失稳引起的连续倒塌

进行天津西站考虑初始缺陷的非线性分析时，同时考虑结构的材料非线性及几何非线性，考虑 1.0 恒＋1.0 活荷载工况，不论考虑任何屈曲模态的初始缺陷，当结构荷载施加到 5.5 倍荷载时，从悬挑最大一侧的拱顶，结构应力比最大位置，开始出现了破坏，并且，在不变化荷载的情况下，破坏从悬挑最大一侧一直发展，直到整个屋面网壳完全倒掉，如图 4.5-17 所示。

该现象是拱形屋面的典型连续倒塌，当应力比最大的位置失稳破坏时，荷载重分配至相邻位置，而相邻位置构件难以承受所分摊的荷载，接着破坏，由剩下的结构承受，内部各跨结构均不能承受前面结构破坏分摊过来的荷载，于是结构像多米诺骨牌一样，依序破坏。

由于所加荷载远超设计荷载，结构未进行设计加强处理。

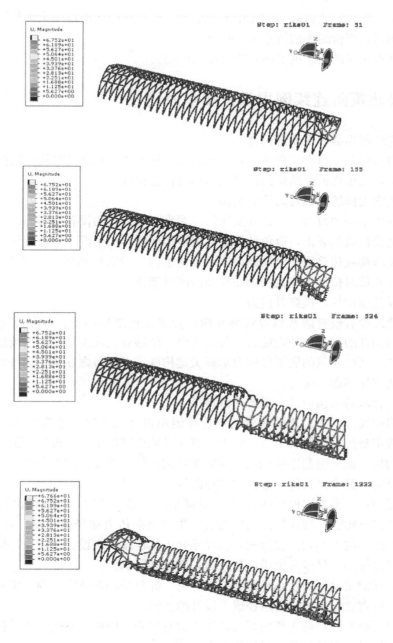

图 4.5-17　屈曲失稳下结构发生连续倒塌过程

4.5.6　小结

边拱支座被破坏后，结构发生局部损坏，也产生较大的位移。但破坏只集中在特定的局部区域，没有扩散；中间拱的拱脚被破坏，结构仍保持弹性，对周边拱影响不大；结构的边拱支座需重点防护。

当结构在超设计均布荷载下发生边拱失稳破坏时，会导致整个屋面结构的失稳破坏，该荷载工况是一种假想的荷载，实际中不会出现，但是该分析可以用来评价结构体系是否会发生连续倒塌，评价结构的抗连续倒塌能力。

本结构具有很好的冗余度及防止连续倒塌的能力。

4.6 高层建筑防连续倒塌设计要点及建议

（1）抗连续倒塌需重视概念设计

从前面给出的几个典型工程来看，再先进的计算方法也只能是结构连续倒塌的验证工具，与之相比，更重要的是结构的抗连续倒塌的概念设计。

（2）避免突发偶然荷载对结构的袭击

当前，各国重要的政府大楼、外交使馆、军事大楼等，均设置防爆墙，能够有效避免汽车爆炸等突发荷载的袭击，避免结构底部关键构件破坏发生严重的连续倒塌。

此外重要塔楼或建筑物外侧周围设置观景的水池、设置层数较少（如1~2层）的裙房，均可大大降低对拟保护建筑物的爆炸冲击的可能性。

（3）加强关键构件，提高其抗力

大多数建筑没有设置防暴墙等将突发荷载置之结构之外的能力，在经济条件允许之下，增大竖向构件的抗爆炸冲击能力、防火等级，能够有效减少结构的连续倒塌。如地铁车站中的立柱、高层建筑的底层竖向力承载关键构件，可以考虑在结构构件外贴钢板，能够大大提高其抗局部破坏能力。

（4）采取合理的结构形式，增加荷载路径

多荷载路径设计方法是比较有效的抗连续倒塌设计的思路，像第3节的框架结构算例，框架结构本身传力途径就单一，而该建筑又采取单跨框架，一根柱子倒塌，势必造成其所在跨的倒塌，极易引起连续倒塌。对框架结构，尽量不要采用单跨框架，如采用单跨框架，需要设置一些支撑构件，重视"二道防线"的设计。

对于高层建筑，多采取框架-剪力墙、框筒结构体系，这时，抗连续倒塌设计的思路与抗震设计"二道防线"设计思路大致吻合。重视竖向传力途径的明确，对于转换结构、错层结构、连体结构等不利抗震形式，同样不利于抗连续倒塌设计，在允许情况下，转换结构的刚度尽量做小，尽量避免错层和连体，削弱其影响。

结构抗连续倒塌设计的核心是荷载路径分析，部分结构失效后，内力重分配之后，结构仍然能够保持直立，多道传力路径成为设计的关键。

较多的"冗余度"对抗连续倒塌设计是非常有利的，因此，空间结构是抗连续倒塌性能最好的结构体系，有条件时，尽量优先考虑。

众多的计算方法只是抗连续倒塌设计的分析工具，由于计算方法的复杂性，计算结果可能会出现错误，甚至背离实际情况，需要有经验工程师的判断，来衡量结果的可信程度。与之相比，概念设计更为重要。

徐有邻在总结汶川地震众多建筑的倒塌机理之后，在专著《汶川地震震害调查及对建筑结构安全的思考》中，从结构体系、传力途径、连接构造、材料变形性能和施工质量控制几个方面比较全面地概括了结构发生倒塌的影响因素，在进行结构设计时应该对其进行避免。现概括如下：

（1）结构体系。建筑应该避免抗震性能不好的结构体系，如单独大跨结构、刚度突变、楼盖及屋盖头重脚轻、体型不均匀出现蜂腰瓶颈、体型曲折、端部角部薄弱、侧向单薄、结构类型匹配不合理等。

（2）传力途径。传力途径单一、缺乏冗余约束、杆件部位薄弱、传力不直接、传力途径不通畅、内力分配不明确等。

（3）连接构造。构件连接薄弱、装配节点连接不可靠、砌体结构缺乏围箍约束、构件浮置与结构不连接、钢筋连接不合理、箍筋薄弱、预埋件连接不可靠等。

（4）材料变形性能。钢筋延性不足、混凝土构件配筋不合理导致变形能力差、砌体结构构造措施不足缺乏良好的延性等。

（5）施工质量控制。施工过程中缺陷频出、豆腐渣工程等。

针对上述易引起结构倒塌的薄弱环节，在进行结构抗倒塌设计时，应从以下几个方面入手：

（1）结构体系的选择

一定选择抗震性能好的结构体系，注重提高结构的整体稳固性。决定整个建筑结构安全最根本的性能不是单个构件的承载能力，而是整个结构体系在各种作用，包括地震、火灾、洪水、爆炸等偶然荷载或意外荷载的作用下的抗倒塌能力，只有结构在各种荷载作用下处于直立不倒状态，在事故突发时，才能保护存在于其中的人们的生命财产安全。

选择结构体系时，对结构的平面布置、竖向刚度变化等指标进行优化控制，规范中规定的长宽比、高宽比、刚度比、周期比等各种指标对结构进行了控制，在超过其限值时需采取可靠有效的应对措施。

（2）结构的传力途径简图

确定结构方案后，需绘制结构的传力途径简图，尽量使结构体系的传力途径直接明确，对结构抗侧力的关键构件，特别是结构的框架柱、剪力墙等竖向构件进行加强，使其具有足够的安全储备。

（3）提高结构的冗余度

不管高层建筑，还是大跨空间结构，尽量提高结构的冗余度，高层建筑要有双重抗侧力体系，如框筒结构，在核心筒受地震破坏时，外框能够抵抗地震侧向荷载，确保结构在大震下不倒塌。

（4）进行连续倒塌数值模拟，通过设计降低关键构件失效引发的连续倒塌

对重要结构，在设计完成后，一定进行连续倒塌分析，可以采用静力"拆杆法"，条件允许时，采用动力弹塑性分析的方法。连续倒塌数值模拟能够比较准确评估实际配筋的结构的防连续倒塌，对指导结构设计具有重要的意义。

（5）重视结构的概念设计及构造要求

可靠的连接构造，能够弥补结构分析的不足，丰富的工程经验，能够检验结构分析计算准确与否。汶川地震中，有许多构造保证结构不倒塌的例子，值得我们思考。在结构设计中，可靠的构造是值得设计师精雕细琢的。

第**5**章

高层建筑结构减隔震仿真分析技术

5.1 高层建筑结构减隔震仿真分析技术研究

5.1.1 概述

目前为止，国内外已建成的隔震建筑，许多经历了大地震的考验，表现出了良好的抗震性能。减震隔震技术在大幅提高建筑抗震性能的同时，增加建筑成本较少，有时甚至做到不增加成本或降低总造价。因此，大力发展减隔震技术，提高建筑抗震性能是我国城市化发展安全保障的需要。隔震技术推广及应用主要取决于两方面：一是隔震分析及设计技术；二是符合设计性能要求的隔震产品。

目前世界范围内日本、美国和中国等国家对隔震技术的研究较多，其中日本《日本建筑隔震设计指南》、美国《建筑统一设计规范》UBC 1997、中国《建筑抗震设计规范》GB 50011—2010、《叠层橡胶支座隔震技术规程》CECS 126：2001 等规范中都对隔震结构应用范围、适用条件、计算方法和构造措施给出相关规定。相对而言，日本对隔震技术研究最为全面。1995 年神户大地震时，尽管采用修正后的"建筑基准法"建造的抗震建筑几乎没有倒塌，但是造成了巨额经济损失，室内设施造成近 600 人伤亡；相比而言，减隔震建筑在这次地震中表现良好，此后日本开始大力发展减隔震技术。日本抗震设计标准较高，结构设计采用先进的性能设计方法，对隔震建筑没有特殊限制，为隔震设计提供了良好条件。2005 年在兵库县建成目前世界最大的振动台 E-Defense（20m×15m）。最大模型质量可达 1200t，能从三个方向加振，水平满载加速度 $0.9g$，垂直满载加速度 $1.5g$。采用房屋实物进行了许多房屋隔震试验，获得了大量可靠的研究成果。

迄今，日本已建成的隔震建筑超过 6000 栋，隔震技术不仅应用于对抗震有特殊要求的重要建筑，如学校、医院、电力和通信枢纽等，而且越来越多的住宅建筑也开始采用隔震技术。目前日本 60m 的超高层结构几乎 100% 采用减隔震技术，而且都需要经过专门审查。隔震技术在日本已逐步推广到高层建筑中。1998 年，日本竹中工务店设计并建造了东京杉并花园城，地上 28 层，塔楼 2 层，高度 93.1m；2002 年底，在日本神奈川县川崎市建成了 Thousand Tower，该大楼 41 层，高度 135m；2006 年 12 月，位于日本大阪的一栋超高层隔震建筑建成，该建筑地下 1 层，地上 50 层，塔楼 2 层，高度 177.4m。

隔震装置的原始发明人均为国外研究人员。我国众多的减隔震装置生产企业绝大多数缺乏原创的知识产权和核心技术，常采取对国外产品引进、消化吸收并改良的技术路线。1993年我国建成了首幢橡胶垫隔震楼，该楼为一栋8层居民住宅楼，1994年5月，联合国工业发展组织权威专家将这个隔震居民楼的建成誉为"世界建筑隔震技术发展的第三个里程碑"。随后我国也陆续建成了一批隔震结构，应用范围主要针对层数较低的房屋。2008年，中国建筑科学研究院完成了一栋20层剪力墙结构隔震技术设计，在我国隔震技术应用领域取得了一定突破。尽管十多年国内隔震建筑已取得快速发展，但隔震技术在国内高层建筑中的研究和应用相对而言还较为缺乏。

高层、超高层隔震体系与常规的多层建筑隔震体系相比，具有特殊性，主要体现在：①结构自振周期相对较长；②倾覆力矩较大；③高振型影响成分加大。

因此，高层建筑的减震技术结构地震反应分析计算模型、计算方法、隔震支座产品选型等面临新的问题：

① 计算方法，上部结构不再保持刚体运动，高振型反应分量的影响不能忽视，计算模型不能简单地将上部结构简化为单质点体系，同时上部结构将不再保持弹性性能；

② 随着结构楼层、高度增加，在水平地震及风荷载作用下，结构基底将产生较大倾覆力矩，支座中可能出现较大拉力，如何避免和控制隔震支座的拉应力是一个问题；

③ 随着结构体量增加，高层、超高层的自振周期都比较长，通常会达到2～3s，所以必须进一步延长高层、超高层隔震结构的基本周期，以达到更好的隔震效果。随之而来对支座变形能力、阻尼特性启动刚度提出更高要求。

5.1.2　建筑隔震橡胶支座分析模型

1. 隔震支座力学模型简介

隔震支座的力学模型的选用应该与结构分析的要求相适应，并能满足一定的精度要求。力学模型的采用应该合理考虑支座恢复力特性以及阻尼特性。以下介绍几种常用力学分析模型的特性。

（1）等效线性（线弹性）模型

等效线性模型用一个线性刚度和一个阻尼来等效支座的力学性能，是最简单的模型，也是隔震建筑结构分析时最常用的模型，如图5.1-1所示。

采用等效线性模型进行结构分析计算时，支座力学模型参数的确定往往需要进行多次迭代计算才能得到具有足够精度的计算结果，因此该分析方法称作等效线性化方法，相应力学模型的参数也被称为等效刚度和等效黏滞阻尼比。在确定等效线性模型的力学参数时，线性刚度k一般采用切线刚度或割线刚度。

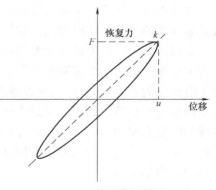

图5.1-1　等效线性模型

（2）双线型模型

双线型模型是结构分析中最常用的一种非线性模型。双线型模型主要分为三种：理想弹塑性模型、线性强化弹塑性模型和具有负刚度特性的弹塑性模型。前两种模型在支座的力学分析中应用比较多，见图 5.1-2。可以用线性强化弹塑性模型，来统一研究这两种情况下的模型的一些力学特点，当屈服后刚度取为 0 时，就变为理想弹塑性模型。

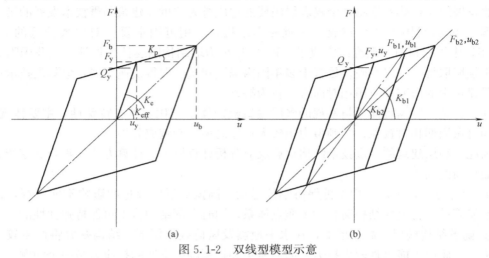

图 5.1-2　双线型模型示意

低阻尼的橡胶支座、铅芯橡胶支座、钢阻尼器以及未达到刚度硬化时的高阻尼橡胶支座等都可以采用双线型模型进行结构分析。在实际应用中，这些支座的力学参数也往往以双线型力学模型给出。

（3）Wen-Bouc 滞回模型

各种折线型模型在进行动力分析时，需要不断进行刚度变化点和拐点处的积分处理，对于需要考虑多轴相互作用、存在刚度硬化和退化的模型，还需要对加载面和屈服机制（屈服面移动、本构关系的变化、塑性流动等）进行大量处理，需要耗费大量的计算资源，使用起来非常复杂，Y. K. Wen 等建议的一种非线性力学模型可以有效解决这些问题，用一个微分方程来表征模型的滞回特征，在进行动力分析时，不需要进行上述的复杂处理。

（4）单轴模型

非线性滞回体系的恢复力可以认为有两部分组成，一部分是非滞回部分的恢复力，一般是非线性的，它是某时刻速度和位移的函数；另一部分是滞回部分的恢复力。

滞回部分的恢复力特征主要与材料特性、反应大小以及体系的结构特点有关，滞回恢复力模型通过构造一个滞回恢复力 z 和体系位移 x 所满足的微分方程来建立。参数 A 控制了滞回环的幅度，γ、β 控制着滞回环的一般形状，n 控制着力-位移曲线的光滑程度，通过调整这些参数的数值，可以构造出诸如刚度硬化或退化体系、窄带或宽带体系等各种各样的恢复力模型。图 5.1-3 给出了几种恢复力模型构造实例，图中采用了无量纲的力和位移。实际上，当 n 增大时，滞回环面积将增大，当 $n \to \infty$ 时，滞回恢复力模型将变为理想弹塑性力学模型。

（5）多轴模型

对于从上述单轴模型推广到多轴模型，Y. K. Wen 等给出了一种 $n=2$ 时的模型，并进行了振动分析验证。线性位移路径下的滞回特性示意见图 5.1-4。

（6）双线型弹塑性力学模型

支座一般具有滞回耗能特性，因此在双线型模型中采用 Wen-Bouc 弹塑性力学模型是比

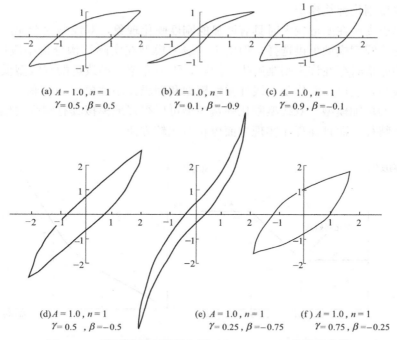

(a) $A = 1.0$, $n = 1$
$\gamma = 0.5$, $\beta = 0.5$

(b) $A = 1.0$, $n = 1$
$\gamma = 0.1$, $\beta = -0.9$

(c) $A = 1.0$, $n = 1$
$\gamma = 0.9$, $\beta = -0.1$

(d) $A = 1.0$, $n = 1$
$\gamma = 0.5$, $\beta = -0.5$

(e) $A = 1.0$, $n = 1$
$\gamma = 0.25$, $\beta = -0.75$

(f) $A = 1.0$, $n = 1$
$\gamma = 0.75$, $\beta = -0.25$

图 5.1-3　滞回恢复力模型实例（A、γ、β、n 是模型参数）

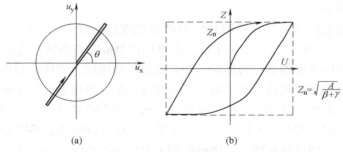

(a)　　　　　　　　　　　　(b)

图 5.1-4　线性位移路径下的滞回特性示意

较合适的。图 5.1-5 给出一个同时考虑双方向的支座恢复力双线性模型。为了考虑双向力学参数不同的一般情况，采用屈服强度和屈服位移对滞变恢复力部分进行无量纲化处理。

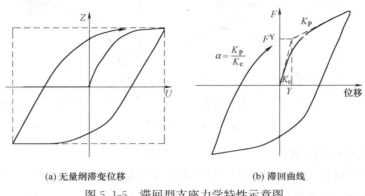

(a) 无量纲滞变位移

(b) 滞回曲线

图 5.1-5　滞回型支座力学特性示意图

(7) 双线型刚化弹簧模型

高阻尼隔震支座在变形较大时具有明显的刚度硬化现象，双线型模型无法反映这种特性，有很多种三线型模型可供选择，但由于三线型模型在实际结构分析中应用过于复杂，考虑空间结构分析时存在许多很难解决的问题，下面介绍一种改进的双线型模型——双线型刚化弹簧模型，它可以看作是非线性弹性模型和理想弹塑性模型的并联。图 5.1-6 为弹性部分恢复力的单轴模型。双线型刚化弹簧模型可以很好地模拟具有刚度硬化特征的高阻尼支座的力学特征，而且在程序实现方面也相对比较方便。

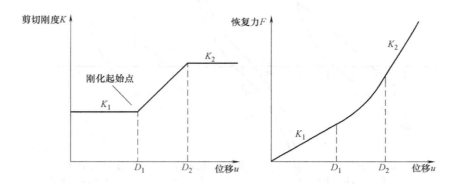

图 5.1-6 双线型刚化弹簧模型

(8) 三线型模型

许多种支座在变形较大时具有明显的刚度硬化或退化现象，这时可以采用三线型模型，如图 5.1-7 所示。对三线型模型来说，将单轴模型推广到多轴并考虑多轴的相互作用是非常复杂的，如何考虑加载面的形状、加载面的移动规则、塑性流动规则、变形和恢复力的本构关系变化、加载卸载判断准则等规则都需要结合具体类型的支座，进行大量的试验分析，确定与其力学特性相适合的上述规则。由于现有多轴三线型模型关于支座的适用性的研究极少，可以参考前述采用 Wen-Bouc 模型对双线型模型的模拟方法，对三线型模型的多轴相互作用模型进行处理。三线型模型主要应用于高阻尼隔震支座、多个支座串联体系的结构分析。

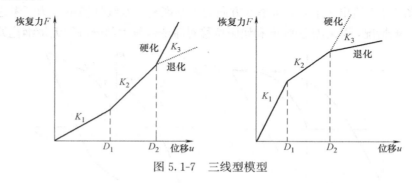

图 5.1-7 三线型模型

(9) 通用黏滞阻尼模型

实际工程中大量各式各样的黏滞型阻尼器开发出来。研究表明，一般黏滞型阻尼器的阻尼与速度并不一定是线性比例关系。在模拟阻尼器阻尼特性时，常使用的黏滞型阻尼模型有：Coulomb（库仑）干摩擦阻尼，线性黏滞阻尼，Orifice（孔板）阻尼。可以用下面公式来统一表示这几种阻尼模型：

$$F_D = (\sum_{i=1}^{n} [F_{0i} + C_i | \dot{u} |^{\rho_i}]) \text{sgn}(\dot{u})$$

式中，F_{0i} 为初始阻尼值（速度为 0 时）；C_i 为阻尼系数；ρ_i 为阻尼指数。一般情况下，取 $n=2$ 即可。

上式可以很好地模拟各种非线性阻尼器的力-位移关系曲线，见图 5.1-8。对库仑阻尼来说，$\rho_i = 0$，力-位移关系为：$F_D = C_i \text{sgn}(\dot{u})$；对线性比例阻尼来说，$\rho_i = 1$，力-位移关系为：$F_D = C_i |\dot{u}| \text{sgn}(\dot{u}) = C_i \dot{u}$；对非线性黏滞型阻尼来说，可以取不同的值，目前生产的阻尼器，ρ_i 一般在 $0.4 \sim 2$ 之间。多轴模型的处理方法和等效线性模型相同。

（10）小结

综合以上多种模型各自的使用范围及特点，相比较而言，等效线性模型具有表达形式简单、原理清晰等优

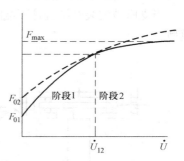

图 5.1-8 非线性阻尼器支座的
力与速度关系示意图

势，用一个线性刚度和一个阻尼来等效支座的力学性能是最简单的模型，也是隔震建筑结构分析时最常用的模型，对于线性分析效率较高，实际工程应用较多。

而各种折线型模型在进行动力分析时，需要不断进行刚度变化点和拐点处的积分处理，需要考虑多轴相互作用、存在刚度硬化和退化，还需要对加载面和屈服机制进行大量处理，使用起来非常复杂，相比较而言，Wen-Bonc 模型可以较为便捷地解决这一问题，计算效率也较为理想。

2. 支座与结构柱串联系统的力学模型研究

本节前面部分所描述的支座的力学模型一般只适合应用到图 5.1-9（a）所示的隔震方案，即支座上、下部支承端的转动刚度为无限大的情况，这就要求位于支座上、下端纵横两个方向的大梁或连梁的刚度必须很大，这种方案是不经济的。国外早期的隔震试点工程一般均采用这种布置方案。随着隔震技术的发展，出现了如图 5.1-9（b）所示的隔震方案，即将支座设置在下一层结构柱的顶部，这样处理不仅节省了纵横向的连梁，同时使净空增大。这在有地下室的隔震建筑和中间隔震层隔震体系中应用较多。当柱底端为固定时，图 5.1-9（b）中所示的隔震层便是由一端固定柱与支座组成的串联系统。

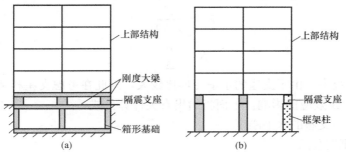

图 5.1-9 支座与结构柱串联系统示意

下面基于 Haringx 和 Gent 的近似理论，建立隔震支座与结构柱串联系统的力学分析模型，给出串联系统中支座和结构柱各自的水平刚度与临界力计算公式，以及整个串联系统的水平刚度计算公式，并对参数影响进行分析。

（1）串联系统的分析模型

当支座被安装在结构柱顶端时，支座和柱串联系统可简化为图 5.1-10（a）所示的分析模型。上部结构对支座的约束可简化为仅允许水平方向移动和竖向变形。

当支座被安装在结构柱下端时，支座和柱串联系统可简化为图 5.1-10（b）所示的分析模型。

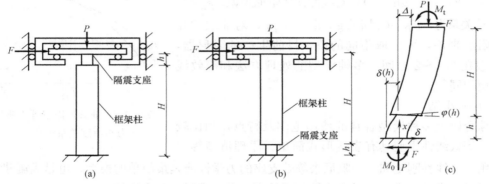

图 5.1-10　支座与结构柱串联系统简化模型

比较图 5.1-10（a）和（b）两个分析模型可以发现，两者是等效的。为了方便起见，下面将对图 5.1-10（b）所示模型进行分析，其力学分析模型如图 5.1-10（c）所示，图中 P、F 分别为上部结构传来的竖向压力与水平力，M_t 为上部结构对柱上端的转动力矩，M_0 为下部结构对支座的约束力矩，$\delta(h)$ 为支座的水平变形，Δ 为柱子的水平变形，$\varphi(h)$ 为支座与柱交界面的转角。串联系统总的水平变形为 $\delta(h)+\Delta$，因此串联系统的水平刚度为

$$K = \frac{F}{\delta(h)+\Delta} \tag{5.1-1}$$

采用等效刚度形式时可写作：

$$K = \frac{1}{1/K_r + 1/K_c} \tag{5.1-2a}$$

式中，K_r 为串联系统中支座的水平刚度；K_c 为串联系统中结构柱的水平刚度：

$$K_r = \frac{F}{\delta(h)} \tag{5.1-2b}$$

$$K_c = \frac{F}{\Delta} \tag{5.1-2c}$$

在上述串联系统中，由于支座的水平变形比较大，因此在考虑支座和结构柱的水平刚度时，需要考虑 P-Δ 效应的影响。下面将给出有关计算公式。

（2）串联系统中支座的水平刚度

1）支座水平刚度公式

考虑 P-Δ 效应的支座水平刚度为：

$$K_r(P) = \frac{F}{\delta(h)} = \frac{P}{\frac{1-\cos\alpha h + dP\left(\frac{\sin\alpha h}{\alpha\beta} + \frac{H}{2}\right)}{\alpha\beta\sin\alpha h + dP\cos\alpha h}(1-\cos\alpha h) + \frac{\sin\alpha h}{\alpha\beta} - h} \tag{5.1-3a}$$

对上式取 $P=0$ 时的极限，可得下述表述形式：

$$K_r(P=0) = \frac{1 + d\frac{E_s I_s}{h}}{\frac{h^3}{12E_c I_c} + \frac{h}{G_s A_s} + \frac{dh}{3}\left(h + \frac{3H}{4}\right) + d\frac{E_s I_s}{G_s A_s}} \tag{5.1-3b}$$

$$\frac{K_r(P)}{K_r(P=0)} = \frac{P}{hK_r(P=0)} \frac{\alpha\beta h\sin\alpha h + dPh\cos\alpha h}{2\left(1 + dP\frac{H}{4}\right) - \left[2 + dP\left(\frac{H}{2} + h\right)\right]\cos\alpha h + \left(\frac{dP}{\alpha\beta} - \alpha\beta h\right)\sin\alpha h}$$

$$\tag{5.1-3c}$$

式中，$P=0$ 表示取 $P\to0$ 时的极限；d 为柱子的转动柔度，忽略剪切变形的影响，$d = H/E_c I_c$，$E_c I_c$ 为结构柱的等效弯曲刚度；α、β 由下式确定：

$$\begin{cases} \alpha^2 = \dfrac{P(P+G_s A_s)}{E_s I_s G_s A_s} \\ \beta = \dfrac{G_s A_s}{P+G_s A_s} \end{cases} \tag{5.1-4}$$

式中，$E_s I_s$ 和 $G_s A_s$ 分别为将支座视为匀质弹性柱的等效弯曲刚度和等效剪切刚度，对于支座，有

$$E_s I_s = E_r I_r h / n_r t_r \tag{5.1-5}$$

$$G_s A_s = G_r A_r h / n_r t_r \tag{5.1-6}$$

式中，E_r 为橡胶纵向表观弹性常数，$E_r = E_0(1 + 2\kappa S_1^2)$；$E_0$ 为橡胶材料的杨氏弹性模量；κ 为与橡胶硬度有关的修正系数；S_1 为支座的一次形状系数，即单层橡胶片的承载面积与橡胶的总自由表面积之比，$S_1 = D/4t_r$（圆形截面）；D 为支座直径；t_r 为单层橡胶片厚度；I_r 为支座横截面惯性矩；h 为支座高度；n_r 为支座中橡胶片的层数；G_r 为橡胶材料的剪切模量；A_r 为支座的横截面面积。

引入如下无量纲参数 H/h 和 p、λ、γ、p_λ

$$p = \frac{Ph}{\sqrt{E_s I_s G_s A_s}}, \lambda = \sqrt{\frac{E_s I_s}{G_s A_s h^2}}, \gamma = d\frac{E_s I_s}{h} = \frac{HE_s I_s}{hE_c I_c}, p_\lambda = p\sqrt{1 + \frac{1}{\lambda p}} = \alpha h \tag{5.1-7}$$

其物理意义为 p 是无量纲压力；λ 是支座的弯曲刚度影响系数；γ 是支座与结构柱的刚度比；p_λ 是压力影响系数。

将式（5.1-4）代入式（5.1-3）中，则有支座的下述水平刚度无量纲表述方式：

$$\frac{K_r(p)}{K_r(p=0)} = \frac{p\left[1 + \frac{1}{12\lambda^2(1+\gamma)}\left(1 + 4\gamma + 3\gamma\frac{H}{h}\right)\right]\left(\frac{p\sin p_\lambda}{p_\lambda} + p\gamma\cos p_\lambda\right)}{2\left(1 + \frac{p\gamma H}{4\lambda h}\right) - \left[2 + \frac{p\gamma}{\lambda}\left(1 + \frac{H}{2h}\right)\right]\cos p_\lambda + \left(\gamma p_\lambda - \frac{p}{\lambda p_\lambda}\right)\sin p_\lambda} \tag{5.1-8}$$

$$K_r(p=0) = \frac{G_s A_s}{h} \frac{1+\gamma}{1 + \gamma + \frac{1}{12\lambda^2}\left[1 + \gamma\left(4 + \frac{3H}{h}\right)\right]} \tag{5.1-9}$$

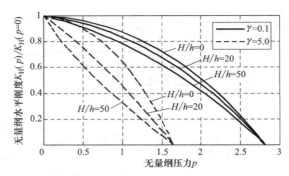

图 5.1-11　不同 H/h 的串联系统中支座的无量纲水平刚度与无量纲压力关系（$\lambda=10$）

图 5.1-11 和图 5.1-12 绘出了无量纲水平刚度 $K_r(p)/K_r(p=0)$ 与无量纲压力 p、柱与支座高度比 H/h、γ 之间的关系，可以看到，无量纲水平刚度随无量纲压力的增大而减小。在图 5.1-11 中，无量纲水平刚度随柱与支座高度比 H/h 的增大而减小，但临界压力 p^* 相等。在图 5.1-12 中，随 γ 的增大无量纲水平刚度减小，临界压力 p^* 亦减小。

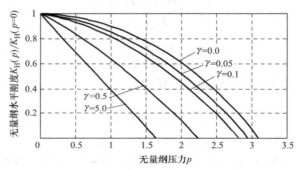

图 5.1-12　不同 γ 的串联系统中支座的无量纲水平刚度与无量纲压力关系（$\lambda=10$，$H/h=30$）

2）水平刚度公式的简化形式

① 假设结构柱刚度无穷大，当 $\gamma=0$ 时，式（5.1-8）中支座水平刚度变为：

$$\frac{K_r(p)}{K_r(p=0)}=\frac{\lambda p^2\left(1+\dfrac{1}{12\lambda^2}\right)}{2\lambda p_\lambda\tan(p_\lambda/2)-p} \tag{5.1-10}$$

$$K_r(p=0)=1\Big/\left(\frac{h^3}{12E_sI_s}+\frac{h}{G_sA_s}\right) \tag{5.1-11}$$

这表示一端固定一端可沿水平方向滑动的支座水平刚度（图 5.1-10a）。

② 当 $\lambda\rightarrow\infty$ 时，$p_\lambda=p$，$K_r(p=0)=G_sA_s/h$，$K_r(p)/K_r(p=0)$ 与 H/h 的取值无关。式（5.1-8）支座水平刚度变为：

$$\frac{K_r(p)}{K_r(p=0)}=\frac{p(\sin p+p\gamma\cos p)}{2(1-\cos p)+p\gamma\sin p} \tag{5.1-12}$$

③ 不考虑支座弯曲刚度的影响，只考虑其剪切刚度，亦即当 $E_sI_s\rightarrow\infty$ 时，

$$K_r(\rho)=K_r(p=0)=G_sA_s/h \tag{5.1-13}$$

3）隔震支座的临界荷载

在式（5.1-3a）中令 $K_t(p)$ 等于 0，可得临界力方程：

$$\tan\alpha h = -\gamma\alpha h \tag{5.1-14a}$$

或

$$\tan\sqrt{p(p+1/\lambda)} = -\gamma\sqrt{p(p+1/\lambda)} \tag{5.1-14b}$$

从上式中解出的 αh 值在 $\pi/2\sim\pi$ 之间，设为 $\zeta\pi$，则临界力为：

$$p^* = \frac{1}{2}\left(\sqrt{\frac{1}{\lambda^2}+4\zeta^2\pi^2}-\frac{1}{\lambda}\right) \tag{5.1-15}$$

当 $\zeta=1/2$ 时，上式转化为一端固定一端自由支座的临界力，当 $\zeta=1$ 时，上式转化为一端固定一端滑动支座的临界力。

图 5.1-13 中绘出了临界力 p^* 与 γ 的关系曲线。

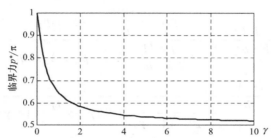

图 5.1-13　串联系统中支座临界力 p^* 与参数 γ 的关系

（3）串联系统中结构柱的水平刚度

串联系统中结构柱的水平刚度

$$K_c(p) = \frac{F}{\Delta(p)} = \frac{12}{dH}\frac{\alpha\beta\sin\alpha h+dp\cos\alpha h}{4H\alpha\beta\sin\alpha h+(dpH-6)\cos\alpha h+6} \tag{5.1-16a}$$

或

$$K_c(p=0) = \frac{F}{\Delta(p=0)} = \frac{12E_cI_c}{H^2h}\frac{1+\gamma}{(4+r)\dfrac{H}{h}+3} \tag{5.1-16b}$$

$$\frac{K_c(p)}{K_c(p=0)} = \frac{(4+\gamma)\dfrac{H}{h}+3}{1+\gamma}\frac{\dfrac{p}{p_\lambda}\sin p_\lambda+p\gamma\cos p_\lambda}{4\dfrac{H}{h}\dfrac{p}{p_\lambda}\sin p_\lambda+\left(p\gamma\dfrac{H}{h}-6\lambda\right)\cos p_\lambda+6\lambda} \tag{5.1-16c}$$

令式（5.1-16a）等于零，可知串联系统中 R/C 柱的临界力方程与式（5.1-14）相同，亦即结构柱与支座同时失稳。

图 5.1-14 和图 5.1-15 绘出了无量纲水平刚度 $K_c(p)/K_c(p=0)$ 与无量纲压力 p、柱与支座高度比 H/h、γ 之间的关系，可以看到，无量纲水平刚度 $K_c(p)/K_c(p=0)$ 随无量纲压力 p 的增大而减小。在图 5.1-14 中，随柱与支座高度比 H/h 的增大无量纲水平刚度增大，但临界压力 p^* 相等。在图 5.1-15 中，随 γ 的增大无量纲水平刚度减小，临界压力 p^* 亦减小。

（4）串联系统的水平刚度

串联系统由支座与 R/C 柱组成，将式（5.1-3）和式（5.1-16）代入式（5.1-2），经整理和简化后，可求得以下串联系统水平刚度计算公式的无量纲表达式：

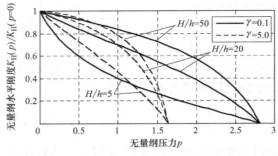
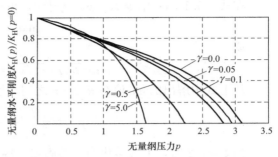

图 5.1-14　不同 H/h 的串联系统中结构柱的无量
纲水平刚度与无量纲压力关系（$\lambda=10$）

图 5.1-15　不同 γ 的串联系统中结构柱的无量
纲水平刚度与无量纲压力关系（$\lambda=100$，$H/h=30$）

$$\frac{K(p)}{K(p=0)}=\frac{pA_1\left(\dfrac{p\sin p_\lambda}{p_\lambda}+p\gamma\cos p_\lambda\right)}{2+\dfrac{p\gamma}{\lambda}\dfrac{H}{h}+A_2\cos p_\lambda+A_3\sin p_\lambda} \tag{5.1-17a}$$

$$K(p=0)=\frac{G_sA_s}{h}\frac{1}{1+\dfrac{1}{12\lambda^2(1+\gamma)}\left\{1+4\gamma+\gamma\dfrac{H}{h}\left[(4+\gamma)\dfrac{H}{h}\right]+6\right\}} \tag{5.1-17b}$$

式中，$A_1=1+\dfrac{1}{12\lambda^2(1+\gamma)}\left\{1+4\gamma+\gamma\dfrac{H}{h}\left[\dfrac{H}{h}(4+\gamma)+6\right]\right\}$

$A_2=\dfrac{p^2\gamma^2}{12\lambda^2}\left(\dfrac{H}{h}\right)^2-\dfrac{p\gamma}{\lambda}\left(1+\dfrac{H}{h}\right)-2$

$A_3=\gamma p_\lambda+\dfrac{p^2\gamma}{3\lambda^2 p_\lambda}\left(\dfrac{H}{h}\right)^2-\dfrac{p}{\lambda p_\lambda}$

图 5.1-16 和图 5.1-17 绘出了无量纲水平刚度 $K(p)/K(p=0)$ 与无量纲压力 p、柱与支座高度比 H/h、γ 之间的关系，可以看到，无量纲水平刚度随无量纲压力的增大而减小。在图 5.1-16 中，$H/h=0\sim20$ 范围内无量纲水平刚度随柱与支座高度比 H/h 的增大而减小；$H/h=20\sim50$ 范围内，当 $\gamma=0.1$ 时，无量纲水平刚度相差不大，当 $\gamma=5.0$ 时，无量纲水平刚度随柱与支座高度比 H/h 的增大而增大；但临界压力 p^* 和柱与支座高度比 H/h 无关。在图 5.1-17 中，随 γ 的增大无量纲水平刚度减小，临界压力 p^* 亦减小。

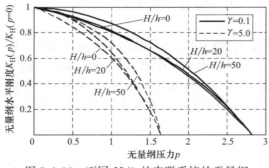
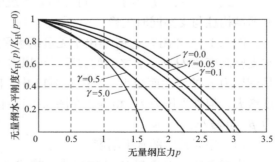

图 5.1-16　不同 H/h 的串联系统的无量纲
水平刚度与无量纲压力关系（$\lambda=10$）

图 5.1-17　不同 γ 的串联系统的无量纲
水平刚度与无量纲压力关系（$\lambda=10$ $H/h=30$）

3. 双橡胶支座串联后的组合隔震支座力学模型研究

为了满足对隔震支座承载能力、水平刚度和变形能力等的各种要求，有时由两个不同截面尺寸的隔震支座串联组成的组合支座是比较经济、实用的选择，通过合理设计可以达到中小地震时主要依靠其中截面较小者发挥作用，遭遇强烈地震时整个组合支座同时发挥作用的较优隔震效果。当采用隔震支座和摩擦滑移机构的串联隔震方案时，应用组合支座还可有效地减小滑板的面积，从而达到经济、紧凑的设计。组合橡胶支座中上、下两个支座通常需要用钢板连接，其与支座中的端钢板一起构成刚性连接板，形成刚域，实际上组合橡胶支座是带刚域的串联系统，下面基于力学分析，建立组合支座的水平刚度系数计算公式，并对典型参数的影响进行分析。同时给出考虑刚性连接板的水平刚度计算方法。

（1）力学分析模型

由两个不同截面的支座通过刚性板连接组成的组合支座可简化为图 5.1-18 所示的分析模型，当横梁的刚度为无限大时，上部结构对支座的约束可简化为仅允许水平方向移动和竖向变形的支座，刚性连接板仅发生刚体转动变形。

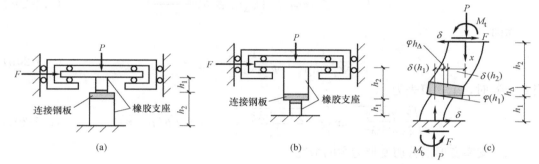

图 5.1-18　考虑刚性连接板组合隔震支座简化模型

将图 5.1-18（a）和（b）两个简化模型比较可以发现，两者是等效的。为了方便起见，下面将图 5.1-18（b）所示模型进行分析，其力学分析模型如图 5.1-18（c）所示。图中 P、F 分别为上部结构传来的竖向压力与水平力，M_t 为上部结构对组合支座上端的转动力矩，M_b 为基础对组合支座下端的约束力矩，$\delta(h_1)$ 为截面较小支座的水平变形，$\delta(h_2)$ 为截面较大支座的水平变形，$\varphi(h_1)$ 为支座与刚性连接板交界面的转角，亦即为刚性连接板的转角变形。组合支座总的水平变形为 $\delta(h_1)+\varphi h_\Delta+\delta(h_2)$，因此组合支座的水平刚度为

$$K=\frac{F}{\delta(h_1)+\varphi(h_1)h_\Delta+\delta(h_2)} \tag{5.1-18}$$

根据式（5.1-3）和式（5.1-4），并根据变形连续条件，可得到组合支座的水平刚度计算公式：

$$\frac{K(p)}{K(p=0)}=q\,\frac{\Psi_1\sin p_1\cos p_2+\Psi_2\sin p_2\cos p_1-\Psi_1\Psi_2\zeta_\Delta\sin p_1\sin p_2}{2+[\Psi_3\sin p_1-(1+\zeta)\Psi_2\cos p_1]\sin p_2-[2\cos p_1+(1+\zeta)\Psi_1\sin p_1]\cos p_2} \tag{5.1-19a}$$

$$\frac{1}{K(p=0)}=\left(\frac{h}{G_1A_1}+\frac{h_2}{G_2A_2}\right)\left[1+\lambda\eta^2\,\frac{\zeta^4+\kappa^2+4\zeta\kappa(1+1.5\zeta+\zeta^2)+12\zeta\kappa\zeta_\Delta(1+\zeta+\zeta_\Delta)}{12\kappa(\kappa+\zeta)(\lambda+\zeta)}\right] \tag{5.1-19b}$$

式中，

$$p = \frac{Ph_2}{\sqrt{E_{s2}I_{s2}G_{s2}A_{s2}}}, \quad \zeta = \frac{h_1}{h_2}, \quad \zeta_\Delta = \frac{h_\Delta}{h_2},$$

$$\kappa = \frac{E_{s1}I_{s1}}{E_{s2}I_{s2}}, \quad \lambda = \frac{G_{s1}A_{s1}}{G_{s2}A_{s2}}, \quad \eta = h_2\sqrt{\frac{G_{s2}A_{s2}}{E_{s2}I_{s2}}},$$

$$q = \frac{p}{\eta}\left\{1 + \frac{\zeta}{\lambda} + \frac{\eta^2}{12(\zeta+\kappa)}\left[\frac{\zeta^4}{\kappa} + \kappa + 4\zeta(1+1.5\zeta+\zeta^2) + 12\zeta\zeta_\Delta(1+\zeta+\zeta_\Delta)\right]\right\},$$

$$p_1 = \zeta\sqrt{\frac{p}{\zeta\lambda}(p+\eta\lambda)}, \quad p_2 = \sqrt{p(p+\eta)}, \quad \Psi_1 = \eta\sqrt{\frac{p\lambda}{\kappa(p+\eta\lambda)}}, \quad \Psi_2 = \eta\sqrt{\frac{p}{p+\eta}},$$

$$\Psi_3 = \sqrt{\frac{\lambda(p+\eta)}{\kappa(p+\eta\lambda)}} + \sqrt{\frac{\kappa(p+\eta\lambda)}{\lambda(p+\eta)}} + \Psi_1\Psi_2\zeta_\Delta(1+\zeta+\zeta_\Delta)$$

在式（5.1-19a）中令 $K(p)/K(p=0)=0$，可得以下临界力方程：

$$\tan\alpha_1 h_1 = \alpha_2\beta_2\tan\alpha_2 h_2\left(h_\Delta\tan\alpha_1 h_1 - \frac{1}{\alpha_1\beta_1}\right) \tag{5.1-20a}$$

亦即

$$\frac{1}{\Psi_1\tan p_1} + \frac{1}{\Psi_2\tan p_2} = \zeta_\Delta \tag{5.1-20b}$$

当 $\zeta_\Delta=0$ 时，上式可表为

$$\sqrt{\frac{\lambda(p+\eta)}{\xi(p+\lambda\eta)}}\tan\left[\zeta\sqrt{\frac{p(p+\lambda\eta)}{\lambda\xi}}\right] = -\tan\sqrt{p(p+\eta)} \tag{5.1-20c}$$

（2）支座变形以剪切变形为主的情况

假设 $\eta\to0$，支座变形以剪切变形为主，这等价于可以忽略支座的弯曲变形的影响，这时式（5.1-19）可简化为：

$$\frac{K(p)}{K(p=0)} = \frac{p\left(1+\frac{\zeta}{\lambda}\right)\left[\sqrt{\frac{\lambda}{\kappa}}\sin\left(\frac{\zeta p}{\sqrt{\kappa\lambda}}\right)\cos p + \sin p\cos\left(\frac{\zeta p}{\sqrt{\kappa\lambda}}\right)\right]}{2\left[1+\frac{1}{2}\left(\sqrt{\frac{\lambda}{\kappa}}+\sqrt{\frac{\kappa}{\lambda}}\right)\sin p\sin\left(\frac{\zeta p}{\sqrt{\kappa\lambda}}\right) - \cos p\cos\left(\frac{\zeta p}{\sqrt{\kappa\lambda}}\right)\right]} \tag{5.1-21a}$$

$$\frac{1}{K(p=0)} = \left(\frac{h_1}{G_1A_1} + \frac{h_2}{G_2A_2}\right) \tag{5.1-21b}$$

上式说明当不计支座的弯曲变形时，刚性连接板对组合支座的水平刚度无影响。在上式中令 $K(p)/K(p=0)=0$，可得 $\eta\to0$ 时的临界力方程：

$$\tan p = -\sqrt{\frac{\lambda}{\xi}}\tan\frac{\zeta p}{\sqrt{\xi\lambda}} \tag{5.1-22}$$

（3）将支座1看作柱子的情况

将支座1看作柱子，此时图 5.1-18 便是柱和支座由刚性板连接组成的串联系统（图 5.1-9）的精确模型，式（5.1-19）便是式（5.1-3）进一步考虑柱子的 $P\text{-}\Delta$ 效应和剪切变形以及刚性连接板影响的推广情形。

1）柱子变形以弯曲变形为主，即相当于假设 λ（或 G_1A_1）$\to\infty$，此时式（5.1-19）中的参数可简化为：

$$\begin{cases} q=\dfrac{p}{\eta}\left\{1+\dfrac{\eta^2}{12(\zeta+\xi)}\left[\dfrac{\zeta^4}{\xi}+\zeta+4\zeta(1+1.5\zeta+\zeta^2)+12\zeta\zeta_\Delta(1+\zeta+\zeta_\Delta)\right]\right\} \\[2mm] p_1=\zeta\sqrt{\dfrac{P\eta}{\xi}} \quad p_2=\sqrt{p(p+\eta)} \\[2mm] \Psi_1=\eta\sqrt{\dfrac{p}{\eta\xi}} \quad \Psi_2=\eta\sqrt{\dfrac{p}{p+\eta}} \quad \Psi_3=\sqrt{\dfrac{p+\eta}{\xi\eta}}+\sqrt{\dfrac{\xi\eta}{p+\eta}}+\Psi_1\Psi_2\zeta_\Delta(1+\zeta+\zeta_\Delta) \end{cases}$$

$$(5.1\text{-}23)$$

2）橡胶支座以剪切变形为主、柱子以弯曲变形为主时，即相应于假设 $\eta\rightarrow 0$、$\lambda\rightarrow\infty$，这时 $p_1=0$，$p_2=p$，式（5.1-21）可简化为：

$$\frac{K(p)}{K(p=0)}=\frac{p\left(\dfrac{p\zeta}{\xi}\cos p+\sin p\right)}{2(1-\cos p)+\dfrac{p\zeta}{\xi}\sin p}$$

$$(5.1\text{-}24)$$

此时，串联系统中的柱子水平位移可以不予考虑，因此可以认为柱子对支座只起转动弹簧的作用。临界力方程为：

$$\tan p=-p\zeta/\xi \tag{5.1-25}$$

（4）刚域的影响

考虑刚性连接板比不考虑的无量纲水平刚度要小，但当连接板的厚度与单个支座的高度之比较小时，差别不大。对于隔震支座来说，一般其竖向压力仅相当于单个支座极限荷载的 $1/5\sim1/8$，这时 $p=0.04\sim0.1$，当 $\zeta_\Delta\leqslant0.2$ 时，刚域的影响一般仅在 $5\%\sim10\%$，不是很大。参见图 5.1-19。

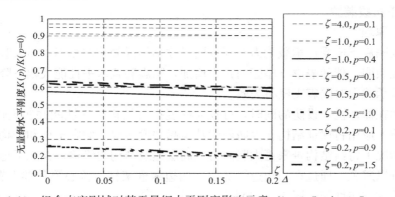

图 5.1-19　组合支座刚域对其无量纲水平刚度影响示意（$\lambda=0.5$，$\xi=0.5$，$\eta=1.0$）

5.1.3　高层建筑结构隔震体系支座拉力问题

建筑结构隔震技术自从 20 世纪以来主要应用于中低层建筑，随着应用领域的不断深入，高层建筑中亦陆续采用。但随着建筑高度的增加，建筑结构在水平地震和风荷载作用下基底倾覆力矩凸显，伴随而来结构边缘部位构件将产生竖向拉力，同时对于风荷载作用下控制隔震装置启动非常重要。

1. 抗风保护装置

（1）抗风保护装置工作原理

建筑结构在设计使用周期内可承受数万次常风荷载作用，而中低烈度区高层建筑结构通常受风荷载控制，或是风荷载与小震对结构作用相当，那么在如此高频风荷载作用下如

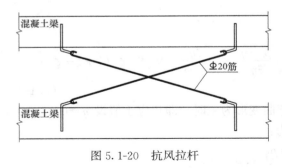

图 5.1-20　抗风拉杆

果隔震装置启动，其装置本身性能要求将很高，同时伴随隔震装置启动结构位移幅值也会大幅增加，对结构舒适度影响较大。为此，限制隔震装置在风荷载作用下启动，使设计结构隔震仅在较大地震下启动，本书研发了抗风装置，即抗风拉杆（图5.1-20）。通过在结构双方向设置抗风拉杆，将抗风拉杆的总设计强度按风荷载标准值的 $1.5\sim2.0$ 倍考虑，同时其小于结构隔震装置启动地震水准下的基底剪力。

抗风拉杆构造简单，巧妙地增加了结构的初始刚度，同时又不改变结构扭转特性，当抗风拉杆失效后隔震装置启动开始进入工作阶段。抗风拉杆施工便捷，可在隔震层内完成，不影响建筑空间布局。

（2）抗风保护装置设计方法

风荷载作用下隔震不启动，抗风拉杆的总设计强度按风荷载标准值考虑并留有一定安全系数，经计算风荷载作用下产生的基底剪力 V_w，分配给各方向抗风拉杆 V_i，抗风拉杆的作用小于结构小震的基底剪力 V_E，即：

$$\sum V_i = V_w < V_E$$

2. 地震下抗拔装置

（1）工作原理

叠层橡胶隔震支座受压承载能力与同截面尺寸钢筋混凝土柱相当，但其竖向抗拉性能却很小。研究表明，伴随隔震支座竖向拉力增加，隔震装置水平性能大幅下降，当竖向拉力大于其受拉承载力时隔震支座将失效。

隔震技术在保证抗震设防的同时，可较大幅度提升结构抗震性能并实现性能化设计，这一理念或技术应用将保证结构在设防烈度甚至超烈度情况下的安全性和结构性能。而大震或超烈度情况下将给结构带来更大竖向力，高层建筑结构边缘构件在水平地震作用下出现较大拉力难以避免。通过在结构边缘部位，如边缘框架柱、核心筒角部设置抗拉装置，可有效保护隔震支座性能（图5.1-21）。

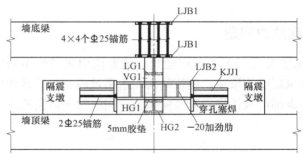

图 5.1-21　抗拔装置

（2）设计方法

叠层橡胶隔震支座抗拉设计承载力不超过 1.5MPa，超出部分应由抗拔装置承担，本书研发了多种形式的抗拔装置，综合其原理分为以下两部分：

1）预埋锚筋

预埋锚筋主要将竖向拉力传递给上部结构，其应能承担全部竖向拉力，同时应保证局部混凝土满足局压等技术指标。

2）抗拔梁（杆）

当隔震支座受到较大竖向拉力或超过一定竖向拉伸变形时，抗拔杆端突破锁紧装置，两端限位装置开始工作，限制抗拔杆变位，竖向拉力传递给抗拔梁进而保证隔震支座不超过受拉上限（详见图 5.1-21）。抗拔梁需满足竖向抗弯、抗剪设计。

5.1.4 双橡胶支座串联后的组合隔震支座试验研究

隔震技术目前已经在实际工程中得到了越来越广泛的应用。隔震层中最重要的组成部件——建筑橡胶隔震支座（下简称"隔震支座"），它的竖向和水平性能也得到了深入的研究。而 20 世纪 90 年代中期，即有学者提出，将两个截面尺寸不同的橡胶支座串联在一起，构成组合支座。这种组合支座通过合理设计，可以达到中小地震时主要依靠其中截面较小者发挥作用，从而延长了结构在中小地震中的周期，克服了由于隔震支座的非线性影响使其在中小地震中不能充分发挥效果的情况；当遭遇强烈地震时上下两个组合支座都产生较大的变形，同样也能产生比较好的隔震效果。我们对此种组合橡胶支座进行了理论分析，提出了考虑和不考虑刚性板连接影响的水平刚度计算模型，并给出相应的计算公式和参数影响的分析。由于柱子与橡胶支座组成的串联系统与组合橡胶支座的计算理论是一样的，组合橡胶支座的分析结果同样为柱子与橡胶支座的串联系统的合理应用提供了理论依据。

1. 试验用隔震支座

试验用橡胶支座采用国内某隔震支座生产单位制作、型号分别为 GZY300 和 GZY500 的两个支座，其具体尺寸如表 5.1-1 所示。可通过螺栓和各 20mm 厚的两块钢板将这两个支座固定在一起，形成组合支座 GZY（300-500），连接示意见图 5.1-22。

支座结构参数 表 5.1-1

序号	支座参数	GZY300	GZY500
1	支座直径(mm)	320	520
2	橡胶有效直径 D_0(mm)	300	500
3	橡胶层数 n_r	13	18
4	橡胶单层厚度 t_r(mm)	4	5
5	橡胶层总厚度 T_r(mm)	52	90
6	薄钢板层数 n_s	12	17
7	薄钢板厚度 t_s(mm)	2	2.5
8	薄钢板总厚度 T_s(mm)	24	42.5
9	端钢板厚度(mm)	20	20
10	铅芯直径 d_0(mm)	60	100
11	橡胶硬度（邵氏）	50	50

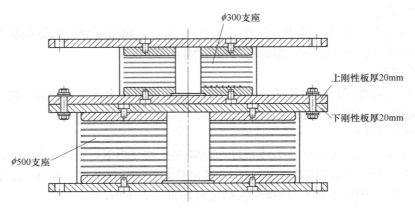

图 5.1-22　组合支座 GZY（300-500）连接示意

隔震支座的竖向刚度计算公式一般如下式：

$$K_V = \frac{E_{cb}A}{T_R} = \frac{\pi D}{4} E_{cb} S_2 \tag{5.1-26}$$

式中，K_V 是支座的竖向刚度；$E_{cb} = E_c E_b/(E_c + E_b)$，是修正弹性模量；$E_c = E_0(1 + 2\kappa S_1^2)$，是橡胶压缩弹性模量，$E_0$ 是橡胶杨氏弹性模量，κ 是修正系数，S_1 是支座的一次形状系数；S_2 是支座的二次形状系数；E_b 是体积弹性模量；T_R 是橡胶层总厚度；A 为橡胶层有效截面面积，对于有铅芯的情况，$A = A_R + A_L(E_L/E_{cb} - 1)$，$A_R$ 是橡胶层的截面积，A_L 是铅芯的截面积，E_L 是铅的弹性模量，一般可取 4～6GPa。

（1）GZY300 支座

支座直径取 $D = 320$mm，有效直径 $D_0 = 300$mm，中心孔（铅芯）取为 $d_0 = 60$mm，橡胶层厚度 $t_r = 4$mm，橡胶层数 $n_r = 13$ 层，橡胶层总厚度 $T_r = 4 \times 13 = 52$mm；钢板层厚 $t_s = 2$mm，钢板层数 $n_s = 12$ 层，钢板层总厚度 $T_s = 24$mm，隔震支座上下连接钢板各 20mm 厚，铅弹性模量 E_L 取 5GPa。

橡胶支座的第一形状系数：$S_1 = \dfrac{D_0 - d_0}{4t_r} = \dfrac{240}{4 \times 4} = 15$（考虑铅芯）

橡胶支座的第二形状系数：$S_2 = \dfrac{D_0}{n_r t_r} = \dfrac{300}{13 \times 4} = 5.77$

橡胶截面积 $A_R = \pi \times (300^2 - 60^2)/4 = 67858.40$mm^2

中心孔（铅芯）面积 $A_L = \pi \times 60^2/4 = 2827.43$mm^2

$E_c = E_0(1 + 2\kappa S_1^2) = 2.2 \times (1 + 2 \times 0.73 \times 15.0^2) = 724.9$MPa

$E_{cb} = \dfrac{E_c E_b}{E_c + E_b} = \dfrac{724.9 \times 2040}{724.9 + 2040} = 534.85$MPa

总面积：

$A = A_R + A_L(E_L/E_{cb} - 1) = 67858.40 + 2827.43 \times (5000/534.85 - 1) = 91462.96$mm^2

支座竖向刚度：

$K_V = \dfrac{E_{cb}A}{T_r} = \dfrac{534.85 \times 91462.96}{13 \times 4} = 940749$N/mm $= 940$kN/mm

关于纯橡胶支座的水平刚度特性，在 5.1.2 节中已有详细的分析，这里就不再重复。对于铅芯橡胶支座的水平刚度特征，将在本节中结合试验结果提出相宜的修正计算方法。

（2）GZY500 支座

橡胶支座直径取 $D=520\text{mm}$，有效直径 $D_0=500\text{mm}$，中心孔（铅芯）取为 $d_0=100\text{mm}$，橡胶层厚度 $t_r=5\text{mm}$，橡胶层数 $n_r=18$ 层，橡胶层总厚度 $T_r=5\times18=90\text{mm}$；钢板层厚 $t_s=2.5\text{mm}$，钢板层数 $n_s=17$ 层，钢板层总厚度 $T_s=42.5\text{mm}$，隔震支座上下连接钢板各 20mm 厚，铅弹性模量 E_L 取 5GPa。

橡胶支座的第一形状系数：$S_1=\dfrac{D_0-d_0}{4t_r}=\dfrac{400}{4\times5}=20$（考虑铅芯）

橡胶支座的第二形状系数：$S_2=\dfrac{D_0}{n_r t_r}=\dfrac{500}{18\times5}=5.56$

橡胶截面积 $A_r=\pi\times(500^2-100^2)/4=188495.56\text{mm}^2$

中心孔（铅芯）面积 $A_L=\pi\times100^2/4=7853.98\text{mm}^2$

$E_c=E_0(1+2\kappa S_1^2)=2.2\times(1+2\times0.73\times20.0^2)=1287.0\text{MPa}$

$E_{cb}=\dfrac{E_c E_b}{E_c+E_b}=\dfrac{1287.0\times2040}{1287.0+2040}=789.14\text{MPa}$

总面积：

$A=A_R+A_L(E_L/E_{cb}-1)=188495.56+7853.98\times(5000/789.14-1)=230404.49\text{mm}^2$

支座竖向刚度：

$K_V=\dfrac{E_{cb}A}{T_r}=\dfrac{789.14\times230404.49}{18\times5}=2020237.77\text{N/mm}=2020\text{kN/mm}$

2. 试验内容和方法

首先进行了 GZY300、GZY500 和 GZY（300-500）的竖向性能试验，然后进行了它们的水平性能试验。

（1）竖向性能试验

隔震支座的竖向性能试验采用静载试验方法，即以竖向荷载设定值 P_0 为基准，分别施加荷载 $0.7P_0$ 和 $1.3P_0$，测定并记录相应的隔震支座的竖向变形。卸载循环 5 次，一般取第三次循环的结果计算隔震支座的竖向刚度值。试验时 GZY300、GZY500 的设定压应力为 8MPa、10MPa、12MPa、15MPa 和 20MPa，GZY（300-500）的设定荷载 P 为对应 GZY300 的相应压应力（此时 8～20MPa 可称之为名义压应力），具体设计荷载值如表 5.1-2 所示。

竖向性能试验竖向加载设定值（kN） 表 5.1-2

支座型号	P_1	P_2	P_3	P_4	P_5
GZY300	565	706	848	1060	1413
GZY500	1570	1963	2356	2945	3926
GZY(300-500)	565	706	848	1060	1413

（2）水平性能试验

对于三种型号的支座，分别进行剪应变 50%、100%、250% 时按照不同加载频率和竖向荷载的水平刚度和阻尼性能试验。

为符合实际应用情况和便于比较,试验时三种支座的竖向压力值均按照 GZY300 的压应力为 8MPa、10MPa、12MPa、15MPa 和 20MPa 时对应的压力值。对 8~20MPa 可称之为名义压应力,与压力值和实际压应力的对应关系见表 5.1-3。下面叙述中,对三种支座直接采用名义压应力的值来进行描述。

试验时竖向压应力相应的加载频率和变形等情况见表 5.1-4。由于试验设备的能力限制,试验时的频率比较低,在大水平变形($\gamma=250\%$)时加载频率只能达到 0.01Hz。

水平性能试验竖向加载设定值 表 5.1-3

竖向加载值 (kN)	名义压应力 (MPa)	实际压应力(MPa)		
		GZY300	GZY500	GZY(300-500)
565	8	8	2.88	2.88
706	10	10	3.60	3.60
848	12	12	4.32	4.32
1060	15	15	5.40	5.40
1412	20	20	7.20	7.20

水平性能试验加载工况 表 5.1-4

名义压应力 (MPa)	剪应变 (%)	GZY300		GZY500		GZY(300-500)	
		剪切变形 (mm)	加载频率 (Hz)	剪切变形 (mm)	加载频率 (Hz)	剪切变形 (mm)	加载频率 (Hz)
8	50	26	0.2	45	0.2	26	0.2
	100	52	0.08	90	0.03	64	0.08
	250	130	0.01	225	0.01	160	0.01
10	50	26	0.2	45	0.2	26	0.2
	100	52	0.05	90	0.03	64	0.08
	250	130	0.01	225	0.01	170	0.01
12	50	26	0.2	45	0.2	26	0.2
	100	52	0.03	90	0.03	52	0.08
	250	130	0.01	225	0.01	170	0.01
15	50	26	0.2	45	0.2	26	0.2
	100	52	0.03	90	0.03	64	0.08
	250	130	0.01	225	0.01	170	0.01
20	50	26	0.2	45	0.2	26	0.2
	100	52	0.03	90	0.03	64	0.08
	250	130	0.01	225	0.01	170	0.01

3. 试验结果与分析

(1) 竖向性能试验

对于组合支座,竖向刚度可取为按照 GZY300 和 GZY500 两个支座的串联刚度计算,则有：

$$K_{V(300-500)} = \frac{K_{V300}K_{V500}}{K_{V300}+K_{V500}} \qquad (5.1\text{-}27)$$

式中，$K_{V(300-500)}$ 是组合支座的按照理想串联弹簧方式的计算刚度；K_{V300} 是 GZY300 支座的试验得出的竖向刚度；K_{V500} 是 GZY500 支座的试验得出的竖向刚度。

按照式（5.1-27）可计算出 GZY（300-500）的理论竖向刚度，并把计算所得的 GZY300 和 GZY500 两个支座的竖向刚度理论值和试验实测值一起列入表 5.1-5 中。

支座竖向刚度（kN/mm）   表 5.1-5

设计压应力 (MPa)	GZY300		GZY500		GZY(300-500)	
	试验值	理论值	试验值	理论值	试验值	理论值
8	858		2166		563	614
10	967		2706		651	712
12	1066	940	2944	2020	697	782
15	1131		3679		795	864
20	1305		—		888	

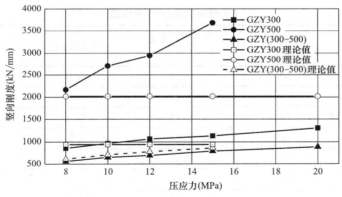

图 5.1-23 竖向刚度与压应力关系

由相应的试验曲线可得各个支座的竖向刚度计算值如图 5.1-23 所示，可以看到：

1）对于各个支座，竖向刚度都随着压应力的增加而增大，基本上可以看作是线性的，组合支座也是如此。说明由于组合支座的两个组成支座 GZY300 和 GZY500 的竖向刚度差别较大，组合支座的竖向性能仍然保持线性的关系。

2）对于 GZY300 支座，由理论公式得到的计算刚度比较接近试验得到的数值，在压应力 10MPa 时几乎吻合，当面压力进一步增加时刚度略微有所降低；对于 GZY500 支座，由理论公式得到的计算刚度是试验得到数值的下限，并且当较高压应力时，误差很大。这说明对于大直径支座，其竖向刚度的理论公式还有待进一步研究确定。

3）对于组合支座 GZY（300-500），其竖向刚度曲线与 GZY300 支座和组合支座按照理想串联公式的曲线基本平行，只是比 GZY300 支座的相应刚度降低了 30%～35%，比按照串联刚度计算公式得到的相应理论值小了约 10%，这说明对于组合支座，在较小支座的允许或使用工作压应力的状态下，竖向刚度特性基本上可以按照两个组成支座的理想串联情况来进行分析，而且竖向刚度随压应力的变化特性与较小支座的变化特性相类似。

（2）水平性能试验

按照表 5.1-3 和表 5.1-4 的设置，分别做了 GZY300、GZY500 和组合支座 GZY（300-500）的水平性能试验，得到了各种支座不同加载频率、不同剪切变形和不同竖向荷载的剪切变形滞回曲线。

根据试验得到的滞回曲线，可以计算隔震支座的等效水平刚度 k_{eq}、等效黏滞阻尼比 ζ_{eq} 和屈服后刚度 k_{py}。

$$k_{eq} = (Q^+ - Q^-)/(U^+ - U^-); \quad \zeta_{eq} = W/[2\pi k_{eq}(U^+)^2] \tag{5.1-28}$$

式中，U^+、U^- 分别是滞回曲线中最大水平正位移和最大水平负位移；Q^+、Q^- 是分别与 U^+、U^- 相应的水平剪力；W 是剪切滞回曲线每周所围面积，代表每周所消耗的能量。

$$k_{py} = \frac{1}{2}\left(\frac{Q^+ - Q_y^+}{U^+ - U_y^+} + \frac{|Q^- - Q_y^-|}{|U^- - U_y^-|}\right) \tag{5.1-29}$$

式中，U_y^+ 是正方向屈服位移；U_y^- 是负方向屈服位移；Q_y^+ 是与 U_y^+ 相应的水平剪力；Q_y^- 是与 U_y^- 相应的水平剪力。

根据式（5.1-28）和式（5.1-29），可以计算得到支座各工况的等效水平刚度、等效阻尼比和屈服后刚度值，具体数值列于表 5.1-6～表 5.1-8。

GZY300 支座的水平性能　　　　　表 5.1-6

名义压应力（MPa）	剪应变（%）	等效水平刚度（kN/mm）	等效阻尼比	屈服后刚度（kN/mm）
8	50	1.92	0.17	1.75
	100	1.18	0.22	0.84
	250	0.94	0.14	0.68
10	50	1.85	0.20	1.65
	100	1.08	0.23	0.83
	250	0.98	0.13	0.79
12	50	1.81	0.23	1.46
	100	1.01	0.23	0.73
	250	1.00	0.13	0.77
15	50	1.70	0.30	1.09
	100	0.95	0.26	0.69
	250	1.00	0.13	0.81
20	50	1.65	0.36	0.79
	100	0.90	0.30	0.66
	250	1.02	0.14	0.77

1）GZY300 的水平承载性能

图 5.1-24 为 GZY300 支座分别在 8MPa、10MPa、12MPa、15MPa 和 20MPa 压应力下的剪切变形滞回曲线。图 5.1-25 给出了分别在 8MPa、10MPa、12MPa、15MPa 和 20MPa 压应力下 GZY 300 支座的水平等效刚度和等效阻尼比与水平剪应变关系曲线。

图 5.1-26 给出了分别在 8MPa、10MPa、12MPa、15MPa 和 20MPa 压应力下 GZY300 支座的屈服后刚度与水平剪应变关系曲线。

GZY500 支座的水平性能 表 5.1-7

名义压应力 (MPa)	剪应变 (%)	等效水平刚度 (kN/mm)	等效阻尼比	屈服后刚度 (kN/mm)
8	50	3.07	0.16	2.89
	100	2.19	0.20	1.18
	250	1.71	0.12	1.25
10	50	3.32	0.14	2.84
	100	2.03	0.21	1.12
	250	1.45	0.15	1.15
12	50	3.32	0.12	2.63
	100	1.99	0.22	0.92
	250	1.44	0.17	1.04
15	50	3.59	0.14	3.26
	100	2.07	0.21	0.96
	250	1.53	0.16	0.77
20	50	3.65	0.17	3.07
	100	2.24	0.19	1.21
	250	1.69	0.15	1.27

GZY (300-500) 支座的水平性能 表 5.1-8

名义压应力 (MPa)	剪应变 (%)	等效水平刚度 (kN/mm)	等效阻尼比	屈服后刚度 (kN/mm)
8	50	1.50	0.22	1.12
	100	0.93	0.22	0.74
	250	0.81	0.15	0.66
10	50	1.39	0.21	1.03
	100	0.95	0.21	0.74
	250	0.76	0.16	0.50
12	50	1.50	0.25	1.06
	100	1.00	0.22	0.77
	250	0.77	0.16	0.60
15	50	1.38	0.25	1.00
	100	0.88	0.23	0.70
	250	0.79	0.16	0.67
20	50	1.36	0.31	0.88
	100	0.86	0.25	0.71
	250	0.80	0.16	0.69

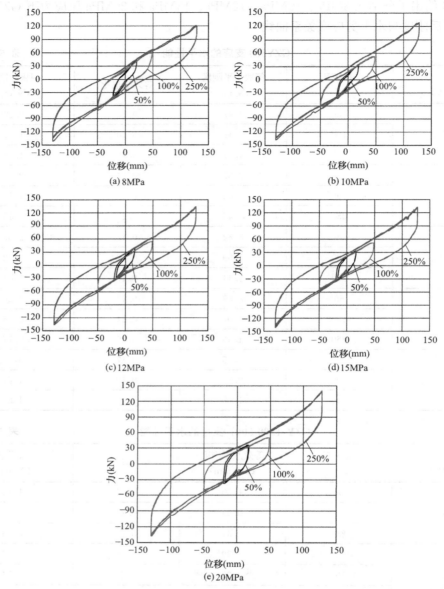

图 5.1-24　不同压应力下的 GZY300 支座 $\gamma=50\%$、100% 和 250% 的滞回曲线

① 水平刚度和阻尼特性与水平剪切应变的关系

从图 5.1-25 中可以看出，等效刚度基本上随着水平剪切应变的增大而呈现减小趋势，当支座剪切应变达到较大值，如 $\gamma\geqslant100\%$ 后，其等效刚度受剪切变形的影响较小。当支座在小压应力状态时（8MPa 和 10MPa），随着水平剪应变的增大而减小；当支座在较大压应力状态时（15MPa 和 20MPa），随着水平剪应变增大而先是减小接着略有增大，压应力 20MPa 时其变化的幅度相对略大。

等效阻尼比当支座在小压应力状态时（8MPa 和 10MPa），先是随着水平剪应变的增大而增大，当支座剪切应变达到较大值，如 $\gamma\geqslant100\%$ 后，随着水平剪应变的增大而减小；

当支座在较大压应力状态时（15MPa 和 20MPa），随着水平剪应变增大始终减小，压应力 20MPa 时其变化的幅度相对较大。

屈服后刚度随着水平剪切变形的增大先是急剧减小，当水平剪切变形增大到一定程度时，如 $\gamma \geqslant 100$ 后，其等效刚度受剪切变形的影响较小。当支座在小压应力状态时（8MPa 和 10MPa），随着水平剪应变的增大而减小；当支座在较大压应力状态时（10MPa、15MPa 和 20MPa），随着水平剪应变增大而先是减小接着略有增大，其变化的幅度相对略大。

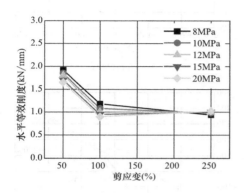
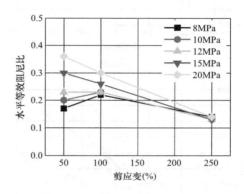

图 5.1-25　GZY300 支座在不同压应力下的水平等效刚度和等效阻尼比与剪应变的关系

② 水平刚度和阻尼特性与竖向压力的关系

从图 5.1-26 中可以看出，等效刚度随着压应力的增大而减小，当支座剪切应变达到较大值，如 $\gamma \geqslant 100\%$ 后，其等效刚度受压应力的影响较小。等效阻尼比随着压应力的增大而增大，但随着剪切变形的增大，增大的幅度减小，当 $\gamma = 250\%$ 时，不同压应力下的阻尼值基本相同。屈服后刚度与水平等效刚度类似，随着压应力的增大而减小，当水平剪切变形增大到一定程度时，如 $\gamma \geqslant 100\%$ 后，基本保持不变或缓慢下降；当 $\gamma = 250\%$ 时，刚度值比较接近。

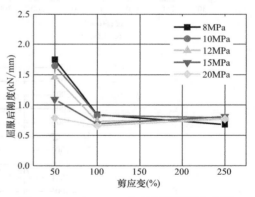

图 5.1-26　GZY300 支座在不同压应力下的屈服后刚度与剪应变的关系

2）GZY500 的水平承载性能

图 5.1-27 为 GZY500 支座分别在 8MPa、10MPa、12MPa、15MPa 和 20MPa 压应力下的剪切变形滞回曲线。图 5.1-28 给出了分别在 8MPa、10MPa、12MPa、15MPa 和 20MPa 压应力下 GZY500 支座的水平等效刚度和等效阻尼比与水平剪应变关系曲线。图 5.1-29 给出了分别在 8MPa、10MPa、12MPa、15MPa 和 20MPa 压应力下 GZY500 支座的屈服后刚度与水平剪应变关系曲线。

① 水平刚度和阻尼特性与水平剪切应变的关系

从图 5.1-28 中可以看出，等效刚度随着水平剪切应变的增大而减小，当支座剪切应

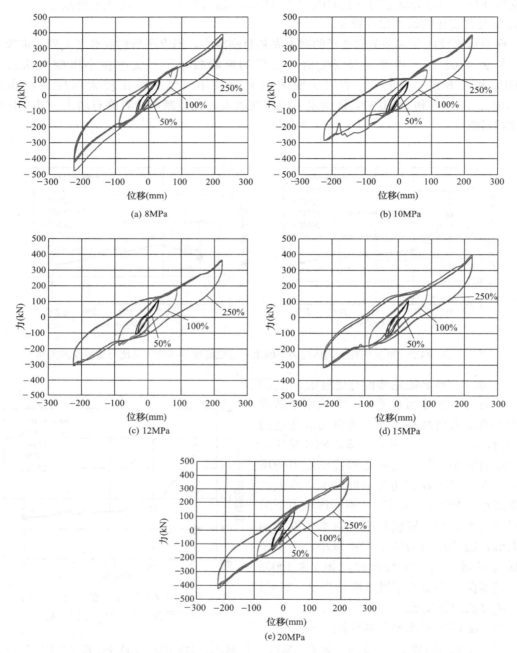

图 5.1-27　不同压应力下的 GZY500 支座 $\gamma=50\%$、100% 和 250% 的滞回曲线

变达到较大值，如 $\gamma \geqslant 100\%$ 后，其等效刚度受剪切变形的影响较小。

等效阻尼比先是随着水平剪应变的增大而增大，当水平剪应变大到一定程度时（$\gamma >$ 100%），又随着水平剪应变的增大而减小。屈服后刚度随着水平剪切变形的增大先是减小，当水平剪切变形增大到一定程度时，如 $\gamma \geqslant 100\%$ 后，略有增加，只有压应力为 15MPa 时，刚度值继续随剪切变形的增大而减小，但变化幅度较小。

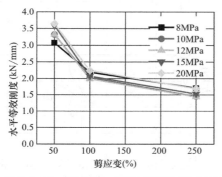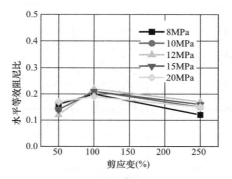

图 5.1-28　GZY500 支座在不同压应力下的水平等效刚度和等效阻尼比与剪应变的关系

② 水平刚度和阻尼特性与竖向压力的关系

从图 5.1-29 中可以看出，当小剪切变形 $\gamma=50\%$ 时，等效刚度随着压应力的增大而增大，当支座剪切应变达到较大值，如 $\gamma\geqslant100\%$ 后，压应力的影响较小，刚度值比较接近。

在小剪切应变 $\gamma=50\%$ 时，等效阻尼比基本上随着压应力的增大先减小而后增大，但随着剪切变形的增大，压应力的影响较小，阻尼值比较接近。

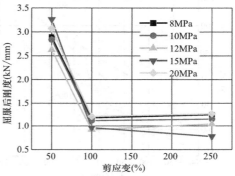

图 5.1-29　GZY500 支座在不同压应力下的屈服后刚度与剪应变的关系

小剪切变形 $\gamma=50\%$ 时，屈服后刚度随着压应力增大先增大而后减小；当水平剪切变形 $\gamma\geqslant100\%$ 时，压应力的影响较小，刚度值比较接近；当 $\gamma=250\%$ 时，刚度值相对差别略大。

3）双橡胶支座串联后的组合隔震支座 GZY（300-500）的水平向承载性能

图 5.1-30 为 GZY（300-500）支座分别在 8MPa、10MPa、12MPa、15MPa 和 20MPa 压应力下的剪切变形滞回曲线。图 5.1-31 给出了分别在 8MPa、10MPa、12MPa、15MPa 和 20MPa 压应力下 GZY（300-500）支座的水平等效刚度和等效阻尼比与水平剪应变的关系曲线。图 5.1-32 给出了分别在 8MPa、10MPa、12MPa、15MPa 和 20MPa 压应力下 GZY（300-500）支座的屈服后刚度与水平剪应变的关系曲线。

① 水平向刚度和阻尼特性与水平剪切应变的关系

从图 5.1-31 中可以看出，等效刚度随着水平剪切应变的增大而减小，当支座剪切应变达到较大值如 $\gamma\geqslant100\%$ 后，其等效刚度受剪切变形的影响较小；

等效阻尼比当支座在小压应力状态时（8MPa 和 10MPa），先是随着水平剪应变的增大而保持不变；当水平剪应变大到一定程度时（$\gamma>100\%$），又随着水平剪应变的增大而减小。当支座在较大压应力状态时（15MPa 和 20MPa），始终随水平剪应变的增大而减小，且变化的幅度稍大；当支座在中等压应力状态时（12MPa），始终随水平剪应变的增大而减小。屈服后刚度随着水平剪切变形的增大而减小，在刚度减小段，随着压应力的增大，减小的幅度也越小。

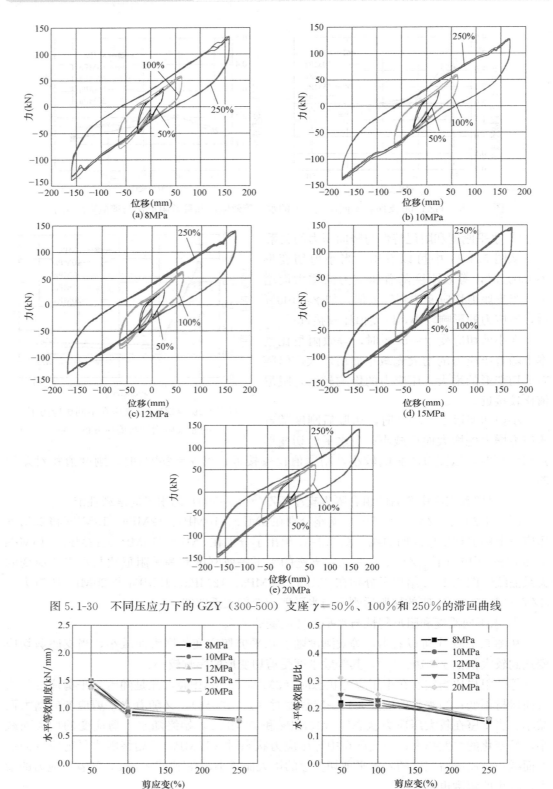

图 5.1-30　不同压应力下的 GZY（300-500）支座 $\gamma = 50\%$、100% 和 250% 的滞回曲线

图 5.1-31　GZY（300-500）支座在不同压应力下的水平等效刚度和等效阻尼比与剪应变的关系

② 水平向刚度和阻尼性能与竖向压力的关系

从图 5.1-32 中可以看出，等效刚度随着压应力的增大而变化，但比较接近。当支座剪切应变达到较大值，如 $\gamma \geqslant 100\%$ 后，其等效刚度受压应力的影响更小。

等效阻尼比随着压应力的增大而增大，但随着剪切变形的增大，增大的幅度减小，当 $\gamma = 250\%$ 时，不同压应力下的阻尼值基本相同。

屈服后刚度基本随着压应力的增大而变化，但比较接近，当水平剪切变形 $\gamma \geqslant 100\%$ 后，基本保持不变或缓慢下降；当 $\gamma = 250\%$ 时，不同压应力的刚度值变化略大。

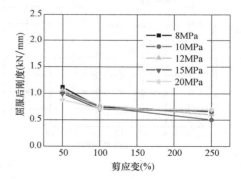

图 5.1-32 GZY（300-500）支座在不同压应力下的屈服后刚度与剪应变的关系

4）各支座的水平性能比较

① 水平等效刚度和阻尼比

图 5.1-33 给出了在不同剪应变下，各支座的水平等效刚度和阻尼比与压应力的关系曲线。图 5.1-34 给出了在不同压应力下，各支座的水平等效刚度和阻尼比与剪应变的关系曲线。

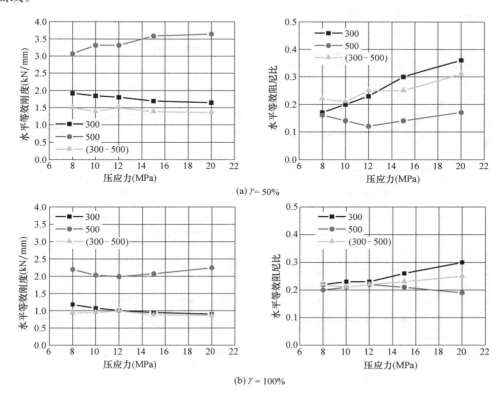

图 5.1-33 各支座在不同剪应变下的水平等效刚度和阻尼比与压应力关系（一）

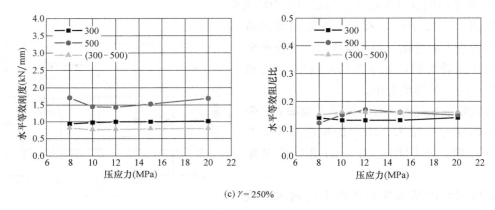

(c) $\gamma = 250\%$

图 5.1-33　各支座在不同剪应变下的水平等效刚度和阻尼比与压应力关系（二）

从图 5.1-33、图 5.1-34 中可以看出，GZY（300-500）的水平等效刚度值比 GZY300 的值略小，大小和变化趋势都比较接近 GZY300；随着剪应变的增大，如当 $\gamma \geqslant 100\%$ 时，更加接近。GZY（300-500）的等效阻尼比介于 GZY300 和 GZY500 之间，大小和变化趋势都比较接近 GZY500；随着剪应变的增大，如当 $\gamma \geqslant 100\%$ 时，更加接近，当 $\gamma = 250\%$ 时，GZY（300-500）与 GZY500 不同压应力下的大小和变化趋势基本相同。这是由于 GZY500 铅芯的体积大概是 GZY300 的 5 倍，所以组合支座 GZY（300-500）的耗能能力大小主要由 GZY500 的铅芯决定。

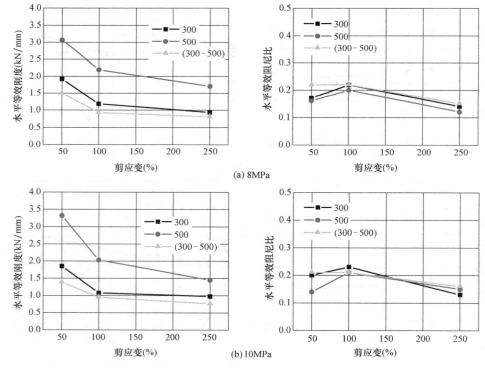

图 5.1-34　各支座不同压应力下的水平等效刚度和阻尼比与剪应变关系（一）

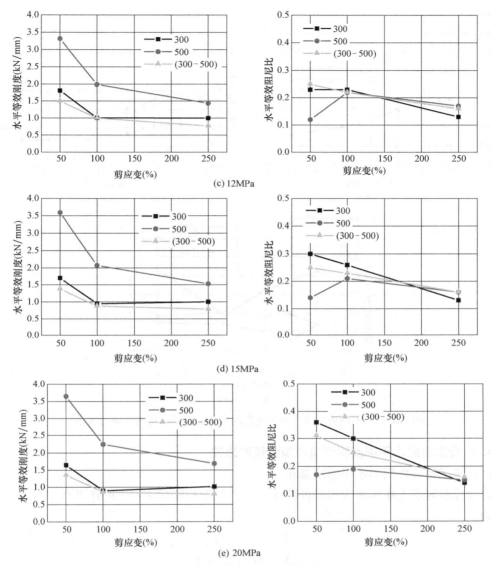

图 5.1-34 各支座不同压应力下的水平等效刚度和阻尼比与剪应变关系（二）

② 屈服后水平刚度

图 5.1-35 给出了在不同剪应变下，各支座的水平屈服后刚度和压应力的关系曲线。图 5.1-36 给出了在不同压应力下，各支座的水平屈服后刚度和剪应变的关系曲线。

从图 5.1-35、图 5.1-36 中可以看出，总体上 GZY（300-500）支座的水平屈服后刚度，与水平等效刚度的情况类似，比较接近 GZY300 支座的屈服后刚度，受压应力的变化影响更小。当 $\gamma \geqslant 100\%$ 时，屈服后刚度值随剪应变的增大基本保持不变，10MPa 的情况略有意外，降低约 15%。GZY（300-500）支座的屈服后刚度特性要比 GZY300 支座的更加稳定，受压应力和剪应变的影响变化更小。这意味着在实际应用时，组合支座使结构具有更准确的预测（或设计）隔震周期，具有更稳定的隔震性能。

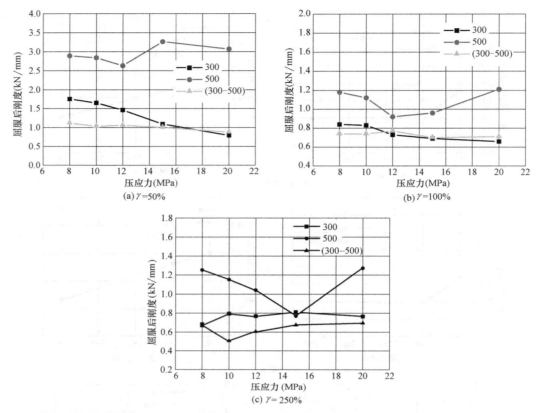

图 5.1-35　不同剪应变下的各支座的水平屈服后刚度与压应力关系

4. 组合支座的水平刚度实测值与理论值的比较

（1）考虑铅芯作用的水平刚度修正

普通橡胶隔震支座可视为匀质弹性柱，其等效弯曲刚度 $E_s I_s$ 和剪切刚度 $G_s A_s$ 可以表示为：

$$E_s I_s = E_r I_r h / n_r t_r \qquad (5.1\text{-}30)$$

$$G_s A_s = G_r A_r h / n_r t_r \qquad (5.1\text{-}31)$$

式中，E_r 为橡胶纵向表观弹性常数，$E_r = E_0 (1 + 2\kappa S_1^2)$；$E_0$ 为橡胶材料的杨氏弹性模量；κ 为与橡胶硬度有关的修正系数；S_1 为支座的一次形状系数，即单层橡胶片的承载面积与橡胶的总自由表面积之比，$S_1 = D / 4t_r$（圆形截面）；D 为支座直径；t_r 为单层橡胶片厚度；I_r 为支座横截面惯性矩；h 为支座高度；n_r 为支座中橡胶片的层数；G_r 为橡胶材料的剪切模量；A_r 为支座的横截面面积。

对于铅芯橡胶支座，由于铅芯的引入，需要对以上两式进行修正。

考虑到铅芯的转动惯量很小，因此仅需要对式（5.1-31）右边橡胶支座的水平剪切刚度项 $G_r A_r / (n_r t_r)$ 进行修正。

对于铅芯橡胶支座，发生剪切变形时一般有：

$$F = (K_L + K_R) D = KD \qquad (5.1\text{-}32)$$

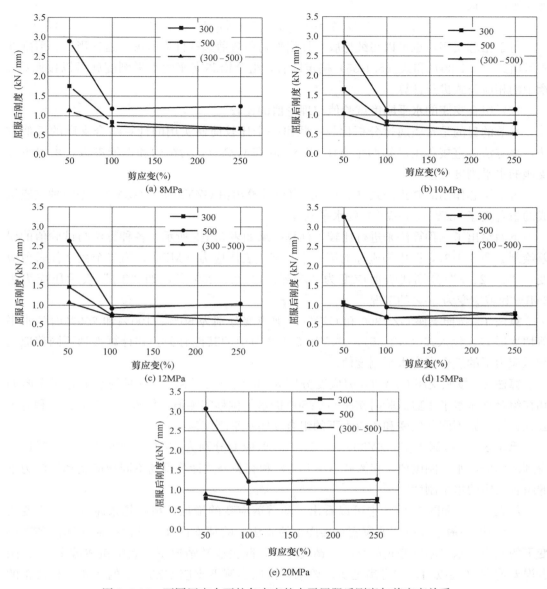

图 5.1-36　不同压应力下的各支座的水平屈服后刚度与剪应变关系

式中，F 是支座的水平恢复力；K_L 是铅芯的水平刚度；K_R 是橡胶的水平刚度；K 是铅芯支座的水平刚度；D 是支座顶端的水平位移。

由于在支座抗侧力方面，铅芯和橡胶相当于两个并联的弹簧，因此有：

$$F=\tau_L A_L + K_R D \qquad (5.1-33)$$

式中，τ_L 为铅的屈服强度，可取为 8.5MPa；A_L 为铅芯面积；其他同前。

将式（5.1-33）代入式（5.1-32），可得铅芯橡胶支座的水平刚度为：

$$K=G'_r A'_r/(n_r t_r)=\tau_L A_L/D + K_R \qquad (5.1-34)$$

用式（5.1-34）代替式（5.1-31）等号右边项 $G_r A_r/n_r t_r$，可得考虑铅芯修正的有效剪切刚度公式：

$$G_sA_s=(\tau_LA_L/D+K_R)h \qquad (5.1-35)$$

对于铅芯支座，也可以与纯橡胶一样当作匀质弯剪型杆件来考虑。这样当弯、剪刚度一旦由式（5.1-30）和式（5.1-35）确定以后，组合铅芯支座的水平刚度就可以按照第2章中的相应公式进行计算。

（2）组合支座的水平刚度试验值与理论值的比较

本节的目的是希望通过分析比较，找出一个比较简便实用的计算组合支座的近似方法，该方法可直接利用已知两个支座 GZY300 和 GZY500 的结构和性能参数，求出组合支座的水平刚度近似值。

考虑铅芯作用的修正公式（5.1-35）可以计算出由 GZY300 和 GZY500 型两种支座组成的组合支座 GZY（300-500）的水平刚度。

下面给出了三种算法来进行比较，计算结果如表 5.1-9 所示，各种算法与试验值的误差绘制成图 5.1-37，图中横坐标的第一个数字代表压应力（MPa），第二个数字代表剪应变，"1、2、3"分别代表剪应变为"50%、100%、250%"，如"8-1"表示压应力为 8MPa 和剪应变为 50% 的工况。

算法 1　按照支座 GZY300 和 GZY500 剪应变分别为 50%、100% 和 250% 时的水平剪切变形 D，代入式（5.1-35），并应用 5.1.2 节中的其他有关公式计算得到不同剪应变和压应力下的组合支座水平刚度值。

算法 2　按照支座 GZY300 剪应变分别为 50%、100% 和 250% 时的水平剪切变形 D 和在组合支座水平压剪试验时支座 GZY500 的水平位移实测值，代入式（5.1-35）和有关公式计算得到不同剪应变和压应力下的组合支座水平刚度值。

算法 3　将按照支座 GZY300 和 GZY500 剪应变分别为 50%、100% 和 250% 时试验得到的屈服后水平刚度值，代入式（5.1-35）和有关公式计算得到不同剪应变和压应力下的组合支座的水平刚度。

从表 5.1-9 和图 5.1-37 中可以看出，随着剪应变的增加，精度越来越好，剪应变为 250% 时的误差最小。按照剪应变直接修正的算法 1 的精度最高，其次按照实测的各剪应变下的屈服后水平刚度修正的算法 3 精度较好，除去少数情况下（表中粗体数字），这两者误差均在 10% 以内，均可满足实用要求。按照实测下支座 GZY500 的实测位移修正的算法 2 精度差，不能满足要求。

组合支座水平刚度不同算法的计算值与试验值比较　　　　　　　　表 5.1-9

压应力和剪应变	计算刚度值(kN/mm)			屈服后刚度试验值(kN/mm)	误差百分比(%)		
	算法 1	算法 2	算法 3		算法 1	算法 2	算法 3
8MPa-50%	1117	1593	1227	1124	0.59	−41.76	9.13
8MPa-100%	822	1149	795	743	7.04	36.19	7.06
8MPa-250%	645	776	631	656	−1.03	10.68	−3.88
10MPa-50%	1112	1539	1228	1030	7.36	45.29	**19.30**
10MPa-100%	817	1137	727	741	6.76	35.24	−1.89

续表

压应力和 剪应变	计算刚度值(kN/mm)			屈服后刚度 试验值 (kN/mm)	误差百分比(%)		
	算法1	算法2	算法3		算法1	算法2	算法3
10MPa-250%	640	763	605	497	**12.78**	23.74	**21.90**
12MPa-50%	1106	1586	1214	1060	4.11	46.74	14.46
12MPa-100%	812	1134	692	770	3.71	32.42	−10.14
12MPa-250%	635	757	608	602	2.91	13.77	0.90
15MPa-50%	1096	1586	1192	1000	8.60	52.19	19.22
15MPa-100%	802	1141	669	700	9.06	39.27	−4.38
15MPa-250%	625	754	623	667	−3.71	7.77	−6.57
20MPa-50%	1075	1598	1161	878	**17.53**	64.12	**32.26**
20MPa-100%	781	1135	646	707	6.61	38.12	−8.53
20MPa-250%	605	739	645	686	−7.23	4.69	−5.92

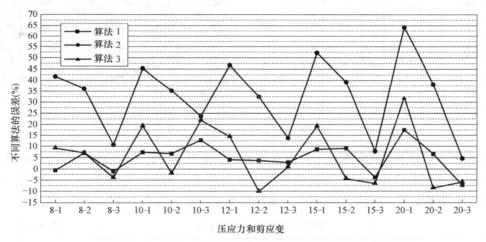

图 5.1-37　组合支座水平刚度不同算法与试验值的误差比较

　　作为一种简便有效的减震技术，橡胶垫隔震已被广泛应用于各种中低层建筑，并取得了很好的效果。近来，这种减震技术逐渐被应用于高层建筑。相对于中低层隔震建筑，在隔震层造价增加不很显著的情况下，高层隔震无疑具有更好的经济性。日本大成、竹中和藤田等建筑公司在1998年后陆续兴建了20层左右的高层隔震建筑。竹中公司于2002年开始建设42层、高度138m的超高层隔震建筑。国内在2008年汶川地震之后于成都建成了20层的剪力墙结构隔震建筑。随着城市中高层建筑数量的不断增多，人们抗震设防意识的进一步提高，可以预见高层隔震结构体系将有广阔的发展空间。在理论研究上，Kelly和周锡元等曾对规则型隔震结构，用上部一个自由度和隔震层组成的双自由度模型进行过讨论，给出了必要的计算公式。对各种中低层规则型隔震建筑，应用这些公式可获得满意的结果。对于高层隔震体系，上部结构的高阶振型效应不能忽略，此时上部结构应用单自由度模型将产生较大误差。付伟庆、刘文光等采用上部结构周期和总基底剪力相等的准则，推导了上部结构的双自由度等效模型的结构参数公式，并通过数值模拟分析给出了等效模型简化方法。通过对原结构和等效模型结构的地震反应分析，证明了这种等效方法是简便有效的。

5.1.5 高层建筑结构隔震技术工程应用

1. 工程应用案例1：成都凯德风尚高层剪力墙住宅

成都凯德风尚项目位于成都市城西新区成飞大道与光华大道交汇处，总建筑面积为609301.75m²。地面上有2栋双拼别墅，26栋19～20层高层住宅，及1栋休闲商业楼。其中，2号、4号、10号楼为地面以上2～3层，框架结构，地面以上总高度为9.600～13.670m；其余建筑为剪力墙结构，地面以上19～20层，地面以上总高度为56.950～57.950m；地下室为地面以下一层，局部两层，整个项目地下室连为一体（图5.1-38）。

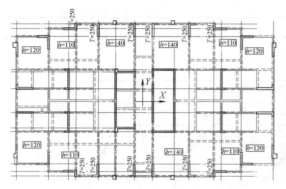

图 5.1-38 凯德风尚项目结构平面示意图及效果图

在剪力墙下沿墙长方向间隔每2m左右布置一个隔震支座，隔震支座的尺寸根据计算分析得到的支座反力确定，保证支座的平均压应力小于15MPa。铅芯数量根据设定的屈服剪力确定，并保证铅芯均匀对称布置。支座数量及参数见表5.1-10。

隔震支座型号和主要参数　　　　　表 5.1-10

型号	GZY500	GZP500	GZP600
橡胶总厚度(mm)	100	100	120
有效直径(mm)	500	500	600
铅芯直径(mm)	100	—	—
屈服力(kN)	62.6	—	—
屈服前刚度(kN/mm)	11	—	—
屈服后刚度(kN/mm)	0.8	0.8	0.9
等效阻尼比(100%剪应变)	20%	—	—
设计最大位移(mm)	275	275	330
个数	46	32	20

（1）结构动力特性分析

取6号楼为代表（图5.1-39），混凝土剪力墙结构，地下2层，层高4.75m，地上19

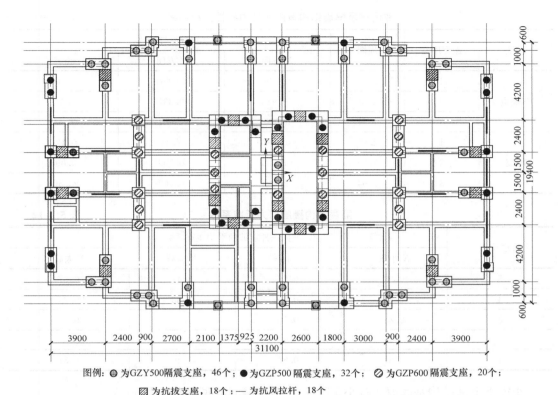

图例：⊕为GZY500隔震支座，46个；●为GZP500隔震支座，32个；⊘为GZP600隔震支座，20个；

▨为抗拔支座，18个；——为抗风拉杆，18个

图5.1-39　6号楼隔震支座、抗拔装置、抗风装置布置图

层，层高3m，最高处56.95m，地上建筑面积9810.80m²。

采用ETABS和SAP2000程序对上部结构分别按照非隔震、隔震结构进行了有限元动力分析。非隔震和隔震结构的各振型分析结果列于表5.1-11，隔震结构的前三个振型见图5.1-40～图5.1-42。可以看出，隔震后前三个振型的质量参与系数明显增大，结构的地震反应以第一周期为主，基本为平动反应。

同时，从表5.1-11中可以看出，隔震体系的周期较原结构增大了很多，基本周期由原来的1.69s延长至2.93s，并且已经远离了建筑场地的卓越周期。

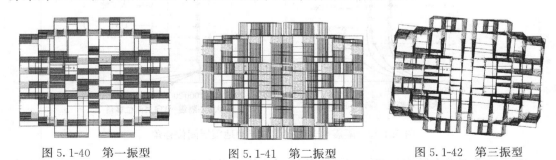

图5.1-40　第一振型　　　　图5.1-41　第二振型　　　　图5.1-42　第三振型

（2）隔震效果分析

高层建筑隔震设计最关注的就是隔震效果问题。根据前面介绍的隔震设计理念，在上部结构不减少钢筋的情况下，推迟隔震层的屈服是一个很好的选择（表5.1-12）。

非隔震及隔震结构有限元动力特性分析结果　　　　　　表 5.1-11

模型	振型序号	周期	质量参与系数		
			X 方向	Y 方向	扭转
非隔震	1	1.69	0.369	68.861	0.004
	2	1.66	75.916	0.337	0.001
	3	1.37	0.000	0.004	78.563
隔震	1	2.93	0.090	97.325	0.126
	2	2.88	97.653	0.109	0.898
	3	2.64	0.908	0.102	98.306

隔震结构楼层剪力折减系数　　　　　　表 5.1-12

楼层位置	四条地震波的平均减震系数			
	X 小震	Y 小震	X 大震	Y 大震
5	0.90	0.66	0.41	0.37
4	0.88	0.65	0.38	0.36
3	0.88	0.70	0.38	0.36
2	0.88	0.79	0.38	0.37
1	0.87	0.84	0.40	0.37

小震下上部结构基底剪力减小 15%，罕遇地震下基底剪力减小 60%。

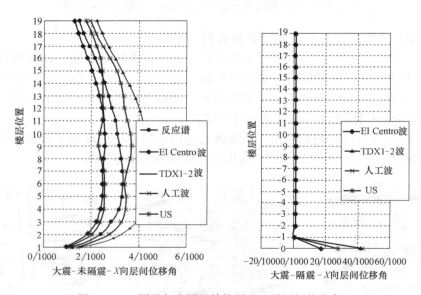

图 5.1-43　隔震与非隔震结构罕遇地震层间位移角

罕遇地震下隔震结构与非隔震结构的层间位移角见图 5.1-43 及表 5.1-13；隔震结构层间位移角最大值出现在隔震层，且该位置层间位移角很大，而其余楼层层间位移角均比较小，控制在 1/600 以内，结构可以达到罕遇地震可修的水准，非结构构件破坏大大减轻。

罕遇地震下层间位移角 表 5.1-13

层	X 方向		Y 方向	
	隔震	非隔震	隔震	非隔震
19	1/1395	1/553	1/689	1/331
18	1/1255	1/495	1/668	1/321
17	1/1115	1/440	1/647	1/311
16	1/1002	1/395	1/628	1/303
15	1/914	1/363	1/612	1/297
14	1/847	1/342	1/601	1/294
13	1/793	1/328	1/594	1/294
12	1/753	1/318	1/592	1/297
11	1/721	1/309	1/596	1/303
10	1/699	1/305	1/605	1/305
9	1/679	1/303	1/618	1/310
8	1/669	1/303	1/635	1/320
7	1/670	1/307	1/660	1/333
6	1/685	1/310	1/696	1/351
5	1/711	1/312	1/747	1/380
4	1/748	1/322	1/820	1/428
3	1/793	1/350	1/938	1/518
2	1/818	1/417	1/1124	1/705
1	1/1007	1/806	1/1561	1/1455

根据结构楼层位移计算结果，罕遇地震下隔震层位移小于 100mm，选用的最小的隔震垫直径 500mm，允许位移 275mm，可以在更大的地震作用下确保结构的安全。

罕遇地震（220gal）下结构的加速度响应见图 5.1-44，可见所有楼层的加速度响应都

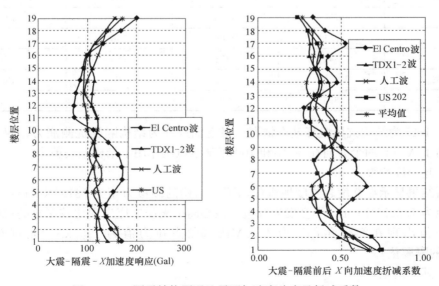

图 5.1-44 隔震结构罕遇地震下加速度响应及折减系数

小于地面输入加速度，大部分楼层的加速度响应小于非隔震结构响应的50％，这意味着罕遇地震时楼上的感觉小于地面的感觉，对使用者的感受大大改善，室内家具、设施倾倒的可能性大大减小。

经验算，罕遇地震下隔震支座均未出现拉力。

（3）抗风验算

分别基于50年和100年的基本风压对结构两个方向进行抗风验算，表5.1-14给出了结构两个方向在风荷载作用下的楼层剪力情况。

结构楼层剪力结果   表5.1-14

楼层位置	50年基本风压		100年基本风压	
	X方向(kN)	Y方向(kN)	X方向(kN)	Y方向(kN)
S19	36	48	42	55
S18	93	141	109	164
S17	163	231	191	270
S16	230	319	269	372
S15	294	404	344	471
S14	355	486	415	567
S13	414	564	483	658
S12	469	639	547	746
S11	521	711	609	830
S10	571	780	666	910
S9	618	844	721	985
S8	662	905	772	1057
S7	703	962	820	1123
S6	741	1016	865	1185
S5	777	1065	907	1242
S4	811	1109	946	1294
S3	842	1151	983	1343
S2	870	1191	1016	1390
S1	895	1230	1044	1436

图5.1-45为结构抗风验算基本情况，最上面虚线为结构隔震抗侧能力，四条水平线分别给出了X、Y两个方向在50年和100年基本风压作用下结构基底剪力。

（4）超烈度验算

分析结果显示在9度超烈度地震作用下，结构的倾覆力矩为731MN·m，结构的抗倾覆力矩为1500MN·m，不会发生倾覆。核心筒下隔震支座出现比较明显的拉应力，最大拉应力值出现在筒体角部，为4.95MPa（角点拉力值为1950kN，角部布置两个500mm的隔震垫）。

（5）其他措施

1）抗风装置

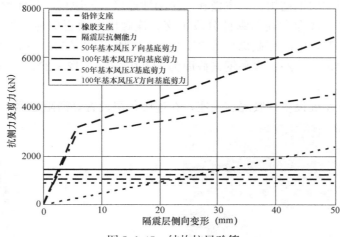

图 5.1-45 结构抗风验算

为增加结构日常使用中的水平刚度，在两个方向各设置了 10 个抗风装置。抗风拉杆的总设计强度按风荷载标准值的 1.5 倍考虑，经计算，抗风拉杆的作用小于结构小震的基底剪力。

2）抗拔装置

超设防烈度验算结果显示少数隔震支座出现了拉力，拉应力接近 5MPa，根据隔震支座产品性能，设计抗拉强度大于 1.5MPa，为确保结构的安全，在出现较大拉力的部位，主要是筒体的角部，设置了抗拔装置，6 号楼共设置了 18 个抗拔装置。

3）经济性问题

如前所述，由于本工程采用隔震技术主要目的是提高结构抗超设防烈度地震作用的能力、减小结构在地震作用中的加速度响应，从而降低结构后期维修成本并保护建筑物中人员及财产安全，因此本工程没有对上部结构含筋量进行调整。

根据对隔震层及相关附属部位经济投入（包括隔震层以下墙体配筋量增大）的初步计算，本工程采用隔震技术后，每平方米造价大约提高了 10%。

2. 工程应用案例 2：空中连廊隔震技术应用

除高层建筑基底应用隔震技术以外，空中连廊结构的应用也愈来愈多。空中连廊将各单体建筑在高空部位连为一体，一方面形成了重要交通通道，另一方面在空间形态上形成整体结构，极大丰富了建筑结构整体效果。伴随建筑效果多样化，连廊部位受力非常复杂，如将连廊与主楼做成刚性连接将对连廊性能提出更好要求，同时也很难实现。如连廊仅作为交通通道或建筑效果需要，可将连廊一端设置成固定端，另外一端采用隔震技术，释放其水平刚度。通过隔震技术各单体建筑可实现自由变形，使连廊端部支座自由运动，同时设置限位保护装置限制其极限位移。

（1）结构概况

某国际大厦由南 A 座、北 B 座两栋建筑组成，用地面积 7636.84m²，总建筑面积 52135.21m²，南高北低，交错排列，并以空中连廊连接，如图 5.1-46 的效果图所示。

连廊两端支座分别位于主楼和副楼第 6 层顶板，连接主楼和副楼的第 7、8 和 9 层。连廊底层标高为 26.1m，3 层的层高分别为：3.9m、3.9m 和 4.0m。原设计采用传统方式，空中连廊采用空间钢结构，与主楼和副楼刚性连接。连廊构件截面形式为方钢管，纵向方通为连续杆件，环向方通与纵杆分段平交。连廊横断面近似为环形，支座环截面为□500×500×25×25，中间环截面标高 30.0m 以下为□500×300×25×25，标高 30.0m 以上为□300×300×25×25；水平钢梁截面为 H700×300×12×20；中柱截面为□300×300×30×30。

在连廊箱梁支座处设置橡胶隔震支座，在连廊每层设置黏滞阻尼器。

图 5.1-46　整体效果图

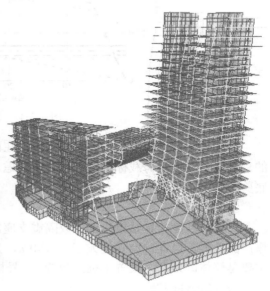

图 5.1-47　整体计算模型

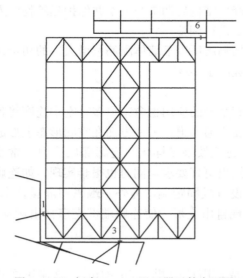

图 5.1-48　标高 30.0m 阻尼器元件布置图

（2）计算模型

为选用合适的阻尼器和隔震支座并验证采取隔震减震技术措施的效果，对整个结构进行了有限元计算。计算模型为包括主楼、副楼和连廊在内的整体计算模型，见图 5.1-47。

阻尼器布置如图 5.1-48～图 5.1-50 所示。计算采用 SAP2000 非线性阻尼器单元（Damper），该单元用非线性阻尼与弹簧串联的模型。

橡胶隔震支座布置如图 5.1-51 所示。计算采用 SAP2000 非线性橡胶隔震支座单元（Rubber Isolator），该单元用 Wen-Bouc 滞回模型，考虑水平双向非线性。

主楼和连廊之间的钢拉索（图 5.1-52）用只能承受拉应力的杆单元模拟。

计算中，阻尼器单元、橡胶隔震支座单元、钢拉索单元和连廊部分的立柱考虑了非线性。

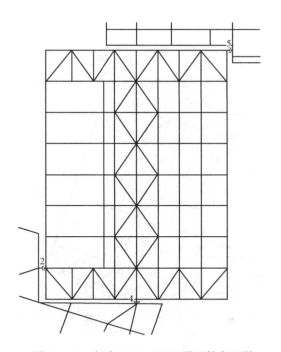

图 5.1-49 标高 33.9m 阻尼器元件布置图

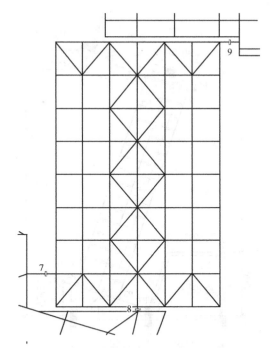

图 5.1-50 标高 37.8m 阻尼器元件布置图

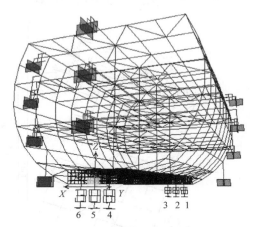

图 5.1-51 橡胶隔震支座布置图

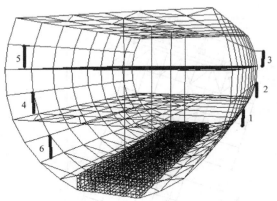

图 5.1-52 钢拉索布置图

（3）连廊结构防震缝变形验算

为验证连廊结构的防震缝宽度的合理性，采用 SAP2000 对其进行了时程分析。

选用地震波 El Centro NS 和 El Centro EW 波，分别作为 X 向和 Y 向输入，按照 X：Y 为 $1:0.85$ 的比例，分别调幅到 $0.07g$ 和 $0.40g$，对整体结构模型在双向输入的 8 度多遇、罕遇地震作用下，连廊和主、副楼防震缝处的变形进行了计算。

图 5.1-53～图 5.1-56 是连廊不同标高处的平面图。图中 P1、P2、P5 和 P6 各点表示主楼的节点，P3、P4、P7 和 P8 各点表示连廊的节点，L1 和 L3 表示防震缝处主楼的边线，L2 和 L4 表示防震缝处连廊的边线。

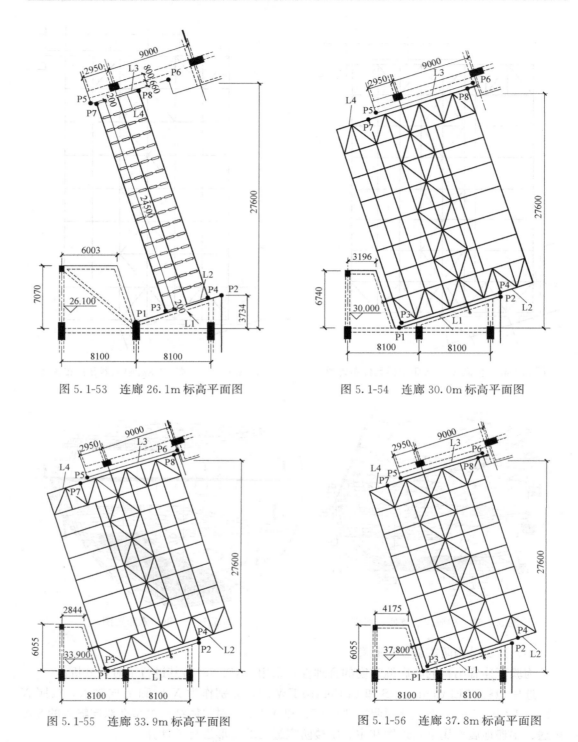

图 5.1-53　连廊 26.1m 标高平面图

图 5.1-54　连廊 30.0m 标高平面图

图 5.1-55　连廊 33.9m 标高平面图

图 5.1-56　连廊 37.8m 标高平面图

经过计算，罕遇地震作用下防震缝处主楼与连廊的缝宽最大、最小值如表 5.1-15 所示，以设计缝宽 200mm 为基准，正值表示实际缝宽增大值，负值表示实际缝宽减小值。其中，P3toL1 表示 P3 相对于 L1 距离的时间历程，P4toL1 表示 P4 相对于 L1 距离的时间历程，P7toL3 表示 P7 相对于 L3 距离的时间历程，P8toL3 表示 P8 相对于 L3 距离的时间历程。

罕遇地震作用下的连廊各层防震缝宽度变化值（mm）　　　表 5.1-15

防震缝位置/标高（m）	缝宽变化	P3toL1	P4toL1	P7toL3	P8toL3
26.1	最大	54.0	27.2	109.9	98.4
	最小	−40.3	−45.7	−135.7	−115.0
30.0	最大	116.9	38.9	133.5	126.5
	最小	−83.3	−43.5	−162.6	−125.0
33.9	最大	111.4	44.2	142.6	127.5
	最小	−84.3	−40.0	−184.7	−138.1
37.8	最大	94.9	34.2	160.0	128.7
	最小	−66.5	−32.9	−205.8	−156.5

（4）隔震支座和阻尼器计算

根据需要，共计算了多种大震组合工况下的隔震支座和阻尼器反应。在计算中采用的荷载工况如表 5.1-16 所示。

工况表　　　表 5.1-16

工况	组合公式	说明
DLEL1	$1.0(DL+LL)+1.0E_h+1.0E_v$	时程分析：El Centro 波双向输入，大震
DLEL2	$1.0(DL+LL)+1.0E_h-1.0E_v$	时程分析：El Centro 波双向输入，大震
DLEL3	$1.0(DL+LL)-1.0E_h+1.0E_v$	时程分析：El Centro 波双向输入，大震
DLEL4	$1.0(DL+LL)-1.0E_h-1.0E_v$	时程分析：El Centro 波双向输入，大震

隔震支座和阻尼器在大震作用下最大反应分别如表 5.1-17 和表 5.1-18 所示。

隔震支座内力和变形　　　表 5.1-17

编号	压力（kN）	X 向剪力（kN）	Y 向剪力（kN）	X 向位移（mm）	Y 向位移（mm）	几何平均位移（mm）
1	1703	138	110	162.0	115.5	199.0
2	2263	134	115	158.9	123.7	201.4
3	2753	130	120	152.8	129.3	200.2
4	3484	128	92	132.4	53.4	142.8
5	1398	128	87	135.7	50.2	144.7
6	1677	127	86	138.3	47.2	146.1

阻尼器内力和变形　　　表 5.1-18

编号	1	2	3	4	5	6	7	8	9
轴力（kN）	601	567	560	530	641	641	563	503	657
轴向变形（mm）	77.9	61.0	32.2	25.4	138.8	139.2	50.1	29.5	153.9

3. 工程应用案例3：北京当代万国城（北区）工程连体结构隔震设计

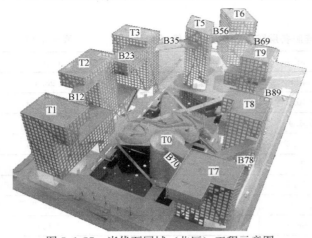

图 5.1-57　当代万国城（北区）工程示意图

北京当代万国城（北区）工程总建筑面积约为 160000m²，由 9 个最高 22 层的塔楼及其他建筑组成，包括一个中心影院和地下停车库，塔楼主要作为住宅。9 个塔楼在结构顶部通过连廊连接成环形系统，并且多个塔楼顶部带有较大的悬挑结构，结构设计有很大难度（图 5.1-57）。

（1）结构概况

塔楼以前缀 T 表示，数字表示塔楼编号，共 9 个塔楼；塔楼之间的连廊以前缀 B 表示，数字表示连廊所连接的塔楼编号，共 8 个连廊；塔楼之间的裙房以前缀 S 表示，数字表示所附属的塔楼编号，有 S1、S23、S9 和 S78 共 4 个裙房。图 5.1-58 为北京当代万国城（北区）工程连体结构的整体计算模型。

计算分析中时程积分采用 FNA（Fast Nonlinear Analysis）方法进行，该方法是 SAP2000 专为隔震支座、非线性阻尼支撑等局部非线性构件提供的快速、高效分析功能。

阻尼形式采用振型比例阻尼形式，阻尼比根据结构类型的不同分别采用：主体结构 5%，悬挑及连廊钢结构 2%。

1）主体塔楼结构

本工程所有塔楼均为框架-剪力墙结构体系，其主要抗侧力结构体系采用以下两个（图 5.1-59）：

图 5.1-58　万国城所有塔楼及连廊整体分析模型

① 钢筋混凝土核心筒和十字形剪力墙（部分配有型钢）；

② 局部带斜撑的外框架。

2）连廊及隔震系统

北区工程塔楼之间有 7 个连廊连接，连廊 B12、B23、B35、B56、B78、B89、B69 跨度分别为 40.44m、33.85m、34.15m、24.75m、33.91m、44.37m、54.47m，设置高度在距地面 35.05～58.05m 范围内。其结构形式均采用箱形钢桁架结构，箱形桁架系统的四个面均由最大宽度及深度的桁架组成以提高抗弯及抗扭能力。

本工程中隔震支座全部设置于空中连廊与主体结构的连接部位（图 5.1-60、图 5.1-61）。

（2）隔震支座设计

根据本工程的具体要求，拟采用摩擦摆式支座（FrictionPendulumBearing，简称 FPB）作为隔震支座，其基本原理如图 5.1-62 所示。

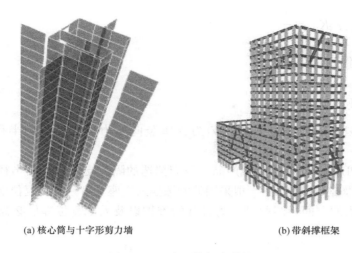

(a) 核心筒与十字形剪力墙   (b) 带斜撑框架

图 5.1-59 主要抗侧力结构

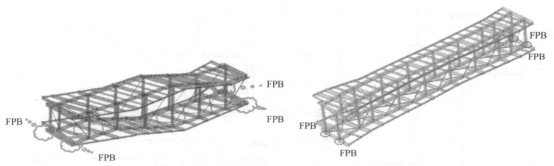

图 5.1-60 天桥 B12 隔震支座空间布置示意图　　　图 5.1-61 天桥 B89 隔震支座平面布置示意图

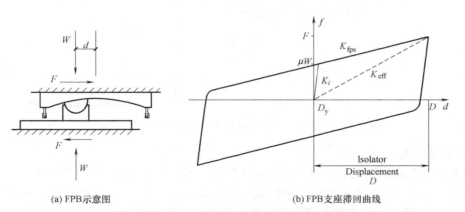

(a) FPB示意图　　　　　　　(b) FPB支座滞回曲线

图 5.1-62 FPB隔震支座模型及原理示意图

　　可见此种类型的隔震支座的力学及滞回性能与其受到的竖向荷载大小有关，压力越大，滞回圈越大；相反，支座如果受拉，则会丧失滞回耗能能力。该支座根据竖向承载力的大小、支座动力摩擦系数及屈服位移等参数确定其水平承载力和滞回耗能性能。其主要计算公式如下：

支座初始刚度：$K_i = \dfrac{\mu W}{D_y}$

支座屈服后刚度：$K_{fps} = \dfrac{W}{R}$

支座周期：$T = 2\pi \sqrt{\dfrac{R}{g}}$

上列式中，μ 为动力摩擦系数；W 为支座竖向轴力；R 为曲面半径；D_y 为屈服位移。

根据目前 FPB 隔震支座的定型产品，我们拟选的隔震支座的曲面半径为 2.24m，支座周期为 3s，动摩擦系数为 4%。拟采用的摩擦摆式支座具有一定的复位能力。同时，由于隔震支座有较大的空间，因此可以为日常的维护以及人工复位提供必需的空间及功能（图 5.1-63）。

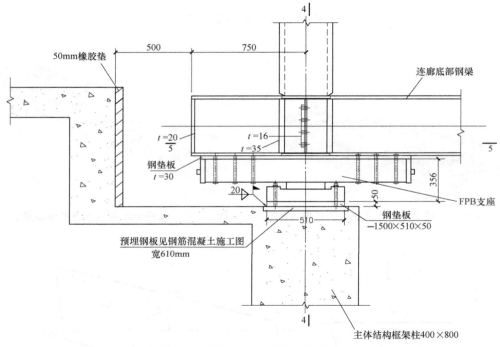

图 5.1-63　FPB 隔震支座及防撞措施图

1）防撞措施

为了避免在极端情况下，隔震支座超过设计变形，与主体结构发生强烈撞击并发生破坏的情况，有必要在关键部位采取相应的防撞措施（图 5.1-65）。具体防撞措施如下：

① 在主体结构上与连廊主梁相应位置设置 50mm 厚橡胶垫；

② 在连廊主梁端部焊接端板，以增大在主梁与橡胶垫发生碰撞时的接触面积。

2）防跌落（限位）措施

本工程中的空中连廊具有位置高、跨度大的特点，如果在强震作用下发生跌落，后果将不堪设想。因此必须采取一定的保证措施，避免空中连廊跌落情况发生。

工程采取了防脱落构造措施，连接体一侧的拉索设置见图 5.1-64。

4. 工程应用案例4：隔震技术在建筑结构抗震加固中的应用

隔震技术不仅可以应用于新建结构，还可用于既有结构抗震加固。国外对既有建筑物进行隔震加固已经有许多工程实例。最早进行隔震改造的是美国盐湖城大厦，该建筑始建于1894年，在1934年地震中受到局部破坏，1989年进行了隔震加固。国内隔震加固在框架中的应用实例相对较少，清华大学对都江堰市某底部为薄弱层的6层框架结构建筑进行了隔震加固改造设计。

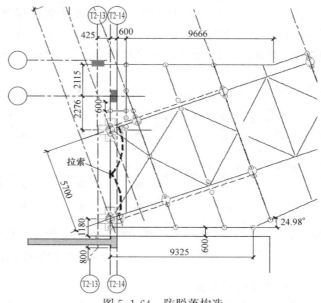

图 5.1-64　防脱落构造

传统结构加固方式一般采用增设抗震墙或支撑、增大构件截面、外包型钢或扁钢、粘贴钢板或碳纤维等方法。采用传统方法加固，一般情况下成本高，工程量大，施工工期较长，影响建筑的使用功能。而对既有建筑物进行隔震改造具有以下优越性：

1）提高建筑结构的抗震能力；

2）不影响上部建筑结构的正常使用；

3）不仅保护了建筑结构，而且保护了建筑内的仪器设备。

（1）项目概况

本工程案例项目建设地点位于山西省忻州市，结构为现浇钢筋混凝土框架结构，层数为4层（局部5层），建筑见图5.1-65。根据结构抗震鉴定结果，结构需进行抗震加固，为满足抗震设防要求，对该结构采用基础隔震加固技术（图5.1-66）。

图 5.1-65　隔震加固施工中的校舍

图 5.1-66　加固现场

以±0.000标高处的钢筋混凝土楼板作为隔震层顶板，隔震支座设置在隔震层顶板和下部半地下室柱之间，隔震支座的平均压应力设计值按恒载和活载组合得到，最大压应力均小于12MPa。隔震支座顶标高均设置在同一标高。隔震支座平面布置图见图5.1-67。

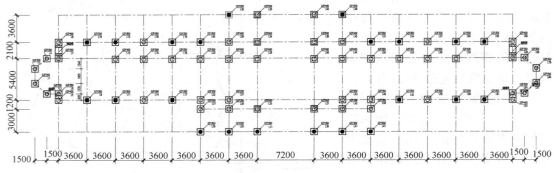

图5.1-67　结构平面布置图

（2）主要分析结果

采用通用结构分析软件ETABS在非隔震模型的基础上增加隔震层，布置叠层橡胶支座后形成隔震结构的有限元分析模型。上部结构梁、柱采用弹性杆单元，隔震垫采用非线性隔震单元模拟。对非隔震结构和隔震结构进行了动力特性分析，分析取21个振型，振型质量参与系数满足规范要求。

1）非隔震结构与隔震结构基本周期对比见表5.1-19。原结构第一振型为Y向平动，第二振型为X向平动。隔震后结构第一振型为Y向平动，第二振型为X向平动。

非隔震结构和隔震结构周期对比　　　　　　　　表5.1-19

方向	隔震前	隔震后
X	0.60	1.62
Y	0.63	1.62

2）图5.1-68、图5.1-69分别给出了结构各楼层在X向和Y向多遇地震作用下隔震与非隔震结构楼层剪力，表5.1-20给出了各结构最大层间剪力比和水平向减震系数。由计算结果可知，采用基础隔震技术后，层间剪力大大降低，最大层间减震系数0.50，可以将上部结构地震响应降低1.0度。

隔震结构水平向减震系数　　　　　　　　表5.1-20

方向	最大层间剪力比（%）	水平向减震系数
X	37.19	0.5
Y	36.97	0.5

3）隔震支座最大水平位移见表5.1-21，隔震支座最大水平位移147mm，支座计算位移均小于GZY350和GZP350允许的最大位移193mm。隔震层位移：147＜193（mm），满足规范要求。

4）隔震支座罕遇地震作用下计算的水平剪力见表5.1-22，表中的剪力为标准值。

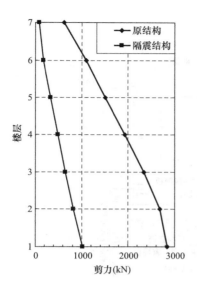

图 5.1-68　X 向楼层剪力

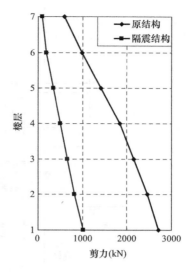

图 5.1-69　Y 向楼层剪力

隔震支座最大水平位移　　　　　　表 5.1-21

地震波	方向	最大水平位移（mm）	地震波	方向	最大水平位移（mm）
人工波	X	136	TH1TG2 波	X	147
	Y	139		Y	143
TH1TG1 波	X	143			
	Y	140			

隔震支座最大水平剪力　　　　　　表 5.1-22

方向	最大水平剪力（kN）	方向	最大水平剪力（kN）
X	109.0	Y	107.4

5）在罕遇地震作用下 ［1.0 恒载＋0.5 活载＋地震作用］，个别隔震支座拉应力超过 1MPa，因此，在这些支座处设置了抗拉装置。

（3）隔震层上下部结构设计

隔震后上部结构的水平地震作用效应降低，隔震后可以将上部结构地震响应降低 1.0 度进行抗震加固计算。

上部结构应进行多遇地震与罕遇地震作用下的层间位移验算。层间弹性位移角限值，按《建筑抗震设计规范》表 5.5.1 规定执行，多遇地震下上部结构层间位移角最大 1/3039，满足规范要求。罕遇地震下的层间弹塑性位移角限值采用《建筑抗震设计规范》表 5.5.5 规定取值的 1/2，罕遇地震下上部结构层间位移角最大 1/512，满足规范要求。

根据计算结果，对隔震层顶部钢筋混凝土梁、板进行了局部加固。

隔震层以下柱按照《建筑抗震设计规范》GB 50011—2010 第 12.2.9 条规定，取罕遇地震下的内力进行截面配筋计算（图 5.1-70）。

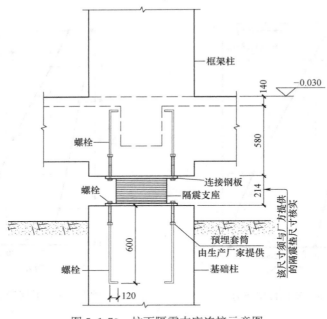

图 5.1-70　柱下隔震支座连接示意图

5.2　高层建筑结构消能减震仿真分析技术研究

5.2.1　消能减震研究及应用概述

1. 研究背景

随着人类对地震认识的不断深入，房屋抗震设计在经历了静力法、反应谱法和考虑不同地震程度下损坏程度的两阶段设计法，正朝着结构抗震控制设计的高度迈进。这标志着人类抵御地震灾害的手段开始从消极、被动的"抗震"转向积极、主动的"减震"和"控震"，从而促进结构控制这门学科的迅速发展。

结构控制是基于现代控制理论和结构自身特点，通过对结构做特殊构造处理或附设控制装置以改变结构的动力特性，达到控制结构地震反应及其破坏形态的目的。结构控制分主动控制、被动控制和智能控制。主动控制是根据结构的地震反应由外加能源来主动施加最优控制力以减小结构地震反应的控制方式；主动控制系统一般由三部分组成：传感器系统、小型计算机系统和驱动施力设备。被动控制则是在地震扰动下，控制装置随结构一起变形或运动，由控制装置本身的变形或运动产生控制力，达到减小结构地震反应的控制方式。由于主动控制系统要求具备在线测量和反馈功能，自动化程度高，加之结构自身质量和刚度相当大，因而要想取得一定的控制效果，往往需要付出高昂的代价；而被动控制不需要外部能源，相比之下成本低，技术上容易实现，因此目前研究和应用较多。例如基础隔震、摩擦阻尼消能和调频质量阻尼器等。

耗能减震结构由主结构和附加结构（耗能减震体系）组成，即在主结构中增加耗能器耗散地震输入能量。在正常使用的情况下，耗能器作为结构附属部分，可提供附加刚度，在地震作用下或风荷载作用下，耗能器提供附加刚度和阻尼，从而改变结构的动力特性，并耗散地震输入的能量。耗能器主要包括：黏滞阻尼器、黏弹性阻尼器、金属变形型阻尼器等。

阻尼器或屈曲约束支撑需设置在集中变形处，如附加于结构周边（沿全高或重点部位设置）、替换结构体系交接处连接构件（加强层）、形成新型结构体系（框架-屈曲约束支撑体系）。

2. 阻尼器分类

阻尼器按力学特点可分为速度型和位移型，具体如下：

（1）速度相关型

速度相关型阻尼器主要包括：黏弹性阻尼器、油阻尼器和黏滞阻尼器（图 5.2-1）。其对结构的贡献主要为提供附加阻尼，利用其高阻尼特性耗散地震能量输入。

油阻尼器和黏滞阻尼器利用油在管道内流动时产生的节流阻抗压力作为阻尼力。阻尼力与速度成比例，主要形式：平面形、多层形、筒形。

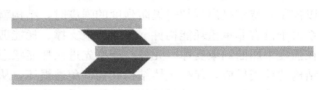

(a) 黏滞阻尼器   (b) 黏弹性阻尼器

图 5.2-1　阻尼器形式

黏弹性阻尼器的阻尼材料主要为丙烯类化合物、沥青类化合物、苯乙烯类化合物，利用其剪切阻抗力作为阻尼力。其阻抗力分析模型与速度和位移相关。形式主要有平面形、筒形。

（2）位移相关型

位移型阻尼器主要有：金属变形型阻尼器和摩擦型阻尼器。金属变形型阻尼器根据其结构形式可分为：屈曲约束支撑（轴向变形型）、剪切型阻尼器、弯曲型阻尼器等（图 5.2-2）。

耗能器可以作为附属构件设置于结构周边，如填充墙内、核心筒内等，对于金属变形型阻尼器还可以作为结构构件使用，如钢支撑、非承受竖向荷载的框架柱等。对于高层可以将其作为结构体系的一部分，如框架支撑体系中的支撑部分，加强层中的斜撑等。

屈曲约束支撑框架体系是新近发明并逐渐得到应用的一种抗震框架体系。因为屈曲约束支撑在受拉和受压时都可屈服而不屈曲，因此克服了传统支撑受压时屈曲强度明显低于受拉时的拉伸强度，并且滞回环面积过小的缺点。将屈曲约束支撑运用到钢结构和混凝土结构中，在正常使用情况下，以提供刚度为主，当遭受强烈地震时，屈曲约束支撑进入塑性变形阶段，利用其屈服但不屈曲的特性，依靠钢材的高屈服力及较大的塑性变形来给结

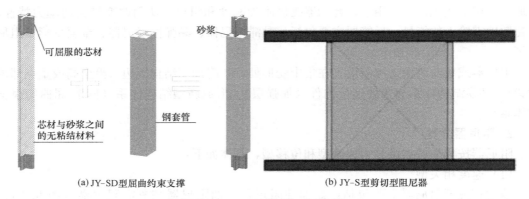

(a) JY-SD型屈曲约束支撑　　　　　　　　　　(b) JY-S型剪切型阻尼器

图 5.2-2　金属变形型阻尼器

构耗能，提供等效阻尼。同时在强震下，屈曲约束支撑给结构提供的刚度减小，有利于使原结构的自振周期远离场地的卓越周期，把两者频率错开。屈曲约束支撑具有如下优点：

1）安全性

传统抗震结构体系实质上是把结构本身及主要承重构件（柱、梁、节点等）作为"耗能"构件。按照传统抗震设计方法，容许结构本身及构件在地震中出现不同程度的损坏。由于地震动的随机性和结构实际抗震能力设计计算的误差性，结构在地震中的损坏程度难以控制，特别是出现超过设防烈度的强震时，结构就更加难以确保安全。耗能减震结构体系由于设有非承重耗能构件（屈曲约束支撑、耗能剪力墙等），它们具有较大的耗能能力，在强震中屈曲约束支撑（元件）能率先进入耗能状态，消耗输入结构中的地震能量及衰减结构的地震反应，保护主体结构和构件免遭损坏，从而确保结构在强地震中的安全性。

试验表明，耗能减震结构与传统抗震结构相比，地震反应减少 40%～60%。

2）经济性

耗能减震结构是通过"柔性耗能"来减少结构地震反应，可以减少结构中剪力墙的数量、减小构件断面、减少配筋，而其抗震性能反而提高。国外工程资料表明，耗能减震结构体系与传统抗震结构体系相比，可节约造价 5%～10%。若用于已有建筑结构的改造加固，可节省造价会更加可观，有的改造加固工程节省造价达 60%左右。

3）技术合理性

耗能减震结构是通过设置耗能构件或装置，使结构在出现变形时迅速消耗地震能量，保护主体结构在强震中的安全。一般来说，结构越高、越柔、跨度越大，耗能减震效果就越显著。

由于耗能减震结构体系具有以上优越性，已被广泛、成功地应用于"柔性"工程结构物减震（或风振控制），如：①高层、超高层建筑；②高柔结构，高耸塔架；③大跨度桥梁；④柔性管道、管线（生命线工程）；⑤已有建筑抗震（或抗风）加固。

3. 高层、超高层建筑带耗能减震层结构新体系

自 Barkacki 提出加强层的概念并首次应用于实际结构中以来，各国研究人员和工程师经过不断的研究和试验，完善了这种结构形式。起初的研究主要集中在对加强层的位置和刚度的优化方面，后来结合实际工程开始对带加强层结构的受力性能进行研究。加强层的设置可使周边框架柱有效地发挥作用，是增大结构抗侧刚度，减小高层建筑在水平荷载下结构侧向位移的一种有效方法。但是加强层的设置使结构刚度产生突变,其必然导致结构内力突变以及整体结构传力途径的改变,从而使结构的破坏较容易集中在加强层附近,形成薄弱层,且结构的损坏机理难以呈现"强柱弱梁"和"强剪弱弯"的延性屈服机制。

鉴于带加强层的高层建筑结构对结构抗震有诸多不利因素,将耗能减震技术应用于带加强层的高层结构中,代替加强层桁架中的支撑用耗能部件(屈曲约束支撑+阻尼器),形成耗能减震层。在地震作用下带有耗能减震层的结构主要通过阻尼器来耗散输入结构的能量,以减轻结构的动力反应,从而更好地保护主体结构的安全。从形式上讲,耗能减震层利用原来加强层处的设备层或避难层的位置,只是对加强层的替代,不占用建筑的使用空间,对建筑功能不产生任何影响。从理论上讲,耗能减震层是通过"柔性耗能"的途径减少地震作用,在结构出现变形的时候,耗能减震层中的阻尼器迅速耗散大量地震能量,保护主体结构在地震中的安全,而且结构越高、越柔,其耗能减震效果越显著。因此,耗能减震层不仅不影响建筑美观,而且采用的技术合理、可行。

5.2.2 消能器件1:屈曲约束支撑技术研究

屈曲约束支撑是一种受压时没有屈曲发生的构件,称为屈曲约束支撑或者无屈曲消能支撑,把它们作为支撑或阻尼器在高层建筑结构中使用。屈曲约束支撑的原理比较简单:在核心支撑的外面套一个约束构件,使核心支撑在受有压力的时候不发生屈曲,而是与受拉一样发生屈服,从而能够大量吸收输入整个体系的能量。当在结构中采用该支撑时,可以增加刚度,提高抗震能力,而无须再增加混凝土剪力墙。

屈曲约束支撑一般由以下四个基本部分组成:轴力构件单元(支撑)、屈曲约束单元、连接单元和滑移单元。轴力构件单元用来承受轴向荷载;屈曲约束单元环包在它的周围以防止轴力构件单元的屈曲;连接单元在轴力构件单元的两端并且伸出屈曲约束单元,用来连接屈曲约束支撑和结构;滑移单元用以分离轴力构件和屈曲约束单元。在某些类型的屈曲约束支撑中,轴力构件和屈曲约束单元之间保留一定的空隙,以避免二者之间的相互作用(图5.2-3)。

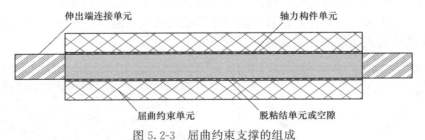

图 5.2-3 屈曲约束支撑的组成

1. 屈曲约束支撑特性与分类

(1)普通支撑杆件的滞回特性

对于中高层建筑,采用普通的混凝土框架结构很难同时提供使用荷载下所需要的刚度、耗能能力以及强度安全储备,经济而有效的办法是采用与建筑和功能要求相协调的支撑框架。这样,框架结构支撑竖向荷载;由支撑和框架梁作为腹杆、框架柱作为弦杆形成的竖向悬臂桁架用以抵抗水平荷载及 $P\text{-}\Delta$ 效应,提供使用荷载作用下的侧向刚度和避免部分竖向荷载作用下框架整体屈曲。

　　工程中采用的支撑杆件属于轴心受力杆件，一般按受拉杆件设计，采用角钢、工字钢和钢管等，其截面不大而长细比较大（如单层钢筋混凝土柱厂房下柱交叉支撑杆件的容许长细比为：6 度和 7 度抗震设防不超过 200，8 度和 9 度抗震设防不超过 150），支撑杆件受压时将产生不同程度的屈曲变形。而支撑杆件的长细比是影响其滞回特性的主要因素；支撑杆件的长细比越大，受压时屈曲强度就越低，其滞回环面积亦越小。Nonaka 根据平衡条件、屈服条件以及在塑性铰处全部适用的有关塑变法则在理论上建立了支撑构件的滞回曲线，如图 5.2-4 所示。支撑杆件反复承受塑性铰处的转动作用，这种塑性铰是由于受压时的翘曲和受拉屈服之后随即产生塑性伸长而形成的；随着支撑变形越长，其滞回环越小，耗能能力越差。在反复荷载作用下，支撑杆件的强度明显退化，耗能能力也随之降低。有关研究表明，支撑杆件的滞回曲线还受到其截面形状的影响。采用长细比较大的支撑杆件构成的支撑框架，由于支撑只有在经历了新发展的塑性伸长时才耗能，即当支撑承受等幅变形的反向荷载作用时不耗能，其能量消耗能力将小于普通框架。

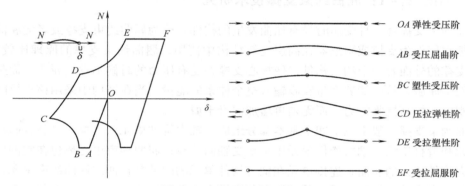

图 5.2-4　普通支撑拉压性能

　　（2）屈曲约束支撑的发展和分类

　　如图 5.2-5 所示，目前使用中和正在开发的屈曲约束支撑以约束单元的外形来划分，主要可以分为两大类：一种是由钢管或混凝土约束的管式屈曲约束支撑；另一类是以墙板为约束单元的墙板式无屈曲约束支撑。

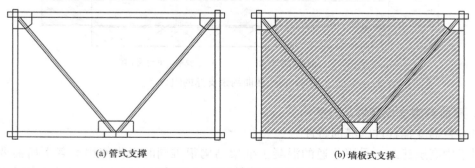

(a) 管式支撑　　　　　　　　　　(b) 墙板式支撑

图 5.2-5　屈曲约束支撑的分类

　　对于图 5.2-5（b）所示的墙板式屈曲约束支撑，它将墙板和支撑有机地结合起来，多用于小开间的宾馆、酒店建筑或者在某些特殊条件下使用。在钢结构中大量使用的是

图 5.2-5（a）所示的管式屈曲约束支撑。这种支撑经过多年的发展已经有了多种形式。图 5.2-6 中给出了几种比较典型的屈曲约束支撑的截面形状。

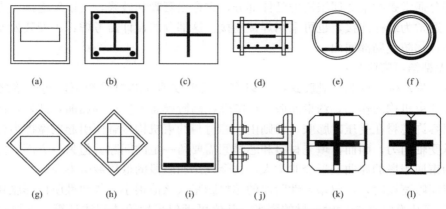

图 5.2-6　屈曲约束支撑的一些典型截面形状

2. 屈曲约束支撑的基本工作原理

图 5.2-7 是屈曲约束支撑的原理图。支撑的中心是芯材，为避免芯材受压时整体屈曲，即在受拉和受压时都能达到屈服，芯材被置于一个钢管套内，然后在套管内灌注混凝土或砂浆。为减小或消除芯材受轴力时传给砂浆或混凝土的力，而且由于泊松效应，芯材在受压情况下会膨胀，因此在芯材和砂浆之间设有一层无粘结材料或非常狭小的空气层。

（1）屈曲约束支撑的基本构成

屈曲约束支撑主要由以下五个部分构成（图 5.2-8）：约束屈服段；约束非屈服段；无约束非屈服段；无粘结可膨胀材料；屈曲约束机构。

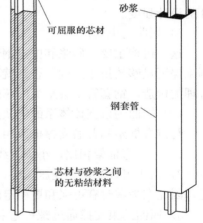

图 5.2-7　屈曲约束支撑原理图

1）约束屈服段

该部分的截面可为多种形式，由于要求支撑在反复荷载下屈服，因此需使用延性较好的中低屈服强度钢，有时也可用高强度低合金钢。同时要求钢材的屈服强度值稳定，这对支撑能力设计的可靠性非常重要。

图 5.2-8　屈曲约束支撑的基本构成

2）约束非屈服段

该部分也包在套管和砂浆内，通常是约束屈服段的延伸部分。为确保其在弹性阶段工作，因此需要增加构件截面积，可以通过增加约束屈服段的截面宽度实现（截面的转换需要平缓过渡以避免应力集中），也可通过焊接加劲肋来增加截面积。

3）无约束非屈服段

该部分通常是约束非屈服段的延伸部分，它穿出套管和砂浆，与框架连接。为便于现场安装，通常为螺栓连接，也可采用焊接连接。这部分的设计需考虑：①安装公差以便安装和拆卸；②防止局部屈曲。

4）无粘结可膨胀材料

橡胶、聚乙烯、硅胶、乳胶这些可以有效减少或消除芯材受约束段与砂浆之间的剪力。由于约束机构的作用，约束屈服段可能会在高阶模态发生微幅屈曲，此外，还需要足够的空间容许芯材在受压时膨胀，否则由于芯材与约束机构接触而引起的摩擦力会迫使约束机构承受轴向力，因而，填充材料和芯材间需要留一定的间隙。但另一方面，如果间隙太大，约束屈服段的屈曲变形会非常大，这会减小屈服段的低周疲劳寿命。

确定间隙宽度时，可忽略弹性阶段的芯材膨胀（该值很小，与塑性阶段膨胀相比可忽略），而只考虑塑性屈服阶段芯材的膨胀。其值可近似采用等体积法计算。如果约束屈服段和约束非屈服段的截面宽度有变化，还需要在加宽的非屈服段前设内部预留空间（图5.2-9），以避免钢构件和砂浆直接接触。接触会增加支撑的抗压承载力，使之超过预计的设计强度。

5）屈曲约束机构

这一机构主要由砂浆和中空钢管套组成，也有不用砂浆的。砂浆需要适当的配比和捣制来保证足够的挤压强度，否则就不能有效限制屈服段的屈曲位移。如果有恰当的设计和合理的构造，钢套管不会承受内芯的轴力。

（2）屈曲约束支撑体系的优缺点

与抗弯框架和普通支撑框架相比，屈曲约束支撑有以下优点：

1）与抗弯框架相比，小震时线弹性刚度高，可以很容易地满足规范的变形要求；

2）由于可以受拉和受压屈服，屈曲约束支撑消除了传统中心支撑框架的支撑屈曲问题，因此在强震时有更强和更稳定的能量耗散能力，如图5.2-10所示。

3）屈曲约束支撑通过螺栓连接到节点板，可以避免现场焊接及检测，安装方便且经济；

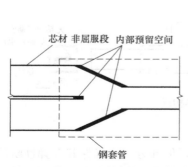

图5.2-9　约束屈曲部分与砂浆之间的间隙

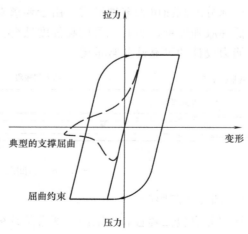

图5.2-10　防屈曲约束支撑和传统中心支撑的性能对比

4）支撑构件好比结构体系中可更换的保险丝，可保护其他构件免遭破坏，并且大震后，可以方便地更换损坏的支撑；

5）因为支撑的刚度和强度很容易调整，屈曲约束支撑设计灵活；

6）在抗震加固中，屈曲约束支撑比传统的支撑系统更有优越性。

屈曲约束支撑的不利之处有：

1）很多屈曲约束支撑技术都属于私人拥有并且不对外公开；

2）如果控制不好，芯材的屈服强度变化范围会很宽；

3）现场安装公差一般比传统支撑框架小；

4）强震时的永久变形会比较大，因为这种体系和其他一些体系一样，屈服后不能自动回到初始位置；

5）需要制定检验和更换受损支撑的准则。

3. 屈曲约束支撑构件的试验研究

（1）试件设计

静力往复试验所用试件的参数见表5.2-1。

试件参数　　　　　　　　　　　　表5.2-1

试验类型	试件编号	钢号	内芯				钢管钢号	钢管截面尺寸 (mm)
			宽 (mm)	厚 (mm)	面积 (mm²)	屈服力 (kN)		
静力往复试验	JY-SD-1	Q235	100	20	2000	470	Q235	250×4
	JY-SD-2		100	20	2000	470		250×160×4
	JY-SD-3		D=50		1963.5	461		150×4
	JY-SD-4		40	10	400	94		100×4

1）试件 JY-SD-1

试验研究表明，屈曲约束支撑试验可发生以下三种破坏形态：

①钢管端部撕裂；②内芯高阶失稳；③试件整体屈曲。

为避免支撑屈曲，Watanabe 建议钢套管应具有足够的弯曲刚度，即：$P_e/P_y \geqslant 1.0$（式中，P_y 是约束屈服段的屈服强度，P_e 是钢套管的弹性屈曲强度）。因此为防止试件最后发生屈曲破坏，在设计试件 JY-SD-1 时，采用了较大的截面。具体尺寸见图 5.2-11 和表 5.2-2。

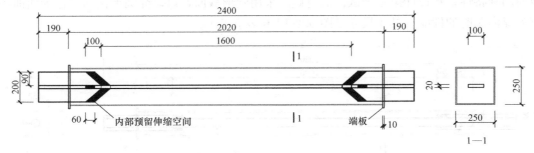

图 5.2-11　试件 JY-SD-1 的正面图和剖面图

试件编号	内芯钢号	内芯				钢管钢号	钢管截面尺寸 (mm)
		宽(mm)	厚(mm)	面积(mm²)	屈服力(kN)		
JY-SD-1	Q235	100	20	2000	470	Q235	250×4

JY-SD-1 试件参数 表 5.2-2

在内芯与外筒之间灌以砂浆，并在砂浆初凝前即焊上端板。灌注时，在约束屈服段和约束非屈服段之间的变截面段留有 60mm 的伸缩空间。

2）试件 JY-SD-2

试件 JY-SD-2 在试件 JY-SD-1 的基础上相应地减小了尺寸，并将正方形转化为了矩形。具体尺寸见图 5.2-12 和表 5.2-3。

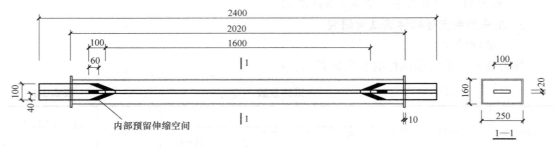

图 5.2-12　试件 JY-SD-2 的正面图和剖面图

JY-SD-2 试件参数 表 5.2-3

试件编号	内芯钢号	内芯				钢管钢号	钢管截面尺寸 (mm)
		宽(mm)	厚(mm)	面积(mm²)	屈服力(kN)		
JY-SD-2	Q235	100	20	2000	470	Q235	250×160×4

在内芯与外筒之间灌以砂浆，并在砂浆初凝前即焊上端板。灌注时，在约束屈服段和约束非屈服段之间的变截面段留有 60mm 的伸缩空间。

3）试件 JY-SD-3

由于此前未在其他试验中发现有用圆形截面作为约束屈服段来进行耗能的，而圆形截面具有四周膨胀均匀的优点，并且在所有等面积的截面中，圆形截面周长最小。鉴于圆形截面的独特性，在设计第三个试件的时候，采用圆形截面，以研究圆形截面在作为屈曲约束支撑内芯时的性能。具体尺寸见图 5.2-13 和表 5.2-4。

图 5.2-13　试件 JY-SD-3 的正面图和剖面图

JY-SD-3 试件参数   表 5.2-4

试件编号	钢号	内芯			钢管钢号	钢管截面尺寸（mm）
		直径(mm)	面积(mm²)	屈服力(kN)		
JY-SD-3	Q235	50	1963.5	461	Q235	150×4

在内芯与外筒之间灌以砂浆，并在砂浆初凝前即焊上端板。在约束屈服段和约束非屈服段之间采用焊接，并在灌注时留有 60mm 的伸缩空间。

4）试件 JY-SD-4

试件 JY-SD-4 是在前三个试件试验完成后，在总结前三个试件基础上所做的一次试验。内芯截面根据本章所讲述的屈曲约束支撑框架试验中支撑所需要的屈服力来确定，并在一些细节上进行了改进。例如截面由约束非屈服段的"十"字形转变为约束屈服段的"一"字形时，截面变化的"起点"采用错开处理，其目的在于使得预留空间的那段没有任何约束的部位的截面面积大于约束屈服段的面积。从而改善了预留空间处最为薄弱的情形，详见图 5.2-14、图 5.2-15。并在无粘结材料厚度的选择上也作了相应的调整。试件 JY-SD-4 具体尺寸见表 5.2-5。

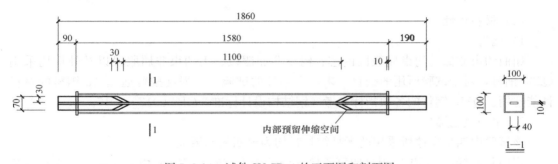

图 5.2-14　试件 JY-SD-4 的正面图和剖面图

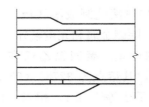

图 5.2-15　截面变化处的"错开"处理

JY-SD-4 试件参数   表 5.2-5

试件编号	内芯钢号	内芯				钢管钢号	钢管截面尺寸（mm）
		宽(mm)	厚(mm)	面积(mm²)	屈服力(kN)		
JY-SD-4	Q235	0	0	400	94	Q235	250×4

JY-SD-4 空气层间隙为 JY-SD-1～3 的两倍，这是根据在压缩时，长边与短边的伸长量不同而采用的针对性的布置。在内芯与外筒之间灌以砂浆，并在砂浆初凝前即焊上端板。在约束屈服段和约束非屈服段之间采用焊接，并在灌注时留有 30mm 的伸缩空间。

5）支座连接

支撑的两端焊接 30mm 厚的端板，端板与千斤顶、端板与固定端之间用四个螺栓进行连接。在千斤顶端，为防止支座上下左右移动，在千斤顶一侧端板的四周都设置了限制侧移的装置，以保证支撑在只承受轴力的情况下进行试验。试验连接装置如图 5.2-16 所示。

图 5.2-16　试验装置图

（2）材料特性

1）钢材

屈曲约束支撑的约束屈服段内芯、约束非屈服段、无约束非屈服段以及外框均采用 Q235 钢材，对于试验所用的钢材，未进行额外的试验，其强度按普通 Q235 钢材的材料性能选用。Q235 钢材的各项指标参考《钢结构设计标准》GB 50017—2017。

2）聚四氟乙烯板

该试验中四个支撑所采用的无粘结材料均为聚四氟乙烯板。

聚四氟乙烯（PTFE）板是四氟乙烯（分子式为 $CF_2=CF_2$）由悬浮法聚合而成（分子式为 $\{CF_2-CF_2\}_n$），经压缩模塑、烧结、冷却制成模压板、毛坯和圆板。毛坯再经车削加工制成车削板。圆板再经加热滚轧制成滚轧板。PTFE 板摩擦系数小，不粘，不燃，具有良好的耐化学腐蚀性能，除碱金属和元素氟外，不受强酸、强碱、强氧化剂和有机溶剂侵蚀。力学性能较低，刚性差。聚四氟乙烯在室温下为白色固体，密度约为 $2.2 \mathrm{g/cm}^3$。根据杜邦公司的记载，其熔点为 327℃（620.6℉），但于 260℃（500℉）以上就会变质。它的摩擦系数为小于或等于 0.1，相当于已知摩擦系数最少的固体物质。PTFE 板材的力学性能见表 5.2-6。

聚四氟乙烯板（PTFE 板材）在不同温度下的力学性能典型值　　表 5.2-6

力学性能	温度（℃）					
	—50	0	25	50	100	200
拉伸强度（MPa）	40.3	25.8	27.1	—	18.4	—
断裂伸长率（%）	41	105	238	—	344	—
压缩强度（MPa）	42.5	15.5	12.6	7.7	5.3	3.2
压缩弹性模量（MPa）	451	314	275	186	118	67
弯曲强度（MPa）	62.8	29.8	20.3	13	9.4	—

（3）静力往复加载试验

1）JY-SD-1 单支撑试验及结果

① 加载历程

静力往复加载试验的目的是研究防屈曲钢支撑阻尼器的滞回性能及骨架曲线。试件的加载方式采用变幅位移控制加载，试件 JY-SD-1 加载历程主要参数见表 5.2-7。

该支撑在试验过程中，实际分两次完成。第一次试验由于千斤顶与支撑连接处的横向约束没有安装完善，导致支撑在推的过程中向上向下偏移，从而使骨架线出现力随位移的增加而下降的现象。在加固了横向约束后进行了第二次试验，第二次试验过程中没有出现骨架曲线下降的现象。

JY-SD-1 加载分级（第一次）　　　　　　　　　　　　　表 5.2-7a

加载序号	控制类型	控制值	
		力（kN）	位移（mm）
1	力	110	—
2	力	300	—
3	力	500	—
4	位移	—	6
5	位移	—	8
6	位移	—	10
7	位移	—	15
8	位移	—	20
9	位移	—	25
10	位移	—	30

JY-SD-1 加载分级（第二次）　　　　　　　　　　　　　表 5.2-7b

加载序号	控制类型	控制值	
		力（kN）	位移（mm）
1	力	300	—
2	位移	—	10
3	位移	—	15
4	位移	—	20
5	位移	—	25

② 测点布置

试验在千斤顶处布置了力传感器，并在外钢套管上布置了共 28 个应变测点。支撑共四个面，每个面布置 7 个应变片，布置位置如图 5.2-17 所示。其中中间 5 个应变片沿纵向布置，用于观察支撑在拉压过程中由约束屈服段内芯或约束非屈服段部分传递到外框及

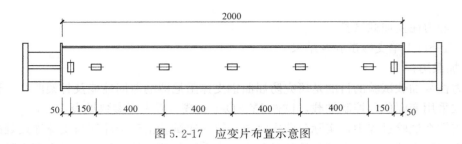

图 5.2-17　应变片布置示意图

砂浆的轴力（应变）。靠近支座两端的应变片布置为横向，用于观察支撑端部失稳或膨胀导致的横向应变的增加。

③ 试验破坏过程及结果

在试验过程中，试件始终未出现开裂、失稳和支撑端部连接失效的现象，最终因压力大于 1000kN（千斤顶所能提供的最大推力为 1000kN）而终止。

④ 结构承载能力及滞回特性（图 5.2-18）

将滞回曲线顶点用直线连接起来，形成结构骨架线，见图 5.2-19。骨架线在受拉侧类似折线形，在受压段呈抛物线形。受拉段和受压段不对称，受压段轴力高于受拉段。受拉侧承载力相对较有规律，受压段的承载力不断攀升，斜率没有明显的减缓趋势（第二次）。在两次试验的骨架线中，无论是受拉还是受压，承载力都大于理论上的屈服力。

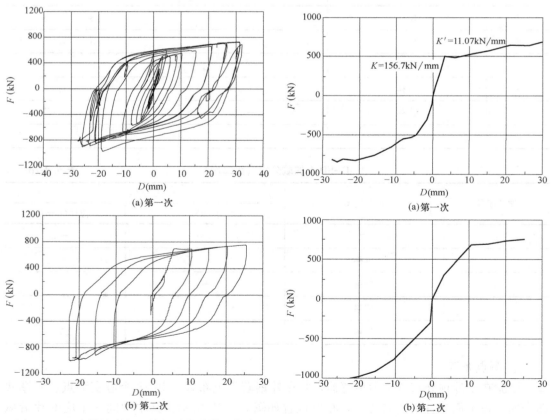

(a) 第一次

(b) 第二次

图 5.2-18　支撑轴力与两端相对位移滞回曲线

(a) 第一次

(b) 第二次

图 5.2-19　支撑轴力与两端相对位移骨架线

⑤ 试验结果及分析

试验结果：

弹性阶段刚度	$K=156.7\mathrm{kN/mm}$
屈服后刚度	$K'=11.1\mathrm{kN/mm}$
刚度比	$r=K'/K=11.1/156.7=0.07$
屈服力	$F_\mathrm{y}\approx500\mathrm{kN}$

弹性阶段刚度计算值

$$K_{计算}=\frac{1}{1/K_1+1/K_2}=\frac{1}{1/(2\times10^2\times2000/1600)+1/(2\times10^2\times6800/800)}=217.95\mathrm{kN/mm}$$

（注：该刚度计算值所求的是支撑在弹性状态下的刚度，下同。）

屈服力计算值 $\quad F_{\mathrm{y计算}}=\sigma_\mathrm{y}A=235\times2000/1000=470\mathrm{kN}$

试验中最大拉力值 $\quad F_{拉\max}=755.37\mathrm{kN}$

试验中最大压力值 $\quad F_{压\max}=1000.8\mathrm{kN}$

最大压力比最大拉力 $\quad F_{压\max}/F_{拉\max}=1000.81/755.37=1.32$

从滞回曲线和骨架线注意到，曲线受拉段和受压段并不对称，受压区的力更高些。

假设屈服段的体积是常数，即：

$$A_0L_0=AL$$

式中，A_0 和 L_0 分别为初始面积和长度；A 和 L 分别为支撑受拉和受压时的面积和长度。

可以看出，轴向应变为：

$$\varepsilon=1-\frac{L_0}{L}=1-\frac{A}{A_0}$$

因此，

$$A=A_0(1-\varepsilon)$$

在给定变形（绝对值）条件下，支撑内压力和拉力值的比为：

$$\Gamma=\frac{C_\max-T_\max}{T_\max}=\frac{A_r-A_\mathrm{T}}{A_\mathrm{T}}=\frac{A_0(1+\varepsilon)-A_0(1-\varepsilon)}{A_0(1-\varepsilon)}=\frac{2\varepsilon}{1-\varepsilon}\approx2\varepsilon$$

式中，$C_\max$ 和 $T_\max$ 为一定轴向变形值对应的支撑最大抗压和抗拉强度。

上式显示，应变 ε 为 2% 时，Γ 值约为 4%，即从理论上受压强度应高于受拉强度 4%。

但试验结果的 Γ 值却比这个数要高得多，除了泊松效应，其他一些因素如芯材屈服区与砂浆的摩擦力也会提高支撑在受压阶段的强度。

蔡克铨等研究了无粘结材料对屈曲约束支撑滞回曲线的影响。一共测试了 10 个使用不同粘结材料的支撑，其结果表明，Γ 值既与无粘结材料有关，也与材料厚度以及循环次数有关。

在该构件的设计中，对于间隙的确定，假定屈服段的体积是常数，并假定支撑被压缩至 2% 应变。长、短边在压缩时的伸长量分别为：

$$\Delta t_l=100\times(\sqrt{1.02}-1)=0.99\mathrm{mm}$$

$$\Delta t_{\mathrm{b}}=20\times(\sqrt{1.02}-1)=0.20\mathrm{mm}$$

该试验所留间隙与膨胀量的比例分别为：长边 $1\times2/0.99=2.02$，短边 $1\times2/0.2=10$。

此试验的 Γ 值达到了 32%，可能原因为所留间隙过小，内芯在受压膨胀情况下，与护壁间紧密挤压，导致了芯材屈服区与砂浆的摩擦力较多地参与到了滞回曲线中。在设计支撑 JY-SD-4 时，作了相应的改进。

2）JY-SD-2～4 单支撑试验结果简述

JY-SD-2～4 的滞回曲线见图 5.2-20。

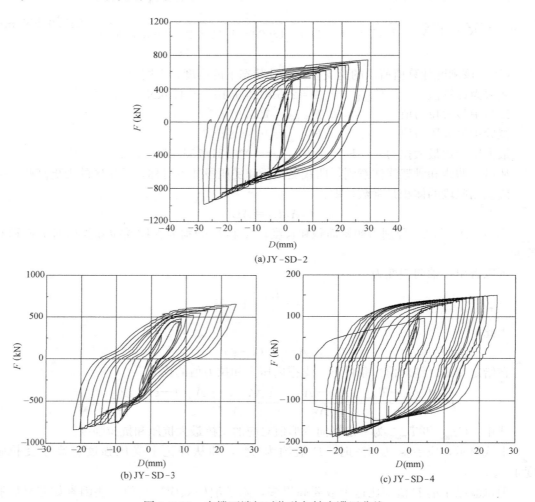

图 5.2-20　支撑两端相对位移与轴力滞回曲线

JY-SD-2 受拉段和受压段不甚对称，受压段轴力高于受拉段。受拉侧和受压侧的斜率大致相同。受拉时，其承载力与理论值较为相符，但受压时的承载力仍然大于理论值。

JY-SD-3 滞回曲线表明，JY-SD-3 不如前两个试件的曲线那么饱满，在由拉转压和由压转拉时，有一段明显的刚度退化。受拉时，每次循环的承载力一般都高于前一次曲线。在受压时，曲线由一个较低的承载力的位置直奔上次曲线的顶点，然后维持在一个平台上。

JY-SD-4 滞回曲线在受压段呈抛物线形。受压段轴力高于受拉段。无论是受拉还是受压，承载力都大于理论上的屈服力。但与前三个试件的结果相比，该构件在受拉与受压之间更加趋于对称。

（4）安设屈曲约束支撑的3层框架结构静力往复加载试验

本次试验以一个8层框架为原型，按8度抗震设防，场地类别Ⅱ类，进行设计配筋，构造符合《建筑抗震设计规范》GB 50011—2010的要求。取支撑框架底部3层进行试验。试验模型比例1:3，侧向采用低周反复加载，研究此类结构的破坏形态、恢复力特性、能量耗散等，检验屈曲约束支撑框架的抗震耗能性能，为钢筋混凝土框架屈曲约束支撑的理论分析与工程设计提供依据。

试验采用3层2跨的钢筋混凝土框架单元模型，如图 5.2-21 所示，模型跨度2400mm，层高1200mm，柱截面为 200mm×200mm，梁截面为 100mm×180mm。模型配筋按原型结构底部3层的实配钢筋量比例减少。结构柱截面 200mm×200mm，模型配筋纵筋 8Φ16（Ⅱ级钢），梁采用 T 形截面，配筋 4Φ14（Ⅱ级钢）+6Φ6（Ⅰ级钢）。模型实测混凝土强度等级为 45.3MPa。

框架模型中，为保证柱下端嵌固，防止基础转动，设计了相对刚度较大的基础梁与柱联结，从而保证柱下端嵌固可靠。为消除柱端和梁端加载装置对框架节点受力产生约束，在柱上端部和梁端部各伸出一悬臂端作为加载端。

(a) 整体图

(b) 节点放大图

图 5.2-21 试验模型

框架柱顶施加轴向荷载以代替原框架上5层的荷载及自重。轴向力分别为280kN、470kN、280kN，轴压比 0.6。梁上荷载按构件相似关系进行转化。楼层的均布荷载按跨度折算成线荷载，实际模型施加的竖向荷载如图 5.2-22 所示。

受条件所限，只能在三层顶设一个加载点。先采用力加载控制值（kN），分别为±15、±30、±45、±60、±80、

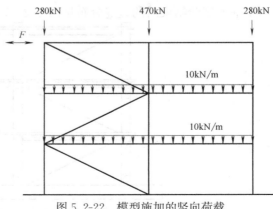
图 5.2-22 模型施加的竖向荷载

±100、±120、±140；后改为位移控制（mm），顶点位移控制分别为±12（1/300）、±17（1/212）、±22（1/164）、±27（1/133）、±32（1/112）、±37（1/97）、±42（1/86）、±47（1/76）、±60（1/60）、±72（1/50）、+80（−72）（1/45）、+90（−72）（1/40）、+100（−72）（1/36）、+120（−72）（1/30），各级加载循环三次。

试验得到的滞回曲线见图 5.2-23 和图 5.2-24。

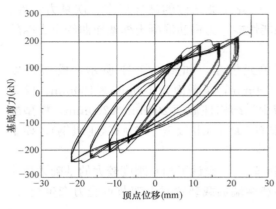

图 5.2-23　最大位移为 22mm 的滞回曲线　　　　图 5.2-24　结构的全过程滞回曲线

试验过程中的破坏现象描述如下：

① 当模拟荷载的铁块加到框架梁上后，梁跨中梁底出现少量弯曲裂缝。

② 试验开始时采用力控制，当位移控制为 7.2mm 时，柱底出现细微斜裂缝。带支撑的边柱裂缝相对较多。带支撑的节点区裂缝较为明显。此后采用顶点位移加载，位移22mm 时，结构除了裂缝增加以外，没有出现混凝土挤碎、掉落等现象。

③ 当试验做至 27mm 时，由于设备问题，加载失控，使得顶层实际位移已经达到了86mm。此时框架多处出现了明显的裂缝，尤其是梁端弯曲裂缝明显。

④ 试验最终，一层和二层梁梁端破坏较重，梁底混凝土压碎剥落，并出现梁端斜裂缝；节点区域出现了"X"形裂缝；除底层柱柱底有少量混凝土剥落外，其余各层柱除出现受拉裂缝外，未见大的破坏。与支撑相连的柱裂缝稍多。

⑤ 钢筋混凝土框架结构在试验中出现的裂缝主要集中在梁端、柱端。支撑与框架梁连接处较早出现斜裂缝。总体看，框架呈强柱弱梁型破坏。

⑥ 框架试验结束后的裂缝分布见图 5.2-25。

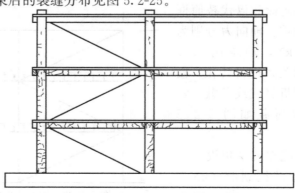

图 5.2-25　框架正立面裂缝图全景

在试验过程中，支撑表现良好，伸缩位移与楼层位移几乎成正比关系，图 5.2-26 为一层支撑伸缩位移与顶层位移关系曲线。在试验过程中，支撑的外形完好，从拉伸位移与层间位移的关系基本成正比的关系来看，三个支撑没有明显的刚度退化。一层支撑与三层支撑在试验中，拉伸位移明显小于压缩位移，二层支撑拉伸位移与压缩位移基本相当。1~3 层支撑的最大拉伸位移分别为 13.45mm、31.76mm、16.84mm；1~3 层支撑的最大压缩位移分别为 29.45mm、25.74mm、33mm。当结构拉至 110mm 时，发现三层支撑外壳有隆起，一层支撑与二层从外形上未发现异常。

骨架线见图 5.2-27，大体呈抛物线形，从图中并不能看到十分明显的直线段。当骨架线达到基底剪力最大值时，位移值为 78.4mm，顶层位移角为 1/45.9。框架屈曲约束支撑的骨架线与普通框架不同。随着框架破坏，框架的承载力迅速下降，但由于支撑未破坏，能够继续承担水平作用，使得支撑框架的承载力下降减缓，走平。因此，屈曲约束支撑起了抗倒塌作用。

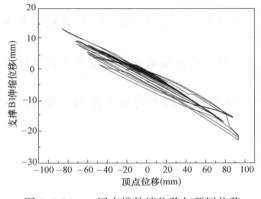

图 5.2-26 一层支撑伸缩位移与顶层位移

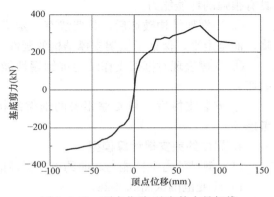

图 5.2-27 顶点位移-基底剪力骨架线

顶点位移达到 78.4mm 时，一、二、三层的顶点位移分别为 16.82mm、40.28mm、78.46mm，层间相对位移分别为 16.82mm、23.46mm、38.18mm，层间位移角分别为 1/71、1/51、1/31。

整体结构在顶层达到 120mm（顶点位移角 1/30）时，试验位移计到达极限，试验停止。

（5）小结

1）单个屈曲约束支撑试验结果小结：

① 以上试验的四个试件，都没有出现钢管端部撕裂和试件整体屈曲的破坏现象。说明 JY-SD 型屈曲约束支撑的端部设计合理。在总结前三个支撑的基础上所设计的 JY-SD-4 最后的破坏形式为内部砂浆被压碎，外面的套管鼓起。因此需要增强砂浆的强度，并增加钢套筒与砂浆之间的粘结。在预制钢套筒时，也可在内侧增加加劲肋。试件的压缩应变最大已达到了 2.5%（Q235 钢材的塑性段为 0.2%~2.5%）。这种应变的范围在实际的应用中配合屈服段的长度及支撑角度的选择，基本上已经可以符合使结构产生 1/50 位移角的变形要求。

② 从这四个构件的试验结果对比来看，可以给出屈曲约束支撑设计的一些建议：

a. 内芯截面形状的选取，宜采用长条一字形，截面简单，屈服力低。宽度选取不宜过小，长宽比可适当取大。

b. 膨胀缝隙的选取，既要能限制内芯的屈曲，又不宜过小。若空间设置过小，可能导致受拉与受压时的明显不对称，以及轴力过多传递到外框，导致外框整体失稳的可能。长短边缝隙的选取，可根据长、宽的不同分别对待。

c. 在非屈服段预设的内部预留伸缩空间处的内芯，属于无约束屈服段，是支撑的"薄弱环节"。可以在约束非屈服段的"十"字形转变为约束屈服段的"一"字形处，通过错开截面变化的"起点"来确保预留处的截面面积大于内芯的截面面积，从而有效地克服这个问题。

2）框架结构中应用屈曲约束支撑试验结果小结：

① 将屈曲约束支撑构件运用到框架结构中，能够极大提高框架结构的抗倒塌性能。试验结构顶层位移120mm，顶层位移角1/30，最大层间位移角达到1/31。

② 模型结构在试验中表现出良好的抗侧刚度、抗剪强度和变形能力，滞回曲线饱满，具有很强的耗能能力。

③ 当框架结构破坏后，骨架线有一定下降，随后由于支撑发挥作用，骨架线不再下降，而是走平，保证了框架支撑结构的延性。

④ 支撑表现对框架支撑结构抗倒塌性能至关重要，应该要求支撑不能先于框架结构破坏。

⑤ 安装支撑后，与支撑相关的框架结构构件承担支撑传来的地震作用，设计时应考虑。

4. 屈曲约束支撑计算模型

（1）钢材的力学性能与屈曲约束支撑性能

1）应变范围（图 5.2-28）

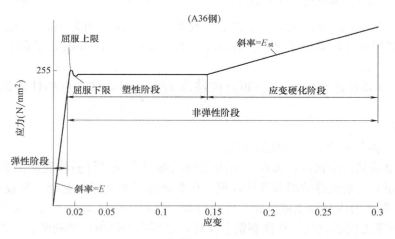

图 5.2-28 结构钢应变从塑性区进入应变硬化阶段的部分应力-应变曲线
（摘自 R. L. Brockenbrough 和 B. G. Johnston，美国钢铁公司钢结构设计指南，
R. L. Brockenbrough&Associates，Inc.，Pittsburgh，Pa.，with permission.）

当钢试件承受荷载时，可以观察到初始弹性阶段，此范围内没有永久变形。如果卸掉荷载，试件可恢复到原来的尺寸。弹性阶段应力和应变的比值为弹性模量，或杨氏模量

E。因为对所有的结构钢这个模量基本都是 $2.0 \times 10^5 \mathrm{N/mm}^2$，所以，除特殊情况外，这个值一般不需要由拉伸试验得到。

拉伸试验中超过弹性应变范围称为非弹性阶段。对轧制和高强度低合金（HSLA）钢，该阶段由两部分组成。首先观察到的是塑性阶段，应力不增长而应变增大。然后是应变硬化阶段，应变增加，同时应力也有很大程度的提高。然而，热处理钢材一般没有明显的塑性阶段或较大程度的应变硬化。

碳素钢和 HSLA 钢在应变硬化开始时的应变（ε_{st}）以及在应变硬化阶段应力随应变增长的关系（应变硬化模量 E_{st}）已经测出。E_{st} 的平均值为 $4134\mathrm{N/mm}^2$，屈服平台长度是屈服应变的 $5 \sim 15$ 倍。

由于一般屈曲约束支撑的工作平台都要求在塑性阶段，因此，塑性变形的应变范围便是支撑所能达到的最大应变。在设计支撑时，有时需要根据层间位移角、支撑与平面的夹角以及设计应变来确定屈服段内芯的长度。

2）屈服强度

屈曲约束支撑的约束屈服段内芯一般均采用薄而长的矩形截面，其优点在于能方便地预估内芯四周的膨胀间隙，并且减小内芯在约束机构内产生"扭转"的影响。

而碳素结构钢的屈服强度和抗拉强度随厚度是"两头低中间高"的关系，即一方面钢材强度值随厚度增加而降低，如 Q235A～D 级厚度小于等于 16mm，屈服强度 $\sigma_s = 235\mathrm{N/mm}^2$；厚度 16～40mm，则 $\sigma_s = 225\mathrm{N/mm}^2$；厚度 40～60mm，$\sigma_s = 215\mathrm{N/mm}^2$；厚度 60～100mm，$\sigma_s = 205\mathrm{N/mm}^2$；厚度 100～150mm，$\sigma_s = 195\mathrm{N/mm}^2$；厚度 >150mm，$\sigma_s = 215\mathrm{N/mm}^2$。抗拉强度 $\sigma_s = 375 \sim 460\mathrm{N/mm}^2$。另一方面，薄板当厚度 <3.0mm 时，屈服强度和抗拉强度也逐级降低。

低合金高强度结构钢 Q345A～E 级屈服强度同样随厚度增加而降低，$\sigma_s = 345 \sim 275\mathrm{N/mm}^2$，抗拉强度 $\sigma_b = 470 \sim 630\mathrm{N/mm}^2$。

近年来，国外一些钢铁公司研制开发了极低屈服点钢材用于制造金属屈服阻尼器，使金属屈服阻尼器的减震效果更加显著。国外钢铁公司通过不断降低钢材中的碳以及合金元素的含量，开发研制出了屈服点在 100MPa 以下的极低屈服点钢材，并逐渐投放市场。为了降低钢材的屈服点并提高其变形能力应采取以下方法：

① 尽量降低钢材中的碳以及其他微量元素的含量，使其接近于纯铁成分；

② 粗化晶体颗粒；

③ 控制好轧制温度，并经过必要的热处理。

通过降低碳以及其他微量元素含量并经过适当的调整，掌握好轧制时的最佳温度，轧制后经过必要的热处理，制造出屈服点在 100MPa 以下的极低屈服点钢材。表 5.2-8 及表 5.2-9 列出了新日本铁株式会社提到的钢铁公司生产的极低屈服点钢材化学成分及力学性能指标。

钢材的化学成分　　　　　　　　　　　　　　　表 5.2-8

种类	C	Si	Mn	P	S
极低屈服点钢材	≤0.02	≤0.02	≤0.2	≤0.03	≤0.02
普通低碳钢	≤0.01	≤0.35	≤1.4	≤0.03	≤0.015

钢材的力学性能

表 5.2-9

种类	屈服强度或条件屈服强度(MPa)	抗拉强度(MPa)	伸长率(下限值)(%)
极低屈服点钢材	80～120	200～300	50
普通低碳钢	215～245	300～400	40

以上用于制作阻尼器的钢材在力学性能方面具有如下特点：

① 屈服点很低，且具有很强的变形能力；

② 屈服强度比较小，反复荷载作用下承载力明显提高；

③ 极低屈服点钢材的低周疲劳性能与普通低碳钢基本相同；

④ 应变速率对屈服荷载的影响较大，但对极限承载力的影响并不明显；

⑤ 极低屈服点的钢材的屈服应变仅仅为普通钢材的 1/2.5，变形能力约为 2 倍，这对提高耗能构件的工作性能非常有利。

极低屈服点软钢阻尼器由于它所具有的特殊材性，即屈服强度低而变形能力强，不管是中小地震还是大震作用下，都能够吸收大量的地震能，从而显著降低结构的地震反应，抑制结构损伤，极具研究价值。

3）泊松比

荷载下横向和纵向应变的比值称为泊松比 μ。这个比值对所有结构钢是大致相等的，弹性阶段为 0.3，塑性阶段为 0.5。

泊松比可用于计算约束屈服段在受压时的膨胀量，为预留空隙提供依据。

4）真实应力-应变曲线

一般的应力-应变曲线中，应力值是根据原始截面面积计算得到的，应变值也在原始的标距长度基础上计算得到。这种曲线有时被称为工程应力-应变曲线。然而，因为屈服开始后，原始尺寸有很大变化，基于瞬时截面面积和标距长度的曲线经常被认为具有更重要的意义，这样的曲线称为真实应力-应变曲线。典型曲线如图 5.2-29 所示。

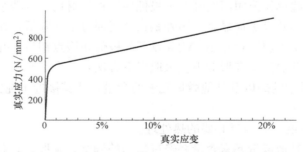

图 5.2-29　屈服点为 344.5N/mm² 的 HSLA 钢的真实应力-应变关系曲线

曲线表示，当考虑截面面积缩小时，真实应力实际上是随应变的增长而增长，直至破坏发生，而不是如工程应力-应变曲线所示的在达到抗拉强度后减小。另外，破坏时真实应变的数值比工程应变的数值大很多（尽管直到屈服开始真实应变比工程应变要小）。

由真实应力-应变曲线的形状，可以推断出钢材在受压时的工程应力-应变曲线，将与受拉时的工程应力-应变曲线在形状上有很大的不同。因为受压时，随着压应变的增加，截面面积会不断增大，因此随着应变的增加，会出现刚度上升的趋势。

5）冷加工对拉伸性能的影响

如图 5.2-30 所示，若钢材试件在应变达到塑性或应变硬化范围后卸载，卸载曲线的路径与应力-应变曲线的弹性部分平行。因此，卸载后试件仍存在残余应变，或称作永久应变。如果再迅速加载，则曲线将沿卸载曲线回到初始（没有应变硬化）材料的应力-应变曲线。

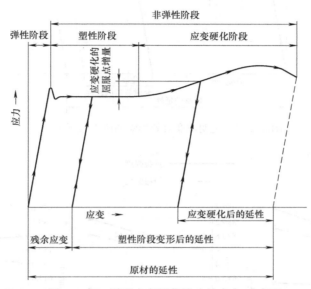

图 5.2-30　说明应变硬化影响的应力-应变图

（摘自 R. L. Brockenbrough 和 B. G. Johnston，美国钢铁公司钢结构设计指南，
R. L. Brockenbrough& Associates，Inc.，Pittsburgh，Pa.，with permission.）

若塑性变形量小于应变硬化开始所需的值，则塑性变形后钢材的屈服应力与初始材料大致相等。然而，如果塑性变形量足够造成应变硬化，则钢的屈服应力将增大。不管哪种情况，抗拉强度保持不变，但由重新加载点处测得的延性（延性是用给定标距长度的伸长率的百分数或截面收缩率的百分数度量的）减小。延性减小量，几乎等于原有的非弹性应变量。

应变达到应变硬化范围的钢材试件卸载，且在室温经历几天产生时效（或在中等程度的高温下经历较短时间）后，这种试件重新加载时通常表现出的性能如图 5.2-31 所示。这种现象称作应变时效，其结果是屈服点和抗拉强度提高，而延性降低。冷加工对结构钢的强度和延性的影响大多数可通过热处理消除，如应力释放、正火或退火。

6）应变速率对拉伸性能的影响

结构钢的延性，以伸长率或断面收缩率计算，随应变速率的增长有减小的趋势。其他试验已显示弹性模量和泊松比随应变速率的变化并不明显。

而支撑仅按屈服应变 $\varepsilon_y = 0.001$，在第二组 Ⅱ 类场地周期 0.4s（1s 内振动 2.5 周期，共产生 $10\varepsilon_y$ 应变变化）下振动，即可产生 0.01/s 的应变。故在振动时，钢材的屈服强度和抗拉强度应予以"加强"考虑（图 5.2-32）。关于应变速度对支撑滞回性能的影响在国内刊物尚未发现有相关研究。

7）高温对拉压性能的影响

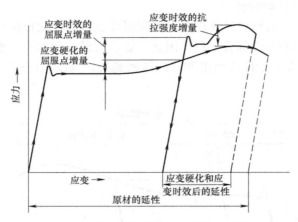

图 5.2-31　说明应变时效影响的应力-应变图

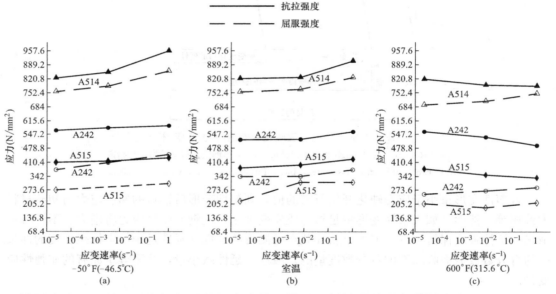

图 5.2-32　低温、常温、高温情况下应变速率对结构钢屈服强度和抗拉强度的影响

屈曲约束支撑虽然一般情况下均用于常温，但当屈曲约束支撑在地震下进入塑性耗能阶段时，其耗散的能量（滞回曲线所转成的面积）将转化为屈曲约束支撑的内能，并且由于振动时间一般较短，热量难以及时散发，容易引起温度的升高。

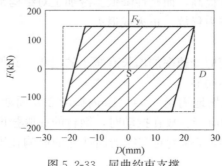

图 5.2-33　屈曲约束支撑
一周耗散能量示意图

屈曲约束支撑一周耗散能量如图 5.2-33 所示。为便于估算，取理想弹塑性模型。

设一屈曲约束支撑约束屈服段截面积为 A，长度为 L，对于理想弹塑性模型，其滞回曲线围成的面积约为：

$$S=2F_y\left(2D-\frac{2F_y}{K}\right)$$

式中，$D=\varepsilon L$，$\dfrac{F_y}{K}=\varepsilon_y L$。所以上式可继续化简为：

$$S=4F_y(\varepsilon-\varepsilon_y)L=4\sigma_y A(\varepsilon-\varepsilon_y)L$$

得屈曲约束支撑滞回一周所吸收的能量为：

$$W=S=4\sigma_y A(\varepsilon-\varepsilon_y)L$$

屈曲约束支撑约束屈服段质量：$M=\rho AL$（铸钢密度 $\rho=7.8\times10^3\,\mathrm{kg/m^3}$）

铸钢的比热容：$c=489.9\mathrm{J/kg\cdot ℃}$（由五金手册查得）

可得，滞回一周，约束屈服段内芯温度升高：

$$\Delta t=\frac{W}{c\cdot M}=4\frac{\sigma_y(\varepsilon-\varepsilon_y)}{c\rho}$$

若取 $\sigma_y=235\times10^6\mathrm{N/m^2}$，$\varepsilon=0.02$，$\varepsilon_y=0.002=0.1\varepsilon$，并将 $c=489.9\mathrm{J/kg\cdot ℃}$，$\rho=7.8\times10^3\mathrm{kg/m^3}$ 代入，可得：

$$\Delta t=4\frac{\sigma_y(\varepsilon-\varepsilon_y)}{c\rho}=4.43℃$$

因此若支撑按Ⅱ类场地第二组特征周期值 $T=0.4\mathrm{s}$（频率 $f=2.5\mathrm{s^{-1}}$）进行 $\varepsilon=0.02$ 的耗能伸缩，温度变化速率约为 $4.43\times2.5=11℃/s$，由于此温度上升速率较慢，且钢材在 $300℃$ 以下，屈服强度、抗拉强度和弹性模量的变化都不大，故可忽略滞回过程中温度升高带来的影响。

注：高温下性能比的表达式为：

$$F_y/F_y'=1-\frac{T-37.8}{3240},\ (37.8℃<T<427℃)$$

$$E_y/E_y'=1-\frac{T-37.8}{2777},\ (37.8℃<T<371℃)$$

$300℃$ 时，高温和室温下屈服强度的比值 $F_y/F_y'=0.92$，高温和室温下弹性模量的比值 $E_y/E_y'=0.9$。

（2）屈曲约束支撑的宏观力学模型

屈曲约束支撑由钢制核心单元和外围约束单元组成，它是利用钢制核心单元在拉、压反复荷载下的弹塑性滞回变形耗能原理制成的耗能装置，因此屈曲约束支撑的力学模型与钢构件的力学模型基本一致，只是参数不同而已。

恢复力特性的数学模型大致有两类：一种是用复杂的数学公式予以描述的曲线型；另一种是分段线性化的折线型。曲线型恢复力模型给出的刚度是连续变化的，与工程实际较为接近，但在刚度的确定及计算方法上仍有不足之处。目前较为广泛使用的是折线型模型。屈曲约束支撑常用的力学模型主要有理想弹塑性模型、双线性模型（应变硬化模型）、Ramberg-Osgood 模型（多曲线模型）和 Bouc-Wen 模型等。

1）理想弹塑性模型（图 5.2-34）

理想弹塑性模型是屈曲约束支撑力学模型中最简单的一种力学模型，初始弹性刚度是从测试的屈服力和屈服位移的数据中确定的，当装置的位移值超过 d_y 时，力值等于 p_y：

$$k_e = p_y / d_y$$

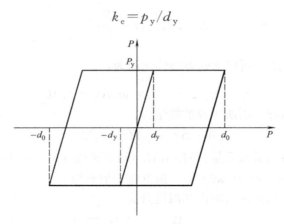

图 5.2-34　理想的弹塑性恢复力模型

每一周期所消耗的能量等于点（P_y，d_0）和点（$-P_y$，$-d_0$）之间的滞回曲线面积。即：

$$W_d = 4P_y(d_0 - d_y), d_0 \geqslant d_y$$

2）双线性模型（图 5.2-35）

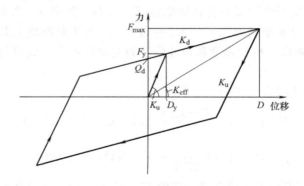

图 5.2-35　双线性（折线型-应变硬化）模型

F_y—屈服强度；F_{max}—最大承载力；D—最大位移。

连接原点与滞回曲线峰值点直线的斜率定义为有效刚度

$$K_{eff} = K_d + \frac{Q_d}{D}, D \geqslant D_y$$

其中，D_y 为屈服位移，$D_y = \dfrac{Q_d}{K_u - K_d}$。

滞回环面积（每次循环所消耗能量值）$W_D = 4Q_d(D - D_y)$。

双曲线模型的消能关系式为：

有效阻尼比

$$\beta_{eff} = \frac{4Q_d(D - D_y)}{2\pi K_{eff} D^2}$$

令：$y = \dfrac{D}{D_y}$，$a = \dfrac{Q_d}{K_d D_y}$，

则，$\beta_{\text{eff}} = \dfrac{2a}{\pi} \dfrac{y-1}{(y+a)y}$，$y \geqslant 1$，当 $y=1$ 时，$\beta_{\text{eff}} = 0$，当 $y \to \infty$ 时，$\beta_{\text{eff}} \to 0$；当

$\dfrac{\mathrm{d}\beta_{\text{eff}}}{\mathrm{d}y} = 0$ 时，β_{eff} 取得最大值。

$y = 1 + \sqrt{1+a}$，则 $\beta_{\text{eff}} = \dfrac{2a}{\pi} \dfrac{1}{2(1+a)^{1/2} + (2+a)}$，将 $a = \dfrac{Q_d}{K_d D_y}$ 代入得：$a = \dfrac{K_u - K_d}{K_d}$

由上式可知，有效阻尼比最大值只与 K_u、K_d 的比值相关。K_d 值与 Q_d 值可以精确地从试验所得的滞回曲线上得到，因此误差比较大。K_u 对有效刚度 K_{eff} 无影响，但对最大阻尼比 β_{eff} 影响较大。

3）Bouc-Wen 塑性单元模型

Bouc-Wen 模型具有表达式简单的优点，并且 SAP2000、ETABS、MIDAS 等软件中都内置了 Wen 塑性单元模型，因此有必要将 Wen 塑性单元模型与试验结果进行比较，以验证该模型的可行性。

由于 MIDAS 中内置了参数 $A=1$，SAP2000、ETABS 中内置了 $A=1$，$\alpha=\beta=0.5$，故现仅讨论 $A=1$，$\alpha=\beta=0.5$ 时 Wen 曲线的性质。

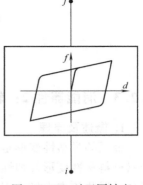

Wen 塑性单元模型对于每一个变形自由度，用户可指定独立的同轴塑性属性。塑性模型是基于 Wen（1976）提出的滞回特性，如图 5.2-36 所示。

所有内部变形是独立的，一个自由度的屈服不影响其他变形行为。

图 5.2-36 对于同轴变形的 Wen 塑性属性

非线性力-变形关系如下：

$$f = rkd + (1-r)F_y z$$

式中，k 为弹性弹簧常数；F_y 为屈服力；r 为指定的屈服后刚度对弹性刚度 k 的比值；z 为一个内部滞回变量。此变量范围为 $|z| \leqslant 1$，其屈服面由 $|z| = 1$ 代表。

$$\dot{z} = \frac{k}{F_y} \begin{cases} \dot{d}(1-|z|^n) & (\dot{d} \cdot z > 0) \\ \dot{d} & (\dot{d} \cdot z \leqslant 0) \end{cases}$$

其中 n 为等于或大于 1 的指数。此指数越大，屈服比率越陡，如图 5.2-37、图 5.2-38 所示。

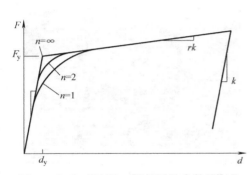

图 5.2-37 对于 Wen 塑性属性参数的定义

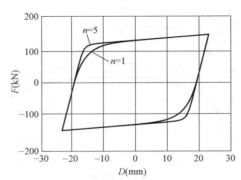

图 5.2-38 Wen 塑性属性参数对滞回曲线的影响

实际指数限值大约是 20。图 5.2-39 所示为 $n=1$ 时屈曲约束支撑 JY-SD-4 的试验结果曲线和 Wen 模型曲线，Wen 模型曲线的主要参数分别为 $F_y = 138\text{kN}$、$k = 43.2\text{kN/mm}$、$r = 0.8/40 = 0.02$（由 JY-SD-4 的滞回曲线确定的参数）。由图可知，当参数设置合适时，Wen 塑性单元模型可以很好地描述屈曲约束支撑的力学性能。

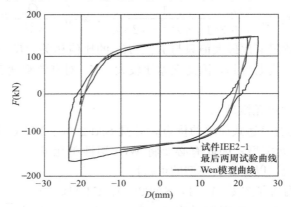

图 5.2-39　Wen 模型与试验曲线的比较

5.2.3　消能器件 2：软钢阻尼器技术研究

1. 概述及原理

金属的弹塑性变形是消耗地震输入能量的最有效机制之一，金属剪切型阻尼器即利用金属材料塑性变形及塑性累计耗散地震动能量输入。日本在 20 世纪八九十年代开始试验研究，近些年来大量应用于中低层住宅、高层及超高层建筑之中。

金属阻尼器选用材料以软钢、低屈服点钢材、铅及记忆合金为主，而铅材料本身缺陷和合金类材料价格相对昂贵等原因，软钢和低屈服点钢材成了建筑行业阻尼器材料的首选。日本根据阻尼器需求专门研制了 SS400、LY225 和 LY110，其中 110 钢材延伸率可达 50% 以上，累计塑性变形能力出众，但该材料无明显屈服点，对阻尼器屈服承载力设计时需注意。我国的软钢即 Q225、Q235 钢材，材料性能与 LY225 相当，上述钢材材料性能对比详见图 5.2-40。

中国建筑科学研究院有限公司 JY-SS 系列金属剪切型阻尼器产品具有完全自主知识产权，经过深入理论分析和试验研究，已经形成了一整套完整成熟的设计、生产技术，且产品性能十分稳定。其产品形式如图 5.2-41 所示。

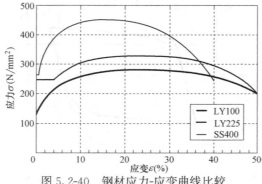

图 5.2-40　钢材应力-应变曲线比较

图 5.2-41　金属剪切型阻尼器产品

2. 计算方法

金属剪切型阻尼器恢复力分析模型可以采用理想弹塑性分析模型、双线性模型和 Ramberg-Osgood 模型。其中双折线型应用较多，如图 5.2-42 所示。

剪切型阻尼器主要依靠剪切塑性累计耗散地震能量，其提供阻尼力计算方法主要如下：

$$F_d = K_d \cdot u_d \quad (u_d \leqslant u_y)$$

$$F_d = F_{dy} + p K_d \cdot (u_d - u_{dy}) \quad (u_d > u_y)$$

$$K_d = \alpha \cdot G \cdot A_s / H_d$$

$$F_y = \tau_y \cdot A_s, \quad F_{ymax} = \tau_B \cdot A_s$$

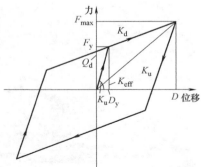

图 5.2-42　阻尼器弹塑性分析模型

式中，α 为刚度修正系数；G 为剪切弹性模量（N/mm²）；A_s 为阻尼器剪切面积（mm²）；H_d 为阻尼器高度（mm）；τ_y、τ_B 为钢材剪切屈服力和最大剪应力（N/mm²）。

剪切型阻尼器理论分析宜采用有限元方法进行，如采用 ANASYS、ABAQUS、SAP2000/ETABS 等通用有限元软件。计算时阻尼器采用塑性单元，通过调整屈服力和弹性刚度等参数进而参与到结构整体计算。

按照上述计算方法，设计 JY-S-300 型典型金属阻尼器，设计阻尼力 308kN，剪切刚度 466kN/mm，屈服位移 0.66mm。试验采用低周反复加载，上下端均为固结，小震位移循环 30 圈，中震位移循环 3 圈，大震位移循环 3 圈，试验滞回曲线如图 5.2-43 所示。中国建筑科学研究院有限公司金属阻尼器试验台架可完成 10000kN、12m 以内金属阻尼器试验，其中金属剪切型阻尼器已研究至 2000kN，屈曲约束支撑轴向荷载 10000kN，试件长度最大可达 12m。JY-S-300 型阻尼器表现出了良好的剪切性能，滞回环饱满，最大剪切变形可达 12%。

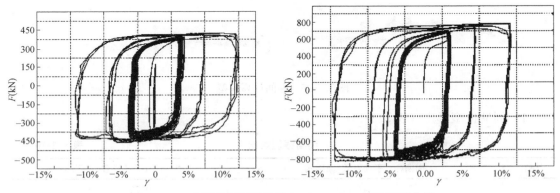

图 5.2-43　金属剪切型阻尼器 JY-S-150/300 试验滞回曲线
（剪应变 $\gamma = 3.50\%$、7.10%、12.0% 时循环加载）

3. 工程应用

金属剪切型阻尼器可应用在多所中小学校抗震加固工程、新建工程中。因金属剪切型阻尼器布置位置灵活，可设置于结构内部较短范围隔墙内或结构周边，且因钢构件的快速施工，其应用前景十分可观。图 5.2-44 为金属剪切型阻尼器现场安装照片。

图 5.2-44　金属剪切型阻尼器应用工程照片

某中学教学楼，为钢筋混凝土框架结构（图 5.2-45），层数 6 层，1 层地下室。根据结构抗震鉴定结果，需进行抗震加固。该结构跨度较大，空旷，平面内不连续，侧向刚度较小，不满足规范要求。同时在大震作用下可靠性差，直接采用加大柱截面的方式加固效果不明显，且很难保证大震下结构抗震性能，采用 JY-S 型剪切阻尼器加固，综合评比造价及工期均大幅度节约。该工程模型共计安装 32 个金属剪切型阻尼器，其中 X 向 16 个，Y 向 16 个。

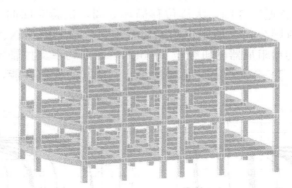

图 5.2-45　空间计算模型

1）周期振型对比（表 5.2-10）

周期振型对比 表 5.2-10

模态	周期(s)(平动系数)原结构	周期(s)(平动系数)减震结构
1	0.6734(0.7)	0.5502(0.98)
2	0.6697(0.99)	0.5267(1.00)
3	0.58(0.29)	0.4076(0.11)

2）层间位移角对比（图 5.2-46）

原结构层间位移角略小于规范限值要求，通过增加 JY-S 型阻尼器，一方面加大了原结构刚度，另一方面增加结构阻尼比。增加阻尼器以后结构层间位移角趋于平缓，均满足规范要求。

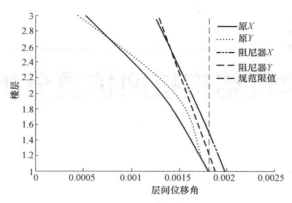

图 5.2-46 层间位移角计算对比

3) 罕遇地震静力弹塑性分析结果

该结构为重点设防类建筑，除应满足小震下弹性应力、变形等指标要求外，在罕遇地震作用下结构将进入弹塑性状态，允许结构产生一定程度的破坏甚至严重破坏，但应防止结构倒塌。因此，应验算建筑结构在大震下反应形态，保证结构大震下不发生倒塌。JY-S型金属阻尼器提高结构抗震性能，即提高刚度和提供附加阻尼，通过吸收地震作用同时消耗地震能量输入，保证结构整体性能。而阻尼器本身耗能则通过弹塑性变形实现。计算表明，增加阻尼器以后结构在罕遇地震下性能点对应层间位移角为 1/167 和 1/111，完全满足规范限值要求，说明阻尼器的设置可有效改善结构在大震下的抗倒塌性能（图 5.2-47）。

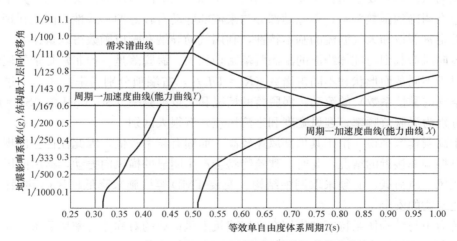

图 5.2-47 增设阻尼器后的结构能力谱与需求谱曲线

第6章

高层建筑结构抗风仿真分析技术

6.1 概述

相比于其他普通建筑物，高层建筑对风的作用往往表现出更强的敏感性，其抗风问题也更加突出。

从宏观角度来看，高层建筑的抗风问题主要体现在两个方面：安全性和舒适度。

（1）安全性

风灾是发生最为频繁的自然灾害之一。尤其是近年来由于全球气候环境的变化，强台风发生的频率和强度都有所增大，造成的损失难以计数，给人民的生命财产安全带来巨大威胁。因此在沿海台风地区，风荷载往往是高层建筑的控制荷载，对结构设计具有决定性意义。

高层结构的风荷载可分为顺风向风荷载、横风向风荷载和扭转力矩。

顺风向风荷载主要是由作用在迎风面的正压和背风面的负压共同决定的，其平均值与来流风速有明确的函数关系，而脉动部分与来流的脉动有较好的一致性，因此在理论上可以根据准定常假设和大气湍流的基本特性，利用气动导纳和响应函数得以量化。

横风向风荷载则与钝体绕流的漩涡脱落密切相关。涡脱落是一种非常复杂的流体力学现象，对于不同截面形状和不同雷诺数（$Re = UL/\nu$，右端项分别为来流风速、建筑特征尺度、空气的黏性系数）的流动，涡脱落的情况和无量纲频率（Strouhal 数，$St = fD/U$，右端项分别为涡脱落频率、迎风宽度和来流风速）有很大区别。

对于高层建筑来说，由于其顶部风速较高，而固有频率较低，因此往往会出现涡脱落频率与自振频率接近的情况。此时，建筑物将会产生明显的横风向振动，横风向风荷载将远高于顺风向风荷载，必须采取调整结构、安装 TMD 等措施来降低横风向共振的危害，以确保建筑物的安全。

扭转力矩与结构体系特征和作用在高层建筑上风荷载的对称性有密切关系。尤其当高层建筑物存在弯扭耦合时，风作用下的扭转力矩在总体风荷载中不可忽略。

我国《建筑结构荷载规范》GB 50009—2012 对高层建筑的顺风向抗风设计给出了相关规定，对横风向风振只给出简单的校核计算公式，对于高层建筑而言，横风向风振响应可能比顺风向风振更显著，而那些截面不规则的复杂高层建筑还应考虑侧弯和扭转风荷载的联合作用。因此，通过试验和数值模拟等研究手段，对风荷载作用下的高层建筑风致振动开展仿真分析研究，对于确保高层建筑的结构安全有非常重要的意义。

（2）舒适度

随着社会经济的发展和人们生活水平的提高，公众对于居住环境和生活质量也提出了更高的要求。高层建筑在满足安全性的前提下，风作用下的舒适度问题就显得越来越重要了。

高层建筑的舒适度受风的影响主要体现在以下几个方面：首先是风振引起的加速度会造成人体不适。在《高层建筑混凝土结构技术规程》JGJ 3—2010 中对此有明确规定。规程 3.7.6 条规定"房屋高度不小于 150m 的高层混凝土建筑结构应满足风振舒适度要求，按现行国家标准《建筑结构荷载规范》GB 50009—2012 规定的 10 年一遇的风荷载标准值作用下，结构顶点的顺风向和横风向振动最大加速度计算值不超过表 3.7.6 的限值。结构顶点的顺风向和横风向振动最大加速度可按现行行业标准《高层民用建筑钢结构技术规程》JGJ 99—2015 的有关规定计算，也可通过风洞试验结果判断确定，计算时结构阻尼比宜取 0.01～0.02。"JGJ 3—2010 表 3.7.6 中对住宅、公寓类的高层建筑，要求顶点最大风振加速度不超过 $0.15m/s^2$，而办公和旅馆用途的高层建筑，最大风振加速度不应超过 $0.25m/s^2$。

风对舒适度的另一个影响体现在行人高度风环境。

自然风流经建筑物特别是建筑群时，会产生各种风效应，一方面影响行人的舒适性，另一方面还会造成建筑物局部的损坏，或是局部环境的污染。这就是所谓的建筑物风环境的问题。主要表现为：角区气流效应、穿堂风效应、环流效应、巷道效应、逆流效应等。

优良的设计方案在满足通风要求的前提下，能够保证行人不会因为风速过高，在活动区域产生强烈的不舒适。目前中国规范未对行人高度风环境做出明确规定，但公共建筑、商业区、高档社区等常需进行该项研究，以提升设计品质。

由于经济发展水平的原因，国外开展风环境研究的时间较早。部分发达国家和地区还制定了大型建筑需要满足的风环境规范。相比国外对建筑物风环境研究的重视，中国的同类研究相对滞后。原因之一是风荷载及风振响应、建筑结构安全是以往中国工程界最为关心的问题，对于影响居住舒适度的相关内容尚未引起广泛重视。对比国外不同的研究机构提出的数种风环境舒适性准则，中国在这方面的工作还是一片空白。

而随着国内人们对生活质量和居住环境的要求逐渐提高，尤其是高档建筑和商业区、休闲区的兴起，已有越来越多的建筑设计者，主动要求进行局部风环境的评估，以增加建筑品质和舒适性，建筑物风环境的评估将成为中国未来建筑业发展的必然要求。

风致噪声是影响高层建筑舒适性的又一个因素。由于大气运动过程中有较强的脉动成分，其本底湍流噪声在风速较高时成为一个重要问题。而对于高层建筑而言，由于大气湍流在高层边缘处会产生流动分离，漩涡脱落等流动现象带来的规则压力脉动，形成的噪声声级往往较高，给人带来不适感。由于气动噪声问题相当复杂，目前一般通过数值模拟等方法进行求解，了解风致噪声的分布和强度。

6.2 高层建筑风洞试验仿真技术

6.2.1 风洞试验简介

风洞模拟试验是风工程研究中应用最广泛、技术也相对比较成熟的研究手段。其基本做法是按一定的缩尺比将建筑结构制作成模型，在风洞中模拟风对建筑作用，并对感兴趣的物理量进行测量。

用几何缩尺模型进行模拟试验，相似律和量纲分析是其理论基础。相似律的基本出发点是，一个物理系统的行为是由它的控制方程和初始条件、边界条件所决定的。对于这些控制方程以及相应的初始条件、边界条件，可以利用量纲分析的方法将它们无量纲化，这样方程中将出现一系列的无量纲参数。如果这些无量纲参数在试验和原型中是相等的，则它们就都有着相同的控制方程和初始条件、边界条件，从而二者的行为将是完全一样的。从试验得到的数据经过恰当的转换就可以运用到实际条件中去。

根据试验目的的不同，建筑结构的风荷载试验可以分为刚性模型试验和气动弹性模型试验两大类。刚性模型试验主要是获取结构的表面风压分布以及受力情况，但试验中不考虑在风的作用下结构物的振动对其荷载造成的影响；弹性模型试验则要求在风洞试验中，模拟出结构物的风致振动等气动弹性效应。这两类试验目的不一样，因此试验中要求满足的相似性参数也有很大区别。大多数高层建筑流固耦合效应并不显著，因而近年来随着计算机技术的迅猛发展，通过风洞测压试验结合计算机仿真研究高层建筑风振是更为普遍的做法。

1. 相似准则

所谓刚性模型试验，指的是不考虑结构在脉动风作用下发生振动的模拟试验。该类试验应考虑满足几何相似、动力相似、来流条件相似等几个主要相似性条件。

（1）几何相似

几何相似条件是要求试验模型和建筑结构在几何外形上完全一致，并且周边影响较大的建筑物也应按实际情况进行模拟。在研究中，通常是根据风洞试验段尺寸以及风洞阻塞度的要求，把建筑结构按一定比例缩小，加工制作成试验模型，以确保几何相似条件得到满足。

（2）动力相似

在诸多的动力相似参数中，比较重要的是雷诺数，雷诺数表征流体惯性力和黏性力的比值，是流动控制方程的一个重要参数，其定义为：

$$Re = \frac{UL}{\nu} \tag{6.2-1}$$

式中，U 为来流风速；L 为特征长度；ν 为空气的运动学黏性系数。

可以看到，由于模型缩尺比通常在百分之一以下的量级，而风洞中的风速和自然风速接近，因此，在通常的风洞模拟试验中，雷诺数都要比实际雷诺数低两到三个数量级。雷诺数的差别是试验中必须考虑的重要问题。

雷诺数的影响主要反映在流态（即层流还是湍流）和流动分离上。对于锐缘建筑物，其分离点是固定的，流态受雷诺数的影响比较小。因此，一般的结构风工程试验中，如果模型具有棱角分明的边缘，则通常不考虑雷诺数差别所带来的影响。

对于表面是连续曲面的结构物，雷诺数的影响就要更复杂一些。对于有实测数据支持的建筑物，通常通过增加表面粗糙度的办法，降低临界雷诺数，使流动提前进入湍流状态，以保证模型表面压力分布数据和实际条件下一致。对没有实测数据可供比较的建筑物，则是根据实践经验对表面粗糙度进行调整，以达到降低临界雷诺数的效果。

（3）来流条件相似

由于真实的建筑物是处在大气边界层中的，因而要真实再现风与结构物的相互作用，就必须在风洞中模拟出和自然界大气边界层特性相似的流动。

对于刚性模型试验来说，来流条件相似主要是模拟出大气边界层的平均风速剖面和湍流度剖面；而对于气动弹性模型来说，还需要考虑风速谱和积分尺度等大气湍流统计特性的准确模拟。平均风速剖面通常用指数律和对数律来表示。指数律可以表示为：

$$U(z)=U_g(z/z_g)^\alpha \tag{6.2-2}$$

式中，U_g 为大气边界层梯度风速度；z_g 为大气边界层高度。幂指数 α 和大气边界层高度 z_g 与地表环境有关。《建筑结构荷载规范》GB 50009—2012 中采用的是指数形式的风剖面表达式，并将地貌分为 A、B、C、D 四类，分别取风剖面指数为 0.12、0.16、0.22 和 0.30。

2. 风洞试验常用设备

（1）边界层风洞

大气边界层风洞与其他风洞的主要区别是它具有较长的试验段。比较早的专门为模拟大气边界层而设计建造的风洞，可以追溯到 1960～1962 年在美国科罗拉多大学建造的边界层风洞。该风洞和以往风洞最大的不同就在于它具有长达 29.3m 的试验段，以形成风工程试验所需的大气剪切边界层。之后的几十年中，世界各地又陆续建造了一些专门为风工程试验设计的边界层风洞，它们的共同特点是都具有比较长的试验段。在这样的风洞中，气流通过较长的粗糙底壁，在试验段形成一定厚度的湍流边界层。

图 6.2-1 为中国建筑科学研究院有限公司建筑安全与环境国家重点实验室的照片。该风洞为直流下吹式风洞，全长 96.5m，包含两个试验段。其中高速试验段尺寸为 4m 宽、3m 高、22m 长，风速在 2～30m/s 连续可调。

图 6.2-1　中国建筑科学研究院有限公司风洞实验室

（2）热线风速仪

热线测量技术是目前湍流研究中广为采用的试验技术。它的基本原理是将温度较高的细金属丝（即热线）置于流场中，利用热交换率与来流速度的对应关系进行速度测量。根据测量原理不同，热线风速仪又可分为恒温式和恒流式两种不同类型。

热线风速仪有成熟的商业化产品，如美国的 TSI、丹麦的 Dantec、日本的 Kanomax 等。不少科研单位也经常自制热线探头用于各种目的的试验研究。

（3）压力测量系统

压力测量系统是风工程试验中最为常用的测量设备。最新的压力测量系统利用模块化设计，每个模块有数十个压力传感器，连接到测量主机。采用以太网将数个测量主机并联，可实现上千点规模的压力测量。数据采样频率也可达到数百赫兹，可以满足脉动风压的测量要求。市场上主要的商业化产品有美国的 PSI 和 Scanivalve。

（4）激光测振仪

激光测振仪运用多普勒原理，利用反射光与入射光的相位差来测量物体表面沿光路方向的振动速度，通过积分还可以获得位移时程曲线。有的激光测振仪内置了位移解码器，通过对波数进行计数来获得位移值，因此具有更高的位移测量精度。

激光测振仪多用于气动弹性试验，以获得风致响应信息。

（5）高频底座天平

高频底座天平可以测量超高层住宅试验模型的基底力和力矩。在一定的假设条件下，可根据获得的广义力谱反算高层建筑的响应。由于要根据力谱进行分析，因此要求天平的灵敏度和固有频率都应尽量高，以保证天平-模型系统的固有频率换算到原型后远高于建筑物的固有频率，才能保证获得的信息可以用于结构分析。

以往的高频底座天平多为试验室自制。近年来，有商业化的多轴力/力矩传感器，可以满足高层建筑物的高频底座天平试验要求，且精度更高。

6.2.2　风洞测压试验：大规模同步测压系统的集成与应用

1. 刚性模型测压试验简介

刚性模型测压试验通过测量缩尺模型在风力作用下的表面风压分布，确定高层建筑表面的平均压力系数、脉动压力系数和极值压力系数。为结构主体设计和围护结构风压取值提供参考依据。

进行测压试验时，首先根据建筑图纸和风洞阻塞度要求，按适当的缩尺比制作风洞刚性试验模型。模型不应太小，便于测压管路布置和较好地再现建筑的细部特征。同时，风洞阻塞度又要低于 5%，保证压力测量数据的准确性。模型材料一般选用 PVC 或有机玻璃，有一定的刚度，以确保在风力作用下模型不会发生大的变形。

模型表面测点布置需充分考虑建筑物的外形特征，在压力发生突变的位置和对结构设计较为重要的区域需要加密测点。尤其是对于挑篷、女儿墙等双面受风区域，要在内外表面的对应位置布置两个测点，以获得净风压值。用塑料导管将测压孔与压力传感器相连，这样模型表面的风压即可传递到传感器上。通常为了保证脉动压力的准确，还采取安装阻尼器或频响校正等手段，修正由于导管原因导致的脉动压力信号畸变。

正式试验时，需先在风洞试验段放置尖劈、粗糙元，模拟出需要的大气边界层剖面。之后再将建筑模型置于风洞试验段的转盘上，通过转动转盘改变来流风向角。测量出不同风向角下的表面压力分布后，再经过数据后处理即可得到需要的风压信息。

2. 测压试验与压力测试设备

测压试验除了可以提供建筑物表面的风压脉动信息，获得体型系数和围护结构设计风压，一个更重要的应用是为风致振动的计算机仿真分析提供基础数据。这就对风洞测压设备的同步性提出了较高要求。所有测点的数据必须是同步采集的，不能存在相位差，否则就不能代表高层建筑表面风压随时空的脉动特征。

目前的风洞测压试验中采用电子扫描测压系统。该系统一般采用模块化设计，将多个压力传感器集成于同一个压力扫描阀中，由计算机完成对压力扫描阀的动作控制和数据采集任务。近年来，随着技术的进步，压力扫描阀的扫描速率不断提高，且通过植入芯片实现了传感器的智能化，使该系统的技术日趋成熟、应用更加广泛。

尽管扫描式压力测量的结果只能是准同步的，不过由于采集频率较高，串行采集造成的相位差已经可以满足工程上的精度要求，因此现有的多点压力测量系统大多是在商品化的电子扫描测压设备基础上开发的。而基于并行采集技术开发的完全同步测压系统，由于价格昂贵、测点数少，尚未在工程领域得到应用。

常见的电子扫描测压系统通常由若干个扫描阀共同组成，总测点数一般在512点之内。由于建筑外形越来越复杂，要求的测点数越来越高，512点的测压规模已不能满足建筑模型的同步测压试验要求。为了实现更大规模的压力测量，必须由多台计算机并行工作，实现并行采集和校准。而厂商并不提供多台主机的并行工作方案，需根据实际需要制定集成方案，并采取相应技术措施满足试验要求。

本项研究以商业化的电子压力扫描阀系统为基础，开发了可无限扩容的同步测压系统，成功实现了国内风工程领域首例上千点规模的同步高速测压系统的集成和应用。

3. 同步测压系统的硬件组成

美国Scanivalve公司的DSM3400电子压力扫描阀系统是国际上应用最广泛的压力采集系统之一。该系统主要由三大部分构成：控制与采集主机（DSM3400）、压力扫描阀模块（ZOC33）和控制及压力校准伺服器（SPC3000）。DSM3400实际上是一台微型工业控制机，负责压力扫描阀状态的切换和数据的采集，每台主机最多可连接8个压力扫描阀模块，实现512点的同步采集；ZOC33模块内部包括了64个硅晶体压力传感器，负责将压力信号转变为电信号；压力校准伺服器SPC3000则向ZOC33模块提供校准压力和控制压力，通过改变控制压力来切换模块的状态（校准或测量），它同样受DSM3400的命令控制。DSM3400的系统框图如图6.2-2所示。其基本工作流程是：

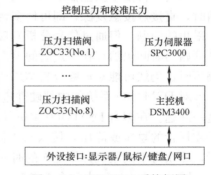

图 6.2-2　DSM3400 系统框图

（1）主控机命令压力伺服器转换控制压力，使所有模块进入校准状态。

（2）主控机命令压力伺服器输出标准压力，就绪后采集各模块信号，计算出所有通道的压力校准系数。

（3）主控机命令压力伺服器转换控制压力，使所有模块进入测量状态。

（4）主控机按照预设的采样通道、采样频率和采样数量对模块信号进行采集。

单个DSM3400系统最多可以实现512点的压力同步测量。当要进行更大规模的同步压力测量时，需由多个DSM3400系统共同完成采集任务。但多系统的并行工作并无现成方案，需由用户自行集成。

4. 同步测压系统的集成方案

（1）并行采集系统设计

DSM3400系统提供了远程工作方式。即由上位机通过Telnet协议传输命令，对DSM3400主机进行操作。这样就可以将多台DSM3400主机组成局域网，连接框图如

图 6.2-3 所示。

按照图 6.2-3 的连接方案，需解决两个技术难题：首先需要保证多台主机同时开始工作，不同主机获得的数据不能存在太大相位差；其次是压力伺服系统 SPC3000 只能由一台主机控制，需要研究同时对所有压力模块进行校准的技术方案。

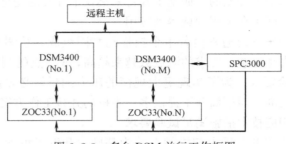

图 6.2-3 多台 DSM 并行工作框图

DSM3400 系统在数据采集时有两种触发方式。软件触发方式在单系统运行时最为常用，即 DSM3400 在接到远程主机发出的"scan"命令后，立即开始采集。外部触发则是将外部电压作为触发源，电压高于阈值后，DSM3400 主机即开始采集。为保证多台 DSM3400 主机采集到的信号不会有太大相位差，选择外触发方式对采集工作进行控制。

采用一台信号发生器的输出电压作为触发源，将其分别接入多台主机。在采集工作开始时，直接点按触发源，即可使多台主机同时开始采集。试验表明，该方法部分解决了并行采集的问题。但通过信号分析发现，由于各台主机对外部触发的响应时间不同，采集工作开始的时间仍然存在一定时间差。尽管这样的时间差已经很小，但在进行建筑模型风洞测压时，仍然可能对最终分析结果产生较大影响。

对 DSM3400 系统的内部硬件进行改造难度很大，因此采用后期相位校正的方法解决这一问题。在多台 DSM3400 主机并行工作时，用多通气路接头将同一个压力信号（通常是皮托管的总压或静压）接入与不同主机相连的压力模块，通过对采集到的数据进行分析，可获得不同主机开始工作的时间差。根据该时间差即可对数据进行相位修正。

图 6.2-4 为试验中两台 DSM3400 主机采得的同一压力信号。两组信号趋势基本一致，最明显的差异是第二台主机的数据比第一台稍微滞后，说明两台主机采集到的信号之间存在相位差。另外，两组信号在高频脉动部分并不完全相同，这主要是由于不同管路的频响以及传感器噪声等因素造成的，不是本书关心的核心问题。

直接通过信号定量判断相位差比较困难，可通过数据的互相关分析来获取相位差。设两台主机得到的信号分别为 $\{x_n\}$ 和 $\{y_n\}$。两组信号的互相关函数可按下式计算：

$$R_{xy}(m) = E[(x_{n+m} - \overline{x}_n)(y_n - \overline{y}_n)] \tag{6.2-3}$$

式中，E 表示取数学期望，实际操作中一般取均值。根据随机信号分析理论，容易知道当 R_{xy} 取最大值时，两组信号相似程度最大，可以认为此时对应的 m 值即为两组信号的相位差。图 6.2-4 中两组信号的互相关函数随 m 值的变化见图 6.2-5。由图 6.2-5 即可得知，第一台主机与第二台主机的相位差约为 62 个数据点。由于采样频率为 400Hz，因此相位差约为 155ms。据此即可对不同主机测得的压力时序进行相位修正。

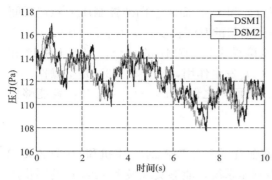

图 6.2-4　两台 DSM3400 主机采集到的同一信号

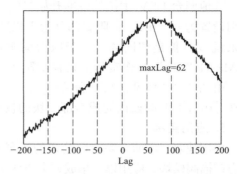

图 6.2-5　两组信号的互相关函数值随 m 的变化

通常的风洞试验中，试验数据和原型的频率缩尺比通常为 100 左右。因此，如果不进行相位修正，则不同主机之间采集到的风压数据，对应在建筑物原型上将存在约 15s 的相位差。这样的差距对风洞试验后续分析有很大影响。

另外，在单个 DSM3400 系统运行时，通常采用远程数据传输的方式，实时将采集到的数据传回上位机，以便进行数据处理。但在多台主机并行时，由于网络带宽限制极易造成数据传输错误。因此试验中采用了 DSM3400 主机本地存储的技术方案，远程主机仅通过网络传输命令语句，所有的压力数据待采集工作完毕后再分次传回。这样就保证了数据采集过程的可靠性，并在理论上使测压系统规模不受网络带宽影响，可无限扩容。

（2）并行校准的技术方案

压力传感器对环境变换极其敏感，必须经常进行在线校准。由于目前比较先进的压力扫描阀都内嵌了智能芯片和温度传感器，可实现传感器校准系数的温度补偿，因此一般只对压力模块进行零点漂移的校准。

单个 DSM3400 系统的在线零点校准只需要使用"calz"命令即可。该命令先后完成以下操作：

（1）通知压力伺服器将模块的控制压力由测量状态切换到校准状态；

（2）采集压力模块的零点数据；

（3）通知压力伺服器将模块的控制压力切换回测量状态；

（4）对零点数据进行处理，获得零偏移值。

在多台主机并行工作时，压力伺服器只能由其中一台主机控制，但它输出的控制压力却对所有模块同时发生作用。这就要求所有主机都必须在模块状态切换回测量状态之前，完成零点数据采集操作，否则就会导致校准失败。

通过对校准过程的详细研究，注意到在上述步骤（1）和（2）之间有控制压力的稳定时间，即控制压力完成切换后，为保证模块状态完全进入校准状态，校准命令会再经过一定的延时才开始进行零点数据采集。因此，可以设置不同的控制压力稳定时间，通过延时校准来实现多台主机的并行校准。具体实施方案可由图 6.2-6 来说明。

压力伺服器由 DSM1 控制。在 0 时刻向 DSM1 传送"calz"命令后，所有模块都进入校准状态；经过 t_{1w} 的稳定时间，与 DSM1 相连的模块开始进行零点数据采集；在 t 时刻完成校准工作，所有模块的状态自动切换回测量状态。图 6.2-6 中所示 $[0，t]$ 就是所有模块处于校准状态的区间，必须在该区间内完成所有模块的校准工作。

其他两台 DSM 主机的校准开始时间分别为 t_{2s} 和 t_{3s}，而将它们的控制压力稳定时间分别设置为 t_{2w} 和 t_{3w}；阴影部分为主机进行零点采集的时间长度，对所有的 DSM3400 主机来说该时长是相同的。由于压力伺服器只能接受来自 DSM1 的命令，因此 DSM2 和 DSM3 的"calz"操作实际上只有步骤（2）和（4）发生作用，（1）和（3）是空操作。

由图 6.2-6 可见，只要满足 $t_{2s}+t_{2w}<t_{1w}$（推而广之保证 $t_{is}+t_{iw}<t_{1w}$），就能够保证在 $[0, t]$ 时间段内完成全部模块的校准操作。

5. 应用实例

中国建筑科学研究院有限公司的风洞实验室配置了 3 台 DSM3400 主机和 20 个 ZOC33 压力扫描阀模块。应用以上集成方案搭建了同步测压系统，能够实现最多 1280 点的同步压力采集。目前该系统已顺利完成了数十项风洞测压试验的研究工作。图 6.2-7 是利用该同步测压系统测得的某高层建筑模型部分区域压力系数分布，模型同步测点总数达 1004 个。

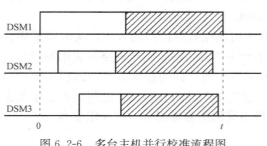

图 6.2-6　多台主机并行校准流程图　　　　图 6.2-7　某高层建筑表面压力系数分布

6.2.3　高频底座天平试验：信号及振型修正技术

1. 原理简介

（1）天平试验的基本假设

高频底座天平试验测量高层建筑模型基底的力和力矩，通过广义力谱推算结构的风振响应，可得出高层建筑的等效静风荷载和顶点加速度等信息。

高频底座天平测力试验使用的模型本身是刚性的，不考虑结构的弹性特征，还需尽量确保其在风力作用下不会发生振动。但它与刚性模型测压试验有明显不同。首先在测压试验中对模型本身除了外形相似之外没有更多的特殊要求，但高频底座天平试验模型质量应尽量小、刚度应尽量大，这样可以保证模型-天平系统的整体固有频率比较高，测得的力谱可以满足结构分析的需要。其次，测压试验中对大气边界层的模拟要求主要是需要满足平均风速剖面和湍流度剖面的要求。但高频底座天平测力试验中，由于要获得准确的广义力谱，因此对边界层的模拟要求与气动弹性模型试验相仿，需要综合考虑积分尺度、风速谱等要素。

在进行高频底座天平试验的风致响应分析时，有如下基本假设：

1）仅考虑基阶振型。

2）基阶振型为线性。当振型偏离线性较多时，误差较大，通常需要进行修正。但修正过程需要假设气动力剖面和相关性，因此存在较大的不确定性，尤其是对于存在周边环境干扰的建筑来说，修正过程可能会引入更大误差，在使用中需要非常谨慎。

3）忽略流固耦合效应。即认为建筑结构在风作用下的振动，对流场的干扰较小，不足以改变气动力的基本特征。这对大多数高层建筑结构是适用的。

由于高频底座天平试验简便易行，且在结构方案更改后无须重新试验，只要根据测力试验获得的广义力谱重新分析，即可获得不同结构方案下的结构响应，因此在超高层建筑的设计中得以广泛应用。

（2）广义坐标的运动方程

高层建筑在风荷载作用下的运动方程可由下式表示：

$$M\ddot{x} + C\dot{x} + Kx = F \tag{6.2-4}$$

式中，M、C、K 分别为结构质量、阻尼和刚度矩阵；F 为风荷载。；$x = \{x_1, x_2, \cdots, x_n, y_1, y_2, \cdots, y_n, \theta_1, \theta_2, \cdots, \theta_n\}'$ 为 n 层高层建筑结构在 x、y 方向的平动和绕 z 轴方向的转动，下标代表不同的层。

对位移进行模态分解，有：

$$x(t) = \sum_j \boldsymbol{\varphi}_j \xi_j(t) \tag{6.2-5}$$

式中，$\boldsymbol{\varphi}_j = \{\phi_{jx}(z_1), \phi_{jx}(z_2), \cdots \phi_{jx}(z_n), \phi_{jy}(z_1), \phi_{jy}(z_2), \cdots, \phi_{jy}(z_n), \phi_{j\theta}(z_1), \phi_{j\theta}(z_2), \cdots \phi_{j\theta}(z_n)\}'$ 是结构第 j 阶振型向量，$\phi_{jx}(z_i)$、$\phi_{jy}(z_i)$、$\phi_{j\theta}(z_i)$ 分别为该振型在第 i 层（高度 z_i）的三个方向的分量。将上式代入运动方程并左乘 $\boldsymbol{\varphi}_j^{\mathbf{T}}$，得出解耦后的广义坐标的运动方程：

$$m_j \ddot{\xi}_j(t) + c_j \dot{\xi}_j(t) + k_j \xi_j(t) = f_j(t) \tag{6.2-6}$$

式中，

广义质量　$m_j = \sum_i [m(z_j)\phi_{jx}^2(z_i) + m(z_i)\phi_{jy}^2(z_i) + I(z_i)\phi_{j\theta}^2(z_i)]$

广义阻尼　$c_j = 2m_j \omega_j \zeta_j$

广义刚度　$k_j = m_j \omega_j^2$

广义力　$f_j = \sum_i [f_x(z_i, t)\phi_{jx}(z_i) + f_y(z_i, t)\phi_{jy}(z_i) + f_\theta(z_i, t)\phi_{j\theta}(z_i)]$

对于绝大多数高层建筑，只有 x、y 方向侧移和绕 z 轴扭转的三个低阶振型对结构风振有决定性影响。当假定这三阶振型均为线性时，即假设：

$$\begin{Bmatrix} \phi_{jx}(z_i) \\ \phi_{jy}(z_i) \\ \phi_{j\theta}(z_i) \end{Bmatrix} = \frac{z_i}{H} \begin{Bmatrix} C_{jx} \\ C_{jy} \\ C_{j\theta} \end{Bmatrix}$$

右端括号内三项代表建筑物顶部的变形量。则可得出：

$$f_j = C_{jx}\frac{M_y(t)}{H} - C_{jy}\frac{M_x(t)}{H} + \alpha C_{j\theta}M_\theta(t) \tag{6.2-7}$$

式中，$M_x(t)$、$M_y(t)$、$M_\theta(t)$ 分别为建筑基底 x 和 y 方向的弯矩和绕 z 轴的扭矩；α 是调整系数，需根据 $f_\theta(z_i, t)$ 的分布形式确定，当其沿高度均匀分布时，可得出调整系数取 0.5。显然，对于振型不耦合的建筑物，广义力中仅包含其中一项而另外两项为零。

（3）平均和脉动风致响应的计算

由广义力的表达式可知，由于 $M_x(t)$、$M_y(t)$、$M_\theta(t)$ 均已经由天平测量得到，因此可对解耦后的广义坐标的运动方程求解。求解通常在频域进行，在求取脉动响应时，应利用中心化之后的广义力进行计算。

由传递函数可得，广义坐标的功率谱为：

$$S_{\xi_j}(\omega) = |H_j(\omega)|^2 S_{f_j}(\omega) \tag{6.2-8}$$

式中，

$$|H_j(\omega)|^2 = \frac{1}{k_j^2 \left\{ \left[1 - \left(\frac{\omega}{\omega_j}\right)^2\right]^2 + \left(\frac{2\omega\zeta_j}{\omega_j}\right)^2 \right\}}$$

$$\begin{aligned}
S_{f_j}(\omega) = \frac{1}{H^2} \{ & C_{jx}^2 S_{M_y}(\omega) + C_{jy}^2 S_{M_x}(\omega) + \alpha^2 H^2 C_{j\theta}^2 S_{M_\theta}(\omega) \\
& + 2\alpha H C_{jx} C_{j\theta} Re[S_{M_y,M_\theta}(\omega)] - 2\alpha H C_{jy} C_{j\theta} Re[S_{M_x,M_\theta}(\omega)] \\
& - 2C_{jx} C_{jy} Re[S_{M_x M_y}(\omega)] \}
\end{aligned}$$

广义力功率谱中，S_{M_x}、S_{M_y}、S_{M_θ}、$S_{M_x M_y}$、$S_{M_x M_\theta}$、$S_{M_y M_\theta}$ 分别为 x、y 两个方向的弯矩和 z 轴扭矩的自功率谱以及它们的互谱，Re 表示取互谱的实部。以上功率谱均可由测力试验的数据计算得出。

相应的均方根和均方加速度分别为：

$$\sigma_{\xi_j}^2 = \int_0^\infty S_{\xi_j}(\omega)\mathrm{d}\omega, \quad \sigma_{\ddot{\xi}_j}^2 = \int_0^\infty \omega^4 S_{\xi_j}(\omega)\mathrm{d}\omega \tag{6.2.9}$$

在小阻尼前提下，上式可进一步简化：

$$\begin{aligned}
\sigma_{\xi_j}^2 &= \frac{\sigma_{f_j}^2}{k_j^2} \int_0^\infty k_j^2 \mid H_j(\omega) \mid^2 \frac{S_{f_j}(\omega)}{\sigma_{f_j}^2}\mathrm{d}\omega \\
&\approx \frac{\sigma_{f_j}^2}{k_j^2} \left(\mid H_j(0) \mid^2 \int_0^\infty k_j^2 \frac{S_{f_j}(\omega)}{\sigma_{f_j}^2}\mathrm{d}\omega + \frac{S_{f_j}(\omega_j)}{\sigma_{f_j}^2} \int_0^\infty k_j^2 \mid H_j(\omega) \mid^2 \mathrm{d}\omega \right) \\
&= \frac{\sigma_{f_j}^2}{k_j^2} \left(1 + \frac{S_{f_j}(\omega_j)}{\sigma_{f_j}^2} \frac{\omega_j}{8\zeta} \right)
\end{aligned}$$

仅考虑前三阶振型，且对于固有频率稀疏的小阻尼结构而言，振型交叉项可忽略，因此结构最高点总的均方位移可根据平方和开平方（SRSS）的振型组合公式得出：

$$\sigma_x = \left[\sum_{j=1}^3 (C_{jx}\sigma_{\xi_j})^2 \right]^{1/2}, \sigma_y = \left[\sum_{j=1}^3 (C_{jy}\sigma_{\xi_j})^2 \right]^{1/2}, \sigma_\theta = \left[\sum_{j=1}^3 (C_{j\theta}\sigma_{\xi_j})^2 \right]^{1/2}$$

$$\tag{6.2-10}$$

平均风振响应同样可根据振型分解方法求出：

$$\begin{aligned}
E[\xi_j(t)] &= \int_{-\infty}^\infty E[f_j(t-\tau)]h_j(\tau)\mathrm{d}\tau = E[f_j(t)]\int_{-\infty}^\infty h_j(\tau)\mathrm{d}\tau \\
&= E[f_j(t)]H_j(0) = \frac{1}{k_j}E[f_j(t)]
\end{aligned} \tag{6.2-11}$$

式中，E 表示数学期望。得出广义坐标的平均值后，按振型叠加即可得出平均风振响应。

（4）等效静风荷载的计算

等效静风荷载可根据等效风振力的方法求出。

由振型分解公式，定义 $P_{eq}(t)=\boldsymbol{K}x(t)=\sum_j \boldsymbol{K}\boldsymbol{\varphi}_j \xi_j(t)=\sum_j \omega_j^2 \boldsymbol{M}\boldsymbol{\varphi}_j \xi_j(t)$，该式为静力学公式，因此 $P_{eq}(t)$ 相当于等效静风荷载时序。令

$$A_j=\omega_j^2 \boldsymbol{M}\boldsymbol{\varphi}_j=\omega_j^2\{m(z_1)\phi_{jx}(z_1),\cdots,m(z_n)\phi_{jx}(z_n),m(z_1)\phi_{jy}(z_1),\cdots$$
$$m(z_n)\phi_{jy}(z_n),m(z_1)\phi_{j\theta}(z_1),\cdots m(z_n)\phi_{j\theta}(z_n)\}'$$

则有 $P_{eq}(t)=\sum_j A_j \xi_j(t)$。如果总位移最大值出现的概率和各振型位移最大值出现的概率都相同，设保证系数为 μ，则有 $\boldsymbol{x}_{max}=\bar{\boldsymbol{x}}+\mu\boldsymbol{\sigma_x}$。对应的等效静风荷载可表示为：

$$P_{eq}=\boldsymbol{K}x_{max}=\sum_j A_j \bar{\xi}_j+\mu\left[\sum_j (A_j \sigma_{\xi_j})^2\right]^{1/2} \tag{6.2-12}$$

应注意的是，A_j 的平方是作用在矩阵中每一元素上的。据此可计算出在不同风向下各层的等效静风荷载，可直接用于结构设计。

2. 信号和振型修正

（1）信号修正

在结构自振频率处的 $S_M(f_s)$ 的精度相当重要，将直接影响整个测试分析的精度。

当天平模型系统的固有频率足够高，则在一定的低频带宽内可认为测试的基底弯矩谱与外加风荷载产生的基底谱是一致的。但实际应用中，由天平模型构成的系统的基阶固有频率可能较低，这就会导致在感兴趣的频段内被测信号发生畸变。在这时，直接采用天平测量的基底谱会产生较大误差。

误差计算公式为：

$$e_0(f)=\left|\frac{S_{M'}(f)}{S_M(f)}-1\right|\times 100\%=\left||H(f)|^2-1\right|\times 100\% \tag{6.2-13}$$

式中，$H(f)$ 取决于天平模型系统的模态参数。如果测出天平模型系统的模态参数，从而得到 $H(f)$，则可以采用 $H(f)$ 对测试的功率谱密度进行修正：

$$S_M(f)=\frac{S_{M'}(f)}{|H(f)|^2}$$

对于单自由度：

$$|H(f)|^2=\frac{1}{\left(1-\left(\frac{f}{f_0}\right)^2\right)^2+\left(2\xi\frac{f}{f_0}\right)^2}$$

当 $H(f)$ 准确时能得到一个理想的精确结果。因此，可对 $H(f)$ 预先准确测定，也即对天平模型系统的 f_0 和 ξ 准确测定，然后进行信号修正。修正的基本过程如图 6.2-8 所示。

（2）振型修正

虽然高频天平技术在生产实践中具有较大的优势，但它所依赖的理论背景限制了实际应用的范围。长期以来，各国研究人员一直致力于高频动态天平理论的完善，希望能扩展传统天平技术的适用范围。其中研究时间最早、受到关注最多的是模态振型影响问题，一般的处理方法是引入修正因子对线性振型结果进行修正。

作用于实际高层建筑结构上的一阶广义风荷载可以表达为：

$$S_{F_1^*}(f)=\int_0^H \int_0^H S_w(z_1,z_2;f)\varphi_1(z_1)\varphi_1(z_2)dz_1 dz_2 \tag{6.2-14}$$

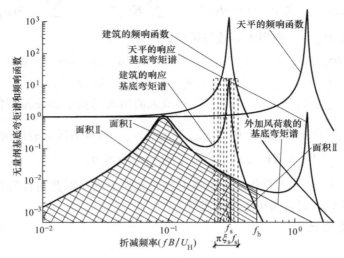

图 6.2-8　高频动态天平频响函数修正示意图

式中，$\varphi_1(z) = (z/H)^\beta$，为高层建筑的一阶模态振型函数；$S_w(z_1, z_2; f)$ 为高度 z_1、z_2 处的脉动风力互谱密度函数。

那么，一阶广义风荷载谱的振型修正因子可以定义为：

$$\Phi = \frac{S_{F_1^*}(f)}{S_M(f)/H^2} = \frac{\int_0^H \int_0^H S_w(z_1, z_2; f)\varphi_1(z_1)\varphi_1(z_2)\mathrm{d}z_1\mathrm{d}z_2}{\int_0^H \int_0^H S_w(z_1, z_2; f)(z_1/H)(z_2/H)\mathrm{d}z_1\mathrm{d}z_2} \qquad (6.2\text{-}15)$$

式中，$S_M(f)$ 为基底弯矩响应功率谱。

采用全相关与不相关两种情况，对公式进行简化，可得到如下一阶广义风荷载振型修正因子：

顺风向

$$\Phi = \begin{cases} \dfrac{2\alpha+3}{2\alpha+2\beta+1}, & \beta \geqslant 1 \\[3mm] \left(\dfrac{\alpha+2}{\alpha+\beta+1}\right)^2, & \beta \geqslant 1 \end{cases} \qquad (6.2.16)$$

横风向

$$\Phi = \begin{cases} \dfrac{4\alpha+3}{4\alpha+2\beta+1}, & \beta \geqslant 1 \\[3mm] \left(\dfrac{2\alpha+2}{2\alpha+\beta+1}\right)^2, & \beta \leqslant 1 \end{cases} \qquad (6.2.17)$$

扭转

$$\Phi = \frac{4\alpha+1}{4\alpha+2\beta+1} \qquad (6.2\text{-}18)$$

式中，α 为风速剖面指数；β 值为振型指数。

然而，上述方法仍不能解决模态耦合等问题。在工程允许的精度范围内，如果能够由高频天平数据推求气动力沿高度分布情况，则非线性振型、高阶振型和振型耦合问题均能得到解决，而不须针对不同的问题构造修正因子，因此有研究者对气动力空间分布规律进行了研究，提出了推算气动力沿高度分布的方法，下面对这些方法进行简要介绍。

由天平试验结果估算风荷载空间分布方法大致可分为两类，图6.2-9给出了这两类方法的基本思路。第一类方法用确定性表达式表示脉动风荷载空间分布情况，式中的待定系数通过高频天平试验结果确定。确定性表达式可以是频域内的风荷载自谱和空间相干函数，也可以是沿高度变化的风荷载时间函数，或者直接采用多项式表示风荷载空间互功率谱密度。第二类方法通过测压试验总结风荷载谱分布规律，加入适当假设条件，由基底弯矩谱导出不同高度的风荷载谱。

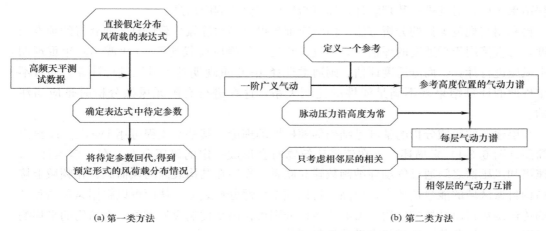

(a) 第一类方法   (b) 第二类方法

图 6.2-9　两类估计风荷载空间分布方法的基本思路

通过总结高层建筑风荷载沿高度分布特点，不同高度的脉动风荷载无量纲自功率谱可近似相等，并且层脉动风荷载根方差随高度变化情况能够用二次函数表示；三分力的竖向相关性与经验公式表达一致。基于这些特点，不同高度风荷载的互谱密度可按下式近似计算：

$$S_{F_s}(f;z_i,z_j)=\begin{cases}\dfrac{S_{M_l}(f)L_iL_j\widetilde{C}_s(z_i)\widetilde{C}_s(z_j)coh_{F_s}(z_i,z_j)}{\displaystyle\sum_{i=1}^{N}\sum_{j=1}^{N}L_iL_jz_iz_j\widetilde{C}_s(z_i)\widetilde{C}_s(z_j)coh_{F_s}(z_i,z_j)},(s=D,L;l=x,y)\\[4mm]\dfrac{S_{M_l}(f)L_iL_j\widetilde{C}_s(z_i)\widetilde{C}_s(z_j)coh_{F_s}(z_i,z_j)}{\displaystyle\sum_{i=1}^{N}\sum_{j=1}^{N}L_iL_j\widetilde{C}_s(z_i)\widetilde{C}_s(z_j)coh_{F_s}(z_i,z_j)},(s=T,l=z)\end{cases}$$

$$(6.2\text{-}19)$$

式（6.2-19）的准确性在实际工程应用中得到了验证。

6.3　高层建筑风致振动的仿真分析技术

6.3.1　有限元风振分析概述

风振分析是研究结构物在时变脉动风荷载作用下产生的振动响应。响应的特性由脉动风荷载特性和结构自身的动力特性两方面决定，由于不同的建筑结构脉动风荷载特性各有区别，因此风洞试验所获得的平均与脉动压力分布特性是开展风振分析必不可少的条件。通过风振分析，可以给出风振系数和对应的等效静风荷载，也可给出顶点加速度等响应信息，给出舒适度的评价。

有限元风振分析首先要根据计算需要，将结构离散化，建立计算模型。之后可以选择在时域或频域展开分析。

风洞同步测压试验可以得到刚性模型表面各个测点的压力时序，将该压力时序经过相似转换对应到有限元模型上，可对高层建筑的有限元模型进行时程分析。计算得到响应的时程结果之后，对其进行数理统计，即可给出所需要的响应信息。

再利用与规范类似的分析方法，由响应推导得出等效静风荷载信息。而获得的顶点加速度，可直接用于舒适度的评估。只不过通常的等效静风荷载基于 50 年或 100 年重现期基本风压进行计算，而舒适度评估，则通常选择 10 年重现期基本风压进行计算。通常不同重现期的计算结果并不满足线性的比例关系，这在进行有限元风振分析时是应当注意的。

高层建筑的频域分析的基础是结构的随机振动理论。其基本流程可用 Davenport 给出的简图（图 6.3-1）来描述。风在流经建筑物时会形成一定的风压分布，在一定条件下，风速谱和风压谱之间通过气动导纳函数建立联系。作用在结构表面的风荷载，在频域上接近结构自振区域的能量被放大，而高于自振频率的部分被衰减，从而可以根据风压谱和结构的传递函数得出结构响应谱。由响应谱积分则可得出结构响应的方差。而结构的平均响应可以由平均风荷载，通过静力学分析得到。

利用风洞试验结果进行有限元风振分析时，风压时程是可以直接得到的。因此只需要将风压时程转换到频域，再通过传递函数进行计算就可以得到结构的响应谱。

由于进行频域分析时，通常对振型进行截断，同时往往假设各振型之间相互独立，通过平方和开平方法（SRSS）来求取结构响应，所以频域方法的计算量比时程分析要小得多。但当不同振型间相关性很强时，则需要用完全二次项组合法（CQC）来进行求解。

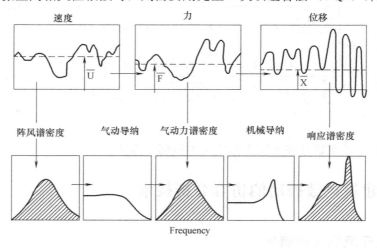

图 6.3-1　频域分析原理图（Davenport，1963）

6.3.2 风振响应的频域计算方法

从计算理论上讲，抖振（由气流脉动引起的强迫振动）计算的方法可分为频域计算方法和时域计算方法；从构造气动力的方式而言又可分为准定常方法和非定常方法。本节高层建筑和大跨空间结构的一般特点，提出了频域中结构风致抖振的非定常计算方法，其理论基于平稳激励下线性系统随机振动的模态叠加法，考虑非定常荷载输入以及多模态之间的耦合项，并引入虚拟激励法以提高计算效率。

1. 非定常气动力谱的构造方法

考虑具有复杂外形的建筑结构，流场有明显的三维效应，平均风荷载与脉动风荷载的变化趋势并不相同。不失一般性，首先介绍非定常气动力的构造。

刚性模型的风洞测压试验是当前获得非定常气动力的主要方法。力谱矩阵的对角元是激励的自功率谱，非对角元是激励之间的互功率谱，反映了外力之间的相关性能。因此对模型表面脉动风压的同步测量是进行非定常频域计算的试验基础。

随着近几十年传感器、电子扫描阀等设备的发展，人们能够通过风洞试验较精确测量脉动风压以满足工程实践的需要。本项研究对大规模同步测压系统的集成与应用，不仅能扩大同步测点的数目，并能更合理地考虑模型表面脉动风压的相关性能，为非定常的抖振计算方法奠定了基础。

首先根据建筑结构形式、同步采样测点的数目确定刚性模型表面测压点的布置，再将同步测压点号与有限元模型中需要加载的节点号对应起来，即形成运动方程中的力指示矩阵。这样就将风洞试验测压点的物理编号与计算模型中的加载节点编号联系起来。

刚性模型表面第 i 个测压点上的风压样本记录为 $p(t)$，设对其采样后得到的离散数据序列为 $\{p_{j,i}\}, j=1,2,\cdots,N$，其对应的时间序列为 $\{t_j\}$，$j=1,2,\cdots,N$。$\{p_{j,i}\}$ 的均值为：

$$\overline{p}_i = \frac{1}{N}\sum_{j=1}^{N} p_{j,i} \tag{6.3-1}$$

将离散数据序列 $\{p_{j,i}\}$ 中心化后得：

$$\{p'_{j,i}\} = \{p_{j,i}\} - \{\overline{p}_i\} \tag{6.3-2}$$

新的数据序列 $\{p'_{j,i}\}$ 的均值为零。

为了将风洞试验得到的压力 $\{p'_{j,i}\}$ 转化为实际大气风场的气动力 $\{p''_{j,i}\}$，必须将 $\{p'_{j,i}\}$ 进行如下换算：

$$p''_{j,i} = CpScale \times \frac{p'_{j,i} - \overline{p}_\infty}{\overline{p}_0 - \overline{p}_\infty} \times \frac{U_g^2}{1600} \tag{6.3-3}$$

式中，$CpScale$ 为换算因子。$\overline{p}_0$、$\overline{p}_\infty$ 分别是试验时参考高度处的总压平均值和静压平均值；U_g 为梯度风高度处的风速。为了表示方便，下面仍然将 $\{p''_{j,i}\}$ 用 $\{p_{j,i}\}$ 表达。

对时间序列 $\{t_j\}$ 也必须进行相应的转化。

根据 $(nL/V)_m = (nL/V)_p$，式中，n 为频率，L 为几何尺寸，V 为风速，m 表示模型，p 表示原型。有：

$$\frac{n_{\mathrm{p}}}{n_{\mathrm{m}}}=\frac{L_{\mathrm{m}}/L_{\mathrm{p}}}{V_{\mathrm{m}}/V_{\mathrm{p}}}\Rightarrow\frac{\Delta t_{\mathrm{p}}}{\Delta t_{\mathrm{m}}}=\frac{V_{\mathrm{m}}/V_{\mathrm{p}}}{L_{\mathrm{m}}/L_{\mathrm{p}}} \tag{6.3-4}$$

也就是说，风速比越大或者几何缩尺比越小，对应实际风场中风压时程离散点的时间间隔比就越大，亦即对应实际风场中的采样率就越低。

通过式（6.3-3）、式（6.3-4）就得到实际风场中的风压离散数据序列，可将此序列用于时程分析法进行风致响应计算。

力谱矩阵的每个对角元对应一个风压时程，将 $\{p_{j,i}\}$ 进行自功率谱密度函数分析，就得到力谱矩阵的对角元。将两个不同的风压离散数据序列 $\{p_{j,i}\}$ 进行互功率谱密度函数分析，就得到力谱矩阵的非对角元。在进行频域计算时，频域上离散多少个频率点，就要构造多少个力谱矩阵。

2. 平稳激励下线性系统随机振动的模态叠加法

模态叠加法，也称模态分析法、正交模态法或主坐标法，是预测多自由度时不变线性系统随机响应的有效方法。该方法的基本思想是将系统的响应统计量表示成各模态响应统计量的加权和。对于我们所研究的线性结构或弱线性结构，适合利用模态叠加法在频域中分析结构的风致响应。

当被分析的对象为有限自由度体系时，结构在抖振荷载作用下的运动方程为：

$$[M]\{\ddot{y}\}+[C]\{\dot{y}\}+[K]\{y\}=[R]\{p(t)\} \tag{6.3-5}$$

式中，$[M]$、$[C]$、$[K]$ 分别是 n 阶质量、阻尼及刚度矩阵；$\{y\}$、$\{\dot{y}\}$、$\{\ddot{y}\}$ 分别是结构的位移、速度和加速度向量；$[R]$ 是由 0 和 1 组成的 $n\times m$ 矩阵，即力指示矩阵，它将 m 维激励向量 $\{p(t)\}$ 扩展成 n 维向量。

真实的结构具有连续分布的特性，一维无限自由度连续体系的运动方程（注意一维无限自由度连续体系并不适用于大跨度屋盖这样的三维结构）为：

$$m(z)\ddot{y}+c(z)\dot{y}+[EI(z)\ddot{y}]''=p(z,t) \tag{6.3-6}$$

式中，$m(z)$、$c(z)$、$EI(z)$ 分别是分布质量、速度阻抗及弯曲刚度；y、$\dot{y}$、$\ddot{y}$ 分别是结构顺风向的位移、速度和加速度；$p(z,t)$ 为作用在结构上的激励。

采用振型分解法将位移 $y(x,y,z,t)$ 展开为：

$$\{y(x,y,z,t)\}=\sum_{j=1}^{q}\{\varphi_{j}(x,y,z)\}u_{j}(t)=[\Phi]\{u\} \quad \text{或} \quad \{y\}=\sum_{j=1}^{q}\varphi_{j}(z)u_{j}(t)$$

假设振型已经关于质量规一化，$[C]$ 是正交阻尼矩阵（$c(z)$ 满足正交阻尼假定），即可用实模态对角化，第 j 阶振型阻尼比为 ζ_{j}，则方程运动可以缩减为 q 个单自由度方程：

$$\ddot{u}_{j}+2\zeta_{j}\omega_{j}\dot{u}_{j}+\omega_{j}^{2}u_{j}=F_{j}(t) \tag{6.3-7}$$

式中，

$$F_{j}(t)=\{\varphi_{j}\}^{\mathrm{T}}[R]\{p(t)\} \quad \text{或} \quad \{F(t)\}=\{\Phi\}^{\mathrm{T}}[R]\{p(t)\}$$

对于无限自由度体系：

$$F_{j}(t)=\int_{0}^{l}\varphi_{j}(z)p(z,t)\mathrm{d}z$$

由此得模态坐标 $u_{j}(t)$ 的解：

$$u_j(t) = \int_{-\infty}^{\infty} h(\tau) F_j(t-\tau) d\tau$$

式中，$h(\tau)$ 为脉冲响应函数。

从而：

$$\{y(t)\} = \sum_{j=1}^{q} \{\varphi_j\} \int_{-\infty}^{\infty} h(\tau) F_j(t-\tau) d\tau$$

于是其相关函数矩阵为：

$$[R_{yy}(\tau)] = E[\{y(t)\}\{y(t+\tau)\}^T]$$

$$= E\left[\sum_{j=1}^{q}\sum_{k=1}^{q}\{\varphi_j\}\{\varphi_k\}^T \int_{-\infty}^{\infty}\int_{-\infty}^{\infty} h(\tau_1)h(\tau_2) F_j(t-\tau_1)F_k(t+\tau-\tau_2) d\tau_1 d\tau_2\right]$$

$$= \sum_{j=1}^{q}\sum_{k=1}^{q}\{\varphi_j\}\{\varphi_k\}^T \int_{-\infty}^{\infty}\int_{-\infty}^{\infty} h(\tau_1)h(\tau_2) E[F_j(t-\tau_1)F_k(t+\tau-\tau_2)] d\tau_1 d\tau_2$$

$$= \sum_{j=1}^{q}\sum_{k=1}^{q}\{\varphi_j\}\{\varphi_k\}^T \int_{-\infty}^{\infty}\int_{-\infty}^{\infty} h(\tau_1)h(\tau_2) R_{F_j F_k}(\tau+\tau_1-\tau_2) d\tau_1 d\tau_2$$

$$= \sum_{j=1}^{q}\sum_{k=1}^{q}\{\varphi_j\} \int_{-\infty}^{\infty}\int_{-\infty}^{\infty} h(\tau_1)h(\tau_2) R_{F_j F_k}(\tau+\tau_1-\tau_2) d\tau_1 d\tau_2 \{\varphi_k\}^T$$

将它转到频域内，得位移响应功率谱密度矩阵：

$$[S_{yy}(\omega)] = \sum_{j=1}^{q}\sum_{k=1}^{q}\{\varphi_j\} H_j^*(i\omega) S_{F_j F_k}(\omega) H_k(i\omega)\{\varphi_k\}^T \tag{6.3-8}$$

式中，$H_j(i\omega)$ 为振型频率响应函数：

$$H_j(i\omega) = \frac{1}{\omega_j^2 - \omega^2 + 2i\zeta_j\omega_j\omega}, i = \sqrt{-1}$$

模态力谱为：

$$S_{F_j F_k}(\omega) = \{\varphi_j\}^T [R][S_{pp}(\omega)][R]^T\{\varphi_k\}$$

$$S_{F_j F_k}(\omega) = \int_0^l\int_0^l S_{pp'}(\omega,z,z')\varphi_j(z)\varphi_k(z) dz dz'$$

则可导出：

$$[S_{yy}(\omega)] = \sum_{j=1}^{q}\sum_{k=1}^{q}\{\varphi_j\} H_j^*(i\omega)\{\varphi_j\}^T [R][S_{pp}(\omega)][R]^T\{\varphi_k\} H_k(i\omega)\{\varphi_k\}^T$$

$$= [\Phi][H]^*[\Phi]^T[R][S_{pp}(\omega)][R]^T[\Phi][H][\Phi]^T$$

式中，$[H]$ 是对角阵。对于无限自由度体系：

$$[S_{yy}(\omega)] = \sum_{j=1}^{q}\sum_{k=1}^{q}\{\varphi_j\} H_j^*(i\omega) \int_0^l\int_0^l S_{pp'}(\omega,z,z')\varphi_j(z)\varphi_k(z) dz dz' H_k(i\omega)\{\varphi_k\}^T$$

$$\tag{6.3-9}$$

上式为精确的 CQC 计算公式，包括了所有振型交叉项，考虑了振型之间的耦合（气动耦合在荷载项里已经忽略）。

于是，当激励功率谱为双边谱时，结构的位移响应均方根由功率谱密度积分得到，即：

$$\sigma_y(z) = \sqrt{\int_{-\infty}^{\infty} S_{yy}(\omega) d\omega}$$

工程中，通常在小阻尼和参振频率为稀疏分布的假定下，$j \neq k$ 的振型交叉项忽略掉，而得到以下近似的 SRSS 公式。

$$[S_{yy}(\omega)] \approx \sum_{j=1}^{q} |H_j(i\omega)|^2 \{\varphi_j\}\{\varphi_j\}^{\mathrm{T}}[R][S_{pp}(\omega)][R]^{\mathrm{T}}\{\varphi_j\}\{\varphi_j\}^{\mathrm{T}} \quad (6.3\text{-}10)$$

或：

$$S_{yy}(\omega) \approx \sum_{j=1}^{q} \varphi_j^2(z)|H_j(i\omega)|^2 \int_0^l \int_0^l S_{pp'}(\omega,z,z')\varphi_j^2(z)\mathrm{d}z\mathrm{d}z' = \sum_{j=1}^{q} S_{yy,j}(\omega)$$

$$(6.3\text{-}11)$$

于是，当激励功率谱为双边谱时：

$$\sigma_{yy}(z) = \sqrt{\int_{-\infty}^{\infty} \sum_{j=1}^{q} S_{yy,j}(\omega)\mathrm{d}\omega} = \sqrt{\sum_{j=1}^{q} \sigma_{y,j}^2}$$

如果不是求位移 $y(x,y,z,t)$，而是求其他响应量 $r(x,y,z,t)$，如内力、应力等，则有更广泛的形式，此时位移振型 ϕ_j 改为相应于模态坐标 $u_j=1$ 时的该响应量 $A_j(x,y,z)$，即：

$$\{r(x,y,z,t)\} = \sum_{j=1}^{q} \{A_j(x,y,z)\}u_j(t) = [A]\{u\}$$

响应谱相应地变为：

$$[S_{rr}(\omega)] = [A][H]^*[\Phi]^{\mathrm{T}}[R][S_{pp}(\omega)][R]^{\mathrm{T}}[\Phi][H][A]^{\mathrm{T}}$$

$$[S_{rr}(\omega)] = \sum_{j=1}^{q}\sum_{k=1}^{q}\{A_j\}H_j^*(i\omega)\int_0^l\int_0^l S_{pp'}(\omega,z,z')\varphi_j(z)\varphi_k(z)\mathrm{d}z\mathrm{d}z'H_k(i\omega)\{A_k\}^{\mathrm{T}}$$

其他公式也做相应的改变，如下所示：

$$\sigma_r(z) = \sqrt{\int_{-\infty}^{\infty} S_{rr}(\omega)\mathrm{d}\omega}$$

$$[S_{rr}(\omega)] \approx \sum_{j=1}^{q} |H_j(i\omega)|^2\{A_j\}\{\varphi_j\}^{\mathrm{T}}[R][S_{pp}(\omega)][R]^{\mathrm{T}}\{\varphi_j\}\{A_j\}^{\mathrm{T}}$$

$$S_{rr}(\omega) \approx \sum_{j=1}^{q} A_j^2(z)|H_j(i\omega)|^2\int_0^l\int_0^l S_{pp'}(\omega,z,z')\varphi_j^2(z)\mathrm{d}z\mathrm{d}z' = \sum_{j=1}^{q} S_{rr,j}(\omega)$$

$$\sigma_{rr}(z) = \sqrt{\int_{-\infty}^{\infty}\sum_{j=1}^{q} S_{rr,j}(\omega)\mathrm{d}\omega} = \sqrt{\sum_{j=1}^{q} \sigma_{r,j}^2}$$

6.3.3 广义坐标合成法

1. 基本原理

风作用下的结构随机振动一直是工程界关心的问题。目前应用最广泛、准确度较高的算法是上节介绍的完全二次型组合算法（CQC）。但 CQC 方法计算比较烦琐，对于复杂结构而言运算量极大。林家浩等提出了"虚拟激励法"用于随机振动计算，在大幅缩减计算量的前提下获得了与 CQC 方法完全等价的结果。该方法在风工程领域也已有不少应用。虚拟激励法对给定激励源频谱特征的随机振动较为有效，而复杂结构的风振往往基于风洞试验获得的风压时程进行分析。在运用虚拟激励法之前，首先要进行功率谱估计，再进行谱矩阵分解，该过程的运算量仍然很大，尤其是当激励向量维数很高的情况下更是耗时耗力（对于表面受风节点都承受随机荷载的风振分析来说这是很常见的）。谢壮宁提出了风振分析的"谐波激励法"，在对复杂结构进行风振分析时，相比传统的 CQC 方法和虚拟激励法，运算量和运算时间都有明显改善。

虚拟激励和谐波激励本质上都是基于 CQC 方法的改进，最终仍是通过响应功率谱矩阵求解结构风振响应。与此不同，广义坐标合成法通过广义坐标的协方差矩阵求解响应统计值。该方法大幅度减少了结构风振分析的计算规模和计算量，典型结构的计算规模和计算量不到 CQC 改进算法（谐波激励法）的 1/10，而通过该方法得到的风振响应的统计值与 CQC 方法完全等价，具有快速、高效、准确的特点。

另外，CQC 传统和改进算法通常只能获得响应的统计值。而若需获得响应时程，则要进行极耗资源的时程分析。因而除了非常重要的工程之外，很少被采用。这使得在进行关于背景响应与共振响应研究时，计算过程十分复杂。广义坐标合成法可以运用振型叠加直接得出风振响应时程，这为开展风致振动的仿真分析研究创造了有利条件。

由振型叠加原理，结构的位移响应由下式表示：

$$\boldsymbol{x}(t)=\boldsymbol{\Phi}\boldsymbol{q}(t) \tag{6.3-12}$$

而振型广义力则表示为：

$$\boldsymbol{f}(t)=\boldsymbol{\Phi}^{\mathrm{T}}\boldsymbol{P}(t) \tag{6.3-13}$$

CQC 方法的计算根据激励力功率谱矩阵和响应功率谱矩阵之间的关系，可以由激励力计算出响应的统计值。实际上，对于各态历经随机过程的一次实现，常将该实现的时间统计值作为随机过程的统计特征值。因此，在风振分析中通常是基于风洞试验得到的风荷载时程进行分析计算，以得出风振响应。鉴于此，为方便实际应用，以下均将各参数作为离散点进行说明，并将各时间历程看作具有 L 个离散时点的行向量。连续状态下的证明过程是类似的。

响应平均值：

$$\bar{\boldsymbol{x}}=\boldsymbol{\Phi}\bar{\boldsymbol{q}} \tag{6.3-14}$$

扣除平均量后，振型分解式进行矩阵乘法，可得：

$$\boldsymbol{x}(t)\boldsymbol{x}^{\mathrm{T}}(t)=\boldsymbol{\Phi}\boldsymbol{q}(t)\left[\boldsymbol{\Phi}\boldsymbol{q}(t)\right]^{\mathrm{T}}=\boldsymbol{\Phi}\boldsymbol{q}(t)\boldsymbol{q}^{\mathrm{T}}(t)\boldsymbol{\Phi}^{\mathrm{T}} \tag{6.3-15}$$

注意到由式（6.3-15）得出的矩阵各元素为 $\left[\boldsymbol{x}(t)\boldsymbol{x}^{\mathrm{T}}(t)\right]_{jk}=\sum x_j(t)x_k(t)$，其中 $\sum$ 表示对所有时间步求和，而这正是对离散时间序列求取协方差的计算公式（相差一个比例因子 $1/L$）。因此，该式实际上建立了响应协方差矩阵与广义坐标协方差矩阵的联系，如下式：

$$\boldsymbol{V}_{\mathbf{xx}}=\boldsymbol{\Phi}\boldsymbol{V}_{\mathbf{qq}}\boldsymbol{\Phi}^{\mathrm{T}} \tag{6.3-16}$$

式中，$\boldsymbol{V}_{\mathbf{xx}}$、$\boldsymbol{V}_{\mathbf{qq}}$ 分别是响应和广义坐标的协方差矩阵。方差矩阵的对角元即为对应响应的自方差（均方根的平方值），而其他元素则为不同响应的协方差。上式是广义坐标合成法的核心公式，它将节点上的响应统计信息由振型的广义坐标统计值来合成。由于 $\boldsymbol{V}_{\mathbf{qq}}$ 的阶数与振型阶数相同，用上式计算响应均方根是非常方便快捷的。

2. 基于风洞测压时程的响应时程计算

广义坐标协方差矩阵可以通过对时程进行统计得到，需要对广义坐标运动方程进行求解。广义坐标运动方程为单自由度方程，该方程可在时域和频域求解。时域的求解可采用杜哈梅积分方法，而频域的求解则可借助傅里叶变换。频域方法相对较为简单，运用单自由度运动方程的频域数值方法，可利用快速傅里叶变换（FFT）对方程进行求解。从而广义坐标的时程可由下式得到：

$$q_j(t) = F^-\{H_j(i\omega)F^+\{f_j(t)\}\} \tag{6.3-17}$$

式中，$F^+\{\}$ 和 $F^-\{\}$ 表示快速傅里叶正变换和逆变换。在得到各阶振型的广义坐标时程后，即可根据 $V_{q_j q_k} = \sum q_j(t)q_k(t)/L$ 计算其协方差矩阵。

由于广义坐标协方差矩阵的时程统计方法可以得到响应时程，因此后续计算基于该方法进行。

（1）广义力时程的计算

6.3.3 节建立了广义坐标合成法的基本计算框架。但是，风洞试验得到的压力时程仅分布在少数测点上，需首先将其作用于所有结构受风节点。由此得出的结构激励力 $\boldsymbol{P}(t)$ 包含了 N 个行向量，每个向量均有 L 个时程点的数据。由 $\boldsymbol{P}(t)$ 直接计算广义力，计算量非常大，需要进一步优化。

在一般的风振分析中，经常将测点的风荷载时程直接作为集中力加载于距离最近的节点上，这种处理方式对于结构刚度分布不均匀的体系而言误差很大。更为合理的方法是将测点的风荷载时程通过不同的插值方法作用于所有受风节点。可采用反距离加权方法计算节点风荷载，其公式为：

$$p_j(t) = \frac{\sum\limits_k w_k(t)/l_{kj}}{\sum\limits_k 1/l_{kj}} \tag{6.3-18}$$

式中，$w_k(t)$ 为测点 k 的压力时序；l_{kj} 为结构受风面的节点 j 与测点 k 的距离。

上式的计算中，事先挑选离节点最近的 3 个测点进行插值。将上式以矩阵形式表示，并代入广义力计算公式，得出：

$$f(t) = \boldsymbol{\Phi}^{\mathrm{T}}\boldsymbol{P}(t) = \boldsymbol{\Phi}^{\mathrm{T}}\boldsymbol{R}\boldsymbol{W}(t) = \boldsymbol{T}\boldsymbol{W}(t) \tag{6.3-19}$$

式中，$\boldsymbol{R}$ 为插值矩阵；根据采用的插值方法，$\boldsymbol{R}$ 为每行仅有 3 个非零元素的稀疏矩阵，$\boldsymbol{T}$ 为最终转换矩阵。

由上式可以从测点压力时程直接得出振型广义力时程。因为 $\boldsymbol{T}$ 仅取决于结构振型和测点、节点的相对位置关系，所以只需要计算一次。且其为 $K \times M$ 阶矩阵（K 为振型数，M 为测点数），与直接用振型函数计算广义力相比，减小的运算量相当可观。

（2）一般响应时程的计算

风振响应的平均分量、背景分量和共振分量可以由下述形式予以说明：

$$\boldsymbol{K}\boldsymbol{x}(t) = \boldsymbol{P}(t) - \boldsymbol{M}\ddot{\boldsymbol{x}}(t) - \boldsymbol{C}\dot{\boldsymbol{x}}(t) \tag{6.3-20}$$

式中，平均分量是由荷载的平均部分引起的响应。而在扣除平均荷载之后，上式右端第一项引起的响应即是背景分量。后两项表示结构体系振动的附加力，由此附加力引起的响应，称为共振响应。

由广义坐标运动方程的频域解法，可以得到所有振型的广义坐标时程，因而利用振型叠加法就可以得到节点的响应时程。该时程包含了上述全部三个分量。

当需要对不同分量分别进行研究时，可以先求出广义坐标时程中对应的背景部分，再由振型叠加公式得出响应的平均分量和背景分量（也常称为准定常响应）。广义坐标对应的背景部分由下式得出：

$$q_j(t) = \frac{1}{\omega_j^2} f_j(t) \qquad (6.3\text{-}21)$$

（3）加速度响应的计算与合成

对于加速度响应，由于不能直接由广义坐标时程合成而来，可利用傅里叶变换的微分特性，首先求出广义坐标的二阶时间导数。将广义坐标时程的计算式改为：

$$\ddot{q}_j(t) = -\tilde{F}\langle \omega^2 H_j(i\omega) f_{jF}(\omega) \rangle \qquad (6.3\text{-}22)$$

然后再利用振型分解公式，可得出各方向的加速度响应时程。

影响超高层建筑舒适度的主要是加速度幅值，需要将不同方向的加速度进行矢量合成。由于不同方向的加速度并非同时出现最大值，因而在采用频域分析方法进行计算时，往往需要对建筑两个主轴方向的加速度最大值进行矢量求和后，再取经验系数进行折减。折减系数是具有一定任意性的经验参数，并不具有普适性。由于本书采用的广义坐标合成法可直接得到加速度时程，因而可首先在每个时刻点对加速度进行矢量合成，再估计其幅值的极值，从而避开了折减系数选取的问题。

另外，在进行加速度矢量合成时经常出现的问题是，将扭转振动在建筑物边缘引起的线加速度表示为角加速度与半径之乘积，再和两个主轴方向的加速度直接矢量合成。这种做法是不正确的。

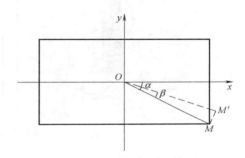

图 6.3-2　典型高层建筑截面坐标系

取以截面质心为原点的平动参考系（图 6.3-2），其中 β 为绕质心轴的转角。则角点 M 的位移可由质心 O 的位移和相对位移矢量 MM' 的矢量和来表示，写成分量形式即为：

$$x_M = x_O + R[\cos(\alpha - \beta) - \cos\alpha]$$
$$y_M = y_O + R[\sin\alpha - \sin(\alpha - \beta)] \qquad (6.3\text{-}23)$$

其中，R 为 M 点到质心 O 的距离。对式（6.3-23）求时间的二阶导数，即可得出 M 点的加速度矢量，写成分量形式为：

$$\ddot{x}_M = \ddot{x}_O + R[\ddot{\beta}\sin(\alpha - \beta) - \dot{\beta}^2\cos(\alpha - \beta)]$$
$$\ddot{y}_M = \ddot{y}_O + R[\ddot{\beta}\cos(\alpha - \beta) + \dot{\beta}^2\sin(\alpha - \beta)] \qquad (6.3\text{-}24)$$

可见，合成加速度矢量不但和角加速度有关，还和角速度有关。仿照广义坐标时间二阶导时程的计算方法，可以方便地得出超高层建筑物的角速度响应时程，并由式（6.3-24）得出建筑物角点处的合成加速度。

3. 算例

大连国贸中心大厦高 436m，截面为矩形，宽深比随高度逐渐缩小而趋于方形截面。风洞测压试验在中国建筑科学研究院有限公司大型边界层风洞中进行，风洞试验段截面尺寸 4m×3m。模型缩尺比 1∶450，共布置了同步测压点 566 个，采样频率 400Hz（按 50 年重现期基本风压换算到原型约 5.0Hz），采样时间 21s。以 10° 为间隔，共测量了 36 个风向下的表面风压分布。图 6.3-3 为模型的风洞试验照片和坐标系定义，其中大厦 y 轴朝向北偏东 20°。因此主轴顺风向的角度分别为 70°、160°、250° 和 340°。

选取大厦前 20 阶振型参与计算。为确保计算结果的准确性，利用振型分解法计算了平均风荷载作用下的各层位移，推算各层荷载，再和表面风压直接积分得出的结果进行对比。结果表明前 20 阶振型对于两主轴方向风力的累积振型贡献系数超过 99%，扭转荷载稍低，约 96%，可满足工程应用的精度要求。需要说明的是，第 20 阶振型的自振频率为 2.91Hz，略高于风洞测压试验的频率分辨率，对于超出频率分辨率的这些高阶振型，计算结果将只包括其对背景响应的贡献，而没有共振响应的成分。

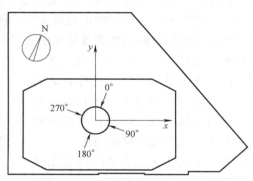

图 6.3-3　模型在风洞中的照片和坐标系定义

（1）位移响应特性

利用广义坐标合成法得出了各风向角下大厦各高度的位移响应时程，并按前面所述的极值统计方法计算了位移响应极值。图 6.3-4 为 50 年重现期风压作用下，大厦顶部质心位移随风向的变化。

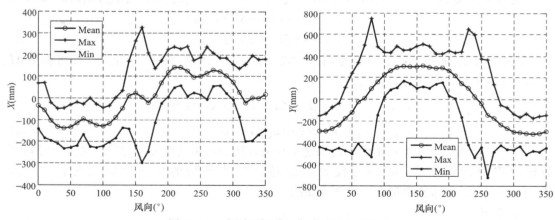

图 6.3-4　大厦顶部质心位移随风向的变化

X 和 Y 方向的最大位移都不是发生在顺风向。其中 X 方向正、负最大位移均发生在 160°，分别为 326mm 和 −300mm。X 方向基本上是纯粹的横风向振动，平均位移仅 5mm，因此位移响应大多是由于脉动位移造成的。而且与峰值因子法不同，直接根据时程计算的位移极值在正、负方向并不完全对称，反映出脉动位移存在一定的非高斯特性。

Y 轴为结构的弱轴，其位移响应比 X 轴要大很多。其最大位移分别发生在 80°（746mm）和 260°（−722mm），这两个风向是小角度斜吹，Y 方向不完全是横风向振动，两个方向下的 Y 方向平均位移值分别为 100mm 和−143mm。

为比较不同风向下的结构位移特点，图 6.3-5 绘制了风从 X 轴和 Y 轴正方向（70°和 340°）吹来时的顶部位移轨迹。

由图 6.3-5 可以看到，在 70°风向时，大厦在 X 轴和 Y 轴方向分别发生顺风向和横风向振动。由于 X 轴刚度较高，因此 X 方向的顺风向振动的幅度显著小于横风向振动，质心基本是沿 Y 方向摆动。在 340°风向时情况有很大不同，顺风向和横风向位移的振动幅度大体相当，而 Y 轴方向（顺风向）的平均位移值也较大，质心的运动轨迹接近圆形。

（2）加速度响应特性

按照 10 年重现期风压，取阻尼比 1% 和

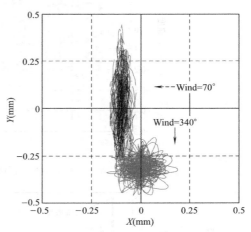

图 6.3-5　不同风向下结构顶部的位移轨迹

1.5%分别计算了大厦顶部的加速度响应。根据前面介绍的方法计算了质心和四个角点的加速度响应时程，并统计了各风向下的极值。表 6.3-1 给出了所有风向下出现的加速度最大值。

加速度最大值（m/s²）

表 6.3-1

方向	阻尼比1%			阻尼比1.5%		
	X	Y	Total	X	Y	Total
加速度	0.120	0.298	0.301	0.101	0.225	0.227
风向	170	70	70	170	70	70

由于 X 轴刚度较大，因而最大加速度响应要明显小于 Y 轴。且由表 6.3-1 可知，X 和 Y 方向都是在横风向振动的情况下出现了最大值。容易理解，上述最大值都是出现在某个角点，而非质心处。

取 70°风向角的相关数据进一步分析了加速度响应特性。70°风向的 Y 方向的横风向振动非常显著，图 6.3-6 给出了顶部某角点处的 Y 方向脉动位移、速度和加速度时程曲线，图 6.3-7 是其归一化的功率谱。

由于角点处的响应与扭转振动有关，因此功率谱上出现了对应扭转振型的峰值。而正如理论分析所揭示的，由于高阶振型的加速度动力放大效应更明显，因而相比位移功率谱，在加速度功率谱的局部峰值中出现了更多的高频率值。另外，从时程和功率谱曲线中都可以明显看到，Y 方向的一阶振型完全占据了主导地位。即使对于加速度而言，次峰值所包含的脉动能量也比一阶振型低了 3 个数量级。

顺风向和横风向的振动特性有很大差异，不但脉动幅度要远小于横风向，脉动能量在不同振型上的分配也和横风向有较大不同。图 6.3-8 给出了 70°风向下角点处 X 和 Y 方向

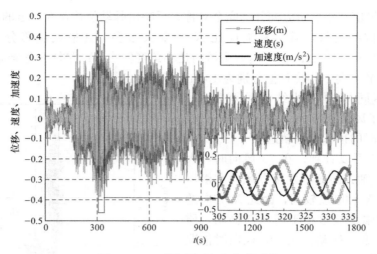

图 6.3-6　70°风向 Y 方向响应时程

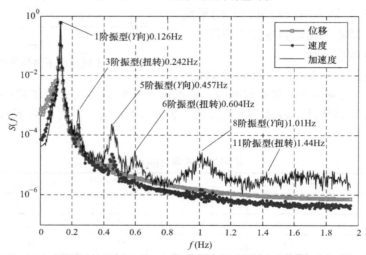

图 6.3-7　70°风向 Y 方向响应的归一化功率谱

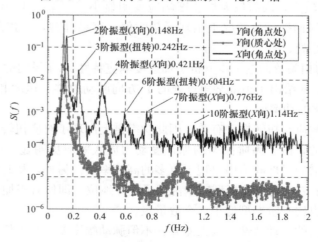

图 6.3-8　70°风向下加速度响应的归一化功率谱

加速度的归一化功率谱曲线，图中还绘制了质心处 Y 方向加速度的功率谱。

对比 X 方向和 Y 方向功率谱可以发现，2 阶振型（即 X 方向平动的基阶振型）虽然仍占据主导地位，但其包含的脉动能量比例要小于横风向的基阶振型。这说明由于顺风向风荷载在脉动能量上的分布比横风向风荷载更为均匀，使得高阶振型对脉动响应的贡献比例更高。

而对比质心和角点处的加速度功率谱，可观察到由于质心处的振动不包含扭转影响，因而其功率谱中不会出现与扭转相关的频率峰值。

6.3.4　等效静风荷载的确定

1. 等效静风荷载的一般计算方法

建筑结构的等效静力风荷载研究始于 1967 年，Davenport 根据经典抖振理论、随机振动理论，提出了估算高层结构顺风向响应的基本方法，如图 6.3-9 所示，并在此基础上，进一步提出面向工程应用的等效静力风荷载理论。所谓等效静力风荷载是指将该荷载以静力形式作用在结构时产生的响应与实际风荷载产生的动力响应相同。等效静力风荷载分析的基本过程及其理论意义如图 6.3-10 所示。该方法以随机振动理论为基础，以阵风荷载因子为核心，成为高层结构等效静力风荷载研究的经典方法，同时该方法成为建筑结构等效静力风荷载研究的基本理论框架。经过几十年的发展，到目前为止，该方法大体上可以分为：阵风荷载因子法（GLF）、等效风振力法和基于荷载响应相关系数法（LRC）的三分量方法。

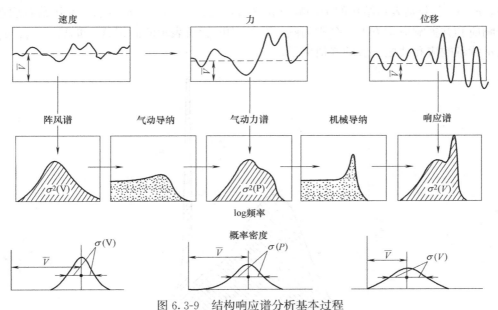

图 6.3-9　结构响应谱分析基本过程

（1）阵风荷载因子法

在风工程研究初期，阵风荷载因子法被认为是计算高层建筑顺风向等效风荷载和响应的精确方法。该方法用一个表示峰值响应与平均响应比值的系数（阵风荷载因子）来反映结构对脉动风的放大作用，用平均风荷载的分布形式来表示等效静力风荷载，表示方式简

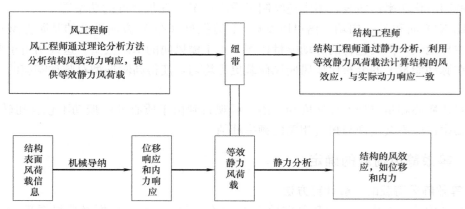

图 6.3-10　等效静力风荷载的作用

洁，该方法工程使用十分方便，因此被大多数国家建筑荷载规范广泛采用。

结构的响应谱如 6.3-11 所示，包括在结构固有频率附近的峰值部分 A_2（共振响应），以及和荷载谱形状相类似的低频成分 A_1（背景响应）这两部分。共振响应主要与结构的动力特性（如固有频率和结构的阻尼比）相关；而背景响应主要与脉动风荷载相关，是一种准静力作用。

结构的动力峰值响应可以表示为：

$$r_{\max} = \bar{r} + \sqrt{(g_b \sigma_b)^2 + (g_r \sigma_r)^2} \tag{6.3-25}$$

式中，$\bar{r}$、$r_{\max}$ 分别表示结构的平均响应和峰值响应；σ_b、σ_r 分别表示脉动风荷载引起的背景响应和共振响应均方差，分别为图 6.3-11 中阴影所表示的面积 A_2 和 A_1；g_b、g_r 分别表示背景响应和共振响应的峰值因子。

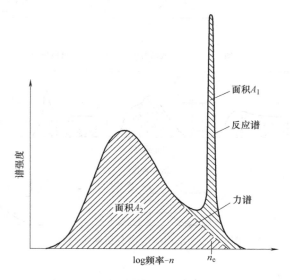

图 6.3-11　响应谱与荷载谱之间的联系

阵风荷载因子定义为：

$$G=\frac{r_{\max}}{\overline{r}}=1+\frac{\sqrt{(g_b\sigma_b)^2+(g_r\sigma_r)^2}}{\overline{r}} \tag{6.3-26}$$

等效静力风荷载表示为：

$$p(z)_{\max}=G\overline{p}(z) \tag{6.3-27}$$

式中，$\overline{p}(z)$ 表示平均风荷载。

将该荷载作为静力作用在结构上，结构响应为：

$$r_{\max}=i(z)\times p(z)_{\max}=i(z)\times G\overline{p}(z)=G\times\overline{r}=r_{\max} \tag{6.3-28}$$

式中，$i(z)$ 表示顶点位移的影响线函数。

因此，等效静力风荷载可以保证高层建筑物的顶点位移等效。阵风荷载因子法的基本分析过程如图 6.3-12 所示。

Davenport 在分析过程中为方便计算作了一些简化，不少学者针对这些问题提出了不少改进措施。几乎在同时，Vellozzi 和 Cohen 也提出了一套计算阵风荷载因子的方法，同时可以考虑高层结构迎风面和背风面风压空间相关性的影响。

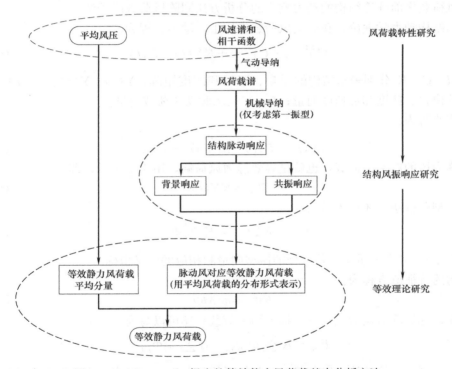

图 6.3-12　Davenport 提出的等效静力风荷载基本分析方法

Simiu 选择更为准确的气象参数对 Davenport 提出的阵风荷载因子法提出了一些改进措施。该方法以 Davenport 提出的阵风荷载因子法为基础，考虑高层结构迎风面和背风面风压空间相关性的影响。Davenport 谱沿高度不变，与实际不符，文献中提出了一种沿高度变化的风谱，并用于估算顺风向的结构响应，结果表明采用 Davenport 谱将过高地估计结构实际响应，结果比较保守。

最初在建立估算高层结构顺风向风振响应时，Davenport 作了一些假设，如结构振型直线分布、忽略高阶振型的影响等，故严格意义上讲，Davenport 提出的阵风荷载因子法是一种半经验半解析的分析方法。Solari 在 1982～2000 年间提出了一系列改进措施，比如阵风荷载因子的封闭表达形式，适用于点状（如水塔）、线状（如输电塔的横梁）和三维结构（如高层结构）。还有一种用分段函数表示的风谱，以及风速的空间相关函数，表达形式简单，仅由一个参数控制。在这一阵风荷载因子的封闭表达形式的基础上，分别对脉动压力和结构响应进行了分析。此外将等效静力风荷载的概念从顺风向拓展到横风向和扭转向，给出了适合这三个方向的等效静力风荷载分析的统一表达形式。

（2）等效风振力法

采用随机振动理论计算结构响应，在保证高层结构顶点位移等效的前提下所求得的静力荷载分布形式存在无穷多个，阵风荷载因子法是假定等效静力风荷载的分布形式同平均风荷载，这一处理方式是否合适值得商榷。从本质上讲，等效静力风荷载就是结构动力方程中的恢复力，一般情况下，应该与结构的动力特性有关，如结构振型和质量分布。等效风振力法正是从结构的动力方程出发，探讨高层结构等效静力风荷载的分布，但在分析等效静力风荷载之前计算结构的动力响应的分析方法同阵风荷载因子法。

根据结构动力学理论，在脉动风荷载作用下，动力方程为：

$$M\ddot{Y}(t)+C\dot{Y}(t)+KY(t)=P(t) \tag{6.3-29}$$

式中，M、C、K 分别表示结构的质量、阻尼和刚度矩阵；$Y(t)$、$\dot{Y}(t)$、$\ddot{Y}(t)$ 分别表示节点的位移、速度和加速度向量；$P(t)$ 表示脉动风荷载向量。

上式改写为：

$$KY(t)=P(t)-M\ddot{Y}(t)-C\dot{Y}(t) \tag{6.3-30}$$

右端项称为风的广义外荷载，也就是等效静力风荷载，用 P_{eq} 表示，即：

$$P_{eq}=KY(t) \tag{6.3-31}$$

按振型分解法，还可表示为：

$$P_{eq}=KY(t)=K\sum_{j}\Phi_{j}q_{j} \tag{6.3-32}$$

式中，Φ_{j}、q_{j} 分别表示第 j 阶振型的振型向量和相应的广义坐标。

结构的特征值方程为：

$$K\Phi_{j}=\omega_{j}^{2}M\Phi_{j} \tag{6.3-33}$$

因此，等效静力风荷载（不包括平均风荷载）还可以写为：

$$P_{eq}=K\sum_{j}\Phi_{j}q_{j}=M\sum_{j}\omega_{j}^{2}\Phi_{j}q_{j} \tag{6.3-34}$$

从上式可知，等效静力风荷载（不包括平均风荷载）可以表示为各振型惯性力作用的组合。

目前的研究认为，高层建筑和高耸结构等绝大多数结构中，采用振型分解法计算位移响应时，可以仅考虑第一阶振型的影响。因此等效静力风荷载（不包括平均风荷载）可以用第一阶振型的惯性力表示。并根据极值理论，第一阶振型的最大峰值分布惯性力（即不包括平均风荷载的等效静力风荷载）可以表示为：

$$P_{d}(z)=g\omega_{1}^{2}\sigma_{1}M\Phi_{1} \tag{6.3-35}$$

式中，g 表示峰值因子；σ_{1} 表示第一阶振型的广义坐标 q_{1} 的根方差值。

风振系数为等效静力风荷载与平均风荷载的比值，可表示为：

$$\beta(z) = \frac{\overline{P}(z) + P_{\mathrm{d}}(z)}{\overline{P}(z)} = 1 + \frac{P_{\mathrm{d}}(z)}{\overline{P}(z)} \tag{6.3-36}$$

该方法主要用于我国的荷载规范中，而欧美等大多数国家采用阵风荷载因子法。从工程设计阶段，阵风荷载因子法使用更为方便，因为阵风荷载因子沿结构高度不变，而我国规范定义的风振系数是建筑物高度的函数。

应该说阵风荷载因子法和等效风振力法都有一定的应用范围，当用这两种方法得到的等效静力风荷载计算除位移响应外的其他响应时，都存在一定的偏差。有关文献探讨了针对不同结构，这两种方法所带来的误差，指出：当结构整体刚度较小时，阵风荷载因子法的计算结果偏差较大；当结构整体刚度较大时，等效风振力法的计算结果偏差较大。围绕这一问题，近年来在国内外引起激烈的争论，但这些讨论没有指出这两种方法存在局限性的本质原因。

（3）荷载响应相关系数法

无论是阵风荷载因子法，还是惯性风荷载法，一些学者指出其在计算非位移响应时的缺陷，这一结论已达成共识。有些学者针对不同的结构响应提出各自的阵风荷载因子，并给出了适用各种结构类型和不同风振形式（抖振和横风向涡振）的统一的阵风荷载因子定义和计算方法。Holmes针对塔架结构，将响应分为平均分量、背景分量和共振分量三部分，针对不同类型的结构响应，如基底剪力和基底弯矩阵，分别给出了阵风响应因子公式，不同的响应对应等效静力风荷载大小不同，但分布形式仍与平均风荷载相同，还考虑了气动阻尼的影响。在实际工程设计中，计算不同的结构响应类型时需要计算不同的阵风荷载因子，较为不便。

等效静力风荷载的平均分量可以用平均风荷载表示，其共振分量应该从结构动力学的基本原理出发，表示为结构各振型惯性力的组合，基本思想同我国规范采用的惯性力法。难点在于如何确定等效静力风荷载的背景分量。对等效静力风荷载的背景分量的主要研究始于低矮建筑结构风荷载的研究。1992年，Kasperski提出了荷载响应相关系数法（LRC法），利用荷载和响应之间的相关系数来确定低矮建筑实际可能发生的最不利极值风压分布。后期，该方法主要用于分析建筑结构等效静力风荷载背景分量的研究，推动等效静力风荷载理论的发展，是该理论发展的一个重要里程碑。采用LRC法，计算荷载的背景分量，可表示为：

$$\hat{P}_{\mathrm{B}}(z) = g_{\mathrm{B}} Q(z) \sigma_{\mathrm{p}}(z) \tag{6.3-37}$$

其中：

$$Q(z) = \frac{\int_0^\infty \int_0^H \int_0^B \int_0^B \overline{p(x_1,z) p(x_2,z_1) i(z_1)} \mathrm{d}x_1 \mathrm{d}x_2 \mathrm{d}z_1 \mathrm{d}f}{\sigma_{\mathrm{B}}(z) \sigma_{\mathrm{p}}(z)}$$

$$\sigma_{\mathrm{B}} = \left(\int_0^\infty \int_0^H \int_0^H \int_0^B \int_0^B \overline{p(x_1,z_1) p(x_2,z_2) i(z_1) i(z_2)} \mathrm{d}x_1 \mathrm{d}x_2 \mathrm{d}z_1 \mathrm{d}z_2 \mathrm{d}f \right)^{\frac{1}{2}}$$

基于LRC法的等效静力风荷载分析方法的基本分析过程如图6.3-13所示。

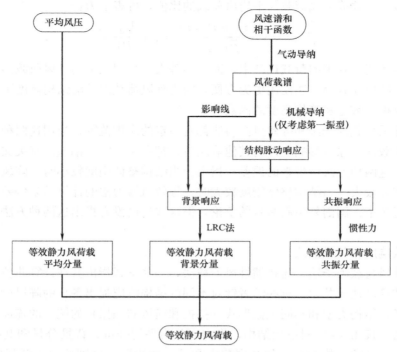

图 6.3-13　基于 LRC 法的等效静力风荷载分析方法

2. 基于响应时程的等效静风荷载识别法

（1）各层等效静风荷载时程的计算

等效静风荷载的基本思想是将动力学问题转化为静力问题来考虑。设 t 时刻结构的位移响应为 $\{x(t)\}$，根据静力学方程，产生该响应的静荷载可表示为：

$$\{P_{eq}(t)\} = [K]\{x(t)\} = \sum_j [K]\{\varphi\}_j q_j(t)$$

$$= \sum_j \omega_j^2 [M]\{\varphi\}_j q_j(t) \tag{6.3-38}$$

对于超高层建筑而言，容易得出按层分布的质量阵 $[M]$，再运用上式即可得出各层的等效静风荷载时程。如果将 t_0 时刻的等效静风荷载作用于结构上，将恰好得出 t_0 时刻的结构位移响应值。因此 $\{P_{eq}(t)\}$ 不但包含了风压的平均成分、脉动成分，也包含了风振引起的惯性力、阻尼力等。结构的整体荷载时程 $(F_x, F_y, M_x, M_y, M_z)$ 可以通过将各层等效静风荷载求和得出。

当根据随机振动理论的 CQC 算法只能得出响应统计值时，可对上式两边求取方差，并忽略振型间的交叉项，最后可导出等效静风荷载的计算公式：

$$\{P_{eq}\} = \{\overline{P}\} + \mu \sqrt{\sum_j (\omega_j^2 [M]\{\varphi\}_j \sigma_{q_j})^2} \tag{6.3-39}$$

式中，μ 为峰值因子。这就是我国规范中风振计算的基本公式。在只考虑一阶振型的前提下，没有振型交叉项，上式可认为是精确的。

（2）等效目标的确定与不同方向的荷载组合

对于高层建筑而言，通常选取顶部位移或基底弯矩作为等效目标，求取产生顶部最大位移或基底最大弯矩的等效静风荷载用于结构设计。

同一荷载工况下的等效静风荷载，包含了沿两个主轴方向的力以及绕质心轴的扭矩。这三个方向的荷载不会同时达到最大值，一般采用经验系数对次方向荷载进行折减。在风洞试验中，可根据相关分析得出更符合实际情况的估计。

若将两个方向的响应看作近似服从二维正态分布，则由联合概率分布函数可知，这两个方向响应的概率等值线为一椭圆，且满足方程：

$$x^2 - 2\rho xy + y^2 = c \tag{6.3-40}$$

式中，x、y 是归一化的随机变量；ρ 为 x 和 y 的相关系数；c 为取决于概率水平的常数。

在求出某主方向的响应极值 $\hat{x}$ 之后，由相关分析可得出在次方向上的伴随响应：

$$y_e = \overline{y} + |\rho|(\hat{y} - \overline{y}) \tag{6.3-41}$$

式中，$\overline{y}$ 为次方向平均响应；$\hat{y}$ 为次方向的响应极值，其取值方向与相关系数有关。当相关系数为正时，取值方向和 $\hat{x}$ 相同（即同为极大值或极小值）；当相关系数为负时，取值方向和 $\hat{x}$ 相反（即 $\hat{x}$ 为极大值时，$\hat{y}$ 应取极小值）。

当只考虑一阶振型时，风振引起的各高度处脉动荷载是完全相关的，可根据一阶振型系数和质量分布按相关分析给出等效荷载沿高度的变化。但在包含多阶振型的条件下，不同高度处的响应并不完全相关。因此在已知时程的情况下，根据时程确定等效静风荷载分布是较能反映实际情况的方法。

以 x 方向基底弯矩为例。当整体荷载 M_x 最大时，x 方向基底弯矩也达到最大。首先根据前述方法确定形成最大弯矩的整体荷载组合（F_{xe}，F_{ye}，$\hat{M}_x$，M_{ye}，M_{ze}），之后在整体荷载的时程中寻找与该组合最匹配的时刻点 t_0，在该时刻点 $\sum_i w_j (F_{i\_e} - F_{i\_t_0})^2$ 达到最小。其中 i 表示荷载组合中的各个分量，w_i 为权重因子，实际计算中可以取相关系数的绝对值，这样能够优先保证与等效目标最相关的荷载达到较高的匹配度。t_0 时刻的 $\{P_{eq}(t_0)\}$ 即可作为各层等效静风荷载用于结构设计。

采用以上方法得出的等效静风荷载有以下三个特点：①等效目标（如 x 方向基底弯矩最大）是利用时程根据极值统计理论得出，避免了计算峰值因子时存在的不确定性；②等效静风荷载是在脉动风力作用下实际产生过的，因而荷载沿高度的分布、不同方向的荷载组合都更符合实际情况；③该等效静风荷载作用于结构上，可满足预先选定的等效目标。

（3）算例分析

仍以前述大连国贸中心大厦为例探讨其等效静风荷载的取值方法。分别以基底弯矩和扭矩的最大、最小值以及总剪力在不同方向的幅值（根据其在 x 和 y 方向的正负分为 4 组）作为等效目标，求取了 10 组不同的等效静风荷载组合，分别对应产生基底反力的最大值。之所以用剪力幅值代替单方向剪力作为等效目标，主要是因为弯矩和对应方向的剪力有很高相关性，当弯矩达到最大值时，相应剪力往往也能够取得极值。

在每个风向下，整体荷载都是随时间连续变化的过程，将每个时刻点的 (M_y, M_x) 绘制成图，就会在 M_y-M_x 平面形成荷载轨迹图。可以用荷载轨迹图（图 6.3-14）来说明不同工况的等效静风荷载的物理含义。为清楚起见，图 6.3-14 只给出了 4 种风向下的 (M_y, M_x) 轨迹。

每个风向下的荷载轨迹都形成一个椭圆，而全部风向的 (M_y, M_x) 轨迹边缘将构成一个长方形的包络。该包络线的每一点都可以构成一种需要考虑的 (M_y, M_x) 组合。设计实践中考虑如此多的组合既不现实也无必要，因此可只选取包络的顶点作为设计使用的荷载工况。各顶点对应了某等效目标出现最大值的情况，而根据相关分析，可以确定出该顶点对应的其他方向的荷载数值。

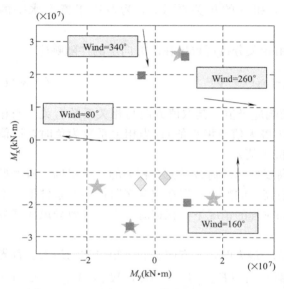

图 6.3-14　不同风向下整体荷载的时域轨迹

在得出等效目标及其伴随荷载值之后，尚需给出沿高度分布的等效静风荷载。规范的计算和很多文献中都假设各高度的极值响应完全相关，从而得出各层的等效荷载。在只考虑一阶振型前提下，这种处理方式是可行的，误差也不太大。但对于需考虑多阶振型的超高层建筑，应当探索更为合理的计算方法。通过在时程中寻找最匹配的时刻点，可以直接获得各层的等效荷载值。由于该荷载值是真实出现的，自然已经包含了各层荷载的相关性。

图 6.3-14 中的五角星是分别以整体荷载 M_y 和 M_x 的极值作为等效目标确定出的极值时刻点。五角星对应 M_y 和 M_x 取极值的荷载工况，其对应值并未超出实际出现过的最大值，这是因为图中的轨迹代表了整体荷载在 30min 之内的变化过程，且根据极值统计理论得出的结果是 10min 内的极值期望值，有一定的概率保证率，并不一定就会是某样本中出现的最大值。

图中方块代表的是以总剪力幅值为等效目标确定出的时刻点。此时 (M_x, M_y) 并非是要达到的等效目标，不过由于剪力幅值和弯矩仍然存在较强的相关性，因而可以看到这些点也大致处于 (M_x, M_y) 较高的位置。两个菱形图标表示整体荷载 M_z 分别取最大和最小时，(M_y, M_x) 的取值。由于扭转和 M_x、M_y 相关性很弱，因而当其取极值时，M_x 和 M_y 并不会同时出现较高值。

另外，M_x 的极值出现在小角度斜吹的 80°风向角。此时大厦沿 y 轴方向的振动主要是横风向振动，但仍包含了顺风向成分，因而和 x 轴的振动存在相关性。从图 6.3-14 也能够观察到 M_x 和 M_y 呈现出微弱正相关（相关系数 0.15）。

采用上述方法确定的等效目标和搜索得出的匹配值见表 6.3-2，最大误差为 3.6%，可满足工程精度要求。

总荷载的目标值与匹配值（kN·m）　　　　　　　　　表 6.3-2

等效目标	F_1	F_2	F_3	F_4	M_{x_max}
目标值	9.89E+04	9.93E+04	8.50E+04	1.06E+05	2.62E+07
匹配值	9.54E+04	9.93E+04	8.78E+04	1.04E+05	2.61E+07
误差（%）	−3.6	0.1	3.3	−1.7	−0.4
风向	160	80	330	260	260
等效目标	M_{y_max}	M_{z_max}	M_{x_min}	M_{y_min}	M_{z_min}
目标值	1.76E+07	4.66E+05	−2.65E+07	−1.65E+07	−4.73E+05
匹配值	1.73E+07	4.66E+05	−2.67E+07	−1.68E+07	−4.70E+05
误差（%）	−1.5	0.1	0.8	2.1	−0.7
风向	160	120	80	160	200

图 6.3-15 给出了对应整体荷载 M_x 负向最大值的等效静风荷载沿高度的分布，以及对应的位移响应。图 6.3-15 给出的荷载发生在 80° 风向。此时来流小角度斜吹，大厦窄边迎风，因而 F_x 的平均值基本上反映了平均风压沿高度的变化（60m 以下为裙房，迎风宽度较大，因而 F_x 显著增大）；而 F_y 的平均值也和完全横风向时不同，并不接近于 0。

根据荷载组合规则，在 80° 风向，由于 M_x 和 M_y 为正相关，因此当 M_x 取得负向最大时，M_y 的幅值也比平均值略高（图 6.3-14 中最下方的五角星），从而对应的 x 方向的位移幅值也会略高于平均位移。图 6.3-15 完全反映了这一特征。

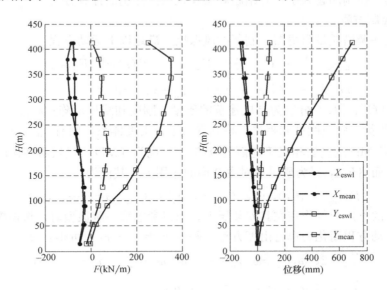

图 6.3-15　等效静风荷载沿高度的变化及对应的位移

值得一提的是，由于顶部位移和弯矩有较强的相关性，所以往往会在同一时刻达到极值。而按上述方法得出的荷载本身即为真实的荷载时程中出现的，因此将上述等效荷载作用于结构上，不但对应的等效目标完全吻合，其产生的位移响应也与相应位移极值非常吻合。表 6.3-3 给出了分析结果。

	对应响应	等效荷载响应	实际响应极值	误差（%）
M_{y_max}	X 方向位移（mm）	326	325	0.3
M_{x_max}	Y 方向位移（mm）	−720	−722	−0.3
M_{z_max}	扭转角（mrad）	0.9	0.9	0.0
M_{y_min}	X 方向位移（mm）	−302	−299	1.1
M_{x_min}	Y 方向位移（mm）	748	746	0.3
M_{z_min}	扭转角（mrad）	−0.9	−1.0	-10.0

除了因转角极值本身很小，导致误差较大之外，其余等效荷载产生的响应与相应的极值响应最大误差仅 1.1%。

6.3.5　高层建筑 TMD 风振控制仿真分析

风致振动是现代高层建筑设计中需要考虑的一个重要因素。一般认为 25～30 层以上或高宽比大于 4～5 的高层建筑，控制设计的因素是结构的使用性而非强度要求，特别地，高层建筑的上部楼层的加速度响应要求控制在人体舒适度标准范围内。

随着经济的发展和科学技术的进步，近二十年来，国内外建造了大量的超高层建筑结构。近来国内甚至有多幢拟建和在建的超高层建筑的高度超过 500m。这些塔楼在风荷载作用下的舒适性往往得不到满足，需要增加附加阻尼系统。本节从应用最广的 TMD（调谐质量阻尼器）控制问题入手，介绍超高层建筑风振控制的计算方法。

1. 基本控制方程

高层建筑在调谐质量阻尼器控制下的风振反应满足以下运动方程：

$$\left. \begin{aligned} [M]\{\ddot{x}\}+[C]\{\dot{x}\}+[K]\{x\}=\{P(t)\}+\{F_{TMD}\} \\ m_d\ddot{x}_d+c_d(\dot{x}_d-\dot{x}_k)+k_d(x_d-x_k)=0 \end{aligned} \right\} \tag{6.3-42}$$

式中，$[M]$、$[C]$、$[K]$ 分别为高层建筑的质量、刚度和阻尼矩阵；m_d、c_d、k_d 分别为 TMD 系统的质量、弹簧刚度和阻尼，将其视为单自由度体系，则有 $c_d=2m_d\zeta_d\omega_d$，$k_d=m_d\omega_d^2$。x_d 为 TMD 质量块相对于地面的位移，x_k 则为 TMD 质量块所在楼层相对于地面的位移向量；而 $\{F_{TMD}\}$ 为质量块对主结构的作用力，其值为：

$$\{F_{TMD}\}=\{0,0,\cdots,c_d(\dot{x}_d-\dot{x}_k)+k_d(x_d-x_k),\cdots,0,0\}^T$$

即质量块的作用力仅作用在其安装层上。当只考虑第一阶振型时，根据振型分解可将主体结构的运动方程简化为单自由度方程，并令 $x_s=x_d-x_k$，可得：

$$\left. \begin{aligned} \ddot{q}_1+2\zeta_1\omega_1\dot{q}_1+\omega_1^2 q_1=f_1+\varphi_{1k}m_d(2\zeta_d\omega_d\dot{x}_s+\omega_d^2 x_s) \\ \ddot{x}_s+2\zeta_d\omega_d\dot{x}_s+\omega_d^2 x_s=-\varphi_{1k}\ddot{q}_1 \end{aligned} \right\} \tag{6.3-43}$$

式中，f_1 是主体结构的一阶广义力时序。同样采用单自由度方程的频域解法，在上两式左右端施以快速傅里叶变换，并结合傅里叶变换的基本特性，可得：

$$\left. \begin{aligned} F(q_1)/H_1(i\omega)=F(f_1)+\varphi_{1k}m_d(2i\zeta_d\omega_d\omega+\omega_d^2)F(x_s) \\ F(x_s)/H_d(i\omega)=\varphi_{1k}\omega^2 F(q_1) \end{aligned} \right\} \tag{6.3-44}$$

式中，H_1、H_d 分别为主体结构的一阶振型频响函数和 TMD 系统的频响函数，其定义分别为：

$$H_1(i\omega)=\frac{1}{\omega_1^2-\omega^2+2i\zeta_1\omega_1\omega}, \quad H_d(i\omega)=\frac{1}{\omega_d^2-\omega^2+2i\zeta_d\omega_d\omega}$$

将 TMD 系统运动方程的傅里叶变换函数 $F(x_s)$ 代入主结构运动方程，可得出：

$$F(q_1)=H_1(i\omega)[F(f_1)+\varphi_{1k}^2 m_d\omega^2 H_d(i\omega)(2i\zeta_d\omega_d\omega+\omega_d^2)F(q_1)] \quad (6.3\text{-}45)$$

该式可写为：

$$F(q_1)=\frac{H_1(i\omega)F(f_1)}{1-\varphi_{1k}^2 m_d\omega^2 H_1(i\omega)H_d(i\omega)(2i\zeta_d\omega_d\omega+\omega_d^2)}=G(i\omega) \quad (6.3\text{-}46)$$

注意，上式中实际上有 3 个关键参数广义质量比 $\varphi_{1k}^2 m_d$，由于主体结构的振型是按质量阵归一的，因此 $\varphi_{1k}^2 m_d$ 实际上就相当于 TMD 广义质量与主体结构一阶广义质量之比；ζ_d 为 TMD 系统的阻尼比；ω_d 是 TMD 系统的固有频率，其值与主体一阶振型频率越接近，减振效果越显著。

根据上式，利用傅里叶逆变换即可得出主体结构一阶广义位移的时程：

$$q_1(t)=F^-\{G(i\omega)\} \quad (6.3\text{-}47)$$

从而根据振型分解即可得出顶部位移值。而顶部速度和加速度时程也可利用傅里叶变换特性首先得出一阶广义速度和加速度，再通过振型分解公式得出。一阶广义速度和加速度分别由以下两式得出：

$$\dot{q}_1(t)=F^-\{i\omega G(i\omega)\}$$
$$\ddot{q}_1(t)=-F^-\{\omega^2 G(i\omega)\} \quad (6.3\text{-}48)$$

当考虑双方向控制时，可将 TMD 系统简化为两个不耦合的单自由度系统进行仿真分析。

2. 算例

前面提到的大连国贸中心大厦超过 400m，一阶自振周期在 8.0s 左右，因而横风向响应非常显著。为改善其风振特性，拟采用顶部消防水箱作为振动控制质量元。假定 TMD 系统频率已调整为与主体结构一阶自振频率相同，在此基础上首先对 TMD 总质量和阻尼比对减振效果的影响进行了评估。

图 6.3-16 为某工况下，TMD 取不同阻尼比和不同质量，位移值与无控制条件下的位移值之比。从该图可以看到，在 3% 阻尼比范围内，阻尼比越大，减振效果越明显。

TMD 的质量对减振效果的影响也非常明显。质量大于 180t（相当于广义质量比 1.6%）之后，TMD 的作用就已经相当明显，而当质量在 420t（相当于广义质量比 3.8%）阻尼比为 3% 时，位移值由 0.75m 下降到 0.49m，仅为原位移的 65%。

图 6.3-17 给出了质量和阻尼比对加速度的影响。对比图 6.3-16 和图 6.3-17 可以发现，阻尼比对位移和加速度的影响是一致的；而总质量则不然，当质量在 180t 时，TMD 控制加速度的效果最明显，以后则随质量增加，效果反而减弱。但总的来看，TMD 对加速度的控制效果相对而言更为显著，即使取阻尼比 1.4%，质量取 480t，加速度值也仅为原来的 66% 左右。这和以往研究工作的结论是一致的。

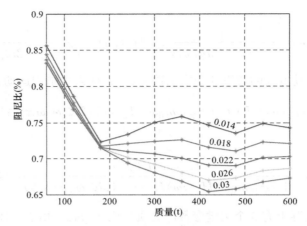

图 6.3-16　质量和阻尼比对位移的影响

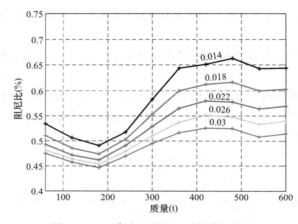

图 6.3-17　质量和阻尼比对位移的影响

　　根据以上分析对比结果，TMD 质量取 420t，阻尼比取 3% 是较优选择。但由于消防水箱质量是确定的，因而只能取 TMD 质量为 600t、阻尼比 3% 研究 TMD 的效果。

　　图 6.3-18 为设置 TMD 后，位移的时程和频域变化。对应一阶共振的能量被大大消

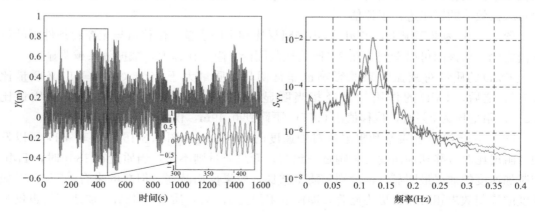

图 6.3-18　设置 TMD 前后位移响应的时程曲线和功率谱曲线

减了。图 6.3-19 和图 6.3-20 分别给出了设置 TMD 前后结构响应随风向的变化。

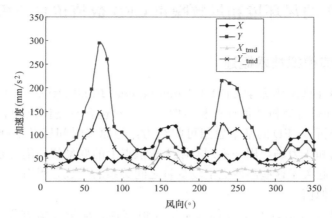

图 6.3-19 设置 TMD 前后加速度响应随风向的变化（10 年重现期，阻尼比 1％）

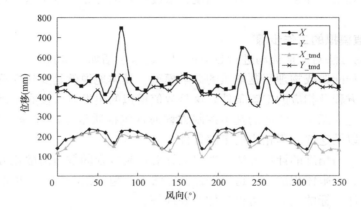

图 6.3-20 设置 TMD 前后位移响应幅值随风向的变化（50 年重现期，阻尼比 2％）

表 6.3-4 对比了设置 TMD 前后的位移响应和加速度响应最大值的变化。10 年重现期，阻尼比 1％时，顶部加速度由 $0.298\mathrm{m/s^2}$ 下降到 $0.149\mathrm{m/s^2}$，下降幅度达 50％；而 50 年重现期阻尼比 2％时，风荷载作用下的顶部位移则由 0.747m 下降到 0.508m，下降幅度达 32％，对应的层间位移角则变为 1/858。

另外，计算得出的 50 年重现期风荷载作用下，TMD 系统与结构的相对位移最大值约 700mm，在选取黏滞阻尼器时应保证有足够的行程。

加速度（10 年重现期）和位移响应（50 年重现期）的最大值　　　　　　表 6.3-4

	X	$X_{\_tmd}$	Y	$Y_{\_tmd}$
风向(°)	170	160	70	70
加速度响应($\mathrm{mm/s^2}$)	0.120	0.064	0.298	0.149
风向(°)	160	210	80	230
位移响应(mm)	0.326	0.222	0.747	0.508

6.4 高层建筑的风环境和风致噪声CFD数值仿真分析技术

6.4.1 CFD数值模拟技术概述

数值模拟采用计算流体力学CFD（Computational Fluid Dynamics）技术进行模拟研究。所谓CFD是通过计算机数值计算和图像显示，对包含有流体流动和热传导等物理现象的系统所作的分析。CFD的基本思想可归结为：把原来时间域及空间域上连续的物理量的场，如速度场和压力场，用一系列有限个离散点上的变量值的集合来代替，通过一定的原则和方式建立起关于这些离散点上场变量之间关系的代数方程组，然后求解代数方程组获得场变量的近似值。

CFD可以看作是在流动基本方程（质量守恒方程、动量守恒方程、能量守恒方程）控制下对流动的数值模拟。通过这种数值模拟，我们可以得到极其复杂问题的流场内各个位置上的基本物理量（如速度、压力、温度、浓度等）的分布，以及这些物理量随时间变化情况。

1. CFD数值模拟的工作步骤

采用CFD的方法对流体流动进行数值模拟，通常包括如下步骤：

建立反映工程问题或物理问题本质的数学模型。具体地说就是要建立反映问题各个量之间关系的微分方程及相应的定解条件，这是数值模拟的出发点。没有正确完善的数学模型，数值模拟就毫无意义。流体的基本控制方程通常包括质量守恒方程、动量守恒方程、能量守恒方程，以及这些方程相应的定解条件。

寻求高效率、高精度的计算方法，即建立针对控制方程的数值离散化方法，如有限差分法、有限元法、有限体积法等。这里的计算方法不仅包括微分方程的离散化方法及求解方法，还包括贴体坐标的建立、边界条件的处理等。

编制程序和计算，包括计算网格的划分、初始条件和边界条件的输入、控制参数的设定等，是整个工作中花费时间最多的部分。由于求解的问题比较复杂，比如Navier-Stokes方程就是一个十分复杂的非线性方程组，数值求解方法在理论上不是绝对完善的，所以需要通过试验加以验证。从这个意义上说，数值模拟又叫数值试验。

显示计算结果，也称为计算后处理。计算结果一般通过图表形式显示，这对检查和判断分析质量和结果有重要意义。

2. 商用流体力学计算软件简介

前述计算流体动力学的工作步骤基于程序编制，一般来说，这种程序的通用性较差，遇到不同问题需要做大量修改，流体力学分析人员需要花费大量精力解决程序的问题。近几十年来，CFD在湍流模型、网格技术、数值算法、可视化、并行计算等方面飞速发展，给工业界带来革命性的变化，同时出现了大批优秀的通用计算流体力学计算软件，使得CFD应用变得非常方便，流体力学工程师可以将更多精力应用于研究工程问题本身。

目前比较著名的CFD软件有：FLUENT、CFX、PHOENIX、STAR-CD等。FLUENT是目前国内外使用最多、最流行的计算流体力学商业软件，FLUENT软件设计基于"CFD计算机软件群的概念"，针对每一种流动的物理问题的特点，采用合适的数值解法，在计算速度、稳定性和精度等各方面达到最佳。与同类软件相比，FLUENT软件具有一些突出特点，如下所述：

（1）优秀的网格生成技术。FLUENT软件的前处理器GAMBIT具有强大的网格生成能力，GAMBIT中专用的网格划分算法可以保证在复杂的几何区域内直接划分出高质量的四面体、六面体网格或混合网格；可高度智能化地选择网格划分方法，可对极其复杂的几何区域划分出与相邻区域网格连续的完全非结构化的混合网格；居于行业领先地位的尺寸函数（Size function）功能可使用户能自主控制网格的生成过程以及在空间上的分布规律，使得网格的过渡与分布更加合理，最大限度地满足CFD分析的需要。

（2）强大的网格支持能力。FLUENT软件具有强大的网格支持能力，支持界面不连续的网格、混合网格、动/变形网格以及滑动网格等。值得强调的是，FLUENT软件还拥有多种基于解的网格的自适应、动态自适应技术以及动网格与网格动态自适应相结合的技术。

（3）丰富的湍流模型。FLUENT软件包含丰富而先进的物理模型，使得用户能够精确地模拟无黏流、层流、湍流。湍流模型包含Spalart-Allmaras模型、k-ε模型组、k-ω模型组、雷诺应力模型（RSM）组、大涡模拟模型（LES）组以及分离涡模拟（DES）和V2-F模型等。另外用户还可以定制或添加自己的湍流模型。

（4）领先的动网格技术。FLUENT软件中的动/变形网格技术主要解决边界运动的问题，用户只需指定初始网格和运动壁面的边界条件，余下的网格变化完全由解算器自动生成。网格变形方式有三种：弹簧压缩式、动态铺层式以及局部网格重生式。其中，局部网格重生式是FLUENT软件所独有的，而且用途广泛，可用于非结构网格、变形较大问题以及物体运动规律未知而完全由流动所产生的力所决定的问题。

（5）先进的求解算法。FLUENT软件包含三种算法：非耦合隐式算法、耦合显式算法、耦合隐式算法；采用多种求解方法和多重网格加速收敛技术，达到极佳的收敛速度和求解精度。

3. 商用流体力学计算软件的求解过程

（1）建立基本守恒方程组。数值模拟的第一步是由流体力学、热力学、传热传质学等的基本原理出发，建立质量、动量、能量、组分、湍流特性的守恒方程组。FLUENT软件中所采用的都是比较成熟的模拟理论和数值模型。

（2）建立或选择湍流模型。上述基本守恒方程组往往是不封闭的，例如动量方程中的雷诺应力项、能量方程中湍流导热项和辐射项、扩散方程中的扩散项等都是未知的。解决这一问题，使方程组封闭，是模拟理论的关键问题。如上所述，FLUENT软件中包含多种物理模型，并且用户还可以利用UDF功能定制或添加湍流模型。

（3）确定初始和边界条件。初始条件和边界条件是控制方程定解的前提，控制方程与相应的初始条件、边界条件的组合构成对一个物理过程完整的数学描述。初始条件是研究对象在过程开始时刻各个求解变量的空间分布情况。对于瞬态问题，必须给定初始条件。对于稳态问题，不需要初始条件。边界条件是在求解区域的边界上所求解的变量或其导数随时间或空间的变化规律。对于任何问题都需要给定边界条件。初始条件和边界条件的设定直接影响到计算结果的精度。

（4）划分计算网格。采用数值方法求解控制方程时，都要将控制方程在空间区域上进行离散，然后求解得到的离散方程组，其本质就是把连续的空间变量用离散的网格节点上的变量来近似，连续的控制方程在离散之后就成为所有网格点上变量的非线性方程组。若要在空间区域上离散控制方程组，必须使用网格。现在已经发展出多种对各种区域进行离散以生成网格的方法，网格生成技术也成为 CFD 领域的一个独特分支。FLUENT 软件中包含了前处理器 GAMBIT，可以生成二维三角形、四边形及三维四面体、六面体、楔形等多种网格。

（5）建立离散化方程。对于在求解域内所建立的偏微分方程，理论上是有解析解的。但由于所处理的问题本身的复杂性，一般很难获得方程的解析解。因此，需要通过数值方法把计算域内有限数量位置（网格节点或者网格中心点）上的因变量值当作基本未知量来处理，从而建立一组关于这些未知量的代数方程组，然后通过求解代数方程组来得到这些节点值，从而计算域内其他位置上的值可以根据节点位置上的值来确定。由于所引入的因变量在节点之间的分布假设及推导离散化方程的方法不同，就形成了有限差分法、有限元法、有限体积法等不同类型的离散化方法。流体力学通用软件一般采用有限体积法。对于瞬态问题，除了空间域上的离散之外，还要涉及时间域上的离散。

（6）离散初始条件和边界条件。在商用 CFD 软件中，往往在前处理阶段完成了网格划分后，直接在边界上指定初始条件和边界条件，然后由前处理软件自动把这些初始条件和边界条件按离散的方式分配到相应的节点上去。

（7）给定求解控制参数。在离散空间上建立了离散化的代数方程组，并施加离散化的初始条件和边界条件后，还需要给定流体的物理参数和湍流模型的经验系数等。此外，还要给定迭代计算的控制精度、瞬态问题的时间步长和输出频率等。在工程计算中，这些对计算的精度和效率有着重要的影响。

（8）求解离散方程。在进行上述设置后，生成具有定解条件的代数方程组。对于这些方程组，在数学上已有相应的解法，如线性方程组可采用 Gauss 消去法或者 Gauss-Seidel 迭代法求解，而对非线性方程组，可采用 Newton-Raphson 方法。FLUENT 软件采用的多重网格法可以大大提高计算效率。

（9）判断解的收敛性。对于稳态问题的解，或是瞬态问题在某个特定时间步上的解，往往要通过多次迭代才能得到。有时，因网格形式或网格大小、对流项的离散差值格式等原因，可能导致解的发散。对于瞬态问题，若采用显示格式进行时间域上的积分，当时间步长过大时，也可能造成解的振荡或者发散。因此，要在迭代过程中，对解的收敛性随时进行监控，并在系统达到指定精度后，结束迭代过程。

（10）计算结果后处理。通过上述过程求解得到了各计算节点上的解后，需要通过适当的手段将整个计算域中需要的结果表示出来。表示的方式有矢量图、等值线图、流线图、云图等多种，还可以提取适当位置的数值，做成图表显示。FLUENT 软件提供了这些方式，但在实际运用中，很多情况下需要用户自己编写后处理程序。

6.4.2　行人高度风环境的数值仿真

1. 建筑风环境问题与分析方法

大体量建筑的建造必将影响到当地风的正常走向，对区域局部风环境的影响不可忽略。建筑风环境问题在发达国家和地区已经引起了相当的重视，风环境问题已经上升到立法规范管理的层面上。许多城市制定了专门法规，来监督管理新建和改建城市街区与住宅小区的建筑风环境问题，大型的工程项目都要进行风环境的强制性评估。例如在日本，一些地方政府如东京都颁布政府条例规定，高度超过 100m 的建筑与占地面积超过 10 万 m^2 的开发项目，开发商必须进行行人风环境影响评估。通过对日本大型建设公司鹿岛建设、清水建设和前田建设的实地调查和访问发现，在日本建筑工程抗风研究项目中，超过一半是关于风环境测试与评估问题（约占研究项目总数的 60%）。在北美许多大城市如波士顿、纽约、旧金山、多伦多等，新建建筑方案在获得批准之前，都需要进行建前和建后风环境的考察，以对新建建筑对该区域行人风环境的影响做出评估。在我国台湾地区，建设主管部门规定高度超过 60m 的新建项目必须进行包括行人风环境舒适度在内的环境影响评估。

在我国大陆地区，城市现代化进程正在快速推进，在中心大城市，超高层建筑群如雨后春笋拔地而起，因忽略建筑风环境而造成的负面效应已经开始频繁显现。同时，随着经济的发展，人们对居住环境的要求越来越高，在工程实践中，正有越来越多的设计单位要求在规划设计阶段对待建项目进行风环境影响评估，借此提升项目的科技水平，从而改善人居环境。

本研究以中国建筑科学研究院有限公司（以下简称"建研院"）新建科研大楼为例，对这一典型高层建筑群碰到的风环境问题进行分析和系统研究，并寻求解决方案。

建研院规划建设的新科研大楼（图 6.4-1），与原大楼毗邻而建，两楼均为 80m 高。中间形成的狭长通道，将作为未来建研院南北方向通行的交通主干道，人员往来密集。由于大楼面朝开阔的北三环主路，楼前无任何遮挡，中间通道的走向和北京本地主导风向一致，使得即使在目前新科研大楼尚未建成的情况下，遇大风天气，通道内风速加速明显，行人行走困难。

图.4-1　中国建筑科学研究院有限公司新科研楼设计方案

风环境问题涉及行人的舒适、安全以及建筑的功能设计是否合理等，对大型建设工程进行室外风环境的影响分析和评估，从建筑设计方面来说非常必要。为评估建筑周围风环境状况，避免新大楼建成后通道内的行人风环境更加恶化，建研院对新科研大楼的行人风环境问题进行了专题风洞试验和数值模拟研究。

进行建筑风环境的评估，首先需要获得绕流速度场分布信息，然后结合当地风的气象

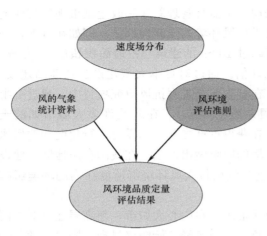

图 6.4-2　建筑风环境评估框图

统计资料，并引用适当的风环境评估准则，最后获得风环境品质的定量评估结果，其关系见图 6.4-2。为获得绕流场的分布信息，通常采用两类方法，一类是风洞试验方法，另一类是数值模拟方法。在本项研究中，综合采用风洞试验和数值模拟方法分析评估该工程的风环境问题。

2. 建筑风环境的数值模拟与对比研究

（1）数值风洞模型

首先按照本工程建筑设计方案的实际尺寸建立初步几何实体模型，在建模过程中对局部细节做了必要的简化。计算域的尺度取得足够大，计算模型的阻塞率满足数值模拟外部绕流场中一般认为的小于 3％的原则。建筑物置于流域沿流动方向约前 1/3 处。

对计算域的网格离散做了特别设计：整体上将计算域分成内、外两部分，由于本工程的体形较为规整，故内、外域风别采用具有规则拓扑结构的六面体网格进行离散。这种网格划分方案的优势在于，提高数值迭代过程的收敛性和计算精度；同时一次完成网格划分，通过旋转内域（或外域）可以便捷地进行多角度的模拟计算。

数值模型面网格的尺度为 0.5m，体网格单元总数约为 208 万。数值计算在建研院 IBM P630 工作站上进行，工作站配置为 CPU：IBM P4 1.0G × 4，内存：8G。

在风环境数值模拟中，平衡边界层的模拟为重要的前提条件。为满足此前提，在数值风洞模型中采用作者提出的一组新

图 6.4-3　数值计算模型的网格离散

的来流边界条件。采用 SST k-ω 模型模拟湍流流动，求解定常态的控制方程组，这样获得的是绕流场的平均风速信息。数值模型详细参数和边界条件设置见参考文献。数值计算模型的网格离散见图 6.4-3。

（2）绕流场数值模拟结果

图 6.4-4 给出 N、NNW、NW 共 3 个主导风向角下行人高度（1.7m）处的风速比 C_v 分布云图（限于篇幅，其余风向的云图未给出）。风速比 C_v 定义为行人高度平均风速 U_p 与远前方未扰来流行人高度平均风速 U_f 之比，即 $C_v = U_p/U_f$。

通过对 3 个主导风向下风速比分布云图分析，可以得出以下结论：

1）主通道的空气流动出现明显加速现象。从空旷的北面吹袭而来的气流，通过两楼夹峙形成的空间相对狭窄的中间主通道时，由于流体力学的"文丘里"效应，使得流动加

(a) N　　　　　　　　　　(b) NNW　　　　　　　　　　(c) NW

图 6.4-4　3个主导风向下行人高度风场风速比分布云图

速；北风向（N）和西北偏北风向（NNW）的最大加速比达到1.5；西北风向的最大加速比达到1.3，与风洞试验结果吻合。意味着这个区域的风环境，在西北风向下将对人员活动造成不利影响，尤其是大风天气，容易造成局部区域风速过大，行人不适甚至发生危险。

2）行人高度风场呈现复杂的钝体绕流特性。在老楼的拐角位置出现明显流动分离，此部位风速显著增大；绕经两楼东、西两侧的流体受挤压作用加速向下游泄出；在流动分离的建筑背风向区域，流动充满了复杂而强烈的分离漩涡，不利于人员活动。

3. 建筑风环境品质定量评估与分析研究

（1）风环境评估准则

风环境评估标准主要包含两大方面的内容：针对不同行人活动类型（坐、站立、行走等）的恰当的风速范围，以及出现该风速的可接受频率。自20世纪70年代以来，研究人员对此提出了多种评估准则（Lawson and Penwarden，1975；Hunt et al.，1976；Melbourne，1978；Murakami and Deguchi 1981；Murakami et al.，1986；Soligo et al.，1998）。不同的评估准则使用不同的风速指标，有的使用平均风速 $\overline{U}$，有的使用阵风风速 $\hat{U}$。关于可接受频率的定义，不同的评估准则也不尽相同，例如已建立的大多数的评估标准都趋于根据偶发事件（例如每周1次或者每月1、2次等）来评估风环境的可接受性，如 Melbourne 的评估标准等。有研究者认为，基于偶发事件的评估标准并不总能表征不同地区典型的风气候分布的不同。对于两座城市，非经常性发生的极端风气候可能类似，但经常性的风环境的强度可能显著不同。因此建议，风环境评估标准应基于大概率事件的发生频率。

在本研究中，引用 Soligo 提出的基于大概率事件的评估准则作为评判风环境品质的标准，如表6.4-1所示。

风环境舒适性评判标准　　　　　　　　　　表 6.4-1

分类等级		有效风速 $\tilde{U}$(m/s)	频率(%)
坐 $\tilde{U}_1$	—1级	0～2.5	≥80
站立 $\tilde{U}_2$	—2级	0～3.9	≥80
行走 $\tilde{U}_3$	—3级	0～5.0	≥80
不舒适 $\tilde{U}_4$	—4级	＞5.0	≥20

实际环境中某点行人高度的风速是时间的函数，经过统计之后可以得到风速大小的概率分布 $P(\tilde{U}<\tilde{U}_i)$，其中 $\tilde{U}_i$ 为某舒适度风速的上限，$i=1$，2，3。研究人员大多采用 80% 的概率作为判据，例如 Soligo 的评估准则，即若事件 $\{\tilde{U}<\tilde{U}_i\}$ 发生的概率 $P(\tilde{U}<\tilde{U}_i)>80\%$，则该点的舒适度为由事件 $\{\tilde{U}<\tilde{U}_i\}$ 定义的舒适度级别。对不舒适情形则有 $P(\tilde{U}>\tilde{U}_3)>20\%$ 的要求，即不满足行走的舒适度要求情形都归结为不舒适。一般来说，刮大风，尤其是对行人有危险的 8 级或 8 级以上的大风，是小概率事件，但即使气象台的风力在 5、6 级，在如街区、峡谷等局部区域也会出现 7、8 级大风，所以对人存在危险，以 $P(\tilde{U}>\tilde{U}_4)>0.1\%$，即一年中发生概率大于 3 次，成为评价某位置是否对行人构成危险的判据。这里 $\tilde{U}_4$ 为能对行人构成危险的风速。

（2）气象统计资料

根据获得的北京朝阳区 1991～2000 年全年风向、风频联合频率统计数据，采用 2 参数的韦伯（Weibull）分布函数，来描述在某一给定风向上风速超过某一规定值 U_0 的发生概率：

$$P(U>U_0)=\alpha(i)\exp\{-[U_0/c(i)]^{k(i)}\} \tag{6.4-1}$$

则所有 16 个风向上超过规定值 U_0 的发生概率为：

$$P(U>U_0)=\sum_{i=1}^{16}\alpha(i)\exp\{-[U_0/c(i)]^{k(i)}\} \tag{6.4-2}$$

式中，$i=1$，2，3，…，16，为 16 个方位的风频排列次序；P 为 i 方向上风频超过 U_0 的发生频率；$\alpha(i)$ 是 i 方向上的风频。韦伯分布函数的两个参数，即尺度参数 $c(i)$ 和形状参数 $k(i)$，由 i 方向上的风速频率求出，其数值在表 6.4-2 中给出。

各风向韦伯参数值 表 6.4-2

i	风向	$\alpha(i)$ (%)	$c(i)$ (m·s⁻¹)	$k(i)$ (m·s⁻¹)	i	风向	$\alpha(i)$ (%)	$c(i)$ (m·s⁻¹)	$k(i)$ (m·s⁻¹)
1	N	5.13	2.74	1.26	9	S	3.98	2	1.82
2	NNE	4.96	2.07	1.62	10	SSW	4.26	2.36	1.83
3	NE	4.79	1.9	1.59	11	SW	7.15	2.9	1.85
4	ENE	4.08	1.42	1.38	12	WSW	2.67	2.47	1.63
5	E	4.44	1.61	1.64	13	W	1.57	1.94	1.5
6	ESE	4.86	1.9	1.82	14	WNW	2.95	2.84	1.04
7	SE	5.64	1.89	1.89	15	NW	10.88	4.06	1.19
8	SSE	4.93	2.07	1.87	16	NNW	10.22	4.01	1.27

作为行人通道，在进行风环境舒适性评价时，不必考虑站和坐的舒适性，只需要考虑行人快走的舒适性；因为在冬、春季大风时，不会有人在户外寒风中长时间站、坐和散步。根据北京朝阳区气象站全年风向、风速联合频率分布统计数据，北京 7 级以上强风（>15m/s）为西北风（NW）、西北偏北风（NNW）和北风（N），这 3 个风向风频之和占 26.23%，几乎全部包括了北京地区在冬季冷空气爆发形成寒潮时的强风状态。因此计

算行人危险性概率时，统计这 3 个主导风向即可。

研究表明，当局地风速达到 8 级（风速超过 17.2m/s），对行人行走产生危险。为评估通道内行人风环境危险性，取瞬时风速与 10min 平均风速比值为 1.5，经换算，其行人危险性发生概率即相当于朝阳气象站 N 方向风速超过 13.8m/s、NW 方向风速超过 15.6m/s 与 NNW 方向风速超过 13.5m/s 的概率之和。

$$P(U>U_0)=\sum_{i=\mathrm{N,NW,NNW}}\alpha(i)\exp\{-[U_0/c(i)]^{k(i)}\}=0.175\% \qquad (6.4\text{-}3)$$

计算结果显示，在朝阳气象站测得 6～7 级风，全年在主通道内可能出现 8 级瞬时风速的概率约为 0.175%。假设一次大风持续的时间为 2h，则通道内每年理论上发生瞬时风速达到 8 级的大风，可能对行人构成危险的次数为：0.175%×365(d)×24(h/d)/2(h/次)=7.7 次，值得引起注意。

当平均风速达到 6 级以上（风速超过 10.8m/s），行人行走感觉困难。根据朝阳气象站风气象统计资料，按照上式计算得到全年在主通道内可能出现 6 级以上风速的概率约为 0.247%，则理论上发生 6 级以上大风的次数为：0.247%×365(d)×24(h/d)/2(h/次)=10.8 次。

4. 建筑风环境的优化设计研究

（1）设置风屏障数值模拟研究

研究显示，若不采取任何改善措施，按原设计方案，通道内行人高度的平均风速比 C_v 最大将达到 1.5。结合本地常年风速、风频统计资料进行定量评估，通道的风环境品质难以满足行人通行安全和舒适性的要求。为此，配合设计单位，采用数值模拟方法，进行了新科研大楼建筑风环境的方案优化，研究了一系列辅助措施的改善效果。初步优化设计方案中，主要改进措施（图 6.4-5）如下：①在通道的北向开口，大楼前方设置大型广告牌作为挡风屏；②在原大楼观光电梯旁边增设迷宫式遮风屏；③将新大楼南北方向底层设计的行人通道，由开放式柱廊改成封闭长廊。

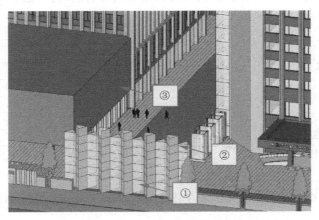

图 6.4-5　建研院新科研楼风环境初步优化设计方案

图 6.4-6 给出了进行初步优化设计后 N、NNW、NW 共 3 个主导风向角下行人高度（1.7m）处的风速比 C_v 分布云图。

数值模拟结果显示：总体上，由于新、老大楼之间形成相对狭窄的通道这一主要特性

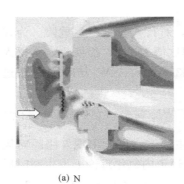 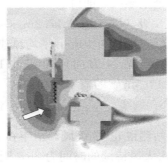 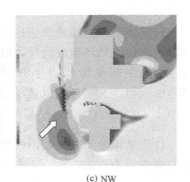

(a) N   (b) NNW   (c) NW

图 6.4-6　3 个主导风向下行人高度风场风速比分布云图（修改方案）

不可改变，造成通道内风环境整体上趋于不利；但通过增设广告牌、封闭柱廊等辅助措施，可以在一定程度上改善局部行人风环境品质。总结如下：

1）楼前增设广告牌：对遮蔽北风向有一定效果。主要是遮挡住广告牌后两楼通道北侧一定距离范围内强风的吹袭，使得通道内强风的范围有所缩减（图 6.4-6）。

计算表明，全年在主通道内可能出现 8 级瞬时风速的概率约为 0.149%，则通道内每年理论上发生瞬时风速达到 8 级大风、可能对行人构成危险的次数为 6.5 次；全年在主通道内可能出现 6 级风速的概率约为 0.213%，则通道内每年理论上发生 6 级大风次数为9.3 次，均比原方案略低。

值得引起注意的是，气流绕过广告牌将向下沉积和泄出，仍将对通道南侧的风环境不利（图 6.4-8）。

2）观光电梯旁边增设迷宫式遮风屏：对改善原大楼拐角处和通道下游的风环境是有利的，可以减缓该处附近局部风速（图 6.4-6）。

3）新大楼行人通道采取封闭措施：对改善原开放式柱廊行人通道的风环境是有利的，采用封闭方案后，柱廊内的风速可大大降低（图 6.4-7）。

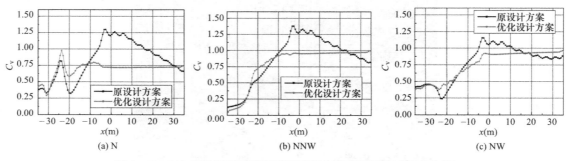

(a) N   (b) NNW   (c) NW

图 6.4-7　3 个主导风向新楼底层柱廊行人高度风场风速比分布图

（2）设置植被风屏障数值模拟研究

以上研究结果显示，采用增设挡风屏障措施仅能在一定程度上改善局部行人风环境品质。然而，由于总体建筑设计方案造成新、老大楼之间形成相对狭窄的通道这一主要特性不可改变，即使采取这些"硬"技术措施，通道中央的风环境整体上仍趋于不利。改善中间通道内的风环境品质是进行该项目风环境优化的关键和难题。

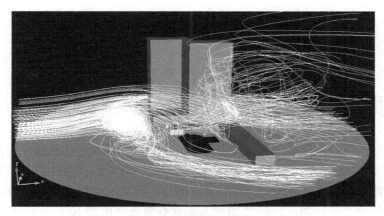

图 6.4-8　正北风向绕流流线示意图（老楼隐去）

为此，研究了在通道中央地带增设植被绿化带的挡风效果。数值计算模型中，通道中央设置的绿化带长度 $l=50$m，高度 $h=1.5$m，宽度 $b=1$m，阻力系数 $C_d=0.8$，叶面面积密度 $LAD=1.17$m$^2/$m^3。图 6.4-9 给出了正北风向下，中间通道增设绿化带前后行人高度的风速比 C_u 云图。

计算结果显示，在通道中央设置一定高度的绿化带，可起到显著减缓行人高度风速的效果。设置植被前后比较，高风速比 $C_u>1.5$ 区域得到明显抑制，范围显著缩减，表明植被有效化解了通道内生成的高风速对行人的侵袭，起到"软"挡风屏的作用。

基于对通道中央设置植被挡风屏效果进行的数值模拟研究，建议设计方案中若条件允许，并在不阻碍交通和遮挡视线的前提下，在通道中央布置一定高度的绿化带，可有效减缓通道中央行人高速的风速，改善通道内不利的风环境品质。

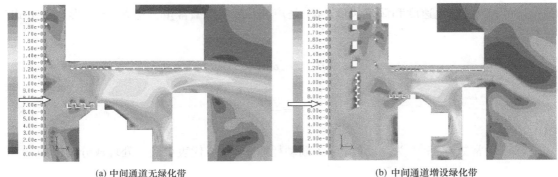

(a) 中间通道无绿化带　　　　　　　　　　　　　(b) 中间通道增设绿化带

图 6.4-9　中间通道增设绿化带前后行人高度的风速比云图

6.4.3　高层建筑风致噪声的数值仿真

1. 计算原理与控制方程

大气边界层内的建筑物绕流为三维黏性不可压流动，控制方程包括连续方程和雷诺方程，时均化后的方程如下：

$$\frac{\partial u_i}{\partial x_i} = 0 \tag{6.4-4}$$

$$\rho \frac{\partial (u_i u_j)}{\partial x_j} = \frac{\partial p}{\partial x_i} + \frac{\partial}{\partial x_j}\left(\mu \frac{\partial u_i}{\partial x_j} - \rho \overline{u_i' u_j'}\right) \tag{6.4-5}$$

式中，$-\rho \overline{u_i' u_j'}$ 为 Reynolds 应力，包括 3 个正应力和 3 个切应力，即新添了 6 个未知量，方程组不封闭，因此必须引入湍流模型封闭方程组。

湍流模型的选取关系到数值模拟结果的准确性和精度，由于目前还没有普适性的湍流模型，因此湍流模型的选取仍是风工程界讨论的热点。风工程问题往往是和大气湍流、钝体绕流等复杂流动联系在一起的。在这样的问题中，流动会产生分离、回流、再附、涡的脱落和卷并等复杂力学行为。1995 年由华人学者石灿兴提出的 Realizable k-ε 模型能够较好地模拟各种复杂流动现象。因此，在数值模拟中我们采用了 Realizable k-ε 两方程模型，不可压缩流、不计浮力项、无自定义源项。

在许多工程应用中的湍流，噪声没有明显的频段，声能在一个宽频段范围内按频率连续分布，这涉及宽频带噪声问题。湍流参数通过雷诺时均 N-S 方程求出，再采用相关模型计算表面单元或是体积单元的噪声功率值，本书采用 Proudman 和 Lilley 方程模型。

Proudman 方程利用 Lighthill 声模拟理论，推导出各向同性湍流运动的声功率方程；Lilley 将 Proudman 方程中忽略的滞后时间的微分加以考虑，重新推导出了方程。这两种方程都得到各向同性湍流单元体积的声功率的表达式：

$$P_A = \alpha \rho_0 \left(\frac{u^3}{l}\right)\frac{u^5}{a_0^5} \tag{6.4-6}$$

式中，u 和 l 是湍流速度和湍流尺度；a_0 是声速；α 是模型常量。用 k、ε 的形式，上式可写为：

$$P_A = \alpha_\varepsilon \rho_0 \varepsilon M_t^5 \tag{6.4-7}$$

$$M_t = \frac{\sqrt{2k}}{a_0} \tag{6.4-8}$$

式中，α_ε 为常数 0.1；k 为湍动能；ε 为湍动耗散率；P_A 代表声能，处理成分贝值如下：

$$L_P = 10\log\left(\frac{P_A}{P_{ref}}\right) \tag{6.4-9}$$

宽频带噪声源模型不需要任何控制方程的瞬态求解，所有的源模型参数可由雷诺时均 N-S 方程直接提供，这种方法的计算成本较低。

2. 风致噪声评估准则

中华人民共和国环境保护部 1997 年 3 月 1 日起实施的《中华人民共和国环境噪声污染防治法》规定了城市区域环境噪声标准。该标准规定了城市五类区域的环境噪声最高限值（表 6.4-3）。

城市 5 类环境噪声标准值　　　　　表 6.4-3

类别	昼间(dB)	夜间(dB)
0	50	40
1	55	45
2	60	50
3	65	55
4	70	55

3. 算例

以某塔楼群构成的商务广场为例，计算了其风致噪声的分布情况。各风向角下，不同高度处的声压级最大值出现在 180°风向角下 239m 高度处（图 6.4-10 和图 6.4-11），为 55.2dB，低于昼间 60dB 的限值，夜间稍微有超过 50dB 的情况出现。需要指出的是，本算例风速基于 10 年重现期的 10min 平均风速，这个风速值是比较大的；如果按照常遇风速条件，即一年重现期或者累年最大月平均风速下，局部最大噪声不会超过《中华人民共和国环境噪声污染防治法》规定的限值。

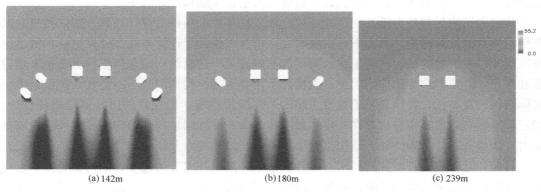

(a) 142m　　　　　　(b) 180m　　　　　　(c) 239m

图 6.4-10　180°风向角，不同高度处的声压级分布图

图 6.4-11　180°风向角，建筑整体的声压级分布图

第7章

高层建筑结构性能试验仿真技术

7.1 概述

近年来，对高层建筑尤其是复杂的高层建筑结构的受力性能的分析已得到了广泛开展，但其中仍有许多不确定的问题需要进行研究。采用结构试验对高层建筑结构整体及局部的受力性能进行物理层面上的仿真，是研究高层建筑结构性能的重要手段。

从确定结构材料的力学性能到验证梁、板、柱等单个构件的设计计算方法以及建立复杂结构体系的计算理论，都离不开试验研究。目前，借助于计算方法和计算机技术的迅速发展以及过去大量的试验研究工作所取得的基础成果，建筑结构的数值模拟方法越来越成熟和准确，并得到广泛的应用，使试验研究不再是研究结构性能的唯一方法。但是，由于实际结构的复杂性，特别是钢筋混凝土结构塑性阶段性能、徐变性能以及钢结构的疲劳、稳定等问题，数值模拟分析存在一定的局限性，尚不能准确地反映结构在弹塑性阶段以及动力、疲劳等条件下的性能。结构试验仍然是研究结构理论及设计计算方法的重要手段。

目前，随着现在自动控制技术、计算机技术、测量技术等的进步，结构试验技术也在迅速发展，可以采用静力试验、拟静力试验、拟动力试验、振动台试验、疲劳试验等各种手段，模拟高层建筑结构整体或者局部在重力、风、地震等各种作用下的短期和长期受力性能，包括承载力、变形、刚度、抗震、破坏形态、防倒塌等，并根据试验研究的结果，对数值仿真结果进行校正，促进数值仿真技术的进步。本书结合试验研究技术和数值仿真技术，探索结构的受力性能，发展结构的设计理论，为相关规范规程的编制提供依据，促进结构技术的进步，为广大的建筑设计及施工单位服务。

7.2 节点及构件性能试验仿真技术研究

高层建筑结构中，关键构件和节点的性能通常是整个建筑结构性能的决定因素。而且，由于新的结构构件类型、材料及工艺的不断涌现，很多新型构件的设计方法没有规范可用，需要采用结构试验仿真技术进行研究。

对高层建筑结构中节点及构件进行的试验仿真研究主要是指针对结构中关键的局部构件或节点。根据相似理论，用适当的比例和材料制作试验模型，在试验模型上施加边界条件和荷载，重现或者预测结构在各种作用下的反应，实现对结构的物理仿真。

通过节点及构件性能仿真试验手段，量测和观察与结构性能有关的各种参数和现象，如应变、变形、挠度、转角、裂缝开展情况、承载力、破坏形态等，分阶段观测结构性能的发展情况，以明确、清晰的结构受力过程和破坏概念，来判明高层建筑的实际工作性能，估计结构的承载能力，评价与结构性能有关的各种需求（位移、变形、裂缝、耗能、延性等）和能力关系，检验和发展现有的结构计算与设计理论和结构设计概念，提高高层建筑结构的安全性和经济性。

节点及构件试验仿真研究具有下列特点：

（1）经济性好。由于节点及构件试验模型的几何尺寸比原型小，模型制作相对容易，节省材料、人力、物力和时间，并且可以在同一个模型上进行多个不同目的的试验。

（2）目的明确。节点及构件模型试验研究可以根据试验目的，突出主要因素，简略次要因素，有利于清晰地认识结构性能，对新型结构的设计、结构理论的验证和推动具有重要的意义。

（3）数据准确。由于试验模型较小，一般在试验环境条件好的室内进行，可以控制主要参数，避免外界因素的干扰，保证试验结果的准确性。同时，可以设置对比模型试件，以相互检验结果可靠性。

本书结合大量的典型高层建筑节点与构件的试验仿真工作，对节点与构件的试验仿真技术进行研究，提高试验仿真技术的水平，更好地为高层建筑结构技术的进步服务。

7.2.1 节点及构件性能试验仿真技术

1. 节点及构件试验的相似条件

模型试验理论的基础为相似原理，在此基础上确定模型设计中的相似准则。根据相似准则，可由模型试验的数据和结果推算出原型结构的数据和结果。

模型试验中，为了使模型与原型保持相似，需要按相似原理推导出相似的准数方程，模型设计则应在保证这些相似准数方程成立的基础下确定出适当的相似常数。

节点及构件试验中，模型与原型之间的相似常数要求如表 7.2-1 所示。试验设计时，可首先确定长度和弹性模量的相似常数 S_L 和 S_E，其他各量可以由此导出。

节点及构件试验的相似常数和相似关系　　　　　　　　　　　表 7.2-1

类型	物理量	量纲（绝对系统）	相似关系
材料特性	应力[σ]	FL^{-2}	$S_\sigma = S_E$
	应变[ε]	—	$S_\varepsilon = 1$
	弹性模量[E]	FL^{-2}	S_E
	泊松比[ν]	—	1
	密度[ρ]	FT^2L^{-4}	$S_\rho = S_E/S_L$
几何尺寸	线尺寸[L]	L	S_L
	面积[A]	L^2	$S_A = S_L^2$
	体积[V]	L^3	$S_V = S_L^3$
荷载	集中力[P]	F	$S_t = S_E S_L^2$
	压力[q]	FL^{-2}	$S_q = S_E$
	弯矩[M]	FL	$S_M = S_E S_L^3$

2. 试验模型设计

模型设计中，首先要综合试验设备加载能力、模型材料、模型制作条件等因素确定相似常数。一般地，为研究构件的极限强度、极限变形，以及在各级荷载下结构的性能，高层建筑结构节点及构件性能试验宜选择弹塑性模型，本试验所指的节点及构件性能试验模型均指弹塑性模型。模型设计是模型试验是否成功的关键，下面介绍高层建筑结构节点及构件模型设计中的关键技术。

（1）模型试件的形式

模型设计中选择试件形状时，最重要的是形成和设计目的一致的应力状态。对于静定系统，一般构件的实际形状都能满足设计的应力状态，但是，对于高层建筑结构中的节点及构件，是从复杂的整体结构中选取出来的部件。高层建筑一般为复杂的超静定体系，选择合适的试件形式，使其能够如实反映该部分结构构件的实际工作，是至关重要的。

实际结构受力状态包括多种荷载情况，如包括重力作用、风荷载作用、地震作用，以及不同的荷载组合等，需要根据结构概念分析何种荷载组合是研究的主要因素，它可能不是最不利工况，而是因为该荷载组合造成的内力情况容易造成结构破坏，或该内力情况下的结构受力状态不容易分析清楚。针对选取的荷载组合中的 N、V、M，还要根据试验目的和现有试验设备的容量以及拥有的试验技术水平等，综合做出选择，可能兼顾 N、V、M，可能仅顾及 N、V、M 三者的一项或两项。

按试件自身结构体系的类别，可以将试件分为静定试件和超静定试件。一般地，为了传力直接，保证进入弹塑性阶段之后的试件内力状态分布不变，采用静定试件。根据试验目的，有时需要采用超静定结构，例如某工程采用超静定试件，为搭接墙结构，在大震作用下，搭接墙及其上、下各一层墙的内力分布如图 7.2-1 所示。

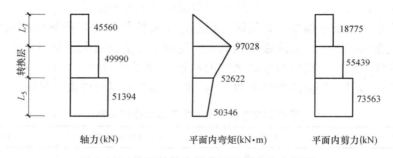

图 7.2-1 实际结构大震作用下组合内力简图

根据设计内力及内力分布形式，按照如下原则确定加载力及加载方式：由于上层墙以受剪力为主，保证其剪力与实际符合；对于搭接墙及下层墙，优先保证搭接墙顶的试验内力 M、N 与模型设计内力符合，尽量保证其他位置的 M、N 与设计内力接近或者略大于试验内力。

按照如上原则，同时考虑实验室加载条件，试验时在模型墙顶施加轴压 P_1，墙顶侧面施加推力 P_2，在搭接墙顶部设置侧向支撑。根据有限元整体模型分析结果，选用刚度合适的支撑，保证支撑作用力和上部加载力 P_2 相近，则整片墙受力简图如图 7.2-2 所示。

对不同的构件类型，加载方式一般不同，需要根据加载方式选用不同的试件形式。在进行柱的抗弯和抗剪性能试验时，可采用如图 7.2-3 所示三种加载方式；剪力墙的抗弯和抗剪性能试验时，一般采用图 7.2-3（c）的加载方式。

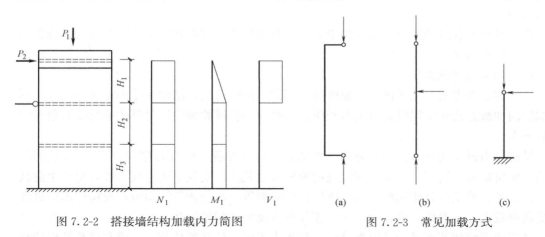

图 7.2-2 搭接墙结构加载内力简图　　图 7.2-3 常见加载方式

图 7.2-3（a）所示加载方式适用于轴心受压或偏心受压，可在压力机上完成。优点是加载能力高，能够进行大比例、大轴压比构件的试验；缺点是只能进行单调加载，无法得到构件在往复荷载下的性能。

图 7.2-3（b）和（c）所示加载方式都是将轴力和弯矩、剪力通过独立的千斤顶施加。优点是能够进行往复加载，得到构件在往复荷载下的性能；缺点是轴力和水平力的施加受反力架、反力墙和拉压千斤顶的制约，一般来说，加载能力较低。其中（c）方式是悬臂的加载方式，与两端简支的（b）方式相比，相当于（b）方式在对称部位截断，取（b）方式的一半。（c）方式对水平加载能力的要求相对低一些，构件受力情况与（b）方式相同。

试件的高度在各个试验中是不同的。对于轴心受压构件，压力机加载时两端的约束条件是铰，试件原型的长度应取工程中构件的计算长度，对于底层柱，取层高；对于考察正截面承载力的压弯试验构件，应根据构件实际的反弯点位置确定试件高度，为确保试件发生弯曲破坏，在原型构件的各种内力组合中，选取反弯点位置较高的作为确定试件高度的标准，并应保证试件的剪跨比不小于 2；对于考察斜截面承载力的抗剪试验构件，应选取各种组合中反弯点位置最低的作为确定试件高度的标准，如果反弯点位置都较高，可将剪跨比定为 1～1.5。

有些情况，为了研究需要可能要对试件形式进行适当的调整。比如在做梁柱节点试验时，试件受到轴力、弯矩、剪力的作用，这样的复合内力会使节点部分发生复杂的变形，但其中主要是剪切变形，以致节点部分会发生剪切破坏。为了探明节点的承载力和刚度情况，使应力状态能够充分发挥，避免在试验过程中梁柱部分先于节点破坏，在试件设计时需要事先对梁柱部分进行足够的加固，以满足整个试验达到预期的效果。

剪力墙是抗震结构的重要构件，国内外对剪力墙的试验研究较为重视，试件形式多样，设计时要根据研究目的考虑其主要因素，忽略次要因素。为了考察剪力墙的受弯承载力或受弯抗震性能，一般采用剪跨比较大的试件（一般大于 2.0），并且做到强剪弱弯，即剪力墙试件的受剪承载力大于受弯承载力，这是为了保证剪力墙受弯先于受剪破坏，得到剪力墙的受弯承载力。而为了考察剪力墙的受剪承载力或受剪抗震性能，一般采用剪跨比较小的试件（一般小于1.5），并且做到强弯弱剪，即剪力墙试件的受弯承载力大于受剪承载力。

为了避免加载或约束对节点区的影响，一般加载处或约束处距离关注的节点区域距离应大于3倍截面尺寸。

（2）约束与加载设计

试件的加载方案取决于试验对象的结构形式、试验目的，结构承受的荷载形式等，不同试验的加载方式和所需设备可能差别很大，对每一项试验都应针对具体的试验对象确定加载方案。

结构静力试验的加载方案可分为重力加载、杠杆加载、机械力加载、真空气压加载、结构试验机加载、液压千斤顶加载以及电液伺服加载等。实现上述加载一般需要产生荷载作用的设备、承受荷载作用的反力台座以及荷载架等。高层建筑结构节点及构件模型试件承受荷载较大，一般地，采用液压千斤顶加载以及电液伺服加载。

高层建筑结构节点及构件模型试件一般集中于墙、柱和梁柱节点。墙和柱是结构的竖向承重构件，除竖向荷载外，还有风荷载和地震作用等，试验时，主要在竖向施加集中荷载，侧向施加水平荷载，针对固定的 N 和 M，也可以采用压力试验机进行加载。

通常需要针对节点形式选用合适的加载装置。图7.2-4为典型的墙柱试件试验装置图。

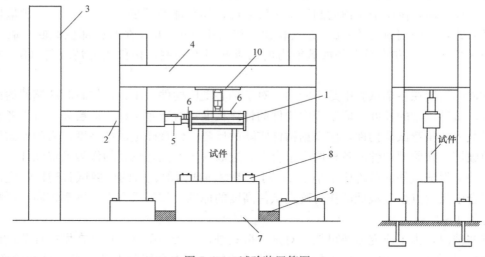

图 7.2-4　试验装置简图

1—加载梁；2—千斤顶；3—反力墙；4—反力架；5—传感器；
6—匀载钢板；7—地梁；8—地脚锚栓；9—支撑梁；10—滑板

图7.2-5为典型的复杂节点加载装置，为一个自平衡加载框架，在外圈刚性框架内通过千斤顶进行各个方向加载。节点的受力一般较为复杂，需要依据试验目的和试件形式，进行合理的设计。图7.2-6为典型的T形梁柱节点加载装置。除刚性框架外，设置了三角支撑，提供加载架平面外的加载反力点。在加载架平面内，柱子下端和上端为铰接；加载架平面外，柱端近似为铰接；梁端自由。节点梁端采用3台拉压千斤顶施加反复竖向荷载，各千斤顶均固定于自平衡加载框架或地面上，通过连接件与梁端连接。

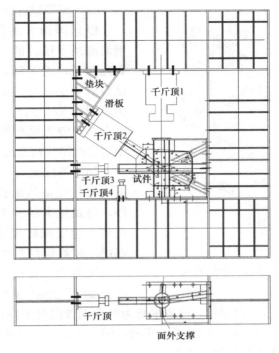

图 7.2-5 自平衡加载装置

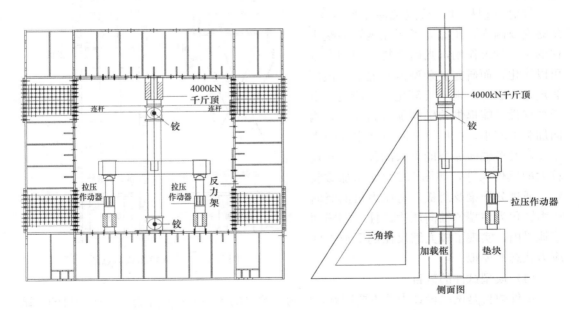

图 7.2-6 T形梁柱节点加载装置

图 7.2-7 为典型的空间复杂节点加载装置，为空间自平衡加载框架，可在加载框架内通过千斤顶进行各个方向加载。相对拟加载力，加载架需具有足够刚度，避免因反力装置的变形而对试件造成较大的次应力。

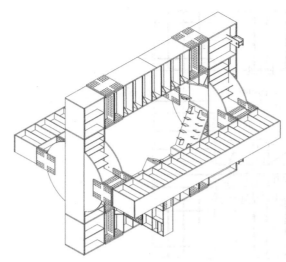

图 7.2-7 空间自平衡反力加载装置

（3）模型试件的尺寸

根据国内外的模型试验情况来看，钢筋混凝土试件的尺寸可以小至截面只有几厘米，大至结构物的原型。传统的试验研究中，采用的框架截面尺寸大约为原型的 $1/4\sim1/2$。框架节点的比例则略大，一般为原型的 $1/3\sim1$，这和节点中要反映结构构造的要求有关。

如果条件允许，尽量依据试验室水平、加载设备的加载能力，依据相似条件，得到最大的模型尺寸，模型试件比例越大越能减轻尺寸效应。然而，随着高层、超高层结构的高度攀升，构件尺寸越来越大。目前，多个超高层建筑的柱截面在 $20m^2$ 以上，甚至达到 $40\sim$

$50m^2$ 以上，并且截面中多配置型钢，或者本身为巨型钢管混凝土柱，单个构件的承载力巨大，较大比例试件（$1/4\sim1$）往往是不现实的，因为试验室建设更新速度、加载设备的加载能力提升速度远远低于高层建筑的高度攀升速度。

针对巨型构件，重点关注主要因素，忽略次要因素，比如为了研究钢管混凝土柱的钢管约束作用，则内部复杂型钢布置可以简化，而研究复杂型钢布置下平截面假定是否成立，则不可简化。一般地，由于加载设备能提供的轴向加载力较大，侧向加载力较小，试件设计时可从主要因素出发，发挥轴向加载能力大的优点，实现较大的试件尺寸，如图 7.2-8 所示加载装置，通过分配梁及滑板，将压力机的竖向压力转化为柱端的轴向压力，柱下端锚固于地梁内，实现了较大缩尺比例下节点区应力状态的模拟。

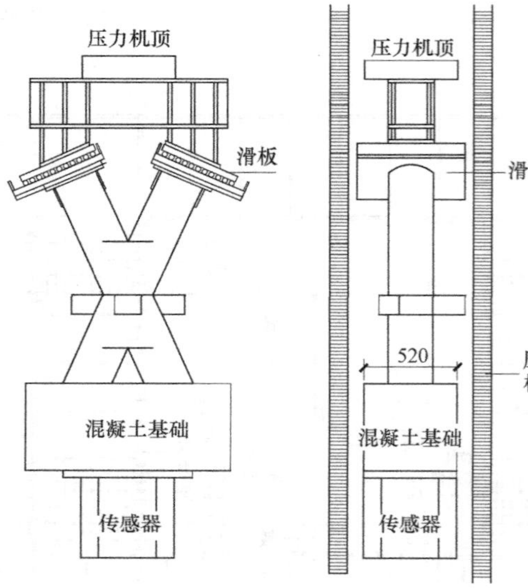

图 7.2-8 某试验加载示意图

（4）模型试件的数目

试件数目是试验设计中的重要问题，因为试验量的大小关系到能否满足试验目的、试验结果是否可靠的问题。高层建筑结构中的节点及构件受力状态复杂，由于荷载巨大，构造复杂，多数采用非常见的构造，影响构件基本性能的参数较多，需要根据各参数构成的因子数和水平数（试验中该因素的不同状态）决定试件数目，由于参数较多，试件的数目自然会较多，试验工作量增多，需要做出合理的取舍。

正交试验设计法是一种解决多因素问题的试验设计方法，使用正交表进行整体设计、综合比较，可以妥善解决各因素和水平数相结合引起的试件数目较多的问题。

随着有限元分析软件的发展，数值仿真分析的结果已有较高的可信度。试件数量设计时，对不明确的因素，可以预先进行数值仿真分析，依据分析结果，得到主要因素，再次采用正交试验设计法进行设计。

如果条件允许，针对复杂节点及构件试件，同类试件宜设置2个，以相互检验结果的可靠性。

试件数量设计是一个多因素的问题，在实践中应尽量使试件数目少而精，以质量取胜，通过试件数量设计使得结果能够反映试验研究的规律性，满足试验研究目的要求。

3. 试验模型制作

适用于制作模型的材料有多种，正确了解材料的性质及其对结果的影响，选择合适的材料是完成模型试验的保证。模型试验的材料需要满足相似要求，能保证量测要求，材料性能稳定，加工制作方便。目前，高层建筑中节点及构件一般采用混凝土、钢筋、钢材，一般试验模型可采用细石混凝土、钢筋、钢材。

试验模型和实际结构的材料基本一致，其差异主要表现在尺寸上，由此产生力学性能上的差异。如实际高层建筑工程中钢材厚度大多超过40mm，一般缩尺后可能仅为3～10mm，焊接性能以及力学性能都有较大的差异。混凝土高层建筑中粗骨料粒径一般在20～25mm，由于模型试件较小，为便于浇筑，本试验采用的细石混凝土的粗骨料粒径一般在5～10mm。通过合理的配合比设计，可以实现C30～C100混凝土强度，以此来模拟工程中应用的混凝土。钢筋的尺寸减小后，由于粘结问题的复杂性，钢筋和细石混凝土之间的粘结情况可能和实际结构有一定的差异，尤其是较粗的带肋钢筋由较细的光面钢筋替代时。若采用未经退火的细钢丝模拟钢筋，由于其没有明显的屈服点，则应进行退火处理。模型设计时应考虑上述因素。

钢和混凝土组合结构中的连接件，如栓钉，在模型制作时可按缩尺比例选用强度基本一致的螺钉来模拟。

模型的制作精度对试验结果影响很大，模型尺寸的允许误差范围和原型结果是一样的，均为5%，但是由于模型的尺寸小，制作的允许偏差数值很小，制作模型时需要严格控制。

钢筋混凝土模型中钢筋的位置，以及组合结构模型中型钢的位置同样要求准确，因为其尺寸较小，刚度较小，容易在浇筑及振捣混凝土时发生形状及位置变动，这些在制作时要采取合理的措施。

4. 试验模型量测

结构在外荷载下的变形可分为两类：一类是反映结构整体工作状况，如墙柱的整体变形、梁的挠度等，这一类变形反映了结构弹性和弹塑性的状态及结构的性能位置；另一类是反映结构局部工作状况，如局部应变、裂缝、剪切变形、屈曲等，这一类变形反映的是结构局部的应力状态和破坏程度。制定量测方案时要考虑确定合适的观测项目，选用合理可行的观测方法。

量测的内容要具有代表性，以便于分析和计算，构件最大挠度和最大应力数据是设计和研究重要数据，可以直观了解结构的工作性能和强度状态。因此，在这些部位需要量测。为了验证平截面假定，则需要整个截面布置，为了对比不同截面的应力状态，则要在不同截面处量测。

为避免发生故障，保证数据的可靠性，量测的关键部位宜布置校核性测点。校核性测点一方面可以相互校核结果的可靠性；另一方面，可以作为正式数据，供分析时使用。

高层建筑结构中节点及构件受力复杂，应力状态复杂，宜对节点及试件进行有限元分析后，根据分析结果中的应力状态，在容易破坏的部位量测。比如某型钢混凝土巨型柱试验量测内容包括施加的荷载、加载点柱端的水平位移、型钢腹板和翼缘各测点的应变、表面混凝土的应变等。试件型钢和混凝土的应变片布置如图 7.2-9、图 7.2-10 所示。

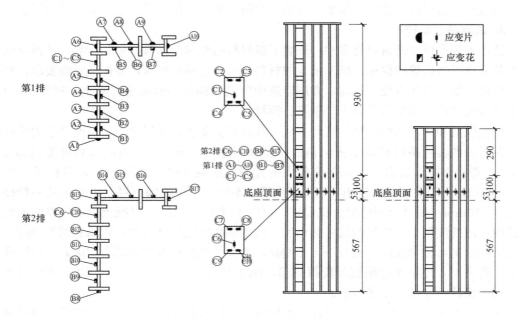

图 7.2-9　型钢应变片布置图

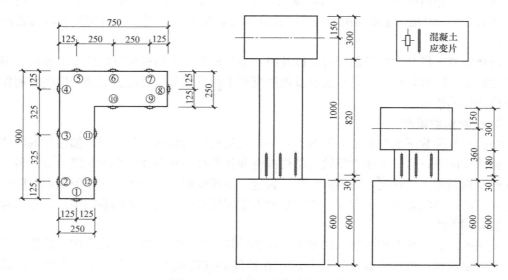

图 7.2-10　混凝土应变片布置图

5. 试验成果分析与研究

试验成果为工程设计和理论计算提供了宝贵的资料和依据，然而，必须进行周密的考察和分析，深入挖掘，才能真实了解结构的工作性能，指导工程设计和理论分析。

针对不同的高层建筑节点及构件性能试验，一般可以从以下几个方面进行分析和研究：

1）试验误差分析，试验与实际结构异同分析。

2）试件压、弯、剪、扭承载力，刚度，抗震性能的影响因素。

3）试件的受力模式、破坏过程和破坏机理分析，包括裂缝分布、应变发展、破坏形态、$P-\Delta$ 曲线、滞回曲线等。

4）不同构造及施工方法对试件性能的影响。

5）结构计算中的假定符合情况。

6）试件性能的评定及构造措施的改进建议。

7）压、弯、剪、扭承载力计算公式的验证或提出。

8）适用于设计或理论分析的概念性成果。

9）同类试验的改进建议。

7.2.2 典型节点及构件性能试验

结合国外和我国高层建筑发展的实际情况，针对目前高层建筑领域和超高层建筑领域亟待解决的问题，进行典型的节点与构件性能试验研究，主要的试验方法及结果如下所述。

1. 钢-混凝土组合剪力墙试验研究

剪力墙结构作为高层建筑的重要抗侧力构件，可有效抵抗地震作用。随着高层建筑层数增加，底层轴压力往往很大，底层剪力墙承受弯矩、剪力较大，所需钢筋混凝土剪力墙体量大，延性差，容易发生脆性破坏，这对建筑抗震极为不利。若在钢筋混凝土剪力墙中设置两端型钢暗柱、中部钢板，形成钢-混凝土组合剪力墙（本试验简称"组合剪力墙"），则能充分发挥钢-混凝土组合结构的优势，提高剪力墙承载力，减小剪力墙截面，提高建筑抗震性能。但由于钢-混凝土组合剪力墙是一种新型结构形式，对很多类型的组合剪力墙，国内尚未制定出有关的抗震设计规定，需要对组合剪力墙抗震性能进行试验，综合研究组合剪力墙在整体结构中的受力状态和抗震性能。

模型试件的缩尺比例约为 1/3。抗剪性能试件和压弯性能试件示意见图 7.2-11、图 7.2-12。

试验研究成果：共对 37 个高轴压比、小剪跨比剪力墙，其中 11 个为高强度混凝土剪力墙，进行了抗剪性能试验；研究了两端配置型钢、钢管及芯柱的剪力墙、钢板剪力墙、带钢斜撑剪力墙及高配筋率剪力墙等多种剪力墙的受力性能，以及各种组合剪力墙的连接方式；提出了各种组合剪力墙的承载力设计公式；提出了钢板组合墙连接构造的设计方法，包括端部型钢暗柱箍筋的设置构造、连接板的设计、墙身分布筋构造及钢板抗剪连接件的设计等。

进行了 15 片高轴压比、大剪跨比剪力墙的压弯性能试验，通过在墙体两端暗柱设置型钢、墙身增设内藏钢板组成钢板组合墙等方式，研究多种高轴压比下不同形式组合剪力

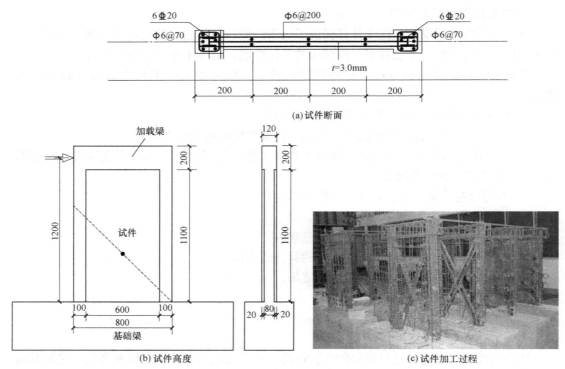

(a) 试件断面

(b) 试件高度

(c) 试件加工过程

图 7.2-11 抗剪性能试件示意

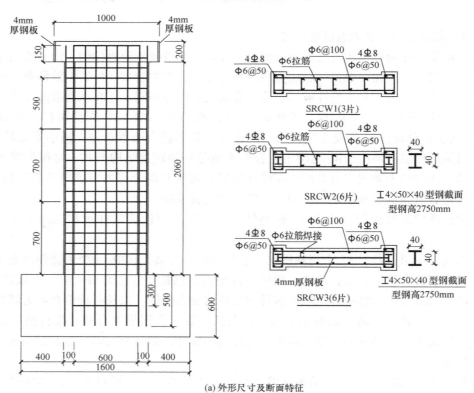

(a) 外形尺寸及断面特征

图 7.2-12 压弯性能试件示意（一）

(b)试件加工过程

图 7.2-12 压弯性能试件示意（二）

墙受弯承载力及延性性能。研究了剪跨比较大、高轴压比下不同形式组合剪力墙的破坏机理，包括裂缝分布、破坏形态、滞回性能。根据试验结果和理论分析，提出了钢-混凝土组合剪力墙压弯承载力计算的建议公式。

2. 巨型型钢混凝土柱试验研究

近年来，型钢混凝土柱因其优点突出，在高层建筑中得到日益广泛的应用。在很多高层建筑中，底部采用的 SRC 柱尺寸很大，截面形式复杂，截面含钢率高，其承载力、延性、裂缝分布、型钢与混凝土共同工作等性能，需要进行试验研究。下面给出了国贸三期项目核心筒的 SRC 柱、大连中心裕景项目巨型 SRC 柱的试验研究方法和结果。

国贸三期采用的高含钢率型钢混凝土组合柱试验根据实际构造以 1∶10 缩尺比确定尺寸，纵筋和箍筋保证含箍特征值相等，型钢两肢间由连接板连接而成。试验针对不同连接板形式进行了对比，连接板分为单片 3mm 分段、单片 5mm 分段、双片 4mm 分段以及单片 8mm 通长的连接板四种形式。试验考察了型钢柱轴压、压弯、剪切三种受力状态，并考虑了 0、0.15、0.3 和 0.45 多种轴压比。对于压弯和剪切构件，通过计算得到形心位置和主轴方向，按强轴或弱轴方向施加水平荷载。轴压与压弯构件加载点至底座距离为 $\lambda=$ 2.8；剪切构件 $\lambda=1$。模型截面及试件形式如图 7.2-13 所示。

大连中心裕景项目的复杂型钢混凝土巨型柱试件选择原型结构中两种典型的巨型组合柱截面进行试验，缩尺比例约 1/10～1/8。模型截面及试件形式如图 7.2-14 所示。

试验研究成果：

进行了 27 个试件的轴压、压弯及抗剪性能试验，研究了高含钢率型钢-混凝土组合柱的受力性能，并分析了非实腹式连接板对组合剪力墙整体性能的影响，提出了高含钢率组合柱的设计计算公式、连接板设置要求以及截面承载力计算方法。

通过对 12 个复杂型钢混凝土巨型柱的试验，全面研究了构件的破坏特征、承载力、滞回性能和延性，对比分析了型钢分散配置与连接布置的影响，提出了考虑一定折减系数的采用平截面假定、考虑混凝土约束效应计算试件压弯承载力的方法。

3. 钢管混凝土柱试验研究

钢管混凝土结构以其在结构性能和施工工艺上的众多优点，成为国内外高层建筑结构

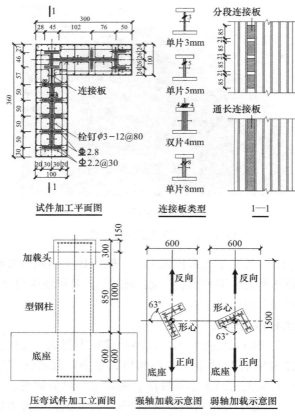

图 7.2-13　高含钢率型钢混凝土组合柱示意

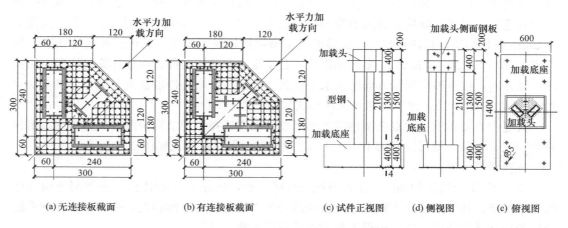

(a) 无连接板截面　　(b) 有连接板截面　　(c) 试件正视图　　(d) 侧视图　　(e) 俯视图

图 7.2-14　复杂型钢混凝土巨型柱示意

体系中的重要形式。在超高层建筑中，底部轴力巨大，采用的钢管混凝土柱截面也越来越大，构造越来越复杂。京基金融中心项目采用的钢管混凝土柱具有如下特点：构件截面尺寸巨大，构件含钢率大，钢管壁上设置较多的竖向及横向加劲肋，混凝土中配置纵向钢筋笼，钢板与混凝土间设置了栓钉。此钢管混凝土柱截面形式复杂，受力非常大，其受力性能、截面刚度、承载力的计算方法可能与普通的钢管混凝土柱不同，需要进行专门的试验研究。根据研究结果，对矩形钢管混凝土柱刚度和承载力的设计计算方法提出建议，保证结构设计的安全性和合理性。

原型结构中，角部钢管混凝土柱截面尺寸为 2.7m×3.9m，构件含钢率为 9.17%，其截面如图 7.2-15 所示。

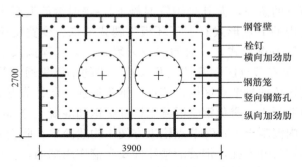

图 7.2-15 原型结构钢管混凝土柱截面示意

根据加载设备能力及加工可行性，制作 1：8.3 的缩尺试件进行试验。试件截面按照原截面缩尺，试件钢管壁厚度为 6mm，加劲肋钢板厚度 4.8mm，柱中钢筋按配筋率缩尺，栓钉缩尺后采用定制小栓钉模拟。实际结构中，角柱自首层到 4 层两个方向均没有楼面梁及楼板支撑，在设计荷载作用下的反弯点高度距柱底 14.8m，试验取下段柱，试件高为 1.7m。原结构角柱主要沿强轴方向受力，试验时仅沿强轴方向施加往复荷载。柱底设置地梁，柱顶设置刚性加载板，用于施加竖向和侧向荷载。柱试件见图 7.2-16～图 7.2-18。

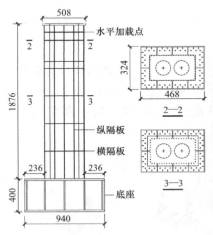
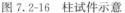

图 7.2-16 柱试件示意　　　图 7.2-17 柱试件　　　图 7.2-18 柱试件内部

试验研究成果：研究了其承载力、刚度、延性和滞回耗能能力以及破坏特征，对巨型钢管混凝土柱刚度和承载力的设计计算方法提出了建议。试验结果表明，竖向加载时钢管壁与混凝土、钢筋能够协同工作，可以按照叠加法计算柱的截面轴向刚度，在弹性阶段，钢管混凝土柱截面满足平截面假定。当荷载较大时，试件柱根钢管壁屈服，混凝土达到极限压应变，柱截面应变分布与平截面假定有一定偏差。建议可以采用纤维模型，按照平截面假定计算钢管混凝土柱截面的受弯承载力，计算中可不考虑混凝土的约束效应，结果偏于安全。

4. 钢管混凝土梁柱节点试验研究

钢管混凝土梁柱节点是钢管混凝土结构中的关键构件，国内外对钢管混凝土的研究较多，对钢管混凝土节点的研究，尤其是钢管混凝土柱-普通钢筋混凝土梁连接节点的研究相对较少，国内常采用的节点形式有上下环板牛腿式节点、变宽度梁节点、加强环板节点、穿心钢筋暗牛腿等节点形式，一般构造较为复杂。某工程拟采用的新型钢管混凝土柱-钢筋混凝土梁节点是在节点区钢管柱上开大孔，梁的钢筋贯通钢管混凝土柱，梁端剪力主要通过混凝土直接传递到节点区内，节点区钢管加强。此种节点的优点在于：①梁端剪力直接传递给柱内混凝土，避免钢管混凝土构件中钢和混凝土分离时，剪力直接传递给钢管而无法传递到柱内混凝土上；②节点施工方便，构造简单。此新型节点也存在一些问题，主要是：节点区钢管开大孔，钢管的整体性及套箍作用削弱，在柱轴压荷载作用下的节点的性能需要研究；节点区的抗剪性能需要研究。由于该种节点形式未经实际工程检验，需要对新型节点进行试验研究。试件节点构造形式见图7.2-19。

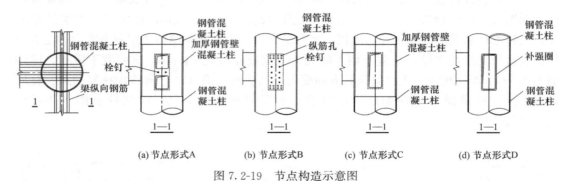

(a) 节点形式A   (b) 节点形式B   (c) 节点形式C   (d) 节点形式D

图 7.2-19 节点构造示意图

试件中包含柱及与其相连的两根梁（角节点）或三根梁（边节点）。各试件尺寸按照与实际结构1：3.2的比例缩尺。柱高取一层高。柱截面均为直径312mm、壁厚5mm，梁截面为109mm×281mm和156mm×219mm。柱混凝土强度C50，梁混凝土强度C30，钢管材料为Q345。试件示意见图7.2-20、图7.2-21。

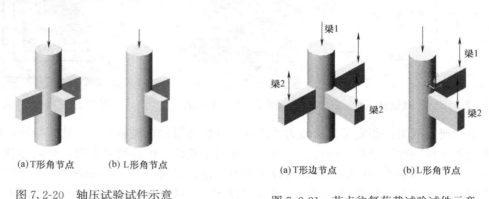

(a) T形角节点   (b) L形角节点

图 7.2-20 轴压试验试件示意

(a) T形边节点   (b) L形角节点

图 7.2-21 节点往复荷载试验试件示意

试验研究成果：研究了不同节点构造形式对节点承载力、刚度、延性等力学性能的影响，通过研究，对该节点的性能进行总结，提出了在工程中应用该类型节点的建议。试验结果表明：新型节点在柱端轴压荷载作用下，可实现强节点弱构件，节点区钢管加强后，可弥补开孔带来的承载力损失；钢管和混凝土共同承受竖向荷载时的试件承载力和仅混凝土承受竖向荷载时接近；在钢管与钢管内混凝土共同工作不能保证时，轴力仅传递给钢管混凝土柱外侧钢管是不安全的，需要采用合理措施保证钢管与钢管内混凝土共同工作；设计中需要注意钢筋在节点区内的锚固问题。

5. 关键节点试验研究

随着复杂高层建筑的大量涌现，一大批新型结构体系的发展，复杂关键节点成为保证结构安全的重点，这些复杂关键节点在风荷载与地震作用下，受力巨大，构造非常复杂，已经超出目前结构设计规范涵盖的范畴，其受力性能特别是抗震性能需要进行专门研究。以高 336.9m 左右的津塔和高 439m 的深圳京基金融中心的关键节点试验为例，介绍复杂节点的试验研究。

津塔伸臂桁架节点试验选择位于第 45 层 Y10（Z10）轴线上的伸臂桁架关键节点——钢管混凝土柱、钢梁和三根钢支撑交汇节点作为研究对象，根据模型的加工性能、试验能力等，确定模型的缩尺比例为 1：5，缩尺后模型钢板尺寸均为整数，且钢板厚度在 8～16mm 之间，易于采购及加工。模型钢材均采用 Q345B（钢板剪力墙采用 Q235B），焊缝采用 E50 型焊条。混凝土采用 C60 细石混凝土。共制作两个试件。缩尺模型如图 7.2-22 所示。

深圳京基金融中心巨型钢管混凝土节点试验选取原型结构中 18 层位置结构侧面钢管混凝土柱与巨型支撑节点进行试验研究。根据加载设备能力及加工可行性，模型缩尺比例

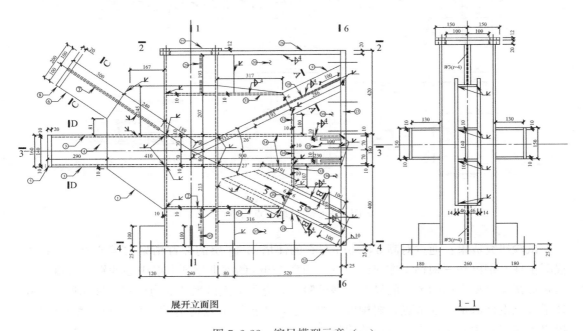

展开立面图 1-1

图 7.2-22 缩尺模型示意（一）

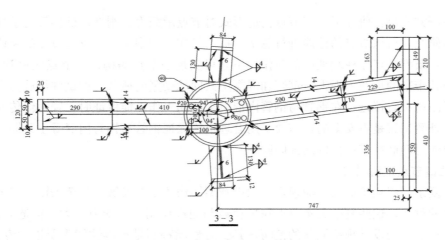

图 7.2-22　缩尺模型示意（二）

取 1：8.6。该节点构造复杂，钢骨混凝土柱与巨型支撑腹板相连接的节点域局部加厚，节点构造如图 7.2-23 所示。

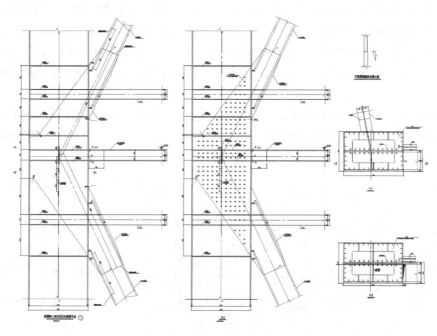

图 7.2-23　试验节点构造

试验研究成果：通过对高 336.9m 左右的津塔第 45 层的伸臂桁架关键节点——钢管混凝土柱、钢梁和三根钢支撑交汇节点，和高 439m 的深圳京基金融中心的钢管混凝土柱与箱形截面巨型支撑的节点的模型开展试验，研究了节点区域的受力模式和破坏形态，验证了节点设计满足"强节点、弱构件"的要求，验证了节点构造的合理性和抗震安全性，提出了在工程中应用该类型节点的建议。

7.2.3 小结

（1）本节探索出了一套有效的高层建筑结构节点及构件性能试验仿真技术，它是一项复杂、综合的技术。试件设计要充分考虑高层建筑结构的受力特点，关注主要因素，忽略次要因素，合理设计，才能达到预期目标；试验模型边界条件的实现与试件安装、加载装置与约束条件等有密切关系，这必须在试验总体设计时进行周密考虑，才能付诸实施，试验的成功与试件制作、数据量测关系密切；对试验结果进行合理的分析与研究，可以验证结构设计计算的各种假定，指导工程设计，推进高层建筑结构领域的科技发展。

（2）采用节点及构件试验仿真技术，解决了多个目前高层建筑领域和超高层建筑领域亟待解决的问题，为复杂节点及构件的计算、为编制规范规程提供了依据，试验研究成果主要包括：

1）针对国内规范尚未制定出有关钢-混凝土组合剪力墙这一新型结构形式的抗震设计规定这一现状，对组合剪力墙抗震性能进行了综合试验研究。研究了两端配置型钢、钢管及芯柱的剪力墙、钢板剪力墙、带钢斜撑剪力墙及高配筋率剪力墙等不同形式剪力墙的受力性能及抗震性能，以及各种组合剪力墙的连接方式；提出了各种组合剪力墙的承载力设计公式，提出了钢板组合墙连接构造的设计方法，包括端部型钢暗柱箍筋的设置构造、连接板的设计、墙身分布筋构造及钢板抗剪连接件的设计等。

2）针对型钢混凝土柱箍筋配置和型钢锚固埋深的问题，以及巨型型钢混凝土柱尺寸大、截面含钢率高、截面由多个型钢分散配置，承载力、延性、裂缝分布、型钢与混凝土共同工作性能不明确的现状，对型钢混凝土柱进行了综合试验研究。研究了型钢混凝土压弯构件滞回曲线、骨架曲线、耗能能力、埋入型钢的应变发展情况及抗震性能，高含钢率、复杂型钢混凝土巨型组合柱的轴压、压弯及抗剪性能；提出了型钢混凝土压弯构件的最小配箍率建议公式，最小埋深比建议值，提出了高含钢率组合柱的设计计算公式、连接板设置要求，提出了考虑一定折减系数、采用平截面假定、考虑混凝土约束效应计算试件压弯承载力的方法。

3）针对巨型钢管混凝土柱构件含钢率大、截面形式复杂、超出规范公式应用范围的情况，研究了巨型钢管混凝土柱承载力、刚度、延性和滞回耗能能力以及破坏特征，提出了巨型钢管混凝土柱刚度和承载力的设计计算方法，建议可以采用纤维模型，按照平截面假定计算钢管混凝土柱截面的受弯承载力，计算中可不考虑混凝土的约束效应。

4）针对钢管混凝土梁柱节点、巨型关键节点构造复杂的情况，研究了节点区域的受力模式和破坏形态，验证了其构造的合理性和抗震安全性，提出了在工程中应用该形式节点的建议。

7.3 高层建筑整体静力试验仿真技术研究

对于高层建筑结构，通过节点和构件试验，可以对其关键局部位置的受力性能有清晰的认识。但是，如果需要更进一步地了解结构整体的受力性能，就需要进行结构整体试验研究。

由于高层建筑结构规模通常较大，受试验设备的限制，一般都是制作整体结构的缩尺模型进行试验研究。缩尺模型与原型结构之间需要符合相似比关系，使缩尺模型的试验结果可以代表原型结构的性能。结构整体试验可以分为静力试验和动力试验。静力试验不考虑时间因素的影响，采用缓慢加载的方式模拟结构上的荷载作用，包括重力、风荷载及地震作用等。

结构整体试验虽然是了解结构受力规律的最准确的方法，但是由于费用、周期及试验室规模等的限制，该类试验进行的次数较少。该类试验主要针对以下结构：

（1）特别复杂的结构，现有的数值分析方法难以准确地了解其受力性能，需要采用试验仿真技术来探讨。

（2）新型的结构，现有的设计方法或者分析方法不适用，需要采用试验技术来揭示其受力性能，并作为数值分析方法或者设计理论的依据。

本书结合典型的高层建筑拟静力试验，对高层建筑结构的整体静力试验仿真技术进行研究，包括试件设计、试验加载技术与控制技术、试验数据测量技术、试验数据处理技术与结构分析方法。并通过数值分析结果与试验结果的对照，表明试验仿真结果的可靠性。

7.3.1 高层建筑结构整体拟静力试验

1. 试件设计

在静力试验中，模型与原型之间的相似比关系如表 7.3-1 所示。

结构静力模型试验的相似常数和相似关系 表 7.3-1

类型	物理量	量纲（绝对系统）	相似关系
材料特性	应力 $[\sigma]$	FL^{-2}	$S_\sigma = S_E$
	应变 $[\varepsilon]$	—	$S_\varepsilon = 1$
	弹性模量 $[E]$	FL^{-2}	S_E
	泊松比 $[\nu]$	—	1
	密度 $[\rho]$	FT^2L^{-4}	$S_\rho = S_E/S_L$
	质量 $[m]$	LT^{-2}	$S_m = S_E/S_L^2$
几何尺寸	线尺寸 $[L]$	L	S_L
	面积 $[A]$	L^2	$S_A = S_L^2$
	体积 $[V]$	L^3	$S_V = S_L^3$
荷载	集中力 $[P]$	F	$S_t = S_E S_L^2$
	压力 $[q]$	FL^{-2}	$S_q = S_E$
	弯矩 $[M]$	FL	$S_M = S_E S_L^3$

模型设计过程中，根据原型结构的尺寸和试验目的，有以下两种设计方法：

（1）取全部原型结构，进行缩尺试验，可以完全重现结构整体的性能。

比如一幢 30 层框架-核心筒混合结构（结构按 8 度设防设计）的拟静力试验，其结构平面为 24m×24m 的正方形，且双轴对称（图 7.3-1）。结构总高 109m，层高分别为：1 层 4.5m、2 层 6.5m、3～300 层为 3.5m。框架采用型钢混凝土柱，布置在结构外围；核心筒采用内置型钢的钢筋混凝土剪力墙，尺寸 9m×9m，布置于结构平面中央。筒体四角配置"十"字形型钢，洞口两侧配置"H"型钢。墙中型钢一方面提高了剪力墙的承载力，另一方面有利于与结构梁连接。

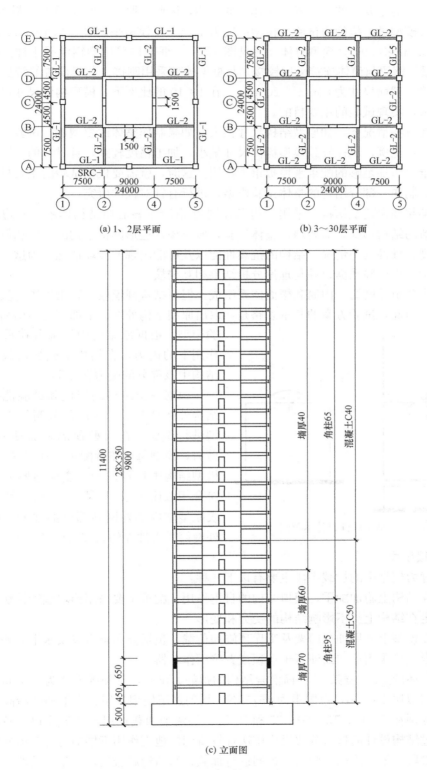

(a) 1、2层平面

(b) 3～30层平面

(c) 立面图

图 7.3-1 试验模型结构示意图

由于试验的主要目的是探索结构体系的性能，因此按照以上结构原型，制作了 1：10 的整体缩尺模型进行拟静力试验。模型高度为 10.9m，模型平面尺寸 2.4m×2.4m，核心筒尺寸为 0.9m×0.9m，模型总体立面见图 7.3-1。框架柱采用型钢混凝土柱。框架梁采用 I 型钢梁，钢梁与筒体连接采用铰接，与框架连接采用刚接。二层设置的转换梁采用型钢混凝土梁，截面尺寸为 85mm×200mm。在 1：10 的比例下，模型构件尺寸可以满足加工精度要求，实现试验的主要目的。

（2）在有些情况下，如原型结构尺寸很大，如果制作整体的模型进行试验，就需要采用较小的缩尺比例，往往导致模型构件尺寸偏小，加工精度较差，且材料的密度相似比较大，有时难以施加足够的配重来模拟重力作用。这时，就需要根据试验的主要目的，做出某种取舍，制作一部分结构的整体试验模型，进行有针对性的研究。

比如某超高层建筑结构，采用六边形外网筒-混凝土核心筒结构体系。六边形外网筒结构为全新的结构形式，需要通过整体试验，研究该六边形网格结构的竖向和侧向的承载能力、刚度、杆件内力情况、结构的抗震性能以及可能出现的破坏情况，为这类新型结构的理论分析提供试验数据，并与理论分析结果相互校核。

结构主要由外网筒、内筒和楼面体系组成。但原结构规模较大，难以进行较大比例的整体试验。因此，试验方案的基本思路是：取出原型结构外网筒下部部分结构缩尺制作试验模型，根据原结构中该部分在重力和地震作用下的内力，在结构上施加荷载，模拟原结构中该部分的受力和变形。

根据原型结构的规模和试验能力，取出结构外网筒上 5～18 层部分制作 1：14 的模型进行试验。在模型顶部施加轴力及弯矩、剪力，模型每层布置配重，通过精心的设计，模型结构中构件内力、变形与原型结构基本符合相似比关系，则模型结构的性能可以代表原型结构中外网筒部分的性能，以实现对外网筒受力性能的研究（图 7.3-2）。

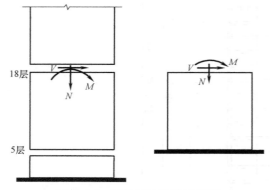

图 7.3-2 试验试件设计示意图

2. 加载手段

整体静力模型中的加载手段主要有以下几种：

（1）在结构上施加配重，模拟结构的自重作用。配重主要采用铅块或者铁块，并以某种方式固定在结构上且不影响结构的受力和变形。

（2）在模型上采用加载门架及千斤顶施加荷载，包括竖向重力以及水平力和弯矩。根据试验要求，可采用单向的油压千斤顶或者拉压作动器。

以上所述的 30 层框架-核心筒混合结构的拟静力试验，其加载方式为：竖向加载按模型重量的相似比 1：100，总配重为 1575kN，均匀加至模型各层。水平加载沿高度设 6 个加载点，分别在 5、10、15、20、25 和 30 层，每两个加载点用一个千斤顶，各点的加载比例由通过结构设计的振型分解反应谱法计算得到的地震作用下层剪力计算值确定。加载分为两个阶段，第一阶段按侧向力控制进行加载；当结构屈服后转入第二阶段，按顶点位移控制加载。

3. 测试方法

整体静力模型中,主要关注结构整体的动力特性、破坏模式和变形行为,在构件尺寸较大的情况下,对关键构件的应变进行测量。变形主要采用位移计和转角仪等测量,应变主要采用电阻应变片测量。

在30层框架-核心筒混合结构的拟静力试验中,模型的测点布置包括动力特性、位移、应变的测定。试验模型在5、10、15、20、25和30层,布置了6个5511型伺服式加速度传感器,通过顶点牵拉和脉动法测量模型各状态下的动力特性和结构阻尼比。位移测点设在1、2、3、4、5、7、13、18、23、27和30层顶,底座也布置了位移测点,以防底座滑动,1~2层在左、中、右各布置3个位移计(图7.3-3、图7.3-4)。钢筋和混凝土表面应变的量测集中在1~5层,柱上、下端的钢筋和型钢处、剪力墙的下端型钢和混凝土表面都布置了应变片。

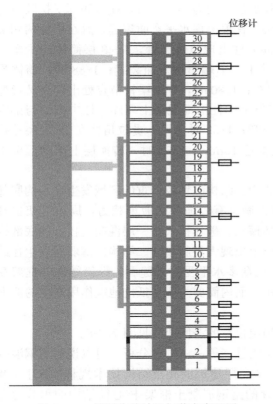

图 7.3-3 楼层位移计及加载点布置图

图 7.3-4 模型加载及测点布置完成后的外景

4. 试验结果分析及处理

对于高层建筑的整体静力试验,通常较为关心的试验结果包括以下几点:

(1)屈服及破坏模式;

(2)裂缝开展过程;

(3)结构承载力分析;

(4)结构刚度分析;

(5)结构的抗震性能分析,包括变形能力、耗能能力、滞回性能等。

其中，结构的屈服及破坏模式、裂缝开展过程是在试验全过程中观察和记录的。试验完成后分析与总结。结构的承载力分析包括屈服承载力与破坏承载力。对于整体结构，一般没有明显的屈服点，需要采用某种规则来确定屈服承载力。结构的刚度分析包括竖向刚度、侧向抗弯和抗剪刚度，根据实测的加载力与变形之间的关系分析得到。通常要分析结构的初始刚度、刚度的退化规律等。结构的抗震性能分析主要用于结构整体拟静力中，其分析方法类似于构件的拟静力试验。

30 层框架-核心筒混合结构的拟静力试验过程为：

（1）第一阶段：在竖向加载和水平加载至模型基底剪力为 60kN，相当于弹性小震基底剪力值时，结构未出现裂缝；加载至 170kN，相当于弹性中震基底剪力时，核心筒 3～8 层连梁两端出现弯曲裂缝，转换梁跨中出现细微弯曲裂缝，且靠近中柱支承部位出现细微斜裂缝，此时顶点位移角为 1/400。

（2）第二阶段：按顶点位移控制加载。顶点位移角为 1/267 时，筒体底部受拉肢剪力墙出现斜裂缝，筒体连梁出现斜裂缝，转换梁上柱根出现水平弯曲裂缝，且在中柱两侧梁上出现弯曲裂缝。顶点位移角为 1/200 时，部分柱出现拉弯裂缝，7～8 层筒体连梁弯曲裂缝增大；顶点位移角为 1/100 时，框架中柱上、下端出现弯曲裂缝；1/88 时，筒体受拉侧墙肢根部水平向拉开，裂缝宽度 2mm 左右；1/80 时，框架梁柱节点处出现交叉形剪切裂缝，顶点位移为 191mm；1/57 时，转换梁上的柱根部混凝土裂碎，柱中型钢与梁内型钢焊缝处拉开，二层一根角柱在上部突然拉断；1/52 时，另一受拉角柱在 10 层突然拉断，筒体受拉侧墙肢剪力墙根部水平裂缝宽度达 10mm；1/50 时，转换层上部的框架中柱拉断破坏。

根据试验现象，可总结出结构的破坏模式为：结构破坏较严重的区域发生在结构底部 1～4 层，即底部转换层上、下。鉴于筒体剪力墙具有较强的受剪承载力，周边框架也具有足够的抗剪能力，结构未出现整层剪切破坏模式。破坏模式是一层混凝土核心筒底部拉开，转换层上、下柱拉断，同时混凝土剪力墙上出现大量斜裂缝。结构的薄弱层发生在结构底部 1～4 层，由柱拉断的不确定性及柱出现众多水平受拉裂缝看，框筒结构外框架在抵抗地震作用产生的倾覆力矩中起着重要作用，而内筒剪力墙是抵抗地震作用产生的剪力的主要防线。

在拟静力试验过程中，模型基底剪力和顶层位移的滞回曲线见图 7.3-5。

根据此曲线，对模型的承载力、刚度、抗震性能等一一进行分析，可以说明型钢混凝土框架-核心筒结构具有较好的抗震性能，按《高层建筑混凝土结构技术规程》JGJ 3 及《型钢混凝土组合结构技术规程》JGJ 138 设计的型钢混凝土框架-核心筒结构的承载力有一定的安全度，结构在弹性中震作用下未屈服，破坏时的基底剪力为 427kN，大于按弹性大震计算的基底剪力 339kN。8 度罕遇地震作用下，结构性能点的相应顶点位移为 45.1mm，相应的 1 层层间位移角为 1/682，2 层层间位移角为 1/528。整体结构延性系数为 3.54，结构整体抗震性能较好。

为进一步了解模型结构受力特点，验证试验结果的有效性和准确性，对模型结构进行了静力弹塑性分析。计算采用 SAP2000、ABAQUS 和 PUSH/EPDA 程序，侧向加载方式与模型试验时加载方式相同。图 7.3-6 为计算骨架线与试验值对比图。加载上升段计算曲线与试验曲线吻合较好。

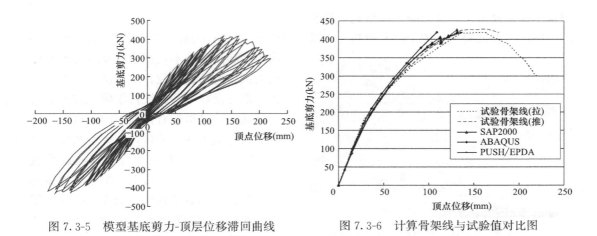

图 7.3-5　模型基底剪力-顶层位移滞回曲线　　　　图 7.3-6　计算骨架线与试验值对比图

7.3.2　小结

本节主要以一 30 层的型钢混凝土组合结构拟静力试验为例，对高层建筑结构的整体静力试验仿真技术进行研究，包括试件设计、试验加载技术与控制技术、试验数据测量技术、试验数据处理技术与结构分析方法。并通过数值仿真分析结果与试验结果的对照，表明采用合理的试验仿真技术，结果是可靠的，对高层建筑结构技术的进步具有重要意义，试验技术和方法可供其他高层建筑结构试验研究参考。

7.4　高层建筑整体动力试验仿真技术研究

随着结构动力试验设备和试验技术的发展，对于高层建筑结构，制作缩尺模型，输入时程波进行动力试验，模拟结构在遭遇真实地震时的反应，已成为一种非常重要的物理仿真手段。与低周反复加载静力试验相比，动力加载试验实时输入地震波，能够反映出应变速率的影响，具有更高的准确性。整体动力试验通常在大型模拟地震振动台上进行。

通过整体动力试验仿真研究，可以达到以下目的：推定结构动力特性；研究不同水准地震作用时结构的加速度、位移、应变等动力响应；观察、分析结构抗侧力体系在地震作用下的受力特点和破坏形态及过程，找出可能存在的薄弱部位；检验结构在地震作用下是否满足规范三水准抗震设防要求，能否达到结构设计设定的抗震性能目标；在试验结果及分析研究的基础上，对结构设计提出可能的改进意见与措施，进一步保证结构的抗震安全性。

整体动力试验模型通常分为弹性模型和弹塑性模型。弹性模型试验目的是获得结构弹性阶段的资料，其研究范围仅限于结构的弹性阶段。常用在钢筋混凝土或砌体结构，用以验证结构的设计方法是否正确或为设计提供某些参数。弹性模型的制作材料不必与原型相似，只需在试验过程中材料具有完全的弹性性质。弹塑性模型试验目的是研究原型结构的极限强度、极限变形以及在各级荷载作用下结构的性能，常用于钢筋混凝土结构和钢结构的弹塑性性能研究。原型与模型材料性能相似越好，弹塑性模型试验的效果越好，目前钢筋混凝土结构小比例试验模型还只能做到不完全相似。常采用的模型形式中，有机玻璃模型属于弹性模型，微粒混凝土模型属于弹塑性模型。

整体动力试验主要用于研究超高、超限及结构形式特殊的高层建筑结构。近些年，国内很多超高层及不规则建筑都进行了整体动力试验的仿真研究，这些试验中有相当大一部分是在中国建筑科学研究院有限公司完成的，这里拥有目前国内承载能力及台面尺寸最大的振动台，主要参数详见表7.4-1。图7.4-1为振动台模拟地震系统模型图，图7.4-2及图7.4-3分别为振动台控制系统和数采系统。表7.4-2列出了中国建筑科学研究院有限公司完成的整体动力试验的部分典型高层建筑。

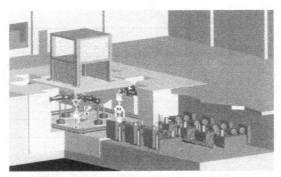

图 7.4-1　振动台模拟地震系统模型图

图 7.4-2　振动台控制系统

图 7.4-3　振动台数采系统

本书以大量的实际结构的模型振动台试验为基础，进行了试验基础问题、试验方法的研究，给出了部分典型工程的试验结果，总结了各种不同类型的高层建筑结构在地震作用下的受力特点，分析了一些共性的问题，给出了设计建议。

振动台参数　　　　　　　　　　　　　　　　表 7.4-1

台面尺寸	6m×6m
最大载重量	60t(600kN)
最大位移	±150mm（横向），±250mm(纵向)，±100mm(竖向)
最大速度	±1000mm/s(横向)，±1250mm/s(纵向)，±800mm/s(竖向)
最大满载加速度	±1.5g(横向)，±1.0g(纵向)，±0.8g(竖向)
最大倾覆力矩	180t·m　（1800kN·m）
最大偏心	1000mm
最大偏心力矩	600kN·m

续表

最大扭转角	三向均为±3°
工作频段	0.1~50Hz
控制模式及数据获取	数字控制
振动方向	空间六自由度
振动波形	地震波、随机波、简谐波等

已完成整体动力试验的部分典型高层建筑　　　　　　　　表7.4-2

名称	高度	结构体系	特点
上海中心	632m	巨型框架	超高、新型结构
广州西塔	432m	编织筒	超高、新型结构
深圳京基中心	439m	三重抗侧力结构体系 核心筒、巨型斜支撑框架、 连接伸臂桁架和腰桁架	超高、新型结构
甘肃电力通讯大楼	186.7m	型钢混凝土筒中筒结构	底部斜柱、斜撑转换 顶部钢框架支撑体系
广州琶洲PZB1301塔楼 广州琶洲PZB1401塔楼	104m 120m	钢筋混凝土框架及核心筒 钢筋混凝土框架剪力墙	转换、悬挑 斜柱转换、钢空腹桁架悬挑
广州图书馆	50m	框架倾斜连体双塔结构	倾斜单桩悬吊结构、塔楼间 多层采用万用铰水平连杆连接
成都来福士广场T3塔楼 成都来福士广场T4塔楼	118.1m 112.4m	框架-剪力墙	体型复杂、立面收进、刚度突变
郑州物流港	119.8m	框架-核心筒 门式双塔结构	高层建筑、 体型复杂、连体
天建花园	155.8m	框架-核心筒 双塔结构	高层建筑、 体型复杂、连体
厦门福隆大厦	135.0m	框架-混凝土核心筒 混合结构体系	高层建筑、刚度及承载力 沿竖向分布不规则

7.4.1　振动台试验方法研究

1. 构件模拟方法

振动台试验中，模型缩尺比例通常较小，需要以较小尺寸的构件来模拟原型结构中的足尺构件。模型构件与对应的原型构件的承载力、刚度等需要符合相似关系。模型构件的模拟方法对振动台模型试验的准确性和可靠性起到决定性的作用。

构件模拟主要涉及两个方面，一方面是模型构件材料的选择；另一方面是截面及配筋形式的合理简化。

（1）材料选择

适合于制作模型的材料有很多，各种材料的特性不同，与原型结构材料特性的相似比关系符合程度也不同。一般来说，不可能找到完全符合相似关系的理想模型材料，只能根据试验目的的要求，尽量选择既符合相似关系又具有可加工性的模型材料。正确选择模型材料对顺利完成模型试验具有决定性的意义。模型材料应符合以下几方面要求：满足试验相似关系；保证试验结果合理的情况下，选择弹性模量相对较低的材料，以便能够产生足够的变形，满足测量需求；保证材料性能的稳定，受环境和徐变影响较小；保证加工制作比较方便。振动台试验模型常用到的材料包括钢、混凝土、铜（黄铜或紫铜）、微粒混凝土及有机玻璃。

对于弹性模型，通常采用有机玻璃模型，即其所有构件（包括楼板）均采用有机玻璃进行制作。有机玻璃是一种各向同性的匀质材料，但因其徐变较大，试验时为了避免明显的徐变，应使材料中的应力不超过7MPa。有机玻璃模型具有加工制作方便、尺寸精度容易保证、材料性能稳定等优点，通常采用木工工具即可进行加工，采用胶粘热气焊即可组合成型。

对弹塑性模型，不同类型构件在不同情况采用不同的方法模拟。在条件允许时，优先采用与原型相同材料来模拟构件，这是一种能达到完全相似的模拟方法。在小比例模型中，无法用原型材料制作模型时，通常采用弹模相对较小的其他材料来模拟原型材料，这是一种不完全相似的模拟方法，也是目前高层建筑振动台模型试验最常用的一种方法。这种模型中，通常采用微粒混凝土模拟混凝土，钢丝模拟钢筋，用黄铜（或紫铜）模拟钢结构和型钢混凝土结构中的钢材。图7.4-4为试验中模型不同材料的模拟。

(a) 黄铜模拟钢材

(b) 钢丝模拟钢筋(剪力墙筒体及框架柱)

(c) 型钢混凝土筒体(暗柱)

(d) 微粒混凝土模拟混凝土柱

图 7.4-4　试验中模型不同材料模拟

微粒混凝土应按照相似条件要求做配比设计，影响微粒混凝土力学性能的主要因素是骨料体积含量、级配以及水灰比。级配设计时应首先满足弹性模量要求，尽量满足强度要求，骨料粒径一般不宜大于截面最小尺寸的1/3。黄铜可以通过调整其合金成分比例，得到弹性模量、屈服强度均符合相似比关系的材料。钢丝与钢筋的材料力学性能近似，在模拟时需要考虑弹性模量及强度的相似比关系进行换算。

（2）截面设计

振动台模型构件设计中，如果完全按照长度相似关系进行构件截面设计，经常会出现钢板或铜板过薄、钢筋直径过小、纵筋根数过多或箍筋间距过密等问题，使得模型加工变得非常困难甚至根本无法进行。这时就需要对模型构件进行合理地简化，既保证构件的刚度、承载力等主要截面特性能够满足相似关系要求，又要便于加工。下面对常用的钢筋混凝土、型钢混凝土、钢管混凝土构件的模拟进行了试验研究，给出了模型构件设计的建议。

2. 微粒混凝土构件的研究

高层建筑结构振动台试验中，常用微粒混凝土构件来模拟混凝土构件。弹塑性模型成功与否主要取决于模型材料和原型材料间的相似程度，对微粒混凝土构件特性的研究和了解，是振动台试验得到正确结果的保证。本试验对采用微粒混凝土构件（配置钢丝及黄铜）模拟钢筋混凝土构件（钢骨混凝土、钢管混凝土）的方法进行了研究，为微粒混凝土构件的设计提供了试验依据。

（1）黄铜微粒混凝土构件模拟型钢混凝土构件的试验研究

为了研究黄铜微粒混凝土构件的弹塑性工作性能和特点，并探讨其与原型结构构件承载力的相似程度，按照相似关系制作了6根黄铜微粒混凝土柱，分3组进行了不同轴压比条件下的低周反复加载试验，并对其滞回性能进行了分析，与原型结构构件进行了对比。

1）试验方案

试件中采用微粒混凝土模拟混凝土，采用钢丝模拟钢筋，采用软黄铜模拟柱内型钢。图7.4-5为构件设计图，主要材料性能见表7.4-3，相似关系见表7.4-4，原型以及模型的构件截面尺寸和配筋数据见表7.4-5。

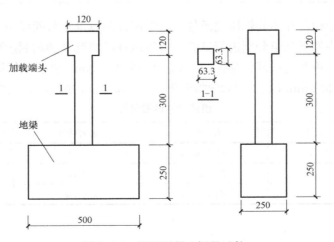

图7.4-5　微粒混凝土铜骨试件

模型材料性能　　　　　　　　　　　　　　　表 7.4-3

模型材料	弹性模量（MPa）	实测强度（MPa）
微粒混凝土	1.8×10^4	22.0
钢丝	2.06×10^4	300
软黄铜	1.09×10^5	220

模型相似关系（模型/原型）　　　　　　　　　表 7.4-4

物理量	相似关系	物理量	相似关系
长度	1/15	质量密度	7.5
弹性模量	1/2	时间	0.258
频率	3.87	加速度	1.0
应变	1.000	应力	1/2.0

构件截面及配筋　　　　　　　　　　　　　　表 7.4-5

项目	原型	模型
截面		
纵筋	24 Φ 32	4 Φ 2.2＋8 Φ 1.8（钢丝）
纵筋配筋率	2.33%	0.93%
型钢截面	2H550×300×20×30（钢）	2H40×20×1.2×2（铜）
型钢面积比率	6.16%	6.15%

为了研究模型构件在不同轴压比条件下的滞回性能以及正截面承载力相关关系，共加工试件 6 个，分为如下三组分别进行试验，各组试件的情况及加载制度列于表 7.4-6。

加载制度，柱顶侧向往复位移控制加载。位移幅值 6mm 以下，每级加载控制位移增量 1mm；位移幅值 6mm 以上，每级加载控制位移以 2mm 递增，直至构件破坏。

模型构件试验分组　　　　　　　　　　　　　表 7.4-6

组别	试件数	试件编号	轴力（kN）	轴压比
一	2	Z1-1、Z1-2	0.0	0.0
二	2	Z2-1、Z2-2	20.0	0.16
三	2	Z3-1、Z3-2	40.0	0.33

2）试验结果

第一组构件破坏情况：Z1-1 第一级加载至 2.0kN，之后又加至 3.0kN，顶部位移已较大，根部水平裂缝接近贯通。随后即以 2mm 递增位移控制往复加载，直至构件破坏。Z1-2 的加载过程中侧移达到±4mm 时，试件根部出现水平裂缝；随着顶部侧移的增加，裂缝不断发展，逐渐贯通（图 7.4-6）；顶部侧移达到±9mm 时，两侧底部的保护层开始被压碎剥落（图 7.4-7）；继续加载至顶端位移±18mm 时，受压侧的钢筋被压曲（图 7.4-8）。此后，由于内部铜构件的作用使承载力稍有提高但幅度不大。最后的破坏形态如图 7.4-9 所示。

图 7.4-6 根部贯通的水平裂缝

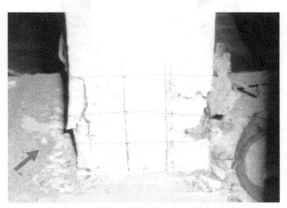

图 7.4-7 保护层剥落

图 7.4-8 受压纵筋压曲

图 7.4-9 Z1-2 最终破坏形态

第二组构件破坏情况：Z2-1 加载过程中，柱顶侧移达到±4mm 时，构件底部外侧出现受拉的水平缝；柱顶侧移达到±6mm 时，柱底水平裂缝贯通，柱下部开始出现斜向裂缝并逐渐开展；加载至柱顶位移±9mm 时，斜裂缝出现交叉，柱底部外侧出现竖向裂缝，砂浆面层开始逐渐剥落；加载至柱顶位移±13mm 时，底部竖向裂缝和交叉斜裂缝均进一步向柱上部发展，受压纵筋压曲。随后，由于内部型材的作用，承载力有稍许提高，最后加载至±25mm（位移计最大量程），相应的破坏形态和最终的裂缝分布如图 7.4-10 所示。Z2-2 与 Z2-1 大体上相似，裂缝分布图及破坏形态见图 7.4-11。

第三组构件破坏情况：Z3-1 的加载过程中，在柱顶侧移为±5mm 时，底部出现水平缝；柱顶侧移为±7～8mm 时，底部外侧开始出现竖向裂缝（图 7.4-12），砂浆面层开始剥落，之后随着柱顶位移的增加，底部砂浆面层进一步压碎剥落（图 7.4-13），构件侧向承载力已经开始下降；随后继续加载时构件出现侧向倾斜，在柱顶部出现斜裂缝并逐渐向

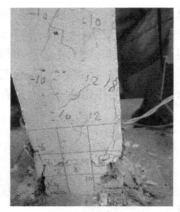

图 7.4-10　Z2-1 的裂缝分布及破坏形态　　　　图 7.4-11　Z2-2 的裂缝分布及破坏形态

下发展，顶部外侧面层剥落，外侧纵筋压曲（图 7.4-14）。构件破坏时位移已不能达到位移计的量程，在柱顶侧移为 ±19mm 的加载循环结束后停止加载，同时构件有较为明显的侧倾（图 7.4-15）。Z3-2 的加载过程与 Z3-1 基本相同。其中，±15mm 加载循环结束时，柱底砂浆面层已完全剥落，内部的型材已经开始裸露。在 ±21mm 循环结束后停止加载，构件破坏时和 Z3-1 一样，发生了侧向倾斜。

图 7.4-12　Z3-1 的裂缝分布及破坏形态　　　　图 7.4-13　Z3-1 底部的裂缝分布情况

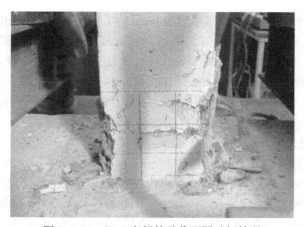

图 7.4-14　Z3-1 底部的砂浆面层破坏情况　　　　图 7.4-15　Z3-1 破坏时侧倾

三组构件的滞回曲线：

第一组试件的滞回曲线如图 7.4-16 所示，由于没有轴压作用，所得滞回曲线形状较为饱满，接近于梭形。Z1-2 位移控制加载一直到 ±25mm（位移计的最大量程），得到较为完整的骨架曲线。

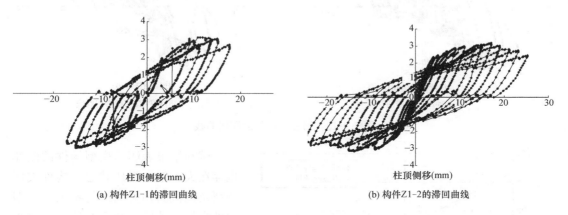

(a) 构件Z1-1的滞回曲线　　　　　　　　　　(b) 构件Z1-2的滞回曲线

图 7.4-16　第一组构件的滞回曲线

第二组构件的滞回曲线如图 7.4-17 所示。由于轴向压力的存在，其滞回曲线出现一定程度的捏拢，没有第一组的滞回曲线饱满，形状大致呈现倒 S 形。

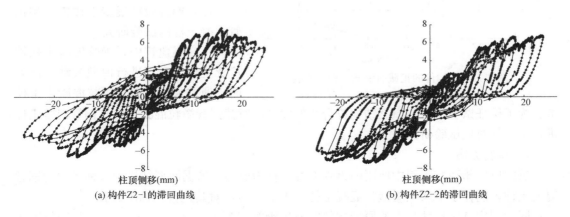

(a) 构件Z2-1的滞回曲线　　　　　　　　　　(b) 构件Z2-2的滞回曲线

图 7.4-17　第二组构件的滞回曲线

第三组试件的滞回曲线如图 7.4-18 所示，由于轴压比的增加，构件延性进一步降低，破坏时所能达到的位移也不及前面两组。

按上述不同轴压比条件下的试验滞回曲线，得到构件屈服时对应的构件底部截面弯矩，由此可绘制正截面 N_u-M_u 相关曲线。

通过相关规程对原型构件截面进行了承载力计算，得到轴心受压时的屈服轴力为 57400kN，纯弯曲的屈服弯矩为 5131kN·m，界限破坏对应的轴压力为 17890kN，弯矩为 8439kN·m。根据试验相似关系可计算出与原型构件相似的模型构件的相关曲线，与前述的实测模型构件曲线进行比较，如图 7.4-19 所示。

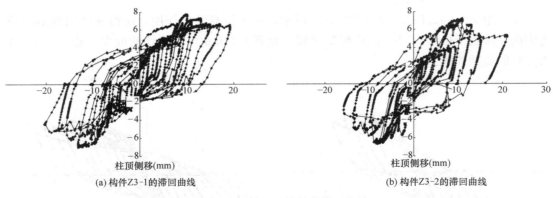

(a) 构件Z3-1的滞回曲线   (b) 构件Z3-2的滞回曲线

图 7.4-18　第三组构件的滞回曲线

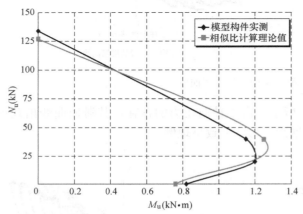

图 7.4-19　构件的正截面承载力相关曲线

试验结果表明，模型构件的破坏也存在大小偏心受压状态，构件破坏特征及正截面相关曲线的特征与原型构件类似，轴压、纯弯及偏压屈服承载力基本符合相似条件。因此，可认为模型构件与原型构件屈服承载力之间大体上满足相似性。

（2）铜管微粒混凝土柱模拟型钢管混凝土柱的试验研究

在高层建筑中，钢管混凝土柱被广泛应用，对其进行模型振动台试验时，通常采用黄铜管微粒混凝土来模拟。为了保证试验模型与原型结构符合相似关系，对黄铜管微粒混凝土柱与钢管混凝土柱进行了构件对比试验研究。

1）试验方案

试验以广州西塔工程中所用的钢管混凝土柱为原型。依据原型结构中 5 种尺寸的钢管混凝土柱，制作了缩尺铜管微粒混凝土柱（表 7.4-7），对其进行了轴压试验。

同时制作其中尺寸最大的原型构件的缩尺钢管混凝土柱试件（表 7.4-8）并进行轴压试验，根据试验结果对原型构件的承载力计算结果进行修正，并将修正后的原型构件承载力计算结果与相应铜管微粒混凝土构件试验结果进行比较分析。

试件列表　　　　　　　　　　　　　　　　　　　　　　　　　表 7.4-7

原型构件尺寸	模型构件尺寸	模型长度(mm)	模型数量
D1750×35	D35×0.7	92	2
D1550-35	D31×0.7	92	2
D1400-32	D28×0.64	92	2
D1200-30	D24×0.6	92	2
D900-24	D18×0.48	72	2

尺寸最大的原型构件的缩尺钢管混凝土柱试件列表　　　　　表 7.4-8

模型构件尺寸	模型混凝土强度等级	模型长度(mm)	模型数量
D168×3.3	C56	450	2

2）钢管混凝土柱轴压试验

钢管混凝土试件与原型比例为 1:11.67，共制作 2 根，钢管材料为 Q345，混凝土材料的实测强度等级为 C56。尺寸及试验后破坏情况如图 7.4-20 所示，两个钢管混凝土构件破坏形态均为管身略微起鼓后，竖向焊缝开裂，失去承载力。构件的试验曲线符合套箍系数较小的钢管混凝土构件的特征。如焊缝质量更好，构件会有更长的下降段及更大的压缩率，但没有强化段。主要试验结果见表 7.4-9。两钢管混凝土构件的荷载-压缩变形曲线和荷载-环向及竖向应变曲线如图 7.4-21 所示。

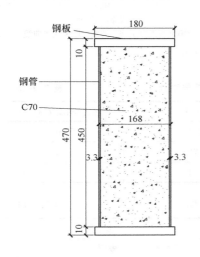

图 7.4-20　钢管混凝土构件试验

钢管混凝土构件主要试验结果　　　　　表 7.4-9

试件	屈服荷载(kN)	极限荷载(kN)	抗拉刚度 EA(N)	压缩率(%)
一	1354	1916	7.286E+08	8.23
二	1330	1902	8.145E+08	3.44
平均	1342	1909	7.716E+08	5.84

3）钢管混凝土构件试验值与计算值对比分析

钢管混凝土构件的试验结果与计算结果的比较如表 7.4-10 所示。其中，$P_u = f_{ck} A_c (1 + \theta + \sqrt{\theta})$，$P_y = f_{ck} A_c (1 + \theta)$，$\theta = f_y A_s / f_{ck} A_c$，$EA = E_c A_c + E_s A_s$，$f_{ck}$ 为混凝土轴压强度标准值，取 $0.8 \times 56 = 44.8$MPa；A_c 为混凝土面积；f_y 为钢管强度标准值，取 345MPa；A_s 为钢管截面积；E_c 为混凝土弹性模量，取 35500MPa，E_s 为钢材弹性模量取 206000MPa。

由比较结果可见，试验得到的承载力略高于计算结果，弹性模量略低于计算结果。由于试验构件与原型构件符合比例关系，所以同样按以上关系对原型构件的计算结果进行修正，即可得到原型构件的实际承载力和弹性模量。原型中其他尺寸的钢管混凝土构件也与试验构件具有近似的材料强度，径厚比、套箍系数，也按以上对应关系修正计算结果得到。采用上述计算方法，计算得到原型构件的承载力和弹性模量结果如表 7.4-11 所示。

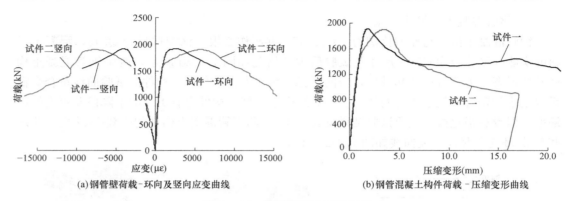

(a)钢管壁荷载-环向及竖向应变曲线

(b)钢管混凝土构件荷载-压缩变形曲线

图 7.4-21　钢管混凝土试验结果

钢管混凝土构件计算结果与试验结果对比　　　　　　　　　　表 7.4-10

钢管混凝土构件	屈服荷载 P_y(kN)	极限荷载 P_u(kN)	抗拉刚度 EA(N)
试验	1342	1909	7.716E+08
计算	1207	1798	8.636E+08
试验/计算	1.06	1.11	0.89

原型钢管混凝土构件计算结果　　　　　　　　　　表 7.4-11

构件尺寸	计算值			修正值		
	屈服荷载 P_y(kN)	极限荷载 P_u(kN)	抗拉刚度 EA(N)	屈服荷载 P_y(kN)	极限荷载 P_u(kN)	抗拉刚度 EA(N)
D1750-35	279060	189194	1.22E+11	295804	210005	1.08E+11
D1650-35	253078	171062	1.10E+11	268263	189879	9.78E+10
D1550-35	228219	153810	9.86E+10	241912	170729	8.78E+10
D1400-32	171239	114736	8.07E+10	181513	127357	7.19E+10
D1200-30	130210	87037	6.09E+10	138022	96611	5.42E+10
D900-24	75124	50153	3.50E+10	79632	55670	3.11E+10

4）铜管混凝土柱试验结果分析

对表 7.4-12 中所示的铜管混凝土试件，每种尺寸制作两个短柱试件，试件如图 7.4-22 所示。铜管混凝土构件中部贴纵向及环向应变片，进行轴压试验直至破坏。记录荷载、变形、铜管环向及纵向应变。根据试验得出铜管混凝土的屈服强度、极限强度、截面组合弹性模量，分析其主要力学性能特点。

主要试验结果总结于表 7.4-12 中。其中，截面模量按比例极限段确定，屈服强度取铜管竖向应变达到 $2000\mu\varepsilon$ 时的强度。压缩率为试件的总压缩量/试件原长。各铜管混凝土构件的荷载-环向及竖向应变曲线和荷载-压缩变形曲线如图 7.4-23 所示。

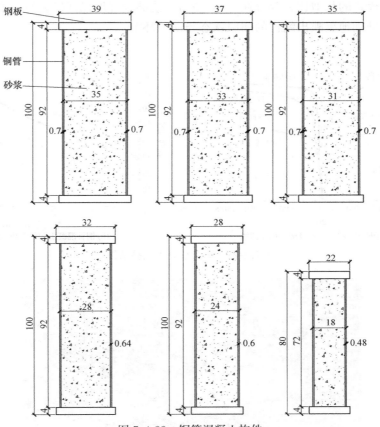

图 7.4-22　铜管混凝土构件

铜管构件主要试验结果　　　　　　　　　　表 7.4-12

尺寸	屈服荷载 （kN）	极限荷载 （kN）	抗拉刚度 EA （N）	压缩率 （%）
D35-0.7	28	86.5	1.518E+07	42.8
D31-0.7	22	71.5	1.185E+07	39.1
D28-0.64	16	68	9.722E+06	51.0
D24-0.6	16	100	8.777E+06	69.2
D18-0.48	9.3	58	5.840E+06	55.9

　　各铜管混凝土破坏形态均为压缩量非常大时，铜管环向受力过大，管壁被拉开，出现竖向裂缝，失去承载力。铜管混凝土构件的试验曲线和破坏形态均与套箍系数较大的钢管混凝土构件类似，构件进入塑性段以后，铜管壁套箍效应明显。构件具有很长的强化段，延性极好。典型的构件压缩过程如图 7.4-24 所示。图 7.4-25 为破坏后的各构件。

　　5) 铜管混凝土构件与原型钢管混凝土构件比较分析

　　原型构件与对应的铜管混凝土模型构件承载力、弹性模量的相似比如表 7.4-13 所示。原型构件取表 7.4-11 中的修正值，铜管混凝土模型构件取表 7.4-12 中试验值。其中 D33-0.7 的结果为根据其他构件推算而得。由表 7.4-13 结果可见，模型构件与原型构件的屈服荷载和弹性模量的相似比大部分在 7500 左右，能够较好地保证模型与原型的弹性相似，同时模型也可准确地反映出结构的屈服状态与薄弱环节。

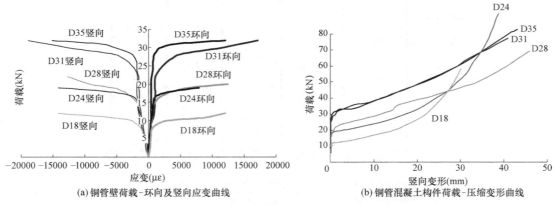

(a) 铜管壁荷载-环向及竖向应变曲线　　　　　(b) 铜管混凝土构件荷载-压缩变形曲线

图 7.4-23　铜管混凝土试验结果

图 7.4-24　压缩后的各尺寸铜管混凝土试件

图 7.4-25　铜管混凝土柱典型试件试验过程

原型与模型构件相似比 表 7.4-13

原型构件	模型构件	相似比		
		极限荷载 P_u	屈服荷载 P_y	抗拉刚度 EA
D1750-35	D35-0.7	3420	7500	7130
D1650-35	D33-0.7	3353	7388	7027
D1550-35	D31-0.7	3383	7760	7408
D1400-32	D28-0.64	2669	7960	7392
D1200-30	D24-0.6	1380	6038	6178
D900-24	D18-0.48	1373	5986	5327

图 7.4-26 中对比了铜管混凝土试件与钢管混凝土试件荷载-压缩变形曲线和荷载-应变曲线。其中，铜管混凝土试件荷载放大 7500 倍，位移放大 50 倍；钢管混凝土试件荷载放大 136.1 倍，位移放大 11.67 倍。图中可见，超过屈服点后，铜管混凝土构件应变发展较快，但其强化段很长，荷载可以持续上升。钢管混凝土构件进入塑性稍晚，但承载力下降较快，没有强化段。铜管混凝土构件与原型钢管构件相比，铜管强度偏大，砂浆强度偏小，构件套箍系数较大，极限承载力高，强化段较长，可能与原型有一定差距。

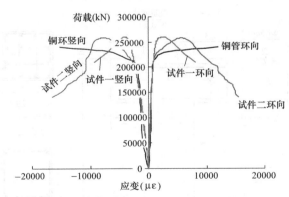

(a) 铜管混凝土与钢管混凝土试件荷载 - 应变曲线对比

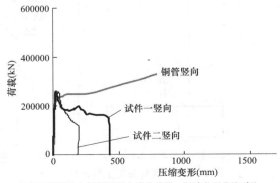

(b) 铜管混凝土与钢管混凝土试件荷载 - 压缩变形曲线对比

图 7.4-26 铜管混凝土与钢管混凝土试件试验结果对比

6）根据以上试验结果，得出以下主要结论：

① 模型构件与原型构件的屈服荷载和弹性模量的相似比基本在 7500 左右，能够较好地保证模型与原型的弹性相似及屈服点相似，因而模型也可准确地反映出结构的屈服状态与薄弱环节。

② 铜管混凝土构件与原型钢管构件相比，铜管强度偏大，砂浆强度偏小，构件套箍系数较大，极限承载力高，强化段较长，可能与原型有一定差距。

（3）微粒混凝土柱试件试验研究

振动台试验模型设计中，通常需要对缩尺后混凝土构件的配筋进行简化。主要基于两方面原因：一方面如果完全按照相似关系进行配筋，常会出现模型钢筋直径过小或箍筋间距过密等问题；另一方面原型构件由于截面较大，配筋通常非常复杂，如模型完全采用原型配筋形式，巨大的工作量会使得模型加工变得非常困难。试验对小偏心受压钢筋混凝土柱配筋简化影响进行了初步研究。

1）试验方案

试验制作了 4 组（每组 4 根，共 16 根）缩尺微粒混凝土柱。各组除配筋形式不同外，构件截面、微粒混凝土强度、纵筋配筋率、体积配箍率均相同。试验构件详细尺寸及配筋见图 7.4-27、表 7.4-14。对其进行了小偏心受压试验，通过试验结果评估了配筋简化对缩尺微粒混凝土柱承载力的影响。图 7.4-28 为加工好的构件。

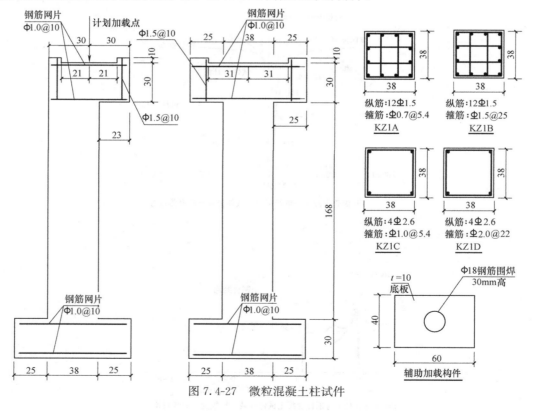

图 7.4-27　微粒混凝土柱试件

2）试验结果

试验后试件破坏情况如图 7.4-29 所示。小偏压荷载作用下，微粒混凝土柱破坏形态

图 7.4-28　微粒混凝土柱试件

均为混凝土压碎。失去承载力，主要试验结果总结于表 7.4-15。可以看出，在本次试验中，纵筋及箍筋配箍率相同的情况下，箍筋肢距及纵筋根数对承载力几乎没有影响，箍筋间距减小会使得小偏压柱的承载力略提高，但幅度也较小，在 10％ 以内。

微粒混凝土柱试件列表　　　　　　　　　　　　　　　　　　　表 7.4-14

试件编号	试件尺寸（mm）	纵筋（mm）	箍筋（mm）
KZ1A	38×38	12 Φ 1.5	Φ 0.7@5.4
KZ1B	38×38	12 Φ 1.5	Φ 1.5@2.5
KZ1C	38×38	4 Φ 2.6	Φ 1.0@5.4
KZ1D	38×38	4 Φ 2.6	Φ 2.0@22

试验结论：振动台试验模型设计，对于小偏心受压钢筋混凝土柱，在配筋率不变的前提下，减小模型中纵筋根数、箍筋肢数及箍筋间距，构件承载力会略微降低，但降低较小，在试验可以接受范围内，因此可在模型构件设计中采用上述简化配筋的方法。

微粒混凝土柱主要试验结果　　　　　　　　　　　　　　　　　表 7.4-15

试件编号	纵筋（mm）	箍筋（mm）	平均极限承载力（kN）
KZ1A	12 Φ 1.5	Φ 0.7@5.4	36.9
KZ1B	12 Φ 1.5	Φ 1.5@25	35.0
KZ1C	4 Φ 2.6	Φ 1.0@5.4	38.4
KZ1D	4 Φ 2.6	Φ 2.0@22	34.9

结果比较列表　　　　　　　　　　　　　　　　　　　　　　　表 7.4-16

比较项目	试件编号	肢数、根数或间距	承载力均值（kN）
箍筋肢数、纵筋根数不同	KZ1A、KZ1B	12 纵筋、四肢箍	35.95
	KZ1C、KZ1D	4 纵筋、双肢箍	36.65
箍筋间距不同	KZ1A、KZ1C	小箍间距	37.65
	KZ1B、KZ1D	大箍间距	34.95

3. 相似比理论

试验相似关系是指模型与原型物理现象的相似，比通常所说的几何相似概念更广泛些。物理现象相似是指除几何相似外，在进行物理过程的整个系统中，在相应的位置和对应的时刻，模型与原型相应物理量之间的比例应保持常数。

图 7.4-29 微粒混凝土柱试件

振动台试验中，根据竖向应变能否满足相似关系，动力模型通常分为两种类型，与原型动力相似的完备模型和配重不足的动力模型。与原型动力相似的完备模型，是指模型配重能够满足由量纲分析规定的全部的相似条件，竖向压应变相似常数 $S_\varepsilon = 1$。配重不足的动力模型，是指由于振动台承载能力的限制试验模型难以满足对配重的要求，模型重力失真造成竖向应变 $S_\varepsilon \neq 1$，此时各物理量之间的相似关系将发生变化，应根据实际参数来推导模型与原型之间的动力反应关系。配重不足的动力模型，通常需要通过放大加速度来满足相似关系要求。对于水平加速度，可以通过台面输入放大，但对于重力加速度，无法放大，也就不能满足相似关系，造成重力偏小失真。通过方程式分析方法或量纲分析方法，可以确定模型的相似关系。表 7.4-17 给出了结构动力模型试验的相似常数和绝对系统（基本量纲为：长度、时间、力）的相似关系。

结构动力模型试验的相似常数和相似关系   表 7.4-17

类型	物理量	量纲（绝对系统）	完备模型相似关系	重力不足模型相似关系
材料特性	应力[σ]	FL^{-2}	$S_\sigma = S_E$	$S_\sigma = S_E$
	应变[ε]	—	$S_\varepsilon = 1$	$S_\varepsilon = 1$
	弹性模量[E]	FL^{-2}	S_E	S_E
	泊松比[ν]	—	1	1
	密度[ρ]	FT^2L^{-4}	$S_\rho = S_E/S_L$	$S_\rho = S_\rho$
	质量[m]	LT^{-2}	$S_m = S_E/S_L^2$	$S_m = S_\rho S_L^3$
几何尺寸	线尺寸[L]	L	S_L	S_L
	面积[A]	L^2	$S_A = S_L^2$	$S_A = S_L^2$
	体积[V]	L^3	$S_V = S_L^3$	$S_V = S_L^3$
动力尺寸	频率[f]	T^{-1}	$S_f = S_L^{-1/2}$	$S_f = S_L^{-1}(S_E/S_\rho)^{1/2}$
	时间[t]	T	$S_t = S_L^{1/2}$	$S_t = S_L^1(S_\rho/S_E)^{1/2}$
	线位移[δ]	L	$S_\delta = S_L$	$S_\delta = S_L$
	速度[v]	LT^{-1}	$S_V = S_L^{1/2}$	$S_V = (S_E/S_\rho)^{1/2}$
	加速度[a]	LT^{-2}	$S_a = 1$	$S_a = S_E/(S_L S_\rho)$
	重力加速度[g]	LT^{-2}	$S_g = 1$	忽略
荷载	集中力[P]	F	$S_t = S_E S_L^2$	$S_t = S_E S_L^2$
	压力[q]	FL^{-2}	$S_q = S_E$	$S_q = S_E$
	弯矩[M]	FL	$S_M = S_E S_L^3$	$S_M = S_E S_L^3$

4. 试验方法研究

（1）一般模型的设计及加工方法

1）模型的设计

模型包含范围的确定：模型的设计首先应确定包含范围，是否包含地下室及包含层数，是否包含裙房。确定包含地下室层数时，通常根据规范对嵌固层侧向刚度和顶板厚度的要求，同时也要考虑设计计算时，为了更准确地反应地下室对地上部分的约束作用，考虑综合因素后所取的地下室层数。确定是否包含裙房时，通常根据抗震缝的设置或裙房对主塔楼侧向刚度的影响。

相似关系的确定：根据建筑的高度、质量及模型选用材料等确定模型结构三个独立的基本相似参数，并通过推导得到其他相似参数。如加速度放大系数大于1，则该模型为重力失真模型，竖向构件轴压力会偏小，可通过计算分析重力失真对主要构件内力的影响。

模型简化：对于高层建筑，通常原型结构相当复杂，因此试验模型无法完全按照原型结构进行缩尺设计。这就需要根据原型结构体系特点，在满足试验目的前提下，对模型次要结构进行合理的简化，以加快模型加工进度，减少加工误差。常用简化对象有：次梁、楼板小洞口、升板降板、楼板配筋、次结构小柱、裙房结构、抽层等。模型简化后需要通过计算，保证简化基本不影响结构整体动力特性和地震反应，以及简化对结构的影响在试验可接受范围内。图7.4-30～图7.4-32为巨型框架体系（上海中心）的抽层简化。

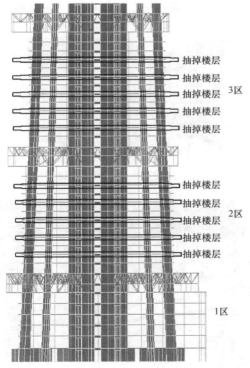

图7.4-30 二、三区抽掉楼层位置

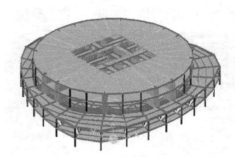

图7.4-31 原结构体系示意

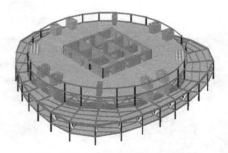

图7.4-32 抽掉楼面体系后结构

2）模型的加工

模型加工前应进行微粒混凝土试配试验，以确定适合本次试验的配合比。黄铜构件加工通常采用氩弧焊，以便保证良好的焊接质量和较小的焊脚尺寸，尽量减小加工带来的误差；微粒混凝土内配筋，除少量必须在模型上连接的位置采用绑扎外，其余连接（包括箍筋）均采用点焊的方法。为了缩短模型加工工期，微粒混凝土构件模板通常采用木板与苯板相结合的方法；微粒混凝土构件内的箍筋与纵筋一般提前在地面焊接好；钢结构构件多采用地面提前预制，空中拼装的加工方法。图 7.4-33～图 7.4-36 为模型加工过程示例图（上海中心、新疆会展中心）。

图 7.4-33　微粒混凝土采用苯板模板

图 7.4-34　顶部塔冠（地面焊接，空中组装）

图 7.4-35　加强层桁架（地面焊接后拼装）

图 7.4-36　悬挑桁架（地面焊接后拼装）

（2）地震波选择方法

振动台试验采用地震波应根据《高层建筑混凝土结构技术规程》JGJ 3—2010（以下简称《高规》）、《建筑抗震设计规范》GB 50011—2010（以下简称《抗规》）及《安评报告》确定，同时也要考虑结构设计及咨询单位的意见。

依据《抗规》振动台试验通常选择两组天然波一组人工波。地震波选取首先应满足地震动三要素要求，即频谱特性、有效峰值及持续时间，同时还需满足底部剪力等要求。频谱特性可用地震影响系数曲线表征，依据所处场地的场地类别和设计地震分组来确定；双向或三向输入时，加速度有效峰值应按照比例 1（水平主方向）：0.85（水平辅方向）：0.65（竖向）来调整；持续时间一般为结构基本周期的 5～10 倍；每条地震波计算所得的结构底部剪力不应小于振型分解反应谱法求得基底剪力的 65%，多条时程曲线计算所得结构底部剪力的平均值不应小于振型分解反应谱法求得底部剪力的 80%。图 7.4-37、图 7.4-38 为时程函数规范反应谱曲线的比较示例（甘肃省电力公司调度通讯楼）。

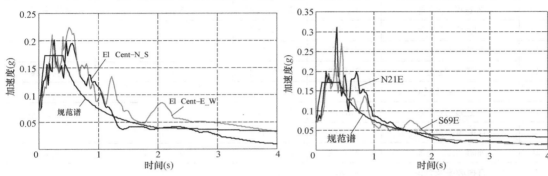

图 7.4-37 El Centro 波与规范反应谱对比曲线　　图 7.4-38 Taft 波与规范反应谱对比曲线

（3）加载流程

振动台试验加载流程，通常由小震（多遇地震）工况开始，逐渐增大，经过中震（设防烈度）工况，直到大震（罕遇地震）工况。如果结构损伤较小，通常还会进行超设防烈度一度的罕遇地震工况加载，以检验结构抗震的储备能力。

小震和中震工况时，通常会进行多次输入，三条地震波均进行单向及双向（或三向）地震输入。大震工况时，为了避免结构损伤的累积，通常只进行单条地震波双向（或三向）的一次输入。

试验开始前，可以认为试验模型为初始状态，试验模型经历了从小震到大震的输入地震波作用，在这个过程中模型的自振特性发生了相应变化。试验开始前及每级试验工况后，要进行白噪声激励工况，可以得到结构初始及各级地震作用后模型的自振特性。表 7.4-18 为典型振动台试验加载工况示例（甘肃省电力公司调度通讯楼）。

振动台模型试验工况示例 表 7.4-18

序号	测试项目	波名	方向	计划输入峰值加速度(gal)	相当于地面
1	自振频率及阻尼	白噪声	X、Y	50	
2	加速度、应变等	El Centro 波	X	105	
3	加速度、应变等	Taft 波	X	105	
4	加速度、应变等	兰州波	X	105	8度小震
5	加速度、应变等	El Centro 波	Y	105	
6	加速度、应变等	Taft 波	Y	105	

序号	测试项目	波名	方向	计划输入峰值加速度(gal)	相当于地面
7	加速度、应变等	兰州波	Y	105	8度小震
8	加速度、应变等	El Centro 波	$X+0.85Y$	105＋89.25	
9	加速度、应变等	Taft 波	$X+0.85Y$	105＋89.25	
10	加速度、应变等	兰州波	$X+0.85Y$	105＋89.25	
11	自振频率及阻尼	白噪声	X、Y	50	
12	加速度、应变等	El Centro 波	$X+0.85Y$	300＋255	8度中震
13	加速度、应变等	Taft 波	$X+0.85Y$	300＋255	
14	加速度、应变等	兰州波	$X+0.85Y$	300＋255	
15	自振频率及阻尼	白噪声	X、Y	50	
16	加速度、应变等	Taft 波	$X+0.85Y$	600＋510	8度大震
17	自振频率及阻尼	白噪声	X、Y	50	
18	加速度、应变等	Taft 波	$X+0.85Y$	765＋650	8.5度大震
19	自振频率及阻尼	白噪声	X、Y	50	
20	加速度、应变等	Taft 波	$X+0.85Y$	930＋791	9度大震
21	自振频率及阻尼	白噪声	X、Y	50	

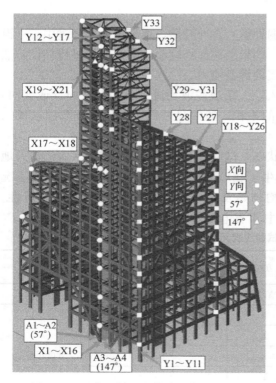

图 7.4-39　典型加速度传感器布置三维图

（4）测点布置原则

振动台试验过程中，通过相应测点的传感器得到结构的响应。常用的传感器包括加速度传感器、位移传感器及应变传感器，可通过数据处理获得结构的其他响应。

加速度及位移传感器根据采集数据用途分为三类，分别用来测量结构平动反应、结构扭转反应、结构竖向反应。测量结构扭转的测点，沿竖向通常布置在扭转反应较大的结构中上部，平面不规则的楼层，测点通常布置在结构的端部，以测得该平面内最大的位移反应；测量结构平动的测点，沿竖向尽量每层布置，以便获得层间位移角等重要参数，如果层数较多无法每层布置，可采取隔层的布置方法，但在竖向刚度突变的楼层附近应加密布置；测量结构竖向反应的测点，通常布置在结构的悬挑端，或者大跨度构件的跨中。测量平动和扭转的传感器应靠近主要竖向构件布置，图 7.4-39 为典型加速度传感器布置图。

应变传感器用来测量在地震作用下结构重要构件的动应变，通常布置在结构底部、侧向刚度突变位置、悬挑位置、大跨度位置或转换位置的关键构件。

（5）数据处理分析方法

1）加速度数据

加速度数据直接通过加速度传感器采集得到，结果为相对重力场的绝对加速度。可以通过加速度时程数据统计处理，得到不同工况动力系数和加速度沿层高的分布曲线。

动力系数也称加速度放大系数，通过计算各测点加速度时程的最大绝对值与底板测点加速度最大绝对值的比值得到，反映了不同高度加速度反应放大的情况。

2）位移数据

位移数据目前通常利用加速度时程曲线积分并处理后获得，也有少量试验通过位移计来直接测量。主要的位移测量结果包括楼层位移、层间位移角、扭转位移比。

将测点位移时程与底板位移时程做差后可以得到各测点相对底板的位移时程曲线，其最大绝对值为楼层位移。对位移时程曲线做进一步处理可以得到层间位移角及扭转位移比等数据。

3）阻尼比

目前振动台试验中，得到阻尼比的方法主要分别为半功率带宽法和自由振动法，其中较常用的是半功率带宽法。

半功率带宽法是利用位移频响函数幅频曲线半功率点处所对应的频率值求出系统阻尼比。具体见图7.4-40，计算方法见式（7.4-1）。

$$\xi=(\omega_{\mathrm{b}}-\omega_{\mathrm{a}})/(2\omega_0) \tag{7.4-1}$$

式中，ξ 为阻尼比；ω_{a} 及 ω_{b} 为半功率点对应频率值；ω_0 为共振频率。

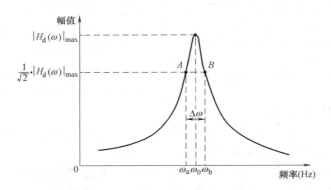

图7.4-40 位移频响函数幅频曲线（半功率带宽法求阻尼比）

自由振动法是利用自由振动阶段，阻尼造成位移峰值衰减来求出阻尼比。由于试验实测得到的有阻尼自由振动波形图一般没有零线，因此在计算结构阻尼时，常采用波形峰到峰的幅值。具体见图7.4-41，计算方法见式（7.4-2）。

$$\xi=\lambda/(2\pi) \tag{7.4-2}$$

式中，$\lambda=2\ln(x_n/x_{n+k})/k$，$x_n$ 为第 n 个波的峰值；x_{n+k} 为第 $n+k$ 个波的峰值。

4）试验数据处理程序

多工况多测点的振动台试验，会直接得到大量的试验数据，通过对直接数据的处理，可以得到相关间接试验数据，进而通过这些数据分析结构的抗震性能。

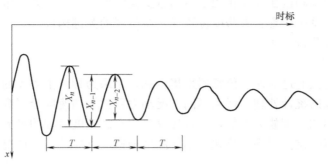

图 7.4-41　有阻尼自由振动波形图（自由振动法求阻尼比）

如果这些数据采用人工的方法进行处理和分析，不仅工作量巨大，而且容易产生差错。针对这一问题，我们编写了振动台试验数据处理分析程序，实现了对试验数据高效准确地处理和分析，为振动台试验结果分析提供了保障。

图 7.4-42　振动台试验数据处理程序主界面

由于振动台试验数据处理时，需要输入大量参数，因此程序主要采用表控参数输入的方法，数据处理参数存在 excel 表中，通过 excel 的强大功能，大大简化了烦琐的参数输入。程序通过读取控制文件（参数表）来获得参数信息。对于参数较少的子程序，采用了平常习惯的交互式参数输入方法。图 7.4-42 为程序主界面，图 7.4-43 为交互式参数输入子程序界面示例（地震波格式变换），图 7.4-44 为程序总控制表，图 7.4-45、图 7.4-46 分别为程序参数控制分表。数据处理分工况进行，程序部分主要模块如下：

文件名导入模块（交互）：实现大量数据文件名称的自动导入，结合自动生成其他工况文件名功能，解决大量数据文件名的人工输入工作。

加速度处理模块（表控）：对试验得到加速度原始数据进行处理，得到加速度峰值及动力系数统计结果输出到 excel 表中，自动绘制加速度时程曲线。

位移处理模块（表控）：通过对加速度积分得到位移结果，进一步对位移结果进行处理得到楼层位移、层间位移及扭转位移等统计结果输出到 excel 表中。

应变处理模块（表控）：对应变原始数据自动进行零点漂移修正，得到应变统计结果输出到 excel 表中，自动绘制应变时程曲线。

功率谱及反应谱模块（表控）：用来得到加速度时程结果的频谱曲线及反应谱曲线。用来得到结构的频率，及输入地震波的反应谱特性。

求地震剪力模块（表控）：通过对加速度差值，求结构在地震作用下的各楼层剪力时程的最大值。

地震波格式变换（交互）：用来将不同格式的地震波互相转换。

图 7.4-43 交互式参数输入子程序界面

图 7.4-44 程序总控制表

数据处理程序总表		
子程序编号及名称	程序名	分表名称
1.1-加速度数据处理	n11_acel.m	算AX
1.2-加速度时程曲线	n12_acel_fig.m	Afig
2.1-位移数据处理	n21_Dist_data.m	算DX
3.1-积分求楼层位移	n31_Dist_rela.m	IDY
3.2-积分求层间位移	n32_Dist_sub.m	RY2
4.1-应变零点漂移处理	n41_strain.m	S1
5.1-楼层剪力计算	n51_shear.m	VY

位移数据处理读入参数

1.加速度数据目录（结尾加'\'）
E:\试验\091224-上海中心\07A-数据-试验\加速度\

2.其他工况时，列C中需替换的字符段
2 x _SPECIMEN

3. 文件名前缀（方向信息）
x

输出文件名

4.1 楼层相对底板位移输出—文件名（楼层）
disp_85.xls

4.2 求4.1结果用加速度差（积分求4.1；校核用）
acel_disp_temp.xls

5.1 层间位移输出—文件名（层间）
drift_85.xls

5.2 求5.1结果用加速度差（积分求5.1；校核用）
acel_drift_temp.xls

积分控制参数

6.消除加速度趋势项时，计算趋势项多项式阶数（Bas
2

7.加速度采样频率Hz（S_freq）
256

8.积分次数（num_integral）
2

9.单位转换系数（unit_coef）（加速度转换为mm/S²）
9800

10.带通滤波下限（f_min）HZ（***无用I行替代）
0.35

11.带通滤波上弦（f_max）HZ
60

12.消除位移趋势项时，计算趋势项多项式阶数（num_poly_order）
3

加速度文件名	加速度标签	下层号	序号	工况号	文件名修正段	滤波下限
2 x _SPECIMEN_17_x1.TXT	底板_x1	空	1	02	2 x _SPECIMEN	0.90
2 x _SPECIMEN_18_x2.TXT	F06	1	2	03	3 x _SPECIMEN	0.90
2 x _SPECIMEN_19_x3.TXT	F08	2	3	04	4 x _SPECIMEN	0.90
2 x _SPECIMEN_20_x4.TXT	F15	3	4	08	8 xyz _SPECIMEN	0.90
2 x _SPECIMEN_21_x5.TXT	F20	4	5	09	9 xyz _SPECIMEN	0.90
2 x _SPECIMEN_22_x6.TXT	F22	5	6	10	10 xyz _SPECIMEN	0.90
2 x _SPECIMEN_23_x7.TXT	F29	6	7	12	12 x _SPECIMEN	0.87
2 x _SPECIMEN_25_x9.TXT	F37	7	8	13	13 x _SPECIMEN	0.87
2 x _SPECIMEN_26_x10.TXT	F44	8	9	14	14 x _SPECIMEN	0.87
2 x _SPECIMEN_27_x11.TXT	F50	9	10	18	18 xyz _SPECIMEN	0.87
2 x _SPECIMEN_73_y29.TXT	F52	10	11	19	19 xyz _SPECIMEN	0.87
2 x _SPECIMEN_29_x13.TXT	F59	11	12	20	20 xyz _SPECIMEN	0.87
2 x _SPECIMEN_30_x14.TXT	F66	12	13	22	22 xyz _SPECIMEN	0.82
2 x _SPECIMEN_31_x15.TXT	F68	13	14	24	24 xyz _SPECIMEN	0.81
2 x _SPECIMEN_32_x16.TXT	F75	14	15	24A	24A yxz _SPECIMEN	0.81
2 x _SPECIMEN_33_x17.TXT	F82	15	15	end	end	end
2 x _SPECIMEN_34_x18.TXT	F84	16	15			
2 x _SPECIMEN_35_x19.TXT	F91	17	15			
2 x _SPECIMEN_36_x20.TXT	F99	18	15			
2 x _SPECIMEN_37_x21.TXT	F101	19	15			
2 x _SPECIMEN_38_x22.TXT	F108	20	15			
2 x _SPECIMEN_39_x23.TXT	F116	21	15			
2 x _SPECIMEN_40_x24.TXT	F118	23	15			
2 x _SPECIMEN_41_x25.TXT	F124	23	15			
2 x _SPECIMEN_42_x26.TXT	F129	24	15			
2 x _SPECIMEN_43_x27.TXT	F136	25	15			
2 x _SPECIMEN_Long Acc.TXT	台面	1	15			
end	end	end				

图 7.4-45 程序参数输入分表示例（加速度积分求位移）

其他时程计算结果处理模块：对有限元分析时程数据进行处理，得到相应结果与振动台试验进行对比。

通过多个工程试验的应用，验证了数据处理程序是高效准确的。

7.4.2 典型高层建筑的模拟地震振动台试验研究

1. 典型高层建筑结构的模拟地震振动台试验

（1）上海中心

1）结构简介

上海中心位于上海市浦东新区陆家嘴金融中心区，是一座以甲级写字楼为主的综合性

实楼层剪力数据输入	实测点	2工况加速度文件名-测点1	插值点	相应质量Kg	工况号	文件名修正段
1. 加速度数据目录(结尾加'\')	0	2 x _SPECIMEN_17_x1.TXT	0	0.00	02	2 x _SPECIMEN
E:\试验091224-上海中心\07A-数据-试验\加速度\	6	2 x _SPECIMEN_18_x2.TXT	1	324.20	03	3 x _SPECIMEN
	8	2 x _SPECIMEN_19_x3.TXT	2	844.52	04	4 x _SPECIMEN
2. 其他工况时，列C中需替换的字符段	15	2 x _SPECIMEN_20_x4.TXT	3	783.02	08	8 xyz _SPECIMEN
2 x _SPECIMEN	20	2 x _SPECIMEN_21_x5.TXT	4	778.37	09	9 xyz _SPECIMEN
	22	2 x _SPECIMEN_22_x6.TXT	5	778.39	10	10 xyz _SPECIMEN
3. 加速度输出通用文件名	29	2 x _SPECIMEN_23_x7.TXT	6	1123.79	12	12 x _SPECIMEN
shear.xls	44	2 x _SPECIMEN_26_x10.TXT	7	1000.35	13	13 x _SPECIMEN
	50	2 x _SPECIMEN_27_x11.TXT	8	1301.41	14	14 x _SPECIMEN
4. 方向	52	2 x _SPECIMEN_73_y29.TXT	9	640.35	18	18 xyz _SPECIMEN
X	59	2 x _SPECIMEN_29_x13.TXT	10	563.25	19	19 xyz _SPECIMEN
	66	2 x _SPECIMEN_30_x14.TXT	11	562.94	20	20 xyz _SPECIMEN
5. 加速度单位修正系数（修正到m/S²）	68	2 x _SPECIMEN_31_x15.TXT	12	562.96	22	22 xyz _SPECIMEN
9.8000	75	2 x _SPECIMEN_32_x16.TXT	13	562.72	24	24 xyz _SPECIMEN
	82	2 x _SPECIMEN_33_x17.TXT	14	562.74	24A	24A xyz _SPECIMEN
6. 插值方法（1：三次样条，2：分段三次厄密，3：线	91	2 x _SPECIMEN_35_x19.TXT	15	562.50	end	end
3	99	2 x _SPECIMEN_36_x20.TXT	16	562.52		
	101	2 x _SPECIMEN_37_x21.TXT	17	562.26		
7. 绘插值前后对比图时称号号（绘四点）	108	2 x _SPECIMEN_38_x22.TXT	18	562.29		
1000	118	2 x _SPECIMEN_40_x24.TXT	19	616.64		
1500	124	2 x _SPECIMEN_41_x25.TXT	20	866.81		
1800	129	2 x _SPECIMEN_42_x26.TXT	21	937.22		
2000	136	2 x _SPECIMEN_43_x27.TXT	22	1197.41		
	end	end2	23	540.10		
8. 是否计算指定时程点剪力（0-否，1-是（需填入I			24	473.10		
0			25	472.82		
			26	472.76		

图 7.4-46　程序参数输入分表示例（求地震剪力时程最大值）

大型超高层建筑。地上共124层，塔顶建筑高度632m，结构屋顶高度580m，属于高度超限的超高层建筑。塔楼与裙房在首层以上设抗震缝分开。

图 7.4-47　上海中心建筑效果图

图 7.4-48　上海中心振动台试验模型

塔楼结构体系为"巨型空间框架-核心筒-外伸臂"，包括内埋型钢的钢筋混凝土核心筒，由八根巨型柱、四根角柱及八道两层高的箱形环状桁架组成的巨型框架，以及连接上述两者的六道外伸臂桁架。结构竖向分八个区域，每个区顶部两层为加强层，设置伸臂桁架和箱形环状桁架。楼层结构平面由底部（一区）的83.6m直径逐渐收进并减小到42m（八区）。中心核心筒底部为30m×30m方形混凝土筒体，从第五区开始，核心筒四角被削掉，逐渐变化为"十"字形，直至顶部。塔楼结构存在高度超限、大悬挑及加强层等超限内容。

2）试验方案

根据试验室内高度，模型长度相似比（缩尺比例）为1/40，材料弹性模量相似比为1/3.2；根据振动台承载能力，确定质量密度相似比为5.2。通过以上确定的三个相似比，可推导得到模型的其他相似关系如表7.4-19所示。模型总高15.98m，重量为516.59kN（不含底板），附加重量为418.42kN。试验中水平加速度放大系数为2.4。

模型相似关系（模型/原型） 表7.4-19

物理量	相似关系	物理量	相似关系
长度	1/40	质量密度	5.2
弹性模量	1/3.2	时间	0.102
线位移	1/40	速度	0.245
频率	9.81	加速度	2.404
应变	1.000	应力	1/3.2

模型中包含地下一层结构，地下一层竖向构件嵌固于模型底板上。根据原型结构体系的特点，在满足试验目的的前提下，对模型结构进行简化（包括抽层、楼面梁的简化），以加快模型加工进度，减少加工误差。

3）试验现象及结果

试验模型经历了相当于从多遇地震到大震的地震波输入过程，峰值加速度从84.1gal（相当于7度多遇地震）开始，逐渐增大，直到745.2gal（相当于7.5度罕遇地震）。各级地震波输入下模型结构反应现象及动力响应简述如下：

工况2～工况10（相当于7度多遇地震），整体结构振动幅度小，模型结构其他反应亦不明显，未见裂缝及损坏，各方向频率变化较小。结构整体完好，达到了小震不坏的要求。

工况12～工况20（相当于7度设防地震），模型结构振动幅度有所增大，但整体结构动力响应不剧烈，未出现明显的扭转。部分工况时，结构内部发出响声，表明有构件发生损伤。输入结束后，模型X、Y方向一阶频率均有所下降。对模型进行了观察，结构下部未发现损伤，4区～7区核心筒剪力墙外墙少部分连梁出现细小的剪切裂缝。巨柱、伸臂桁架及环状桁架保持完好。总体上说结构损伤轻微，关键构件完好。

工况22（相当于7度罕遇地震），模型结构振动剧烈，结构内部发出明显响声，位移以整体平动为主，扭转效应不明显。结构下部未发现损伤。结构4区以上核心筒剪力墙外墙连梁上剪切裂缝有所发展，6区以上少部分巨型柱上出现细小的水平裂缝。伸臂桁架及环状桁架保持完好。模型自振频率进一步下降，X向一阶降低11%、Y向一阶降低7.2%。说明整体结构损伤增加，但结构仍保持良好的整体性，这说明结构具有良好的延性和耗能能力。

工况 24、24A（7.5 度罕遇地震），结构损伤进一步加大，结构变柔，地震力向上传递能力变弱，模型整体结构振动剧烈，位移以整体平动为主，扭转效应不明显。模型上部振动明显较下部强烈。自振频率下降较多，X 向一阶降低 12%、Y 向一阶降低 33%。7.5 度罕遇地震的作用后，模型结构虽损伤较大，但仍保持了整体性未倒塌，这说明结构有一定的抗震储备能力。

试验结束后，巨型柱 6 区、7 区部分位置出现水平受拉裂缝。2～5 区核心筒外墙出现很少量的水平裂缝，部分连梁开裂；6 区以上大部分连梁开裂，约 1/4 的外墙出现水平裂缝。伸臂桁架、环状桁架保持完好。塔冠基本保持完好，构件没有出现屈曲。

试验模型结构典型损伤照片如图 7.4-49、图 7.4-50 所示。

图 7.4-49　典型核心筒损伤　　　　　图 7.4-50　典型巨型柱损伤

4）上海中心振动台试验主要结论和建议

主要结论：上海中心采用的新型"巨型空间框架-核心筒-外伸臂"结构体系可行，结构布置合理，该设计能够满足规范中各水准抗震设防要求，原结构总体可达到预设的抗震设计性能目标。7.5 度罕遇地震作用后，模型频率进一步下降，结构损伤加剧，上部层间位移角达到 1/60，但结构仍保持了较好的整体性，关键构件基本完好，说明结构具有良好的变形能力和延性，具有一定的抗震储备能力。

主要建议：位移测试结果表明，结构中上部位移及层间位移角较大。68 层为抽掉角柱的位置，84 层为核心筒外墙收进的位置，结构抗侧刚度减弱。在 68 层及 84 层以上位移及位移角增大较快。试验现象也表明损伤主要集中在 68 层以上部位。建议在 68 层以上，核心筒外墙厚度保持为 700mm 不变，向上延伸 3～5 层后再减薄为 600mm。在 84 层以上，外围巨型柱尺寸通过 3～5 层逐渐过渡为 3300mm×2300mm。使这两个部位的抗侧刚度及承载力沿竖向变化更均匀，避免发生突变。结构顶部存在明显的鞭梢效应，加速度放大系数较大，试验中塔冠部分的加速度和位移反应也较大。建议对结构顶部 116 层以上的部分及塔冠部分在地震作用下的承载力进行复核，保证其抗震安全性。

（2）广州珠江新城西塔

1）结构简介

广州珠江新城西塔工程由广州越秀城建集团广州越秀城建国际金融中心有限公司开发，是集酒店、会务、观光旅游、商业等多功能于一体的超高层建筑。建筑物地下 4 层，地上 103 层，结构总高度 432m，占地面积 31084.96m²，总建筑面积 44.8 万 m²，是广州市的新地标工程。

结构抗侧力体系采用由巨型斜交网格外筒（编织筒）＋钢筋混凝土内筒构成的筒中筒结构体系，其中斜网格外筒采用钢管混凝土柱。由于建筑功能需要，结构在 70～73 层设置转换桁架，逐步进行了结构平面布置的变化以及核心筒内部剪力墙的减少。由于结构复杂，在结构设计中对结构采取了加强措施，如采用在剪力墙中设置劲性钢架加强结构第 3 层的转换，以及在剪力墙转角暗柱内增设钢管等措施。本工程建设场地抗震设防烈度为 7 度，场地类别为 Ⅱ 类，设计基本加速度为 0.10g。

图 7.4-51　广州西塔建筑效果图

图 7.4-52　广州西塔振动台试验模型

2）试验方案

广州西塔结构总高度 432m，结构总重量（重力荷载代表值）约 42 万 t。按照《广州珠江新城西塔结构模型振动台试验研究技术要求》，综合考虑模型试验的预期效果、振动台设备能力以及模型加工便易性等因素，设计的模型相似比关系见表 7.4-20。

广州西塔模型试验设计相似比关系　　　　　　　　　　表 7.4-20

物理量		量纲	相似比（原型：模型）
材料特性	应力[σ]	FL^{-2}	3：1
	应变[ε]	—	1：1
	弹性模量[E]	FL^{-2}	3：1
	泊松比[ν]	—	1
	密度[ρ]	FT^{2}L^{-4}	1：16.7
	质量[m]	LT^{-2}	7500：1

物理量		量纲	相似比（原型：模型）
几何尺寸	线尺寸[L]	L	50：1
	面积[A]	L²	2500：1
	体积[V]	L³	125000：1
动力尺寸	频率[ω]	T⁻¹	1：7.07
	时间[t]	T	7.07：1
	线位移[δ]	L	50：1
	速度[v]	LT⁻¹	7.07：1
	加速度[a]	LT⁻²	1：1
	重力加速度[g]	LT⁻²	1：1
荷载	集中力[P]	F	7500：1
	压力[q]	FL⁻²	3：1
	弯矩[M]	FL	375000：1

由于模型比例较小，若完全依照相似比设计进行模型加工制作难度很大，因此必须对结构进行一定简化；而且，从本次试验的研究重点出发，为突出主要矛盾，在模型设计时采取合理的简化也是必要的，主要包括去掉筒内部分墙体及小洞口、外框柱尺寸归并、环梁简化、楼板体系简化、地下室简化。

3）试验过程及现象

试验现象：各级地震动输入下结构的动力响应简述如下。

工况2～工况8输入（相当于7度多遇地震）：试验过程中，整体结构振动幅度小，模型结构其他反应亦不明显。输入结束后观察，底层模型结构构件未见裂缝及损坏，外框铜管混凝土柱未发现屈服，整体完好，达到了多遇地震不坏的要求。

工况10～工况16输入（相当于7度设防地震）：试验过程中，模型结构振动幅度有所增大，但整体结构动力响应不剧烈。输入结束后观察，底层模型结构核心筒剪力墙未见裂缝及损坏，外框铜管混凝土柱未发现屈服，整体结构基本保持在弹性范围内。

工况18～工况19xy输入（相当于7度罕遇地震）：试验过程中，模型结构振动幅度显著增大，整体结构动力响应剧烈并伴随有响声发出。输入结束后观察，底层模型结构核心筒剪力墙未见明显裂缝及损坏，外框铜管混凝土柱未发现屈服。结构自振特性扫描表明，模型结构自振频率稍有下降。以上现象表明整体结构稍有损伤。

工况21～工况23a输入（相当于8度罕遇地震）：试验过程中，模型结构振动幅度显著，整体结构动力响应剧烈并伴随有响声发出。输入结束后观察，模型结构核心筒剪力墙未见明显裂缝及损坏，外框铜管混凝土柱未发现屈服。结构自振特性扫描表明，模型结构自振频率稍有下降。说明整体结构稍有损伤。

工况27输入（相当于9度罕遇地震）：试验过程中，模型结构振动幅度显著，整体结构动力响应剧烈并伴随有较大响声发出。输入结束后观察，底层模型结构核心筒剪力墙未发现明显裂缝及损坏，外框铜管混凝土柱未发现屈服。试验全部结束并卸载后观察，模型结构核心筒剪力墙未发现明显裂缝及损坏，外框铜管混凝土柱未发现屈服。结构自振特性扫描表明，模型结构自振频率有所下降，说明整体结构发生了一定损伤。

自振特性：在整个试验过程中模型的自振特性发生了一定的变化。其中，地震输入之前试验模型为初始状态，此时可测得结构初始自振特性。在每级地震工况完成后，随即进行白噪声激励，从而得到各级地震作用后模型的自振特性。

4）广州西塔振动台试验主要结论和建议

主要结论：

广州西塔采用巨型斜交网格外筒＋钢筋混凝土内筒构成的新型筒中筒结构体系可行，结构布置合理，该设计能够满足规范中各水准抗震设防要求，原结构总体可达到预设的抗震设计性能目标。在8度罕遇地震作用后，模型结构自振频率又有微小下降，约为初始状态的95.2%，试验结束卸掉模型荷载后经仔细观察，核心筒剪力墙未见明显裂缝，外围铜管混凝土柱未见屈服，说明模型结构稍有损伤。在双向地震作用下，模型结构最大层间位移角为1/133，满足规范要求。

主要建议：

① 由结构楼层峰值加速度响应及动力放大系数可以看到，结构顶部响应显著，经对测试数据分析，该位置最大层间位移角亦较大，说明地震作用下，该位置的地震反应较大。其原因主要为结构外框架一直延伸出顶层屋盖之上6.75m，造成结构顶部有一定的"鞭梢效应"。研究表明，这种"鞭梢效应"随着地震强度的增大而迅速增大。因此，建议设计中对结构顶层及其上沿外框架承载力进行适当加强。

② 比较结构最大层间位移角可以看出，结构55层以下楼层最大层间位移角变化均匀；而其上部个别楼层层间位移角存在突变，如61层、73层及97层等。分析原因，结构55层以下侧向刚度分布较为均匀，而上部结构竖向布置发生一定变化，尤其是剪力墙布置发生较大变化（如55层核心筒剪力墙厚度减小、67层开始在核心筒外侧增设外侧筒以及81层附近减少核心筒内部剪力墙等）。上述位置在强烈地震作用下容易造成内力变化较大，建议结构设计中给予一定重视。

（3）来福士广场T3塔楼

1）结构简介

成都来福士广场塔楼3（简称T3）结构总高118.1m，地上主体结构共34层，标准层层高3.1m，平面呈不规则的斜四边形，北侧逐步收进，东南侧先斜向悬挑再收进，南北两立面空间体型复杂。西立面中部开有15m×15m大洞。东西主外立面采用清水混凝土饰面，其余立面为玻璃幕墙。主立面柱间距为5m，典型柱外形宽度为1.25m；主立面斜撑及主立面楼面梁建筑外形高度为1.25m。T3塔楼为A级高度不规则高层建筑，属于超限高层建筑。结构设计安全等级为二级，防火等级为一级，建筑抗震设防分类为丙类，结构设计使用年限为50年。T3塔楼建筑外形特征复杂，主要表现在以下几个方面：西立面上开15m×15m大洞，导致竖向杆件不连续；东立面上L2层有一柱不落地；T3南端立面下部向外倾斜悬伸，整体有向右平移趋势；南端立面上部收进，立面切割空间形状复杂；北立面收进形状复杂；个别楼层楼板开洞尺寸较大。图7.4-53为来福士T3振动台试验模型；图7.4-54为ETABS有限元计算模型三维图。

2）试验方案

振动台试验采用了1/20的缩尺试验模型。模型总高5911mm，重量为57.46kN（不含底板），附加重量 462.89kN。模型采用微粒混凝土模拟混凝土，细钢丝模拟钢筋，用黄铜模拟钢结构和型钢混凝土结构中的钢材，采用重力相似试验模型（即水平加速度与竖向加速度匹配），相似关系详见表 7.4-21。参考现行规范并与设计单位协商，试验选择与计算相同的两组天然波（El Centro 波和 Taft 波）和一组人工波。

图 7.4-53　来福士 T3 振动台试验模型

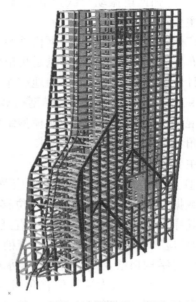

图 7.4-54　有限元计算模型三维图（西北）

模型相似关系（模型/原型）			表 7. 4-21
物理量	相似关系	物理量	相似关系
长度	1/20	质量密度	6.67
弹性模量	1/3.0	时间	0.2236
线位移	1/20	速度	0.2236
频率	4.47	加速度	1.0
应变	1.000	应力	1/3.0

3）试验过程及现象

试验模型经历了相当于从 7 度多遇地震到 7 度罕遇地震的地震波输入过程，峰值加速度从 35gal（7 度多遇地震）开始，逐渐增大，直到 400gal（8 度罕遇地震）。各级地震波输入下模型结构反应现象及动力响应简述如下。

工况 2～工况 10（相当于 7 度多遇地震）：本级共包括 9 次地震动输入。试验过程中，整体结构振动幅度小，能够观察到结构轻微扭转，结构 Y 向反应明显大于 X 向反应。模型结构构件未见裂缝及损坏，模型 X、Y 方向一阶频率未减小，多遇地震作用下结构整体完好，达到了多遇地震不坏、弹性工作的要求。

工况 12～工况 14（相当于 7 度设防地震）：本级共包括 3 次双向地震动输入。试验过程中，模型振动反应明显增大，其中结构中部以上反应较大，结构内部发出轻微响声，说明有构件发生损伤。输入结束后，模型 X、Y 方向一阶频率均有所降，其中 X 向一阶降低 5.40%、Y 向一阶降低 9.20%。损伤主要出现在结构东立面及西立面下部，主要为细小微裂缝，有以下几种情况：一定数量边框梁端及跨中出现裂缝；少量柱顶及柱底出现横向裂缝；部分斜撑节点附近出现横向及沿斜撑边纵向裂缝，其中东立面 4 层 8 轴 +5.0m 位置斜撑节点损伤相对稍大。总体上，虽结构下部出现一定数量裂缝及个别节点损伤稍大，但柱及斜撑基本完好，结构其他部位损伤也较小，整体完好，达到了主要构件设防地震弹性的设计目标。

工况 16（相当于 7 度罕遇地震）后模型情况：本级包括 1 次双向地震动输入。试验过程中，模型结构振动幅度较大，位移仍以整体平动为主，扭转效应不显著，中上部位移较大。输入结束后对模型进行了观察，裂缝数量有所增加、裂缝宽度和范围有所扩展，仍主要集中在结构下部，形式与上一级相同，东立面 4 层 8 轴 +5.0m 位置斜撑节点损伤较严重。模型结构自振频率进一步下降，损伤有所增加，但仍保持良好的整体性，这说明结构具有良好的延性和耗能能力，不仅达到了抗震规范要求的"罕遇地震不倒"的设防要求，而且也实现了主要构件罕遇地震不屈服的设计抗震设防目标。

工况 18、工况 20（相当于 7 度以上罕遇地震）后模型情况：本级共包括 2 次双向地震动输入，分别模拟 7.5 度罕遇地震、8 度罕遇地震。试验过程中，模型整体结构振动强烈，Y 向顶部位移很大，有较明显的扭转反应。柱及斜撑出现较多受拉横向通缝；框架梁端裂缝大量出现；转换梁在跨中有少量裂缝，损伤不严重；下部东立面及西立面斜撑节点出现较严重损伤，节点区混凝土被压碎，发生剥落现象；剪力墙未观察到明显损伤，模型结构自振频率下降较多。在 8 度罕遇地震的作用下，模型结构虽损伤较大，但仍保持了整体性未倒塌，这说明结构有一定的抗震储备能力，模型典型缝情况见图 7.4-55、图 7.4-56。

图 7.4-55　东立面 9 轴底层抽柱位置裂缝图　　图 7.4-56　东立面 8 层 7 轴梁柱节点损伤

4）成都来福士广场 T3 塔楼振动台试验主要结论和建议

主要结论：在经历相当于 7 度多遇地震作用后，结构主要构件未发生损伤，模型层间位移角最大值小于 1/800，符合规范要求，达到多遇地震弹性的设计性能目标。在经历相当于 7 度设防地震作用后，模型结构频率和刚度有一定程度降低，X、Y 向的频率分别下降到初始值的 94.5% 和 90.8%，结构发生了损伤，其中 4 层东立面 8 轴 +5m 位置斜撑节点损伤相对稍大。但总体上除个别构件和节点外，主要构件损伤均较小，型钢混凝土柱、型钢混凝土斜撑、钢斜撑、转换构件、剪力墙等主要构件动应变实测值保持在较小范围内，结构达到了主要构件设防地震弹性的设计性能目标。在经历相当于7度罕遇地震作用后，模型结构频率进一步下降，X、Y向的频率分别下降到初始值的88.2%，83.9%，表明结构损伤增加。除4层东立面8轴+5.0m位置斜撑节点损伤较大外，总体上结构主要构件损伤不严重，实测重点关注部位的动应变不高。除个别构件外，主要构件满足罕遇地震不屈服的设计性能目标。模型层间位移角最大值小于1/100，符合规范要求。在经历相当于8度罕遇地震作用后，结构水平向频率下降较多，X、Y向的频率分别下降到初始值的59.2%，55.6%，但结构仍未倒塌，保持了较好的整体性，说明整个结构具备一定的抗震能力储备。试验过程中，转换部位构件总体损伤较小，能够满足抗震设计要求。综上所述，成都来福士广场T3塔楼结构设计能够满足规范中7度抗震设防要求，结构设计中采用的抗震措施发挥出了作用，提高了结构的变形和承载能力。当对个别构件和节点进行局部加强后，结构总体可达到预设的抗震设计性能目标。

主要建议：试验过程中部分柱根节点、梁柱节点及斜撑节点出现了损伤。根据破坏发生的工况，针对以下两种情况，分别给出不同的建议：①7度设防地震和7度罕遇地震后出现较严重损伤的梁柱节点及斜撑节点，见图7.4-57～图7.4-60，建议设计时该节点区适当增大配箍率、控制箍筋肢距、保证箍筋整体性、保证柱和斜撑主筋在节点区的连续性；施工时重点关注节点区施工质量，严格按构造和设计要求施工；②7.5度罕遇地震后出现损伤的柱根节点及斜撑节点，见图7.4-61、图7.4-62，设计时可不进行特殊加强；施工时重点关注节点区施工质量。

图7.4-57 东立面4层8轴+5m及
9轴+5m位置斜撑节点损伤图

图7.4-58 东立面8层7轴梁柱节点损伤图

（4）来福士广场T4塔楼

1）结构简介

成都来福士广场塔楼4（简称T4）结构总高112.4m，共31层，标准层层高3.1m，平面呈L形，塔楼整体建筑造型向上有三次较大收进，最后成为一突出三角形小塔楼。由于屋顶呈坡形，收进连续数层。其主立面采用清水混凝土饰面，其余立面为玻璃幕墙立面。主立面上柱间距为5m，柱宽度为1.25m；主立面斜撑高度为1.25m；主立面楼面梁建筑高度为1.25m。T4塔楼为A级高度不规则高层建筑结构，属于超限高层建筑。结构设计安全等级为二级；防火等级为一级；建筑抗震设防分类为丙类；结构设计使用年限为50年。

图 7.4-59　西立面 3 层 10 轴斜撑节点损伤图

图 7.4-60　东立面 2 层 10 轴＋5m 斜撑节点损伤图

图 7.4-61　东立面 3 层角部 3 轴斜撑节点损伤图

图 7.4-62　北立面斜撑根部损伤图

塔楼 T4 结构复杂性表现在以下几个方面：①立面三次收进，收进形状复杂，最后小塔楼建筑平面尺寸很小，下部楼层竖向构件布置时需同时考虑上部收进处楼层；②南立面有入口，开 15m 宽洞口，有 2 根主立面柱不落地，西内立面和北东内立面有 3 柱不落地；③L8 层为小夹层，夹层边界梁退后；④北侧有空中连桥支座第 8 层；L 形竖向肢中西南角有大扶梯落于 L7 层。图 7.4-63 为 ETABS 有限元计算模型三维图，图 7.4-64 为振动台试验模型。

2）试验方案

振动台试验采用 1/20 的缩尺试验模型，模型总高 5620mm，重量为 31.02kN（不含底板），附加重量 300.3kN。模型采用微粒混凝土模拟混凝土，细钢丝模拟钢筋，用黄铜模拟钢结构和型钢混凝土结构中的钢材。微粒混凝土的弹性模量及强度取原型的 1/2.5，细钢丝的面积根据强度等效进行换算。根据试验模型的缩尺比例、材料的试验数据及振动台能力，采用重力相似试验模型（即水平加速度与竖向加速度匹配），相似关系详见表 7.4-22。

图 7.4-63　ETABS 有限元计算模型三维图

图 7.4-64　来福士 T4 振动台试验模型

模型相似关系（模型/原型）　　　　　　　　表 7.4-22

物理量	相似关系	物理量	相似关系
长度	1/20	质量密度	8.0
弹性模量	1/2.5	时间	0.224
线位移	1/20	速度	0.224
频率	4.472	加速度	1.0
应变	1.000	应力	1/2.5

3）试验过程及现象

试验模型经历了相当于从多遇地震到罕遇地震的地震波输入过程，峰值加速度从 35gal（7 度多遇地震）开始，逐渐增大，直到 430gal（8.5 度罕遇地震）。各级地震波输入下模型结构反应现象及动力响应简述如下，模型典型裂缝情况见图 7.4-65、图 7.4-66。

工况 2～工况 10（相当于 7 度多遇地震）：本级输入共包括 9 次地震动输入。试验过程中，整体结构振动幅度小，模型结构其他反应亦不明显，模型结构构件未见裂缝及损坏，各方向频率变化较小，多遇地震作用下结构整体完好，达到了多遇地震不坏的要求。

工况 12～工况 14（相当于 7 度设防地震）：本级输入共包括 3 次双向地震动输入，试验过程中，模型结构振动幅度有所增大，但整体结构动力响应不剧烈，结构内部发出响声，有构件发生损伤。输入结束后，模型 X、Y 方向一阶频率均有下降。结构中上部立面收进处柱根部位节点区出现裂缝，南立面及北立面局部框架端开裂，西立面 F 轴剪力墙测点处墙底部开裂。其中除东立面角柱与斜撑相交的 11 层，出现梁端裂缝及柱横向贯通裂缝损伤较严重外，柱及斜撑基本完好，结构其他部位损伤也较小，整体完好，达到了主要构件设防地震弹性的设计目标。

工况 16（相当于 7 度罕遇地震）：本级包括 1 次双向地震动输入。试验过程中，模型结构振动幅度显著增大，位移以整体平动为主，扭转效应不明显，塔楼顶部收进部分地震反应明显增大。输入结束后，部分斜撑出现受拉破坏的通缝，转换梁出现少量微小裂缝，框架梁端及西立面F轴剪力墙测点处墙底部裂缝都有所增加，其中东立面11层角柱节点区出现较严重损伤，沿斜撑受力方向外侧出现碎裂。结构自振特性扫描表明，模型结构自振频率进一步下降。结构整体损伤增加，但结构仍保持良好的整体性，说明结构具有良好的延性和耗能能力，不仅达到了抗震规范要求的"罕遇地震不倒"的设防要求，而且也实现了主要构件罕遇地震不屈服的设计抗震设防目标。

工况20（8度罕遇地震）：本级包括1次双向地震动输入。试验过程中，模型整体结构振动强烈，塔楼收进顶部反应剧烈，顶部结构构件损坏较严重。柱及斜撑出现较多受拉横向通缝；框架梁端裂缝大量出现；转换梁在跨中有少量裂缝，损伤不严重；剪力墙除西立面F处裂缝增加较多外，其他部位未观察到明显损伤。结构自振特性扫描表明，模型结构自振频率下降较多，其中一阶降低40.8%、二阶降低44.4%。在8度罕遇地震的作用下，模型结构虽损伤较大，但仍保持了整体性未倒塌，这说明结构有一定的抗震储备能力。

图 7.4-65　典型损伤图（立面收进位置）　　　　图 7.4-66　典型损伤图（斜撑）

4）成都来福士广场T4塔楼振动台试验主要结论和建议

主要结论：7度多遇地震作用后，结构主要构件未发生损伤，模型层间位移角最大值小于1/800，符合规范要求。7度设防地震作用后，模型结构频率和刚度有一定程度降低，结构发生了损伤，但主要构件损伤不大，型钢混凝土柱、型钢混凝土斜撑及顶部突出三角形小塔楼钢斜撑等主要构件动应变保持在较小范围内，结构达到了主要构件设防地震弹性的设计性能目标。7度罕遇地震作用后，模型结构频率进一步下降，表明结构损伤增加。部分混凝土柱及斜撑出现横向裂缝，在楼层收进处及东立面11层与单斜撑相交的角柱观测到较严重损伤，是结构相对薄弱部位。除个别部位外，总体上结构主要构件损伤不严重，动应变水平仍不高，构件内钢筋未屈服；除个别构件外，主要构件满足罕遇地震不屈服的设计性能目标。模型层间位移角最大值小于1/100，符合规范要求。在经历相当于8度罕遇地震作用后，结构水平向频率下降较多，但结构仍未倒塌，保持了较好的整体性，说明整个结构具有较好的抗震能力储备。

试验过程中，转换部位构件总体损伤较小，能够满足抗震要求。顶部小塔楼结构鞭梢效应明显，结构反应较大，最上方4层的结构损伤相对较为严重。小塔楼最上方5层为实现建筑造型的空构架，并无实际使用功能要求，结构水平舒适度和层间位移限值要求可比规范较大放松。试验结束后，小塔楼部分的竖向支承柱整体性仍保持良好，无小塔楼整体倾倒的可能。因此，小塔楼结构仍能满足抗震设计的性能要求。

综上所述，成都来福士广场 T4 塔楼结构设计能够满足规范中 7 度抗震设防要求，原结构设计的抗震措施（如小塔楼由钢＋型钢混凝土构件组成、南立面长墙底部数层配置型钢、重要转换结构柱和斜撑内配置型钢等）发挥出作用，提高了结构的变形和承载能力。当对个别构件进行局部加强后，结构总体可达到预设的抗震设计性能目标。

主要建议：立面收进会造成结构侧向刚度和承载力的突变，这对结构是不利的，通常会成为薄弱部位。T4 塔楼结构共有三次立面收进，试验过程中位于 15 层的收进部位，与斜撑相交的角根部节点出现了较严重损伤，具体见图 7.4-67。针对该处破坏，提出以下几点加强建议：对该节点上下各 1 层范围箍筋全高加密，并适当增加体积配箍率；在与该角柱相连的两根框架梁内加入型钢，以增强斜撑水平力传递途径，具体位置见图 7.4-68；①轴＋5m 以西区域内的三角形楼板建议采用双层双向连续配筋予以加强。

图 7.4-67　南立面 15 层收进处节点裂缝图

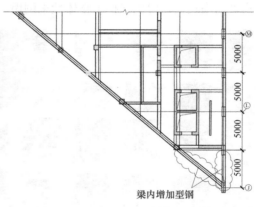

梁内增加型钢

图 7.4-68　南立面 15 层收进处角柱
相连梁建议加强方案图

试验过程中，位于结构 11 层东立面与单斜撑相交角柱出现了较严重破坏，见图 7.4-69。针对该处破坏，提出以下几点加强建议：建议型钢变截面标高上延至 49.875m，即将 36.975～49.875m 范围内的型钢由 $H400 \times 200 \times 12 \times 16$ 加大为 $H600 \times 250 \times 20 \times 20$；建议对与该角柱相连两根框架梁内加入型钢，以增强斜撑水平力传递途径，具体位置见图 7.4-70；17 轴以北区域的三角形楼板建议采用双层双向连续配筋予以加强。

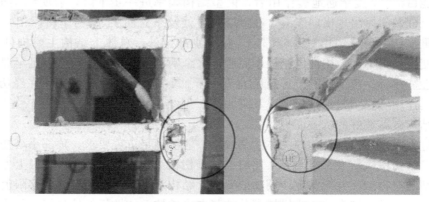

图 7.4-69　东立面 11 层 16 轴角柱损伤图

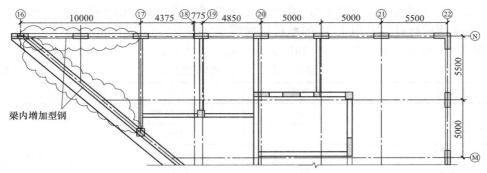

图 7.4-70　东立面 11 层 16 轴角柱相连梁建议加强方案图

（5）郑州国家干线公路物流港综合服务楼

1）结构简介

郑州国家干线公路物流港综合服务楼位于郑东新区郑汴快速通道与京珠高速公路交汇处，是郑州市高速公路网络核心。综合楼主楼为一门式双塔连体建筑，主要用作办公，塔楼标准层层高均为 3.8m，其中 A 塔楼地上共 28 层，高 119.8m；B 塔楼地上共 23 层，高 96.2m。在 B 塔顶部通过 4 层连体与 A 塔连接成整体，形成门式双塔连体建筑。A 塔楼设 4 层裙房，主要用作展厅、会议室、宴会厅及多功能厅等。地下设 2 层整体地下室，主要用作车库和设备用房。总建筑面积约 8.8 万 m²。采用机械钻孔灌注桩，独立桩承台加梁板式筏形基础；上部结构采用现浇钢筋混凝土框架核心筒结构体系（局部采用型钢混凝土梁、柱），连接体采用钢桁架结构。图 7.4-71 为振动台试验模型图；图 7.4-72 为三维有限元计算模型图。

图 7.4-71　郑州物流港综合楼振动台试验模型

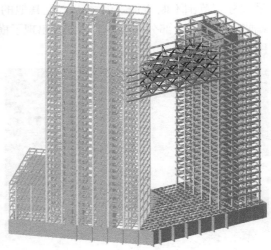

图 7.4-72　塔楼三维有限元计算模型图

2）试验方案

试验模型取地下室顶板以上整体结构。裙房与塔楼之间相连，因此本次试验模型包含了裙房部分。模型混凝土采用微粒混凝土模拟；钢筋采用镀锌钢丝模拟；柱内型钢、梁内型钢及连体部位钢桁架杆件均采用弹性模量较小的黄铜模拟。根据振动台的台面尺寸、承载能力和选用的材料，采用 1/30 的缩尺试验模型。模型总高 3988mm，重量为 45.61kN（不含底板），附加重量 466.2kN。相似关系详见表 7.4-23。

模型相似关系（缩尺模型/原型）　　　　　　　　　　表 7.4-23

物理量	相似关系	物理量	相似关系
长度	1/30	质量密度	12.0
弹性模量	1/2.5	时间	0.183
线位移	1/30	速度	0.183
频率	5.477	加速度	1.000
应变	1.000	应力	1/2.5

3）试验过程及现象

7.5 度多遇地震后，模型首先在 A 塔裙房框架梁柱出现部分细微裂缝，梁裂缝为竖向，柱裂缝为横向。随着台面输入加速度的继续增大，A 塔裙房框架梁柱裂缝不断增多并发展，A 塔其他部位及 B 塔的框架梁柱也出现了裂缝并不断扩展。试验结束时，观察到核心筒的损坏不多，是由于筒体位于模型内部、裂缝细微，无法或不易观察到开裂情况，但从结构刚度大幅降低的情况来推测，核心筒已经损伤。

试验过程中可以看出，损伤首先出现在 A 塔裙房框架，表现为梁的竖向裂缝和柱的横向裂缝，且在相当于 7.5 度多遇地震输入时就已经有了较多的破坏，最终破坏比较严重，是结构相对薄弱的部位。裙房以外其他位置的框架梁柱，在加速度峰值达到 620gal 前，损伤均是梁端竖向裂缝。梁端竖裂缝最先出现工况 16（加速度峰值 150gal），位于 A 塔靠近连体一侧下部，与型钢柱相连的框架梁；随着加速度输入的不断增大，梁竖裂缝数量和分布范围不断增加，但并未出现其他的裂缝形式。加速度峰值达到 620gal 后，除梁端竖向裂缝外，部分框架柱上、下端出现了横向贯通裂缝。模型典型裂缝情况如图 7.4-73～图 7.4-76 所示。

图 7.4-73　A 塔连体上部与型钢角柱相连梁端裂缝

图 7.4-74　A 塔下部柱横向裂缝

4）郑州物流港综合楼振动台试验结论和建议

主要结论：

① 根据模型动力反应特征和开裂情况，郑州物流港综合服务楼结构设计满足工程所

在地 7 度（0.15g）抗震设防要求，同时证明结构设计中所采取的一系列措施是恰当的。

图 7.4-75　A 塔 14 层剪力墙洞口处裂缝

图 7.4-76　裙房中间层裂缝

② 在经历 7 度（0.15g）多遇地震（小震）的地震作用后，塔楼裙房框架部分梁柱出现裂缝，主体未发现损坏；模型层间位移角最大值在单向地震作用下满足不大于 1/800 的规范要求；在三向地震作用下，楼层层间位移角基本满足规范要求。

③ 在经历 7 度（0.15g）设防烈度（中震）的地震作用后，模型结构频率和刚度降低幅度不大，主要构件内的型钢以及连体钢桁架的应变保持在弹性范围内，主要受力构件未发现损坏，满足预定的设防地震抗震设防目标要求。

④ 在经历 7 度（0.15g）罕遇地震（大震）的地震作用后，模型结构频率有所下降，X、Y 向的频率分别下降到初始值的 72.0% 和 51.2%，有部分构件发生损坏，主体塔楼主要构件损坏不严重；在单项地震作用下，楼层层间位移角满足不大于 1/100 的规范要求；在三向地震作用下，模型层间位移角基本满足规范要求。

⑤ 各级地震波输入情况下，尤其是三向地震输入下，结构两个塔楼的扭转反应比较明显。根据测试结果估算的扭转位移角数值看，结构扭转反应尚在规范允许的范围。

⑥ 模型裙房框架是最早出现损坏的，是整个结构抗震相对比较薄弱的部分。

主要建议：

① 试验过程中，裙房外框架梁柱发生损坏较早，7 度（0.15g）多遇地震作用后即出现了较多裂缝，7 度（0.15g）罕遇地震作用后，已经损坏比较严重。建议对裙房角柱、角柱相邻柱以及与这些柱相连的框架梁配筋设计进行适当加强。

② A 塔楼框架梁的竖向裂缝多发生在与塔楼角柱相连的外框架梁以及 A1、A2 立面 13 层以下的外框架梁（A1、A2 立面位置见图 7.4-73）；B 塔楼框架梁的竖向裂缝多发生在 B2、B4 立面 13 层以下的外框架梁（B2、B4 立面位置见图 7.4-77）。考虑到多数裂缝都是在 7

图 7.4-77　B 塔与型钢角柱相连梁端裂缝

度（$0.15g$）罕遇地震后出现的，可不必进行特别加强。

③ 本次试验，连体结构构件以及连体与塔楼连接节点符合预定的抗震设防目标要求。考虑到本次试验模型比例较小（1/30），难以完全真实地模拟有关节点的实际受力情况，鉴于该类节点的重要性，建议对连体与塔楼连接节点的施工质量进行特殊的关注。

（6）广州天建花园酒店·公寓

1）结构简介

广州天建花园酒店·公寓项目位于广州市天河区珠江新城冼村南侧 G1-1、G1-2 地块。建筑物为双塔结构，地下四层，地上高塔 43 层，总高 155.8m，为超限高层建筑结构。项目为酒店（B-1）及住宅（B-2）以及其地下室部分，总建筑面积 104103m²。B-1 栋总高 124.50m，塔身（标准层）长 50.6m，宽 23.5m；B-2 栋总高 155.80m，塔身（标准层）长 36.7m，宽 23.5m，有核心筒范围宽 25.3m。本工程结构设计使用年限为 50 年，建筑结构安全等级为二级；抗震设防烈度为 7 度，设计基本地震加速度值为 $0.10g$，特征周期 0.35s，抗震设防分类为丙类。

2）试验方案

原型中不同构件属性及位置分别采用强度为 C30～C60 的混凝土，模型中采用微粒混凝土进行模拟。模型中采用钢丝模拟原型结构中混凝土构件的钢筋，并根据强度等效原则缩放其直径。钢管采用黄铜管进行模拟，其弹性模量约为钢材的 1/3，基本可以满足相似比设计要求。型钢梁及钢桁架采用黄铜板焊接而成，其弹性模量约为钢材的 1/3，基本可以满足相似比设计要求。模型采用的几何相似关系为 1：25，选择加速度相似比关系为 1/1.4，其他相似比关系如表 7.4-24 所示。

广州天建花园酒店·公寓模型试验相似比关系　　　　表 7.4-24

类型	物理量	量纲	相似关系	相似比
材料特性	应力 σ	FL^{-2}	$S_\sigma = S_E$	1：2.5
	应变 ε	—	1	1
	弹性模量 E	FL^{-2}	S_E	1：2.5
	泊松比 ν	—	1	1
	质量密度 ρ	FT^2L^{-4}	$S_\rho = S_m/S_l^3$	7.143：1
几何特性	长度 l	L	S_l	1：25
	线位移 x	L	$S_x = S_l$	1：25
	角位移 θ	—	1	1
	面积 A	L^2	$S_A = S_l^2$	1：625
荷载	集中荷载 P	F	$S_P = S_E S_l^2$	1：1562.5
	线荷载 w	FL^{-1}	$S_w = S_E S_l$	1：62.5
	面荷载 q	FL^{-2}	$S_q = S_E$	1：2.5
	力矩 M	FL	$S_M = S_E S_l^3$	1：39060
	惯性力荷载 B	F	$S_B = S_m S_x/S_t^2$	1：1562.5
动力性能	质量 m	$FL^{-1}T^2$	S_m	1：2189
	刚度 k	FL^{-1}	$S_k = S_E S_l$	1：62.5

续表

类型	物理量	量纲	相似关系	相似比
动力性能	阻尼 c	$FL^{-1}T$	$S_c=S_m/S_t$	1 : 370
	时间、固有周期 T	T	$S_t=(S_m/S_k)^{1/2}$	1 : 5.918
	速度 $\dot{x}$	LT^{-1}	$S_{\dot{x}}=S_x/S_t$	1 : 5
	加速度 $\ddot{x}$	LT^{-2}	$S_{\ddot{x}}=S_x/S_t^2$	1 : 1.4

3）试验过程及现象

各级地震动输入下结构的动力响应简述如下：

7度多遇地震作用下，结构整体振动幅度小，模型结构其他反应亦不明显，模型剪力墙筒体底部及框架构件未发现明显裂缝，结构转换部位未发现明显裂缝，结构整体完好，达到了多遇地震不坏的要求；7度设防地震作用下，结构振动幅度有所增大，但整体动力响应不剧烈，模型结构中下部核心筒剪力墙连梁出现明显裂缝，裙房部分框架梁梁端出现明显裂缝，核心筒角部墙体底层出现少量裂缝，表明整体结构稍有损伤；7度罕遇地震作用下，模型结构振动幅度显著增大，整体结构动力响应剧烈并伴随有响声发出，模型结构较大范围核心筒剪力墙连梁出现明显裂缝，核心筒墙体底层出现较多裂缝，结构 B-2 塔转换层墙体和端柱出现较大面积的水平裂缝，以上现象表明结构底部和 B-2 塔转换部位出现比较明显的损伤；7.5 度罕遇地震作用下，模型结构振动幅度显著，整体结构动力响应剧烈并伴随有较大响声发出，核心筒墙体底层出现裂缝进一步增多扩展，结构 B-2 塔转换层墙体和端柱水平裂缝有较大范围内贯通，结构 B-1 塔转换层较大范围的框支柱出现明显的水平裂缝，以上现象表明结构底部和两个塔的转换部位出现比较明显的损伤。试验过程中，结构两个塔中部和下部剪力墙连梁、与核心筒连接的框架梁核心筒连接端出现较明显的裂缝，B-2 栋结构转换层上一层（SA6）剪力墙端柱和墙体出现比较明显的裂缝，核心筒墙体根部出现比较明显的裂缝。试验过程中，B-1 栋结构转换层（H6）框支柱出现比较明显的水平裂缝。试验部分典型裂缝照片如图 7.4-78 所示。

4）天建花园振动台试验主要结论和建议

主要结论：

① 在振动台试验过程中，各工况地震作用下，结构 X 方向振动形态为平动，基本无扭转效应；Y 方向振动形态基本为平动。

② 通过模型振动台试验位移反应结果可以看出，结构连体带来两塔间的相互作用明显，总体上较矮的 B-1 塔楼层位移反应和层间位移反应都有所增强，相反较高的 B-2 塔两个方面的参数都有所降低，这一结果符合结构的基本受力特征。此外，由于强连体结构的存在，使得结构有较为明显的扭转效应，试验结果在罕遇地震作用下，结构在 Y 方向扭转位移为 0.016rad。

③ 7度多遇地震后，模型结构自振特性变化微小，结构基本保持弹性状态，观察结构整体各个细部均未出现裂缝；7度设防地震后，模型结构的自振特性变化较小，X 方向和 Y 方向一阶频率分别降低为初始值的 90.4% 和 96.1%，结构主要构件基本保持弹性状态，观察结构局部剪力墙连梁端部出现少量裂缝；7度罕遇地震后，模型结构的自振特性变化较大，X 方向和 Y 方向一阶频率分别降低为初始值的 72.1% 和 79.2%，结构剪力墙

图 7.4-78　试验典型损伤照片

连梁和框架梁端出现较大范围的裂缝，B-2 栋结构转换层相邻上一层（SA6）剪力墙端柱和墙体出现比较明显的裂缝。

④ 模型在 7 度多遇地震及 7 度罕遇地震作用下，层间位移角满足规范要求。

⑤ 经历各级地震作用工况后，结构两塔间连体部位、连体转换桁架及其与结构主体连接位置均未发现明显破坏，说明结构设计在该位置所采取的构造加强措施是有效的。

⑥ 7.5 度罕遇地震后，结构仍保持直立，未发生倒塌及倾斜。

综上，模型振动台试验表明，天建花园酒店·公寓结构满足规范各项指标要求，实现了"多遇地震不坏、设防地震可修、罕遇地震不倒"的抗震设防目标。

主要建议：

基于该结构模型振动台试验结果和模型计算结果，并考虑以上结论，我们给出以下结构改进建议：

① 强烈地震作用下，高塔（B-2 栋）结构转换层相邻上一层（SA6）剪力墙出现较大范围比较明显的集中破坏，结构在该位置的层间位移反应剧烈，说明上述位置为抗震薄弱部位，建议设计单位对上述部位进行加强，进而提高整体结构的抗震性能。

② 强烈地震作用下，低塔（B-1 栋）结构转换层（H6）较多框支柱出现比较明显的集中破坏，建议设计单位对该框支柱进行适当加强，进而提高整体结构的抗震性能。

③ 地震作用下，结构两塔楼在连体结构位置及其下部数层范围内层间位移角等变化

显著，且多遇地震时结构最大层间位移角均出现在上述位置，说明上述位置为本结构抗震薄弱部位，建议设计单位对连体下部薄弱部位的承载能力进行适当加强。

（7）厦门福隆大厦

1）结构简介

福隆大厦是一座滨海甲级写字楼，位于厦门鹭江道一侧的海岸，地上 23 层，地下 3 层，总建筑面积 38800.0m²。地上主要为办公建筑，底层层高 17.20m，避难层及顶层层高 11.70m，其余标准层层高均为 3.9m，主体结构总高度约 135m，并于顶层设置直升机停机坪。本工程为钢筋柱框架-混凝土核心筒混合结构体系。主楼高宽比为 5.3，长宽比 1.9；内筒高宽比为 8.93。框架柱距为 8～9m。主要的抗侧力体系由钢筋混凝土核心筒、框架组成。为了增加核心筒体的延性，在外筒墙体角部及与主梁交接处设置了型钢柱。本工程结构形式复杂，核心筒偏置，结构层高变化较大，结构刚度及承载力沿竖向分布不均匀，存在薄弱层，且楼板局部不连续。建筑抗震设防类别为丙类，建筑结构安全等级为二级，所在地区的抗震设防烈度为 7 度，设计基本地震加速度 0.15g，设计地震分组为第一组，场地类别为Ⅱ类，特征周期 $T_g = 0.35s$。图 7.4-79 为振动台试验模型图；图 7.4-80 为三维有限元计算模型图。

图 7.4-79 三维有限元计算模型图

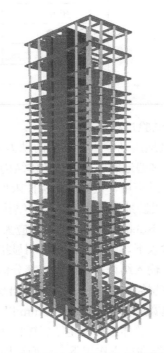

图 7.4-80 厦门福隆大厦振动台试验模型

2）试验方案

综合考虑振动台承载能力、起吊能力以及模型加工的可行性，模型比例定为 1/20。与结构分析相同，模型的嵌固端位置取地下室顶板。地上结构模型高度约为 6.75m（不含底座）。模型中，主梁、柱和墙均按实际尺寸按比例缩尺。为了简化试验模型并保证加工质量，将楼板加厚同时减少次梁，保证简化后的楼板体系与原楼板体系刚度和承载力符合相似比关系。根据模型材料实测弹性模量及实际加载量，可得到模型相似关系如表 7.4-25 所示。其中，由于模型材料实测弹性模量略大于预测值，所以加速度相似比稍进行了放大，放大系数为 1.1。

模型实际相似关系 表 7.4-25

物理量		量纲	相似常数	
			参数	取值
材料特性	应力 σ	FL^{-2}	S_E	0.364
	应变 ε	—	1	1.000
	弹性模量 E	FL^{-2}	S_E	0.364
	泊松比 ν	—	1	1.000
	密度 ρ	FT^2L^{-4}	$S_\rho = S_E/S_l$	6.612
几何尺寸	线尺寸 L	L	S_l	0.050
	线位移 δ	L	S_l	0.050
	频率 ω	T^{-1}	$S_l^{-1/2}$	4.690
荷载	集中力 P	F	S_E/S_l^2	1/1100
	压力 q	FL^{-2}	S_E	0.364
	加速度 a	LT^{-2}	S_a	1.100
	重力加速度 g	LT^{-2}	1	1.000
	速度 v	LT^{-1}	$S_l^{1/2}$	0.235
	时间 t	T	$S_l^{1/2}$	0.213

3）试验过程及现象

各级地震动输入下结构的动力响应简述如下：

7 度多遇地震作用下，整体结构振动幅度小，模型结构其他反应亦不明显，没有明显响声。输入结束后，模型结构构件未见裂缝及损坏，整体完好，达到了多遇地震不坏的要求。

7 度设防地震作用下，模型结构振动幅度有所增大，但整体结构动力响应不剧烈。工况 Taft 波及 Kobe 波作用下结构反应大于人工波，Y 向地震波作用下结构反应大于 X 向。Y 向及双向输入下，结构上部可见明显扭转反应。在工况 14 即 Taft 波 Y 向作用下，结构中部出现响声。输入结束后，模型中部分框架梁跨中出现裂缝。北立面二层梁与筒体连接位置出现裂缝，首层筒体 D 轴上两片墙顶出现水平向受拉裂缝，筒根未发现裂缝，9 层筒体未发现裂缝。裂缝宽度较小，均在 0.3mm 以下。铜管柱均未发生屈曲现象。模型结构自振频率略有下降，说明整体结构发生了轻微损伤，但整体结构仍基本保持在弹性范围内。

7 度罕遇地震作用下，模型结构振动幅度较设防地震增大，整体结构动力响应较大，振动过程中模型发出响声。Y 向地震波作用下结构反应大于 X 向。Y 向及双向输入下，结构上部可见明显扭转反应，结构上部变形明显大于结构下部。输入结束后，模型中大部分框架梁跨中及梁端出现裂缝。首层筒体 D 轴上两片墙身中部出现几条水平向受拉裂缝，B 轴上墙体顶部出现受压裂缝，2、3 轴间和 4、5 轴间墙体上连梁端部出现斜裂缝。8 层筒体上未出现明显裂缝。铜管柱均未发生屈曲现象。模型结构自振频率下降 30% 左右，说明结构发生了一定程度的损伤，但整体结构仍基本保持完好，完全符合罕遇地震不倒的要求。

8度罕遇地震作用下，模型结构振动幅度很大，整体结构动力响应剧烈并伴随有响声发出。Y向地震波作用下结构反应大于X向，Y向及双向输入下，结构上部可见明显扭转反应。输入结束后，框架梁上裂缝继续增加，宽度增大。首层筒体上原有裂缝进一步开展，同时增加一部分新裂缝。9层筒体D轴上两片墙身中部出现水平向受拉裂缝，2、3轴间和4、5轴间墙体上连梁端部出现斜裂缝。铜管柱均未发生屈曲现象。模型结构自振频率进一步下降，说明整体结构损伤更加严重。但整体结构仍保持直立，关键构件基本完好，说明结构具有良好的延性和耗能能力。

8度半罕遇地震作用下，刚度下降较多，整体结构动力响应与8度罕遇地震下类似，结构上部可见明显扭转反应。输入结束后，结构中原有裂缝进一步开展，同时增加一部分新裂缝。铜管柱均未发生屈曲现象。模型结构自振频率较上一工况下降不多，整体结构仍保持直立，关键构件基本完好，进一步体现了结构良好的延性和耗能能力。

典型裂缝及损伤照片如图7.4-81所示。

首层D轴墙　　　　　　　　　　　　　　　首层B轴墙

9层B轴墙　　　　　　　　　　　　　　　9层D轴墙

图7.4-81　典型裂缝照片

4) 厦门福隆大厦振动台试验主要结论和建议

主要结论：

① 结构满足抗震规范中规定的三个阶段的设防要求。结构具有良好的延性和耗能能力。

② 试验过程中，模型经历了 7 度多遇地震、7 度设防地震和 7 度罕遇地震作用。7 度多遇地震作用下，模型结构构件未见裂缝及损坏，整体完好，达到了多遇地震不坏的要求；7 度罕遇地震后，结构发生一定程度损伤，结构频率下降，阻尼比上升，但整体结构仍保持完好，说明结构具有良好的延性以及耗能能力，符合罕遇地震不倒的要求。

③ 各级地震作用下，Y 向地震作用下结构反应大于 X 向。Y 向及双向地震作用下，结构上部可见明显扭转反应，结构上部变形明显大于结构下部。框架梁、结构北侧 2 层和 9 层梁与筒体连接位置、底层 D 轴墙首先出现裂缝并逐渐发展，铜管柱均未发生屈曲现象。

④ 位移测试结果表明，X 向地震作用下结构南北两侧的 X 向位移反应比较一致，扭转反应很小。X 向多遇地震及罕遇地震作用下，最大层间位移角均满足规范要求。Y 向地震作用下，结构东西两侧 Y 向位移反应相差较多，结构扭转反应较大。Y 向多遇地震作用下，最大层间位移角小于 1/570，罕遇地震作用下，最大层间位移角 1/83，均稍超出规范要求。超出规范要求的层间位移角均出现在结构上部 22 和 23 层 P4 点处，其他位置层间位移角均满足规范要求。主要由于结构顶部三层层高较大、质量较大且严重偏心，引起较强烈的扭转反应，导致顶部一侧层间位移角超限。需要对顶层的刚度以及质量进行调整，减小质量、消除偏心并适当增加刚度。

主要建议：

① 对顶部两层的刚度以及质量进行调整，减小质量、消除偏心并适当增加 Y 向刚度。

② 采取措施控制结构的扭转反应，如消除质量偏心，适当增大结构 Y 向边框架的刚度。

③ 对 D 轴两片墙体进行适当加强。如在墙角增设型钢，增加墙体的抗拉承载能力。

2. 振动台模型试验的结果可靠性分析

为了验证振动台试验结果的可靠性和原设计计算模型的合理性，通常将模型结构振动台试验的关键结果依照相似关系（相似关系参照表 2.1.4），推算得到原型结构的结果，并分别与原型结构动力弹性时程分析结果或动力弹塑性时程分析结果进行对比。分析采用试验中采集到的实际输入地震波，并通过相似关系换算为原型时程函数。动力弹性时程分析软件通常采用 PKPM 或 ETABS；动力弹塑性时程分析软件通常采用 ABAQUS。下面给出部分试验主要结果与计算的对比情况。

（1）上海中心试验与计算结果比较分析

上海中心进行了原型动力弹性时程分析（采用 ETABS）及动力弹塑性时程分析（ABAQUS），并与试验结果进行了比较。

1）动力特性比较

对原型与试验测得的动力特性结果进行了比较，如表 7.4-26 所示。表中试验推算原型值是指模型试验结果通过相似关系推算原型值相应结果。可以看出动力特性上模型与原型相似关系较好，周期的实测值与计算值误差在 10% 以内。

结构原型计算与模型试验反推至原型振型周期及频率结果比较　　表 7.4-26

		模型试验值	试验推算原型值	原型计算值	计算/试验推算
X 方向一阶	频率(Hz)	1.020	0.104	0.110	1.062
	周期(s)	0.980	9.612	9.050	0.942
X 方向二阶	频率(Hz)	3.100	0.316	0.302	0.955
	周期(s)	0.323	3.163	3.310	1.047
Y 方向一阶	频率(Hz)	1.110	0.113	0.112	0.986
	周期(s)	0.901	8.832	8.960	1.014
Y 方向二阶	频率(Hz)	3.370	0.344	0.313	0.909
	周期(s)	0.297	2.909	3.200	1.100

　　2）楼层位移比较

　　根据 1/40 缩尺比例，通过相似关系，可将模型试验楼层位移结果推算至原型，部分工况试验值与计算值的比较曲线如图 7.4-82、图 7.4-83 所示。可以看出，除个别工况（工况 22 弹塑性分析 Y 向）偏差较大外，其他工况总体上计算与试验结果相合较好，这说明模型加工精度良好，能够满足试验设计相似关系要求。

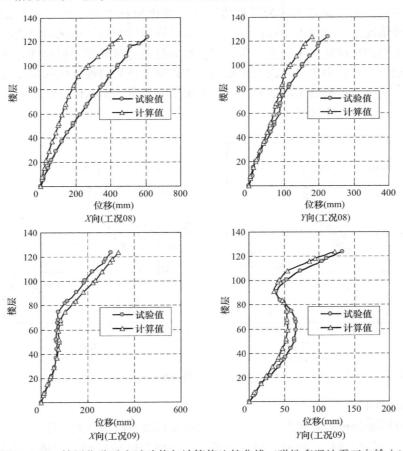

图 7.4-82　楼层位移反应试验值与计算值比较曲线（弹性多遇地震三向输入）

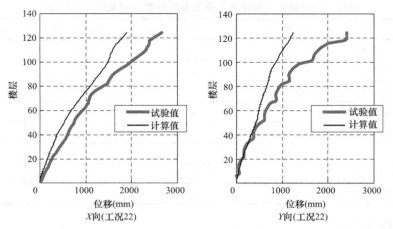

图 7.4-83　楼层位移反应试验值与计算值包络曲线比较（弹塑性罕遇地震三向输入）

3）层间位移比较

图 7.4-84、图 7.4-85 给出了部分工况，层间位移角试验值与计算值的比较结果。需要说明的是，根据以往多次试验结果数据的积累和分析，层间位移角试验值与计算值的差别普遍较其他参数大，通常表现为计算值沿竖向变化相对平缓，而实测值沿竖向波动较大。造成这种情况主要有两方面原因：一方面是计算假设与实际情况的差别；另一方面试验测试以及模型缩尺简化带来误差。而层间位移角是通过对相邻层加速度时程测试结果做差并积分得到的，对动力测试的误差很敏感，所以试验结果精确度比加速度及位移结果略差。图中可以看出，虽部分工况试验与计算结果偏差较大，但总体上计算与试验结果分布规律基本相同，数值大小接近。

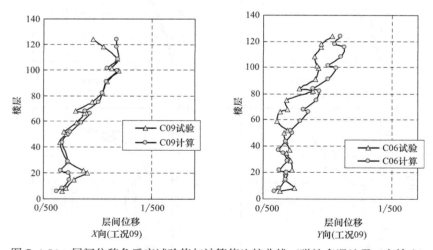

图 7.4-84　层间位移角反应试验值与计算值比较曲线（弹性多遇地震三向输入）

4）层剪力比较

通过对试验加速度时程进行差值，并与层质量相乘可以得到地震作用，进而得到地震作用下层剪力时程包络值。根据力相似关系，可将模型试验层剪力包络结果推算至原型。图 7.4-86、图 7.4-87 给出了部分工况，结构层剪力试验值与计算值的比较结果。可以看出，除个别工况偏差较大外，总体上计算与试验结果吻合较好，试验值较计算值略偏大，这说明模型加工精度良好，能够满足试验设计相似关系要求。

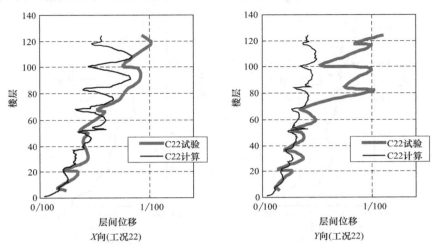

图 7.4-85 层间位移角反应试验值与计算值包络曲线比较（弹塑性罕遇地震三向输入）

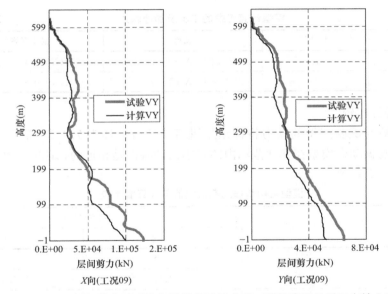

图 7.4-86 层间剪力试验值与计算值比较曲线（弹性多遇地震三向输入）

（2）天建花园试验与计算结果比较分析

为了与试验结果进行对比研究，天建花园酒店工程建立了与振动台试验相同尺度的结构模型，进行了结构有限元分析，分析采用工具为大型通用有限元程序 ABAQUS6.7 和 SAP2000。材料属性考虑试验中材料的实测值，并考虑材料的塑性属性。分析方法采用 ABAQUS 隐式及显式时程积分法。同时，为了与振动台试验一致，考虑振动台输入加速度峰值的误差，模型计算的输入波形均为振动台试验结构基础底板上的加速度实际记录值。表 7.4-27 给出了模型计算所考虑的时程输入与振动台试验对应情况，以及计算加速度峰值输入情况。

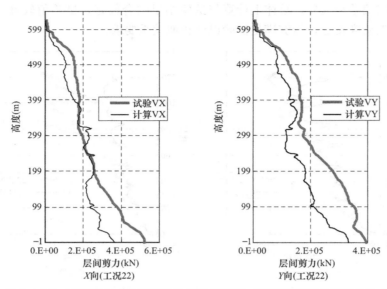

图 7.4-87 层间剪力试验值与计算值比较曲线（弹塑性罕遇地震三向输入）

模型计算考虑的工况及加速输入 表 7.4-27

类别	工况名	属性	加速度峰值(g)
设防地震	16	自然波 1—$X+Y+Z$ 三向	$0.1509(X)$,$0.1335(Y)$,$0.126(Z)$
罕遇地震	20	自然波 1—$X+Y+Z$ 三向	$0.2971(X)$,$0.2547(Y)$,$0.163(Z)$

1）动力特性比较

对模型计算与试验测得的动力特性结果进行了比较，如表 7.4-28 所示。可以看出，结构计算模型与振动台模型在弹性范围内的基本振动特性是相近的，说明振动台试验模型制作精度较好，满足要求。

模型结构自振周期试验值与计算值比较 表 7.4-28

方向	阶数值	频率(Hz)	
		一阶	二阶
X 向	实测值	2.08	6.44
	计算值	1.75	5.57
Y 向	实测值	2.31	10.09
	计算值	2.42	10.32

2）楼层位移比较

图 7.4-88 给出了设防地震和罕遇地震作用下，B-1 塔结构计算位移与试验位移的比较曲线。可以看出，模型计算的楼层位移曲线与振动台试验结果接近，结构楼层和顶点位移略小于振动台试验结果。

3）层间位移角比较

图 7.4-89 分别给出了设防地震和罕遇地震作用下，B-1 塔结构层间位移角计算值与试验值的比较曲线。可以看出，模型计算的层间位移角结果曲线与振动台试验结果相近，Y

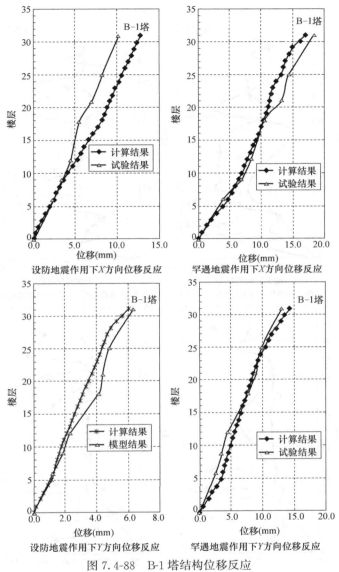

图 7.4-88 B-1 塔结构位移反应

方向层间位移角比较单纯，并显示出了框剪结构层间位移角曲线的典型特征；X 方向体现了两塔的相互作用，并且由于两塔通过连体的相互作用，B-1 塔反应有所增加，B-2 塔反应有所削弱。B-2 塔在罕遇地震作用下，X 方向和 Y 方向在转换层部位层间位移角都有明显增大，这与振动台试验结果也相吻合。

4）损伤及裂缝比较

结构根部：图 7.4-90 和图 7.4-91 为两个塔剪力墙的应力结果云图，剪力墙根部最大应力普遍在 4～5MPa 左右，应力极值点为 7～8MPa，应力比较大的位置与振动台试验过程中出现裂缝较多的地方吻合。图 7.4-92 为框架支柱根部应力结果云图，框支柱根部拉应力较小，在 1～2MPa 范围内，与试验结果相对应，框支柱根部并没有出现明显破坏。

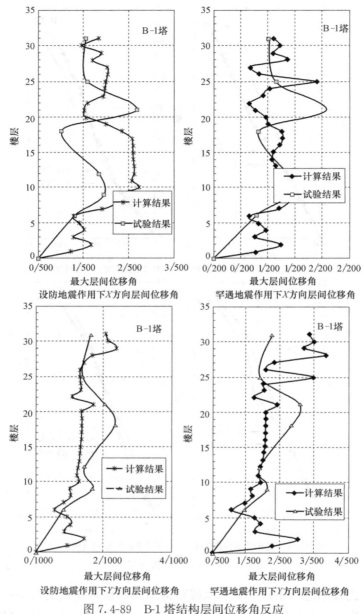

图 7.4-89　B-1 塔结构层间位移角反应

转换及连体部位：图 7.4-93 和图 7.4-94 为 B-2 塔转换部位剪力墙的应力云图，在振动台试验中该部位自端柱开始出现了比较明显的破坏，计算结果该部位剪力墙最大拉应力在 8～9MPa 左右，应力计算结果的应力集中部位与振动台试验结果吻合。图 7.4-95 为 B-1 塔转换部位框架支柱根部应力云图，在振动台试验中框支柱柱顶出现了比较明显的破坏，计算结果显示框支柱柱顶拉应力比较大，在 10～12MPa 左右，与振动台试验结果吻合。

图 7.4-96 为结构连体部位应力云图，该部位主要为钢构件，拉应力值普遍在 20～80MPa，应力最大值在 130MPa 左右，与材料承载能力相比，应力值比较小，振动台试验

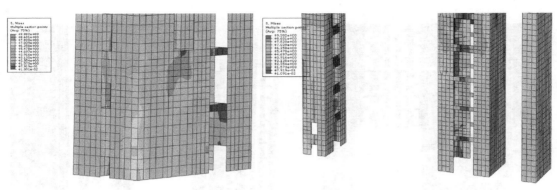

图 7.4-90　剪力墙底部应力云图 1　　　　图 7.4-91　剪力墙底部应力云图 2

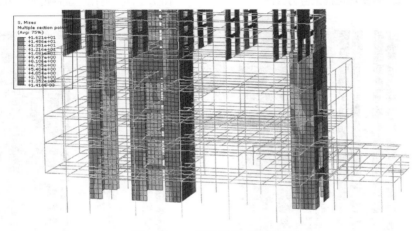

图 7.4-92　框架底部应力云图

中也没有发现该部位破坏，振动台试验结果与计算结果吻合。另外连体构件与剪力墙连接部位并没有出现明显的导致结构破坏的应力集中，振动台试验该部位也没有出现明显破坏。

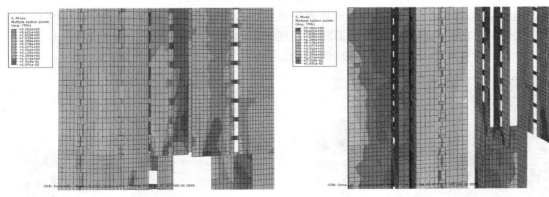

图 7.4-93　转换部位剪力墙应力云图 1　　　　图 7.4-94　转换部位剪力墙应力云图 2

　　框架与剪力墙连接部位：针对与振动台试验观察到框架梁和剪力墙连接部位出现较多裂缝，图 7.4-97 和图 7.4-98 给出了该部位的应力云图，可以看出该部位应力较大，极值点应力在 10~12MPa 左右，振动台试验结果与计算结果相吻合。

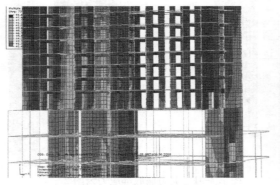

图 7.4-95　转换部位框架应力云图

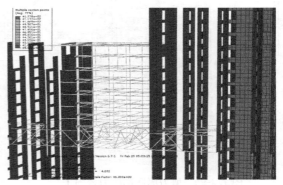

图 7.4-96　连体部位钢桁架应力云图

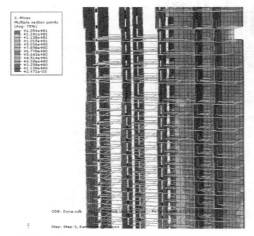

图 7.4-97　框架与墙体连接部位应力云图 1

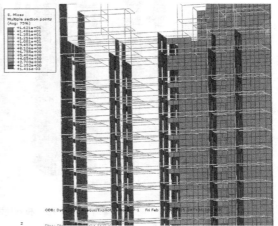

图 7.4-98　框架与墙体连接部位应力云图 2

裂缝位置与计算结果对比：针对结构损伤比较明显的部位，图 7.4-99～图 7.4-101 给出了相应位置计算结果，包括材料塑性发展系数、振动台试验过程中结构损伤比较明显的几个关键部位的裂缝照片和模型计算塑性发展结果的对比。通过这些结果可以看出，振动台试验和动力弹塑性计算结果是比较吻合的。

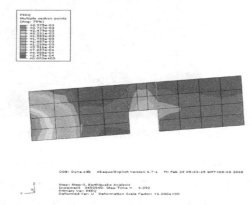

图 7.4-99　B-2 塔转换部位剪力墙损伤试验与计算结果对比

图 7.4-100　B-1 框支柱损伤的试验与计算结果对比

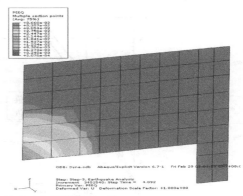

图 7.4-101　B-2 筒体剪力墙损伤的试验与计算结果对比

5）比较结论

针对天建花园酒店工程，进行了 7 度设防地震及罕遇地震作用下，振动台试验数值模拟计算研究，对比计算与试验实测值可以给出如下结论：数值计算表明，试验模型结构自振特性与计算值较为吻合，表明模型结构加工精度良好；7 度设防地震及罕遇地震作用下，动力弹塑性分析表明，结构层最大位移及最大层间位移角计算值与试验值规律及趋势一致，但在量值上二者有一定差别，尤其是结构顶部响应；从结构关键部位的损伤及裂缝分析可以看出，动力弹塑性分析与振动台试验结果十分吻合，即试验中结构损伤及裂缝发生位置与计算结果中塑性集中及发展区域一致，这表明动力弹塑性分析可以有效揭示结构的抗震薄弱部位。

（3）成都来福士 T4 塔楼试验与计算结果比较分析

1）动力特性比较

对计算与模型试验得到结构主要周期及频率进行了比较，如表 7.4-29 所示。表中试验推算原型值是指模型试验结果通过相似关系推算值原型相应结果，可以看出，动力特性上模型与原型相似关系较好。

X 向测点加速度反应峰值计算与试验结果比较（单位：m/s²）　　　表 7.4-29

		模型试验值	试验推算原型值	原型计算值	计算/试验推算
一阶 57°方向	频率	3.060	0.684	0.751	1.097
	周期	0.327	1.462	1.332	0.912

续表

		模型试验值	试验推算原型值	原型计算值	计算/试验推算
二向 147°方向	频率	3.920	0.877	0.953	1.088
	周期	0.255	1.141	1.049	0.919

2）楼层位移比较

通过 1/20 缩尺比例和相似关系，可将模型试验位移结果推算至原型。图 7.4-102、图 7.4-103 给出了 7 度多遇地震工况，单向及双向 El Centro 波及人工波作用下，结构楼层位移试验值与计算值的比较结果。可以看出，除由于试验中偶然损伤造成结构顶部试验位移值偏大外，总体上计算与试验结果吻合较好，这说明模型加工精度良好，能够满足试验设计相似关系要求。

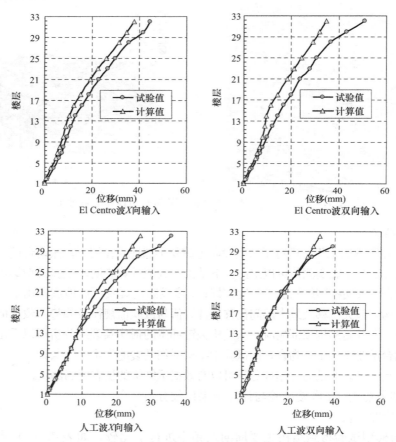

图 7.4-102　7 度多遇地震作用下 X 向位移最大值沿楼层分布曲线试验值与计算值比较

（4）小结

通过试验结果与原型计算结果的比较，振动台试验和动力时程分析可以相互印证，进而检验试验结果的可靠性。比较计算包括弹性计算和弹塑性计算，弹性计算用来与多遇地震试验结果进行比较，弹塑性分析用来与设防地震和罕遇地震计算结果进行比较。比较计算采用的地震波均根据振动台试验中采集到的底板加速度反应得到。

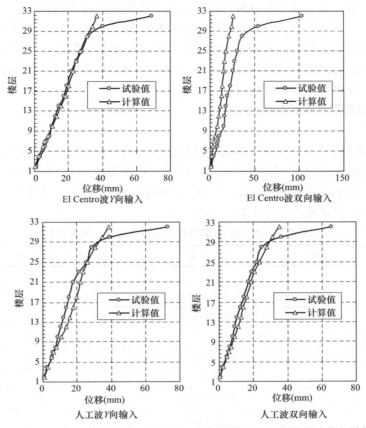

图 7.4-103　7 度多遇地震作用下 Y 向位移最大值沿楼层分布曲线试验值与计算值比较

　　通过以上试验结果与计算的比较分析可以看出，除偶然原因引起个别数据相差较多外，试验结果与原型计算结果吻合较好，误差在可接受范围内。不考虑偶然损伤引起的数据异常，各参数试验与计算误差水平如下：

　　结构自振特性误差：绝大部分在 5％以内，少数结果在 5％～10％，试验与计算吻合很好。

　　弹性楼层位移误差：大部分在 10％以内，少部分在 10％～20％；弹塑性楼层误差：由于损伤存在一定偶然性，因此相对较大。总体楼层位移试验与计算结果基本符合。

　　层间位移误差：根据以往多次试验结果数据的积累和分析，层间位移角试验值与计算值的差别普遍较其他参数大，通常表现为计算值沿竖向变化相对平缓，而实测值沿竖向波动较大。造成这种情况主要有两方面原因：一方面是计算假设与实际情况的差别；另一方面试验测试以及模型缩尺简化带来误差。而层间位移角是通过对相邻层加速度时程测试结果做差并积分得到的，对动力测试的误差很敏感，所以结果精确度比位移结果略差。因此虽部分工况试验与计算结果偏差较大，但总体上计算与试验结果分布规律基本相同，数值大小接近。

　　结构损伤比较：由结构关键部位的损伤及裂缝分析可以看出，动力弹塑性分析与振动台试验结果吻合较好，即试验中结构的损伤及裂缝发生位置与计算结果中塑性集中及发展区域一致。这表明,动力弹塑性分析可以有效揭示结构的抗震薄弱部位。

通过试验与计算结果的比较分析可知,试验模型加工精度较好,能够满足试验设计相似比关系,试验结果能够代表原型结构的性能。根据原结构的特点,在试验设计合理的前提下,模拟地震振动台模型试验不仅能定性地揭示结构的抗震薄弱部位和反应规律,而且也能定量给出部分重要参数的反应。

3. 各种类型高层结构的动力特性

（1）阻尼比

表 7.4-30 给出了各种体系类型高层结构振动台试验得到的结构初始阻尼比。从表中可以看出,高层结构的阻尼比有如下规律:对于一般钢筋混凝土高层建筑,阻尼比通常为5.0 左右;对于两种新型超高层体系(巨型框架体系、编织外筒＋混凝土内筒组成的筒中筒)阻尼均较小,多遇地震时分别为 2.3 和 3.0。

已完成整体动力试验的部分典型高层建筑（试验前） 表 7.4-30

工程名称	高度	结构体系	X 阻尼比	Y 阻尼比	平均阻尼比
上海中心	632m	巨型框架	2.21	2.32	2.27
广州西塔	432m	编织外筒（筒中筒）	3.18	2.72	2.95
甘肃电力通讯大楼	186.7m	型钢混凝土（筒中筒）	5.80	5.40	5.60
广州琶洲 PZB1301	104m	钢筋混凝土框架及核心筒	4.00	5.37	4.69
广州琶洲 PZB1401	120m	钢筋混凝土框架剪力墙	3.80	4.10	3.95
广州新图书馆	50m	框架倾斜连体双塔结构	3.37	3.62	3.50
成都来福士广场 T3	118.1m	框架剪力墙	5.20	5.60	5.40
郑州物流港	119.8m	框架核心筒门式双塔高位连体结构	5.41	5.41	5.41
广州天建花园	155.8m	框架核心筒双塔连体结构	5.83	6.01	5.92

（2）频率及阻尼比随损伤的变化

表 7.4-31、表 7.4-32 给出了部分典型超高层频率及阻尼比随损伤的变化。总体上,随着地震输入强度的逐步加大,结构模型的频率逐渐减小,结构阻尼比逐渐增大,这反映了随着试验的不断进行,结构损伤不断累积增大。设防多遇地震工况后,频率及阻尼比变化均较小,说明多遇地震作用下结构损伤较小;设防罕遇地震及超设防罕遇地震工况后,结构频率及阻尼比通常变化较多,说明在罕遇地震作用下结构会进入塑性,发生了较大的损伤。设防罕遇地震后,试验测得上海中心阻尼比约为 4%,其他结构阻尼比绝大多数在6%～7%,上海中心采用了巨型框架结构体系,这种新型结构体系阻尼比相对偏低。

各试验白噪声激励工况下模型自振频率变化 表 7.4-31

工程	项目	试验前	设防多遇地震后	设防地震后	设防罕遇地震后	超设防罕遇地震
上海中心	X 一阶频率	1.02	1.00	0.97	0.91	0.9
	X 二阶频率	3.10	3.07	2.59	2.46	2.17
广州西塔	X 一阶频率	1.25	1.27	1.27	1.24	1.19
	X 二阶频率	5.00	5.03	5.00	4.88	4.66

续表

工程	项目	试验前	设防多遇地震后	设防地震后	设防罕遇地震后	超设防罕遇地震
成都来福士广场 T3	X 一阶频率	2.55	2.54	2.41	2.25	1.94
	X 二阶频率	7.53	7.53	6.96	6.41	5.59
郑州物流港	X 一阶频率	3.50	3.5	3.31	2.97	2.84
	X 二阶频率	12.11	12.04	10.77	9.76	9.5
广州天建花园	Y 一阶频率	2.08	2.09	1.88	1.50	1.41
	Y 二阶频率	6.44	6.43	5.90	4.94	4.63
厦门福隆大厦	X 一阶频率	1.74	1.78	1.44	1.19	1.12
	X 二阶频率	6.46	6.35	6.34	5.14	4.60

各试验白噪声激励工况下模型阻尼比变化（%）　　　　表 7.4-32

工程	项目	试验前	设防多遇地震后	设防地震后	设防罕遇地震后	超设防罕遇地震
上海中心	X 一阶阻尼比	2.12	2.64	3.80	4.08	5.11
京基金融中心	X 一阶阻尼比	5.17	5.23	5.73	6.40	7.15
成都来福士广场 T3	X 一阶阻尼比	5.20	5.20	6.60	6.90	9.70
广州天建花园	Y 一阶阻尼比	5.83	5.08	6.85	6.29	8.05
广州琶洲 PZB1301	X 一阶阻尼比	4.00	4.32	5.35	5.87	8.24
广州琶洲 PZB1401	X 一阶阻尼比	3.8	4.10	5.70	5.80	7.3
广州新图书馆	X 一阶阻尼比	3.37	3.37	6.29	6.91	7.06

（3）动力系数随损伤的变化

图 7.4-104～图 7.4-106 给出了部分工程动力放大系数与输入地震动强度的关系曲线。总体而言，随着地震输入强度的加大，顶部动力放大系数呈明显下降趋势。

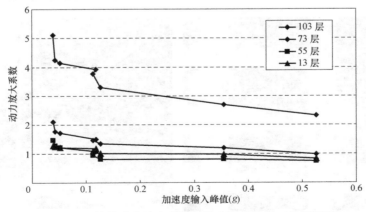

图 7.4-104　结构动力放大系数与输入强度关系（广州西塔）

4. 结构不规则性对抗震性能的影响

（1）侧向刚度或承载力不规则

结构加强层、立面收进、层高变化、竖向构件不连续及竖向构件截面变化较大楼层附近，容易形成侧向刚度或承载力突变，地震作用下，这些部位容易发生破坏，形成结构相对薄弱部位。图 7.4-107、图 7.4-108 给出了振动台试验中，部分工程侧向刚度变化位置损伤示例。结构设计中，应尽量避免侧向刚度或承载力突变。如果无法避免，应对相关竖向构件适当加强。

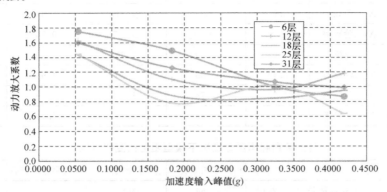

图 7.4-105　结构动力放大系数与输入强度关系（广州天建花园 B1 塔）

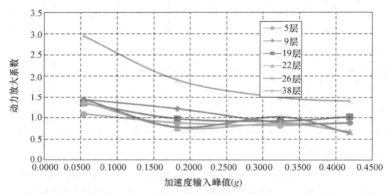

图 7.4-106　结构动力放大系数与输入强度关系（广州天建花园 B2 塔）

图 7.4-107　典型立面收进位置构件损伤
（成都来福士 F4 南立面 15 层）

图 7.4-108　典型加强层斜撑位置损伤
（南京德基广场二期塔楼 33 层）

（2）高位连体结构

高位连体结构中，与连体结构相连竖向构件、连体部位相邻上层（通常侧向刚度减小较多）为相对薄弱部位，地震作用下，容易出现破坏。同时连体部位上部，容易形成鞭梢效应，地震作用下反应会增大。图 7.4-109 给出了振动台试验中，部分工程连体部位上层构件损伤示例（由于工程结构设计时，已对连体部位相连竖向构件进行了加强，因此这些部位破坏不是很严重）。图 7.4-110 给出了连体结构动力系数曲线，可以看出连体结构上部动力系数较大，形成了鞭梢效应。

（郑州物流港A塔连体上部25层）

图 7.4-109　典型连体上部构件损伤

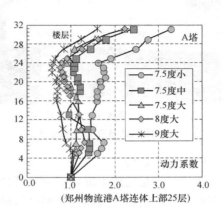

（郑州物流港A塔连体上部25层）

图 7.4-110　典型连体上部构件损伤

（3）悬挑结构

地震作用下，悬挑部位通常会出现较大竖向加速度反应，从而对水平悬挑构件或悬挑桁架产生较大的作用力。计算悬挑构件时，应充分考虑悬挑部位竖向动力放大系数带来的作用力。由于目前我们所做带悬挑结构的振动台试验中，设计时关键的悬挑构件承载力有较大的富余，因此未发生悬挑构件损坏的情况。表 7.4-33 给出了振动台试验中，部分工程悬挑位置竖向测点动力放大系数及竖向位移（位移已根据相似关系推至原型）。可以看出，悬挑位置动力系数均较大，且悬挑梁端部动力系数与悬挑桁架端部比较偏大较多。多遇地震作用下，悬挑桁架端部动力放大系数约为 7，悬挑梁端部约为 10。随着试验进行，结构损伤加大，动力系数也呈降低趋势。

部分振动台试验悬挑结构竖向动力放大系数及竖向位移　　　　表 7.4-33

工程名称	悬挑构件类型	悬挑长度	动力放大系数			悬挑端竖向位移(mm)		
			多遇	设防	罕遇	多遇	设防	罕遇
新疆会展中心	悬挑桁架	36m	7.29	6.72	4.63	14.2	37.5	59.5
广州琶洲 PZB1301	悬挑桁架	18m	7.46	4.36	3.97	6.3	16.1	25.7
广州琶洲 PZB1401	悬挑桁架端部	13m	7.30	7.59	6.58	2.4	9.5	18.0
广州琶洲 PZB1401	悬挑梁端部	4.3m	10.33	7.40	6.80	2.0	3.4	5.2

（4）扭转不规则

结构平面布置不规则会造成质心和刚心不重合，扭转位移比超过规范限值，就会造成结构扭转不规则。扭转不规则的结构，边角部竖向构件受力及变形均较大，容易发生破坏。图 7.4-111、图 7.4-112 给出了振动台试验中，扭转不规则结构边角柱破坏的示例。

结构设计中，扭转不规则的结构，应对边角部竖向构件进行适当加强。

 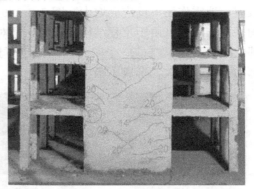

图 7.4-111　典型角柱相连梁端损伤　　　　　图 7.4-112　典型结构端部剪力墙损伤
（郑州物流港 B 塔 11 层角柱附近）　　　　　　（成都来福士 T4 两立面）

（5）转换结构

转换结构是完成上部楼层到下部楼层的结构形式转变或上部楼层到下部楼层结构布置改变而设置的结构。按构件类型结构转换包括转换梁、转换桁架和转换板等；按形式转化结构分为对上部剪力墙的转换（框支转换）和对上部框架柱的转换（框架转换）。在框支转换中，转换不仅改变了上部剪力墙对竖向荷载的传力路径，而且将上部抗侧刚度很大的剪力墙转换为抗侧刚度相对很小的框支柱，转换层上下的侧向刚度比很大，形成结构软弱层和薄弱层，引起地震剪力的剧烈变化，对结构的抗震极为不利，应采取严格而有效的抗震措施；而在框架转换中，转换虽然也改变了上部框架柱对竖向荷载的传力路径，但转换层上部和下部的框架刚度变化不明显，属于一般托换，对结构的抗震能力影响不大，其抗震措施可比框支转换适当降低。图 7.4-113、图 7.4-114 给出了振动台试验中，框支转换和框架转换的典型损伤示例。

图 7.4-113　典型框架转换位置损伤　　　　　图 7.4-114　典型框支转换位置损伤
（成都来福士 T3 南立面 2 层）　　　　　　　　（天建花园 6 层）

5. 小结

本节针对高层建筑结构的整体动力试验仿真技术进行了理论和试验研究，研究内容主要包括以下几个方面：试验构件模拟方法研究、相似比理论研究、试验方法研究、试验数据处理技术的研究、振动台试验案例分析研究、振动台试验结果总结分析。研究成果总结如下：

1）通过微粒混凝土构件性能试验研究，论证了试验中采用微粒混凝土构件模拟混凝土构件、采用铜管微粒混凝土模拟钢管混凝土构件、采用铜型钢微粒混凝土构件模拟型钢混凝土构件，能够较好地保证模型与原型的弹性相似及屈服点相似，是可行的。

2）微粒混凝土构件配筋简化试验结果表明，模型设计中，对微粒混凝土构件配筋的合理简化，对构件的弹性模量和承载力影响很小，能够保证试验结果的合理可靠。

3）针对大量的试验数据的处理，编制了振动台试验数据处理程序；通过在多个工程试验中的应用，验证了数据处理程序是高效准确的。

4）通过多个工程整体动力试验实例及振动台模型试验可靠性研究，表明采用合理的试验仿真技术后，整体动力试验仿真的结果是可靠的。试验结果对高层建筑结构技术的进步具有重要意义，试验技术和方法可作为其他高层建筑结构试验研究的参考。

第**8**章

高层建筑结构性能化设计方法探索与仿真分析

对于复杂高层建筑结构，我国主要通过限制其不规则程度来加以控制，然后针对复杂高层建筑具体的超限状况制定相应的性能目标，提高其薄弱部位的性能目标，保证其在地震作用下具有更好的抗震性能，避免结构发生薄弱层破坏。我国现行规范中关于复杂高层建筑结构基于性能化的抗震设计，本质上是预设了一种破坏模式。但是，目前基于性能化的抗震设计理论尚不是很成熟，距离广泛应用还存在一些问题。

（1）在性能目标的选取上，对各个性能目标缺乏定量的描述，选择合适的性能目标存在一定难度。

（2）缺乏定量的损伤标准来评价结构在不同水准地震下所达到的性能目标。

（3）缺乏统一高效的设计方法。

（4）在计算参数方面，例如刚度折减系数、结构阻尼比等参数的选取上存在不合理性，目前采用主流设计软件上实现结构性能化抗震设计时，存在如下几个问题：①连梁刚度折减系数采用统一指定的方式，忽略了不同位置构件损伤的差异；②框架梁和剪力墙等在设防地震和罕遇地震下的损伤难以考虑；③结构在设防地震和罕遇地震下结构的附加阻尼比难以确定。

目前规范采取的内力调整对于规则建筑来说，可以通过控制不同构件的承载力差值，避免关键构件在地震作用下发生破坏，从而防止整体结构的倒塌。然而复杂高层建筑在罕遇地震作用下的内力分布往往与多遇地震作用下的有显著区别，内力调整难以反映其在地震作用下真实的受力性能。

8.1 基于预设屈服模式的抗震性能化设计方法

针对当前我国抗震性能化设计方法存在的不足，本章提出了一种基于预设屈服模式的抗震性能化设计方法。

8.1.1 基本流程

图 8.1-1 给出了基于预设屈服模式的抗震性能化设计方法的基本流程。考虑到"三水准"设防目标是结构抗震设计最基本的要求，所以预设的屈服模式也应以"多遇地震不坏、设防地震可修、罕遇地震不倒"为最低标准。多遇地震下所有结构构件应保持弹性、

无损坏，设计时可采用弹性分析方法。与"三水准、两阶段"方法不同的是，基于多遇地震弹性的构件设计无须考虑内力调整，设防地震和罕遇地震下的抗震性能水准由后续步骤保证。设防地震设计阶段，应首先预设设防地震屈服模式，该模式应以"设防地震可修"为最低标准，但可根据设计要求适当提高。对允许屈服的构件，应首先确定刚度退化程度，通过对整体结构进行设防地震弹塑性分析，获得这些可屈服构件的刚度折减系数，再对整体结构进行设防地震的反应谱法设计，直接确定需要保持弹性构件的配筋。在保持弹性和通过多遇地震配筋进行耗能的两种构件之外，还可以直接指定部分构件的刚度折减系数，也就是指定这些构件的损伤情况，这部分构件在设防地震反应谱分析后，可以根据得到的内力进行配筋。与以往规范推荐的性能化设计方法不同，此时进行的设防地震弹性反应谱分析，是考虑了部分构件进入塑性后刚度的折减和阻尼的增加，更能真实反映结构在设防地震下的受力情况。与设防地震设计阶段类似，罕遇地震设计阶段也应首先预设屈服模式，该模式应以"罕遇地震不倒"为最低标准，但可适当提高。同理，先确定允许屈服的构件的刚度退化程度，从而准确判断不允许屈服的构件的承载力能否满足需求。

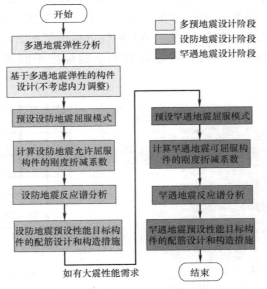

图 8.1-1　基于预设屈服模式的抗震性能化设计方法流程

8.1.2　刚度折减系数

准确判断构件 X 在强度为 IM 的地震作用下是否发生屈服，前提条件是其他构件采用与强度为 IM 的地震作用相匹配的刚度值，例如：假定框架梁 Y 先于构件 X 发生屈服，那么判断构件 X 在强度为 IM 的地震作用下是否屈服，首先要确定框架梁 Y 的刚度退化程度。

为了更真实地获得构件的刚度退化程度，通过对整体结构进行在强度为 IM 的地震作用下的动力弹塑性分析，根据计算结果获得该构件真实的刚度折减系数。

8.1.3　该方法优点

基于预设屈服模式的抗震性能化设计方法具有以下优点：

（1）通过预设屈服模式的思路，逐步控制结构破坏顺序，同时，设计过程更简单、合理，避免了较烦琐的内力调整。

（2）通过结构动力弹塑性分析方法获得结构构件刚度折减系数，可反映结构的真实受力状态，提高计算准确性。

（3）采用对整体结构的反应谱法分析，既便于设计人员理解和应用，也可以避免直接进行弹塑性时程设计必须面对的选波难题。

8.2 体型收进高层建筑结构仿真分析

8.2.1 结构基本情况

1. 结构体系

本结构采用框架-核心筒结构体系，共32层，地上高度149m，总建筑面积55575m^2，设计使用年限为50年。结构平面尺寸为57m×39m，高宽比3.82，核心筒平面尺寸为36m×18m，高宽比为8.28。PKPM-SATWE弹性分析模型如图8.2-1（a）所示。该结构在20层存在体型收进和层高突变，收进位置上下的标准平面图如图8.2-1（b）、（c）所示。

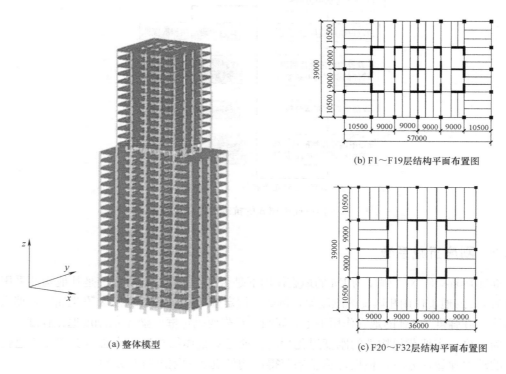

(a) 整体模型

(b) F1～F19层结构平面布置图

(c) F20～F32层结构平面布置图

图8.2-1 结构布置示意图

2. 结构构件尺寸及材料强度

结构构件尺寸沿楼层布置方案如表8.2-1所示，竖向构件尺寸分阶段递减，梁截面高度全楼统一，楼板厚度核心筒内为150mm，外框架为120mm。竖向构件混凝土强度等级为C60；楼板和框架梁混凝土强度等级为C30。框架部分的主筋、箍筋、楼板主筋、剪力墙部分的分布钢筋以及边缘构件主筋均采用HRB400级钢筋；边缘构件箍筋采用HPB300级钢筋。剪力墙水平分布筋与竖直分布筋配筋率为0.35%（底部加强部位0.4%），框架梁柱保护层厚度为20mm。

构件尺寸设置 表8.2-1

楼层	外墙 (mm)	内墙 (mm)	连梁 (mm)	柱 (mm)	主梁 (mm)	次梁 (mm)	外框架梁 (mm)
1~5	800	400	800	1200×1200	400×700	300×600	400×800
6~10	700	400	800	1100×1100	400×700	300×600	400×800
11~15	600	400	800	1000×1000	400×700	300×600	400×800
16~19	500	300	600	1000×1000	400×700	300×600	500×800
20~26	500	300	600	800×800	400×700	300×600	500×800
27~32	400	250	600	600×600	400×700	300×600	500×800

3. 荷载布置

楼面恒荷载、活荷载以及外围框架梁幕墙荷载布置列于表8.2-2。

荷载布置 表8.2-2

楼面恒载(kN/m²)				楼面活载(kN/m²)
内筒	4	外筒	3	
楼梯间	8	设备间	7	3.5
幕墙	1.2	屋面	2.5	

注：1. 混凝土重度：25kN/m³；
　　2. 钢材重度：78kN/m³。

4. 抗震设计基本情况

本结构抗震设防类别为丙类，设防地震分组为第二组。设防烈度为8度（0.2g），场地类别为Ⅱ类，特征周期$T_g=0.4s$，水平地震影响系数最大值为0.16。结构为混凝土结构，阻尼比取0.05。根据《高层建筑混凝土结构技术规程》JGJ 3—2010，剪力墙的抗震等级为特一级，框架抗震等级为一级，根据《建筑工程抗震设防分类标准》GB 50223—2008，丙类建筑的地震作用与构造措施无须提高，考虑墙体对刚度的影响，周期折减系数取0.85。

5. 结构超限情况

根据《超限高层建筑工程抗震设防专项审查技术要点》要求，本结构在20层立面收进程度为50%，且收进位置高度高于结构高度的20%，属于竖向不规则（立面突变）；结构位于8度（0.2g）的框架核心筒结构B级高度限制为140m，该结构高度为149m，属于超B级高度。综上，本项目具有竖向不规则与超B级高度两项超限。

8.2.2 规范（普通）设计方法

1. 多遇地震作用下的弹性性能

采用PKPM-SATWE对结构进行基于多遇地震的弹性分析计算，由于篇幅限制，仅列出刚度突变程度和立面收进程度更为显著的 X 方向的结果以说明不同设计方法的差异。基于规范（普通）设计方法设置计算部分，分析参数参照《结构设计统一技术措施》的建议值，其结构设计基本指标如表 8.2-3 所示。

结构设计基本指标   表 8.2-3

规范（常规）					
		多遇地震	设防地震	罕遇地震	总质量(t)	91450
自振周期(s)	T_1 Y	2.73	2.95	3.19	总用钢量(t)	2223.3
	T_2 X	2.48	2.77	3.05	建筑面积(m^2)	55575
	T_3 T	2.15	2.40	2.64	单位面积质量(t/m^2)	1.65
基底剪力(kN)		27896	67925	130000	剪重比(%)	3.05(3.2)
最大层间位移角	多遇地震	1/860(F23，1/800)			刚重比	5.23(1.40)
	设防地震	1/283(F23，1/800)			最小刚度比	1
	罕遇地震	1/123(F23，1/800)			楼层最小受剪承载力比	0.90(0.8)

注：括号内数值为规范限值。

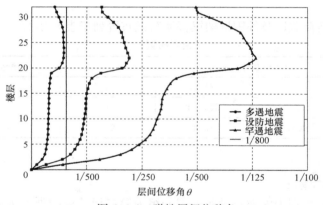

图 8.2-2　弹性层间位移角

结构在多遇地震、设防地震以及罕遇地震作用下，弹性层间位移角如图 8.2-2 所示，可以得出以下结论：

（1）该结构在体型收进处（20 层）的层间位移角发生了突变并且随着地震水准的提升突变程度逐步扩大，故该层为该结构一处相对薄弱部位。

（2）随着地震作用的增大，底部层间位移角突变程度也出现增大趋势，故该位置为结构另一处薄弱部位。

（3）控制两个薄弱部位的破坏程度与顺序是实现该结构不同屈服模式的关键。

2. 弹塑性分析结果

因为结构的部分构件（连梁和耗能构件为主）在罕遇地震作用下已进入塑性阶段，结构发生塑性内力重分布，所以以罕遇地震作用下的等效弹性分析结果可能存在一定程度上的失真。本节对结构进行罕遇地震作用下弹塑性时程分析，以验证结构的抗震性能。

（1）结构建模与分析方法

根据《高层建筑混凝土结构技术规程》JGJ 3—2010 中 5.1.12 条的规定，该结构应至少采取两种力学模型的软件进行整体结构的分析计算。本书采用 SATWE 和 SAP2000 进行弹性模型的整体分析对比，再由 ABAQUS 进行弹塑性时程分析。在保证计算条件相同的情况下，分别对模型进行了基本指标的对比。结果表明各模型之间存在的误差均在合理范围之内，详见表 8.2-4，保证了模型的准确性。

弹性与弹塑性基本指标对比 表 8.2-4

		SATWE	SAP2000	ABAQUS	SATWE-SAP 误差（%）	SAP-ABAQUS 误差（%）
质量(t)		91450	91439	92402	0.01	1
周期(s)	T_1	2.72	2.72	2.63	0	3
	T_2	2.38	2.27	2.25	4.80	0.80
	T_3	2.1	1.97	1.97	5	0

（2）地震波选取

为了与后续基于预设屈服模式的抗震性能化设计方法进行同等条件下的对比，本书暂取一条与规范谱拟合良好的地震波进行弹塑性时程分析，其加速度时程与反应谱如图 8.2-3 所示。该地震波作用下结构的基底剪力与 CQC 计算结果误差在 ±35% 以内，前三阶周期点与规范反应谱误差在 ±20% 以内。

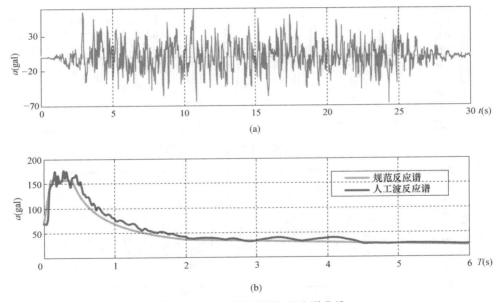

图 8.2-3 人工波时程与反应谱曲线

（3）结构弹塑性响应及分析

根据《高层建筑混凝土结构技术规程》JGJ 3—2010 中 4.3.5 条的规定，采用 ABAQUS 对上述结构进行罕遇地震作用下的弹塑性时程分析的峰值加速度为 400gal，本书仅列出突变程度相对更为显著的 X 方向的结果进行整理分析。

弹性与弹塑性基本信息对比的结果如图 8.2-4～图 8.2-6 所示，混凝土与钢筋的损伤图如图 8.2-7 所示，可以得到如下几个结论：

1）从层间位移角、楼层位移和结构整体损伤可以看出，该结构的薄弱部位为收进部位和底部加强部位。薄弱部位在罕遇地震作用下率先屈服且耗散了能量，使结构其他部位的地震作用相对减小，从而出现弹性层间位移角与弹塑性层间位移角"相交"的情况，表现为收进薄弱部位屈服的破坏机制，与弹性设计阶段得到的预期结论相符合。

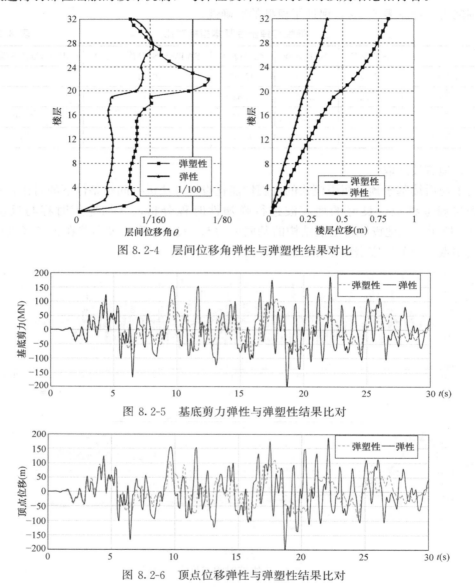

图 8.2-4　层间位移角弹性与弹塑性结果对比

图 8.2-5　基底剪力弹性与弹塑性结果比对

图 8.2-6　顶点位移弹性与弹塑性结果比对

2）从顶点位移时程和基底剪力时程曲线可以看出，该结构在罕遇地震作用下，未进入塑性时，弹性与弹塑性结果基本吻合；结构发生塑性破坏后造成周期延长，刚度和基底剪力下降，其中弹塑性基底剪力峰值为弹性基底剪力峰值的54%。

3）该结构最大层间位移角为1/88，不满足《高层建筑混凝土结构技术规程》JGJ 3—2010对于薄弱部位在罕遇地震作用下弹塑性层间位移角小于1/100的要求，且损伤云图中，在层间位移角曲线突变的部位出现了严重的损伤，故规范（普通）设计方法无法保证该结构的安全。

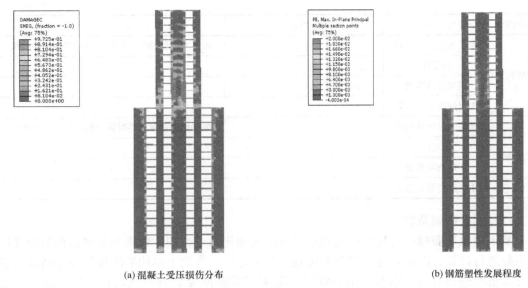

(a) 混凝土受压损伤分布　　　　　　　　　　　　　(b) 钢筋塑性发展程度

图 8.2-7　剪力墙混凝土受压损伤分布和钢筋塑性发展程度

8.2.3　规范（性能化）和基于预设屈服模式的抗震设计方法

为了提升结构的抗震性能，使结构在罕遇地震作用下的性能指标符合规范的要求，本节分别采用规范（性能化）设计方法和本书提出的基于预设屈服模式的抗震性能化设计方法对上述结构进行设计；分析了两种设计方法之间在计算参数上的具体差异，对采用规范设计方法和基于预设屈服模式的抗震性能化设计方法设计的结构的弹性性能进行了对比；最后通过罕遇地震作用下的弹塑性时程分析对结构的抗震性能进行检验。

1. 结构设计基本信息

两种设计方法在不同水准地震作用下选取的性能目标一致，如表 8.2-5 所示。

表 8.2-5

结构抗震设计性能目标

地震	多遇地震	设防地震	罕遇地震
收进层(F20)	弹性	抗弯弹性/抗剪弹性	抗弯弹性/抗剪不屈服
其余层	弹性	抗弯弹性/抗剪弹性	抗剪截面控制

（1）主要设计参数

规范（性能化）设计方法和基于预设屈服模式的抗震性能化设计方法在各水准地震设计阶段的主要设计参数如表 8.2-6 所示。

表 8.2-6

主要设计参数

水准	设计参数	规范(性能化)	预设屈服模式
多遇地震	抗震等级	按规范要求	仅考虑构造
	剪重比	按规范要求调整	按规范要求调整
	二道防线调整	按规范要求调整	按规范要求调整

续表

水准	设计参数	规范（性能化）	预设屈服模式
设防地震	连梁刚度折减系数	0.4	按设防地震弹塑性时程分析计算得到的结果
	阻尼比	0.65	0.65
	周期折减系数	0.95	0.95
	中梁刚度放大系数	1.5	1.5
罕遇地震	连梁刚度折减系数	0.3	按罕遇地震弹塑性时程分析计算得到的结果
	阻尼比	0.7	0.7
	周期折减系数	1	1
	中梁刚度放大系数	1	1

（2）刚度折减系数

基于预设屈服模式的抗震性能化设计方法要预先通过弹塑性时程分析对结构的刚度折减系数进行计算，因此，先对设防烈度地震和罕遇地震作用下结构的刚度折减系数以及整体分布情况进行分析。本书采用 SAUSAGE 对结构的刚度折减系数进行计算，在不同水准的地震作用下，结构各构件的折减系数沿楼层分布如表 8.2-7 所示。

刚度折减系数分布　　　　　　　　　　　　　　　表 8.2-7

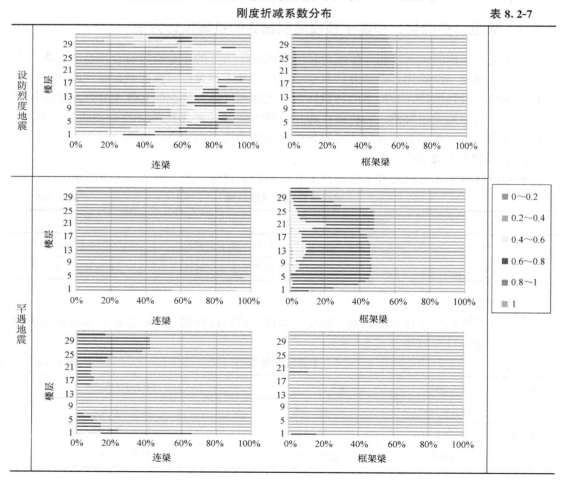

由表 8.2-7 可以得到如下结论：

1）在设防烈度地震作用下，连梁刚度折减系数根据楼层变形大小呈现规律性变化，与统一指定的刚度折减系数存在较大的区别；框架梁折减系数位于 0.8～1 范围内，接近整体的半数；框架梁越靠近结构平面的角部，破坏程度越高，与剪力滞后规律吻合。

2）在罕遇地震作用下，连梁作为剪力墙的第一道防线破坏较为严重；连梁破坏后，联肢剪力墙接近独立墙肢，变形增大从而出现损伤；框架部分作为整体结构的二道防线，在结构上部抵抗剪力墙变形，因此出现一定程度损伤。

（3）型钢布置方案

根据《超限高层建筑工程抗震设防专项审查技术要点》的规定，在设防烈度地震作用下，考虑双向地震时剪力墙墙肢的全截面轴向平均名义拉应力超过混凝土抗拉强度标准值（f_{tk}）时，宜设置型钢承担拉力，且平均名义拉应力不宜超过 $2f_{tk}$。当全截面含钢率大于 2.5% 时，此限值可按比例适当放松。两种设计方法设置的型钢平面位置如图 8.2-8 所示，楼层分布和尺寸大小如表 8.2-8 所示。因型钢采用对称配置，故选取图 8.2-8 线框所示的 1/4 平面进行说明。

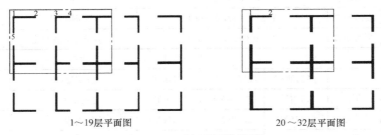

| 1～19层平面图 | 20～32层平面图 |

图 8.2-8 型钢平面位置图

型钢暗柱尺寸　　　　　　　　　　　表 8.2-8

编号	规范（性能化）	型钢尺寸（mm）	编号	预设屈服模式	型钢尺寸（mm）
1	F1	400×400×30×30	1	F1	400×400×20×20
1	F2	300×300×30×30	2	F1	200×200×30×30
2	F1	300×300×25×25	3、4	F1	150×150×25×25
2	F2	250×250×25×25	5	F2	200×200×20×20
3、4	F1	200×200×25×25			
3、4	F2	150×150×25×25	1、2	F20	100×100×30×30
5	F1	200×200×20×20			
5	F2	150×150×25×25			
1、2	F20	100×100×25×25			
总计		39t	总计		17.6t
型钢钢号：Q345			型钢类型：方钢管		

由表 8.2-8 可知，采用规范（性能化）方法设计的结构，在型钢用量和分布范围上均高于采用基于预设屈服模式的抗震性能化设计方法设计的结构，前者型钢用量为后者型钢用量的两倍以上。

2. 弹性设计结果

（1）设计基本指标对比

使用 PKPM-SATWE，分别采用规范（性能化）和基于预设屈服模式的抗震性能化设计方法对结构进行计算分析。结构设计基本指标列于表 8.2-9。由于篇幅限制，仅列出刚度突变程度和立面收进程度更为显著的 X 方向的结果，以说明两种设计方法的差异。

结构设计基本指标　　　　　　　　　　　　　表 8.2-9

规范（性能化）					
		多遇地震	设防地震	罕遇地震	总质量(t)	91589
自振周期(s)	T_1	2.72(Y)	2.95(Y)	3.19(Y)	总用钢量(t)	2385.2
	T_2	2.47(X)	2.77(X)	3.05(X)	建筑面积(m²)	55575
	T_3	2.15(T)	2.39(T)	2.63(T)	单位面积质量(t/m²)	1.65
基底剪力(kN)		27948	68074	130000	剪重比(%)	3.05(3.2)
最大层间位移角	多遇地震	1/871(F24，1/800)			刚重比	5.23(1.40)
	设防地震	1/289(F22，1/800)			最小刚度比	1(1)
	罕遇地震	1/126(F22，1/800)			最小受剪承载力比	0.86(0.8)

预设屈服模式					
		多遇地震	设防地震	罕遇地震	总质量(t)	91588
自振周期(s)	T_1	2.72(Y)	3.60(Y)	4.40(Y)	总用钢量(t)	2344.1
	T_2	2.47(X)	2.72(X)	4.34(X)	建筑面积(m²)	55575
	T_3	2.14(T)	2.69(T)	3.61(T)	单位面积质量(t/m²)	1.65
基底剪力(kN)		27946	69312	110000	剪重比(%)	3.05(3.2)
最大层间位移角	多遇地震	1/874(F24，1/800)			刚重比	5.23(1.40)
	设防地震	1/239(F24，1/800)			最小刚度比	1
	罕遇地震	1/76(F22，1/800)			最小受剪承载力比	0.86(0.8)

注：括号内数值为规范限值。

由弹性计算结果可以看出：两种设计方法在基于多遇地震的弹性分析时，由于增加型钢数量的差异，使得结构周期、层间位移角存在微小差异。而在设防烈度地震和罕遇地震作用下，因为基于预设屈服模式的抗震性能化设计方法根据弹塑性时程分析的结果，按照实际刚度退化情况对刚度进行折减，而规范（性能化）设计方法连梁刚度折减系数统一进行折减，所以两者周期存在一定差异，从而造成结构地震作用下的响应存在差异。可以看出，采用基于预设屈服模式的抗震性能化设计方法设计的结构相比于规范（性能化）设计的结构，结构整体刚度降低，地震作用减小。

（2）材料用量统计

对规范（性能化）和基于预设屈服模式的抗震性能化设计方法材料用量进行分析对比，结果列于表 8.2-10。可知：

1）基于预设屈服模式的抗震性能化设计方法与规范（普通）设计方法相比，结构的钢筋用量减少 21t，与规范（性能化）设计方法相比，结构的钢筋用量减少 40t。经济性相对更优。

2）规范（性能化）设计方法与基于预设屈服模式的抗震性能化设计方法均设置型钢 142t，但是由于结构整体内力分布的差异，两种设计方法的型钢分布与布置同样存在差异。

3）相比于规范设计方法，基于预设屈服模式的抗震性能化设计方法根据内力的实际分布情况，使用钢量在不同构件的分布存在一定差异。但是由于对构造配筋进行包络的原因，其差异主要体现在边缘构件用钢量更大，连梁钢筋用量更少。

材料用量表　　　　　　　表 8.2-10

设计方法	工况	混凝土（m³）	钢材(t)		梁（t）	柱（t）	墙柱（t）	连梁（t）	边缘构件（t）	钢筋合计（t）
			底部	收进						
规范（性能化）	多遇地震	17157	39	104	826	393	464	120	420	2224
	设防地震不屈服	17157	39	104	906	386	464	203	423	2384
	罕遇地震不屈服	17157	39	104	1285	435	568	418	949	3658
	包络	17157	39	104	826	400	464	120	430	2242
预设屈服模式	多遇地震	17156	18	124	786	144	464	82	157	1634
	设防地震不屈服	17156	18	124	921	386	464	196	441	2410
	罕遇地震不屈服	17156	18	124	1490	471	512	301	1029	3804
	多遇地震构造	17156	18	124	684	379	464	55	420	2004
	包络	17156	18	124	817	388	464	86	445	2202

注：用钢量统计不包括楼板用钢量。

3. 弹塑性时程分析

（1）结构建模与分析方法

采用 PKPM-SATWE 和 SAP2000 进行模型的整体分析比对，再由 ABAQUS 进行弹塑性时程分析。在保证计算条件相同的情况下，分别对模型进行了基本指标的对比，结果表明各模型之间存在的误差均在合理范围之内，详见表 8.2-11。

弹性与弹塑性模型基本指标对比　　　　表 8.2-11

规范（性能化）		SATWE	SAP	ABAQUS	SATWE-SAP 误差（%）	SAP-ABAQUS 误差（%）
质量(t)		91589	91584	92540	0	1
周期(s)	T_1	2.70	2.70	2.61	0	3
	T_2	2.36	2.27	2.24	4	1.30
	T_3	2.00	1.96	1.95	2	0.50
预设屈服模式		SATWE	SAP	ABAQUS	SATWE-SAP 误差（%）	SAP-ABAQUS 误差（%）
质量(t)		91588	91585	92512	0	1
周期(s)	T_1	2.70	2.71	2.62	0.30	3.40
	T_2	2.36	2.27	2.24	0.4	1.30
	T_3	2.00	1.96	1.95	2	0.50

（2）结构弹塑性响应及分析

采用峰值加速度 400gal，对采用两种设计方法的结构分别进行弹性与弹塑性时程分析，同样只列出 X 方向的结果，进行整理分析，结果对比如图 8.2-9、图 8.2-10 所示。可知，弹塑性结果均在弹性结果的基础上有合理的塑性发展，验证了弹塑性分析模型结果的准确性。

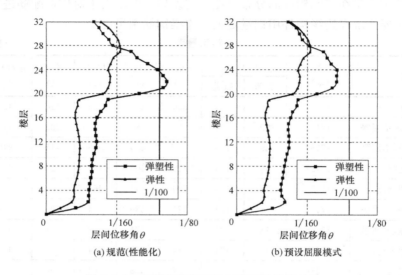

图 8.2-9 层间位移角弹性与弹塑性结果对比

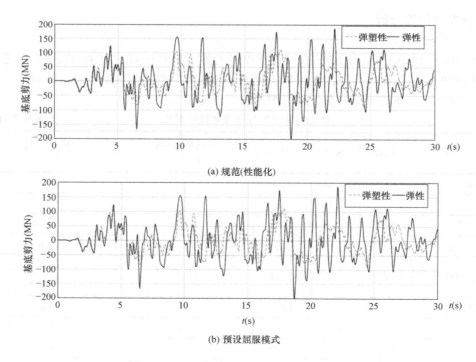

图 8.2-10 基底剪力弹性与弹塑性结果对比

为进行规范（性能化）和预设屈服模式两种设计方法比对，将采用两种设计方法设计的结构计算结果分别列于表 8.2-12、图 8.2-11。

弹塑性分析基本指标　　　　　　表 8.2-12

		规范方法（性能化）	预设屈服模式方法
基底剪力 F_b(kN)		1.01×10^5	1.10×10^5
顶点位移 Δ_t(m)		0.71	0.75
最大层间位移角 θ_{max}		1/94(F22)	1/112(F24)
周期(s)	T_1	2.55	2.56
	T_2	2.22	2.24
	T_3	1.96	1.98

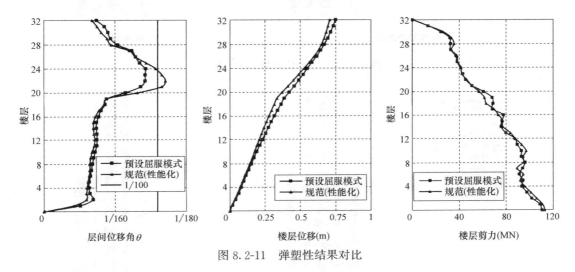

图 8.2-11　弹塑性结果对比

由以上结果可知：

1）在罕遇地震作用下，采用规范（性能化）方法设计的结构层间位移角超过 1/100，已经不能满足规范的要求。

2）采用预设屈服模式方法设计的结构小于规范限值 1/100，满足规范要求，有更高的安全储备。同时，采用预设屈服模式方法设计的结构整体曲线相比于其余两种设计方法突变与变形程度更小，变化更加均匀，抗震性能更优。

在罕遇地震作用下，两种设计方法得到的结构的剪力墙混凝土受压损伤分布和钢筋塑性发展程度分别如图 8.2-12、图 8.2-13 所示。

可知：

1）连梁与结构底部加强部位，两种设计方法混凝土和钢筋均发生不同程度的破坏。

2）收进薄弱位置，采用规范（性能化）方法设计的结构与其层间位移角的变化相对应，剪力墙损伤相对严重；采用预设屈服模式方法设计的结构由于其不同构件间的屈服顺序与屈服程度是基于内力实际分布而确定的。在地震作用下，塑性得到了充分合理的发展，地震能量得到充分耗散，所以在损伤分布和损伤程度上均为两种设计方法中最优，具有良好的抗震性能。

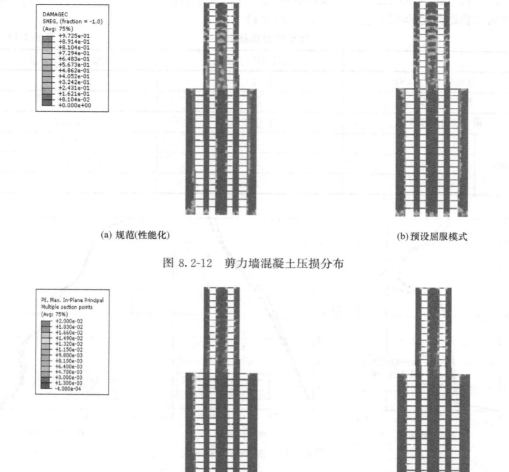

(a) 规范(性能化)　　　　　　　　　　　　(b) 预设屈服模式

图 8.2-12　剪力墙混凝土压损分布

(a) 规范(性能化)　　　　　　　　　　　　(b) 预设屈服模式

图 8.2-13　钢筋塑性发展程度对比

注：剪力墙和框架柱的混凝土受压损伤、钢筋塑性发展程度图例中，D_c 表示混凝土受压损伤因子，
ε_0 表示钢筋的塑性应变，ε_0 大于 0 代表钢筋进入屈服。

8.3　本章小结

　　本章提出了一种基于预设屈服模式的抗震性能化设计方法。给出了该方法的基本设计流程，进行了体型收进高层建筑结构算例分析，得出以下结论：

　　（1）通过预设屈服模式的思路，逐步控制结构破坏顺序，同时，设计过程更简单、合理，避免了较烦琐的内力调整。

　　（2）通过结构动力弹塑性分析方法获得结构构件刚度折减系数，可反映结构的真实受力状态，提高计算准确性。

采用对整体结构的反应谱法分析，既便于设计人员理解和应用，也可以避免直接进行弹塑性时程设计必须面对的选波难题。

（3）通过体型收进高层结构算例，对预设屈服模式设计方法进行验证，最终证明该方法设计的结构抗震性能优良且具有一定经济性。相较于规范（普通）方法和规范（性能化）设计方法设计的结构的薄弱部位最大层间位移角分别为 1/88 和 1/94，采用基于预设屈服模式的抗震性能化设计方法设计的结构为 1/112，分别减小 27％和 19％。相较于规范（普通）方法和规范（性能化）设计方法的钢筋用量分别为 2223t 和 2242t，基于预设屈服模式的抗震性能化设计方法的钢筋用量为 2202t，分别减少 1％和 2％。此外，规范（性能化）设计方法和基于预设屈服模式的抗震性能化设计方法均使用了 142t 型钢。

参 考 文 献

[1] 徐培福，戴国莹. 超限高层建筑结构基于性能抗震设计的研究 [J]. 土木工程学报，2005，38（1）：1-10.

[2] 陆新征，叶列平，缪志伟. 建筑抗震弹塑性分析——原理、模型与在 ABAQUS、MSC. MARC 和 SAP2000 上的实践 [M]. 北京：中国建筑工业出版社，2009.

[3] 沈聚敏，周锡元，高小旺，等. 抗震工程学 [M]. 北京：中国建筑工业出版社，2000.

[4] Esmaeily A，Xiao Y. Behavior of Reinforced Concrete Columns Under Variable Axial Loads：Analysis [J]. Aci Materials Journal，2004，101（1）：124-132.

[5] Vulcano A，Bertero V V. Analytical model for predicating the lateral response of RC shear wall：evaluation of their reliability [R]. Earthquake Engineering Research Center，College of Engineering，University of California，1987.

[6] 侯爽，欧进萍. 结构 Pushover 分析的侧向力分布及高阶振型影响 [J]. 地震工程与工程振动，2004，24（3）：89-97.

[7] 汪梦甫，周锡元. 混凝土高层建筑结构地震破坏准则研究现状分析 [J]. 工程抗震，2002，（3）：1-4.

[8] 戴国莹. 建筑结构基于性能要求的抗震措施初探 [J]. 建筑结构，2000，30（10）：60-62.

[9] 王亚勇. 结构抗震设计时程分析法中地震波的选择 [J]. 工程抗震，1988，（4）：17-24.

[10] 王亚勇，陈民宪，刘小弟. 结构抗震时程分析法输入地震记录的选择方法及其应用 [J]. 建筑结构，1992，（5）：3-7.

[11] 王亚勇，刘小弟. 建筑结构时程分析法输入地震波的研究 [J]. 建筑结构学报，1991，12（2）：51-60.

[12] 杨溥，李英民，赖明. 结构时程分析法输入地震波的选择控制指标 [J]. 土木工程学报. 2000，33（6）：33-37.

[13] Lee J，Fenves G L. Plastic-Damage Model for Cyclic Loading of Concrete Structures [J]. Journal of Engineering Mechanics，1998，124（8）：892-900.

[14] 中国建筑科学研究院. 混凝土结构设计规范 GB 50010—2010 [S]. 北京：中国建筑工业出版社，2010.

[15] 过镇海，张秀琴. 反复荷载下混凝土的应力-应变全曲线的试验研究 [R]. 清华大学抗震抗爆工程研究室科学研究报告集　第三集　钢筋混凝土结构的抗震性能，北京：清华大学出版社，1981.

[16] 钱稼茹，程丽荣，周栋梁. 普通箍筋约束混凝土柱的中心受压性能 [J]. 清华大学学报（自然科学版），2002，42（10）：1369-1373.

[17] 薛彦涛. 带转换层型钢混凝土框架-核心筒混合结构试验与设计研究 [D]. 北京：中国建筑科学研究院，2007.

[18] 尚晓江. 高层建筑混合结构弹塑性分析方法及抗震性能的研究 [D]. 北京：中国建筑科学研究院，2008.

[19] 徐培福，傅学怡，王翠坤，肖从真. 复杂高层建筑结构设计 [M]. 北京：中国建筑工业出版社，2005.

[20] 宰金珉，宰金璋. 高层建筑基础分析与设计 [M]. 北京：中国建筑工业出版社，2001.

[21] 肖强，丁翠红. 上部结构与地基基础共同作用问题的研究现状 [J]. 浙江建筑，2009，26（9）：28-33.

［22］ 中国建筑科学研究院，哈尔滨工业大学，中国建筑工程总公司，等．"十一五"国家科技支撑计划《建筑结构高效施工关键技术研究》的《大型复杂工程结构施工控制关键技术》子课题研究报告［R］，2011.2.

［23］ 中国建筑科学研究院．天津津塔施工模拟和预变形分析报告［R］，2009.

［24］ 周履，陈永春．收缩徐变［M］．北京：中国铁道出版社，1997.

［25］ 徐自国，马宏睿，刘军进，等．陕西法门寺合十舍利塔的施工过程模拟及施工预变形分析［C］．第二十届全国高层建筑结构学术交流会论文集，2008：685-691.

［26］ 刘赪炜，韩煊，罗文林．高层建筑沉降数值分析方法的初步研究［C］．第二届全国岩土与工程学术大会论文集，2006：725-731.

［27］ 建研地基基础工程有限责任公司．成都来福士广场大底盘多塔楼高层建筑协同作用分析及沉降后浇带浇注时间确定和处理措施［R］，2010.

［28］ 中国建筑科学研究院．CCTV新台址大楼施工模拟和施工过程监测报告［R］，2008.

［29］ 田广宇，郭彦林，刘学武．CCTV新台址主楼地基与基础的建模及参数取值研究［J］．工业建筑，2007，37（9）：30-34.

［30］ 齐永正．地基-基础-上部结构共同作用三维数值模拟分析［J］．岩土力学，2007，（S1）：859-862.

［31］ 杨艳．考虑共同作用的桩基研究现状与理论分析综述［J］．山西建筑，2006，32（19）：81-82.

［32］ 唐曹明．钢筋混凝土框架结构层刚度比限值方法研究［D］．北京：中国建筑科学研究院，2009.

［33］ ASCE STANDARD，ASCE/SEI7-05，Minimum Design Loads for Buildings and Other Structures［S］.

［34］ 傅学怡，黄俊海．结构抗连续倒塌设计分析方法探讨［C］．第二十届全国高层建筑结构学术会议，2008：477-482.

［35］ 梁福康．现代钢材及其工程应用［J］．建筑技术，2000，31（7）：53-55.

［36］ 赵鸿铁，徐赵东，张兴虎．耗能减震控制的研究、应用与发展［J］．西安建筑科技大学学报（自然科学版），2001，33（1）：1-5.

［37］ Moore D B．The UK and European regulations for accidental actions［C］．Workshop on Prevention of Progressive Collapse，National Institute of Building Sciences，Washington D C，2003.

［38］ Structural use of concrete：Part1：Code of practice for design and construction［S］．British Standard Institute，1997.

［39］ Eurocode1-Actions on structures-General Actions．Part 1.7-Accidental actions［S］．European Committee for Standardization，2005.

［40］ Progressive collapse analysis and design guidelines for new federal office buildings and major modernization projects［S］．U. S. General Service Administration，2003.

［41］ ASCE7-02，Minimum Design Loads for Buildings and Other Structures［S］，ASCE，2002.

［42］ Unified Facilities Criteria：Design of Structures to Resist Progressive Collapse［S］．U. S. Department of Defence，2005.

［43］ 中国建筑科学研究院．建筑抗震设计规范 GB 50011—2010［S］．北京：中国建筑工业出版社，2010.

［44］ 李承铭，李志山，王国俭．混凝土梁柱构件基于截面纤维模型的弹塑性分析［J］．建筑结构，2007，37（12）：33-35，92.

［45］ 徐自国，肖从真，冯丽娟．南京新百三期塔楼结构动力弹塑性分析［C］．第二十届全国高层建筑结构学术会议，2008，700-705.

［46］ 赵鹏飞，潘国华等．武汉火车站复杂大型钢结构体系研究［J］．建筑结构，2009，39（1）：1-4.

［47］ 师燕超，李忠献，郝洪仁．爆炸荷载作用下钢筋混凝土框架结构的连续倒塌分析［J］．解放军理工大学学报（自然科学版），2007，8（6）：652-658.

[48] 傅学怡，吴兵，张自忠. 卡塔尔外交部大楼抗连续倒塌设计研究 [C]. 第十九届全国高层建筑结构学术会议，2006，247-253.

[49] 朱炳寅，等. 莫斯科中国贸易中心工程防止结构连续倒塌设计 [J]. 建筑结构，2007，37（12）：6-9.

[50] 胡庆昌，孙金墀，郑琪. 建筑结构抗震减震与连续倒塌控制 [M]. 北京：中国建筑工业出版社. 2007.

[51] 杨伟，金新阳，金海，等. 风工程数值模拟中平衡大气边界层的研究与应用 [J]. 土木工程学报，2007（2）：10-11.